21世纪高等职业教育计算机系列规划教材

计算机网络基础

于 锋 罗 勇 主 编

陈 炜 昝德才 柴锁柱 副主编

电子工业出版社
Publishing House of Electronics Industry
北京·BEIJING

内 容 简 介

计算机网络是信息类各专业必备的基础知识,影响专业领域面广泛。为了让学生较全面地了解计算机网络的基础知识,本书较为详细地介绍了所涉及的主要概念,包括计算机网络的形成和发展、网络体系结构与网络协议、数据通信基础知识、局域网技术、广域网与接入技术、网络互连技术、无线网络技术、TCP/IP 协议及 Internet 技术、网络应用与安全技术等,知识点丰富。在介绍了基本知识和基本技术的基础之上,还介绍了部分网络应用技术和操作实例。

本书注重系统性、完整性、实践性,内容循序渐进,深入浅出,图文并茂,适于初学者学习使用。每章后配有大量习题,便于学生对本章内容进行复习,利于知识的掌握,还配有一定数量的实训案例,指导学生通过动手实践掌握操作技能。

本书面向高职高专或应用型本科计算机类和通信类专业,也可作为信息类各专业公共基础平台课程的教材。

未经许可,不得以任何方式复制或抄袭本书之部分或全部内容。
版权所有,侵权必究。

图书在版编目(CIP)数据

计算机网络基础 / 于锋,罗勇主编. —北京:电子工业出版社,2014.9
21 世纪高等职业教育计算机系列规划教材
ISBN 978-7-121-24124-6

Ⅰ.①计… Ⅱ.①于… ②罗… Ⅲ.①计算机网络—高等职业教育—教材 Ⅳ.①TP393

中国版本图书馆 CIP 数据核字(2014)第 191720 号

策划编辑:徐建军(xujj@phei.com.cn)
责任编辑:郝黎明
印　　刷:北京虎彩文化传播有限公司
装　　订:北京虎彩文化传播有限公司
出版发行:电子工业出版社
　　　　　北京市海淀区万寿路 173 信箱　邮编　100036
开　　本:787×1 092　1/16　印张:20　字数:544 千字
版　　次:2014 年 9 月第 1 版
印　　次:2019 年 7 月第 6 次印刷
定　　价:38.00 元

凡所购买电子工业出版社图书有缺损问题,请向购买书店调换。若书店售缺,请与本社发行部联系,联系及邮购电话:(010)88254888,88258888。
质量投诉请发邮件至 zlts@phei.com.cn,盗版侵权举报请发邮件至 dbqq@phei.com.cn。
本书咨询联系方式:(010)88254570。

前 言

当今世界是一个以网络为核心的信息时代。随着信息技术和信息产业的发展，社会需要大量掌握计算机网络技术的人才。掌握计算机网络技术已成为一个合格的 IT 从业人员的必备技能，因此计算机网络已成为各高职院校信息技术等相关专业的一门重要基础课程。

本书面向高职高专计算机与信息技术类学生，以培养应用技术型人才为目标。考虑到计算机网络具有涉及面广、概念多、知识体系跨度大、理论性和实践性都较强的综合性技术特点，本书涉及的内容比较广泛，对计算机网络和数据通信的基础知识、计算机网络的体系结构与协议标准、局域网、广域网、网络设备、网络操作系统、网络服务模式、网络工具、网络安全、网络故障诊断与网络维护等都做了必要的介绍。本书内容安排符合当前网络技术的实际需要，知识点分布合理，难易适度，理实一体，注重基础知识与技能培养。书中每章配有适量的习题和实训指导，适用于作为高职院校计算机与信息类专业的基础平台课程的教材。

全书共分 7 章，各章内容既相对独立，又前后贯通。第 1 章介绍计算机网络概述；第 2 章介绍了数据通信基础知识；第 3 章介绍了局域网技术；第 4 章介绍了广域网与接入技术；第 5 章介绍了网络互连技术；第 6 章介绍了 TCP/IP 协议及 Internet 技术；第 7 章介绍了网络应用服务构建与网络安全基本知识。本书建议教学安排 45～60 学时。

由于计算机网络涉及的内容极为广泛，技术发展日新月异，如何组织和选定内容，必然有不同的观点。另外，在一本基础教材中也难以包罗全部网络技术内容，本书只从网络基础知识展开。

本书由浙江水利水电学院的于锋和重庆城市管理职业学院的罗勇担任主编，浙江经贸职业技术学院的陈炜、河北高等工程技术专科学校的昝德才、南京工业技术职业学院的柴锁柱担任副主编。于锋负责拟定编写内容和大纲，编写了第 1、2、6 章内容，并负责全书的统编工作；陈炜编写了第 3 章，罗勇编写了第 4 章，昝德才编写了第 5 章，柴锁柱编写了第 7 章。参加本书编写的还有张海波、李大庆、刘金岭、田静华、赵双强、朱光明等。参与编写本书的教师均有丰富的教学经验和工程实践经验。

在本书编写的过程中，得到浙江水利水电学院信息工程与艺术设计学院岳国英教授的大力支持和帮助，在此一并表示感谢。

为了方便教师教学，本书配有电子教学课件，请有此需要的教师登录华信教育资源网（www.hxedu.com.cn）注册后免费进行下载，有问题时可在网站留言板留言或与电子工业出版社联系（E-mail：hxedu@phei.com.cn）。

由于编者水平有限，加之时间仓促，书中难免有疏漏之处，敬请广大读者批评指正。

编 者

目 录

第1章 计算机网络概论 ··· 1

1.1 计算机网络的产生与发展 ··· 1
1.1.1 计算机网络产生的背景 ·· 1
1.1.2 计算机网络的发展过程 ·· 2
1.1.3 计算机网络的发展趋势 ·· 5
1.2 计算机网络的概念 ·· 6
1.2.1 计算机网络的定义 ·· 6
1.2.2 计算机网络的基本特征 ·· 6
1.2.3 计算机网络的资源 ·· 7
1.3 计算机网络的功能、特点与应用 ·· 7
1.3.1 计算机网络的功能与特点 ·· 7
1.3.2 计算机网络的应用 ·· 8
1.4 计算机网络的分类 ·· 8
1.5 计算机网络的组成结构和功能结构 ··· 12
1.5.1 计算机网络的组成结构 ··· 12
1.5.2 计算机网络的逻辑结构 ··· 13
1.6 计算机网络体系结构 ·· 14
1.6.1 分析计算机网络系统的基本方法 ··· 15
1.6.2 计算机网络体系结构基本概念 ··· 15
1.7 OSI 参考模型 ·· 20
1.7.1 OSI RM 的结构和特点 ··· 20
1.7.2 OSI RM 各层功能 ·· 22
1.8 TCP/IP 模型 ·· 28
1.9 OSI 与 TCP/IP RM 的比较 ··· 30
1.10 计算机网络的相关标准化组织 ··· 31
习题 ··· 32
实训一 参观校园网及网络实验室 ··· 33

第2章 数据通信基础知识 ··· 34

2.1 数据通信基本概念 ·· 34
2.1.1 信息、数据与信号 ·· 34
2.1.2 通信系统模型 ·· 36
2.1.3 数据通信系统的主要性能指标 ··· 38

2.2 传输介质 ... 41
2.2.1 传输介质的类型与特性 ... 41
2.2.2 有线传输介质 ... 41
2.2.3 无线传输介质 ... 47
2.3 数据的基带传输与频带传输 ... 49
2.3.1 基带传输 ... 49
2.3.2 频带传输 ... 49
2.4 数据的串行传输与并行传输 ... 50
2.4.1 并行传输 ... 50
2.4.2 串行传输 ... 50
2.5 数据传输过程中的同步方式 ... 51
2.6 数据通信的方向性 ... 53
2.7 数据和信号变换技术 ... 53
2.7.1 数据和信号变换技术基本概念 ... 53
2.7.2 数字数据的数字传输 ... 54
2.7.3 数字数据的模拟传输 ... 56
2.7.4 模拟数据的数字传输 ... 58
2.8 信道的多路复用技术 ... 59
2.8.1 信道多路复用技术基本概念 ... 59
2.8.2 频分多路复用技术 ... 60
2.8.3 时分多路复用技术 ... 61
2.8.4 波分多路复用技术 ... 62
2.8.5 码分多路复用技术 ... 63
2.9 数据交换技术 ... 63
2.9.1 线路交换技术 ... 63
2.9.2 存储转发交换技术 ... 65
2.10 差错控制技术 ... 68
2.10.1 差错产生的原因与类型 ... 68
2.10.2 差错的控制方法 ... 69
2.10.3 常用差错控制编码 ... 71
习题 ... 75
实训二 双绞线网线的制作与测试 ... 77

第3章 局域网技术 ... 79
3.1 局域网基本概念 ... 79
3.1.1 局域网的产生和发展 ... 79
3.1.2 局域网的特点与应用 ... 79
3.1.3 局域网的分类 ... 80

目 录

  3.1.4 局域网技术关键要素 ·· 81
 3.2 局域网体系结构与协议标准 ··· 82
  3.2.1 局域网体系结构的特殊性 ·· 82
  3.2.2 IEEE 802 参考模型与协议 ··· 85
 3.3 以太网技术 ··· 86
  3.3.1 以太网概述 ·· 86
  3.3.2 传统以太网 ·· 87
  3.3.3 交换式以太网 ··· 94
 3.4 高速以太网技术 ·· 96
  3.4.1 快速以太网 ·· 96
  3.4.2 千兆以太网 ·· 97
  3.4.3 万兆以太网 ·· 98
 3.5 其他局域网技术 ·· 99
  3.5.1 IEEE 802.5 令牌环局域网 ·· 99
  3.5.2 IEEE 802.4 令牌总线局域网 ··· 100
  3.5.3 光纤分布式数据接口网络 ·· 101
 3.6 现代局域网技术 ·· 103
  3.6.1 虚拟局域网 ·· 103
  3.6.2 无线局域网技术 ··· 107
  3.6.3 无线个域网技术 ··· 110
 习题 ··· 112
 实训三 对等网组建与配置 ·· 113

第4章 广域网与接入技术 ·· 116

 4.1 广域网概述 ··· 116
  4.1.1 广域网的特点 ··· 116
  4.1.2 广域网类型 ··· 117
  4.1.3 广域网的构成 ··· 117
  4.1.4 广域网提供的通信服务 ·· 117
  4.1.5 路由选择机制 ··· 119
  4.1.6 流量控制和拥塞控制 ··· 123
 4.2 公共电话交换网 ·· 124
 4.3 综合业务数字网 ·· 125
  4.3.1 综合业务数字网产生的背景与发展概况 ······································· 125
  4.3.2 N-ISDN 的基本特征 ··· 125
  4.3.3 N-ISDN 的用户/网络接口 ·· 126
  4.3.4 N-ISDN 存在的问题 ··· 129
 4.4 X.25 公用分组交换数据网 ··· 130

VII

4.4.1 X.25 概述 ······130
   4.4.2 X.25 协议体系结构 ······131
   4.4.3 X.25 网的应用与现状 ······132
 4.5 帧中继 ······133
   4.5.1 帧中继产生的背景 ······133
   4.5.2 FR 对 X.25 网的改进 ······134
   4.5.3 FR 的体系结构和服务 ······135
   4.5.4 FR 的带宽管理 ······138
 4.6 数字数据网 ······139
   4.6.1 数字数据网概述 ······139
   4.6.2 CHINADDN 体制 ······140
 4.7 ATM ······141
   4.7.1 ATM 概述 ······141
   4.7.2 ATM 的发展前景 ······142
 4.8 常用接入网技术 ······143
   4.8.1 接入网 ······143
   4.8.2 xDSL 接入技术 ······144
   4.8.3 光纤接入网技术 ······146
   4.8.4 HFC 和 Cable Modem 技术 ······147
 习题 ······149

第 5 章 网络互连技术 ······150
 5.1 网络互连的目的与要求 ······150
   5.1.1 网络互连的目的 ······150
   5.1.2 网络互连的要求 ······151
 5.2 网络互连的类型与层次 ······152
   5.2.1 网络互连的类型 ······152
   5.2.2 网络互连的层次 ······152
 5.3 网络接入设备 ······153
   5.3.1 网络接口卡 ······153
   5.3.2 调制解调器 ······156
 5.4 物理层互连设备 ······157
   5.4.1 中继器 ······157
   5.4.2 集线器 ······159
 5.5 数据链路层互连设备 ······161
   5.5.1 网桥 ······161
   5.5.2 交换机 ······163
 5.6 网络层互连设备 ······169

	5.6.1	路由器的功能	170

- 5.6.1 路由器的功能 ………………………………………………………………… 170
- 5.6.2 路由器组成结构 ……………………………………………………………… 170
- 5.6.3 路由表 ………………………………………………………………………… 172
- 5.6.4 常用路由协议 ………………………………………………………………… 172
- 5.6.5 路由器与交换机的区别 ……………………………………………………… 173
- 5.6.6 路由器性能指标 ……………………………………………………………… 173
- 5.6.7 第三层交换机 ………………………………………………………………… 174
- 5.7 高层互连设备 ……………………………………………………………………… 177
- 5.8 网络互连设备的选择 ……………………………………………………………… 178
- 5.9 以太网交换机和路由器配置技术 ………………………………………………… 179
  - 5.9.1 以太网交换机和路由器配置方式 …………………………………………… 179
  - 5.9.2 以太网交换机基本配置 ……………………………………………………… 181
  - 5.9.3 路由器的基本配置 …………………………………………………………… 187
- 习题 ……………………………………………………………………………………… 190
- 实训四 VLAN 的配置 …………………………………………………………………… 191
- 实训五 静态路由配置 …………………………………………………………………… 195
- 实训六 RIP 动态路由协议的配置 ……………………………………………………… 198
- 实训七 单区域 OSPF 动态路由协议的配置 …………………………………………… 199

第 6 章 TCP/IP 协议及 Internet 技术 … 201

- 6.1 Internet 概述 ……………………………………………………………………… 201
- 6.2 网络接口层 ………………………………………………………………………… 203
- 6.3 网际协议 …………………………………………………………………………… 205
  - 6.3.1 网际层的功能 ………………………………………………………………… 205
  - 6.3.2 IP 地址 ………………………………………………………………………… 206
  - 6.3.3 IP 的数据报格式 ……………………………………………………………… 217
  - 6.3.4 网际层的其他协议 …………………………………………………………… 220
- 6.4 传输层协议 ………………………………………………………………………… 227
  - 6.4.1 传输层协议概述 ……………………………………………………………… 227
  - 6.4.2 TCP ………………………………………………………………………… 227
  - 6.4.3 UDP ………………………………………………………………………… 234
- 6.5 应用层协议 ………………………………………………………………………… 236
  - 6.5.1 应用层功能与工作模式 ……………………………………………………… 236
  - 6.5.2 域名系统 ……………………………………………………………………… 237
  - 6.5.3 万维网 ………………………………………………………………………… 242
  - 6.5.4 文件传输服务 ………………………………………………………………… 245
  - 6.5.5 电子邮件服务 ………………………………………………………………… 246
  - 6.5.6 远程登录协议 ………………………………………………………………… 246

6.6　Intranet 和 Extranet ……247
6.7　下一代互联网协议 IPv6 ……248
习题 ……250
实训八　常用网络命令的使用 ……252

第 7 章　网络应用与安全技术 ……255

7.1　网络应用服务 ……255
 7.1.1　网络操作系统功能与作用 ……255
 7.1.2　典型网络操作系统 ……256
 7.1.3　网络的工作模式 ……257
 7.1.4　以服务器为中心网络的三种模式 ……258
 7.1.5　Windows Server 2K 系列网络操作系统 ……261
 7.1.6　安装活动目录 ……263
 7.1.7　用户和计算机账户管理 ……267
 7.1.8　组织单元的管理 ……270
 7.1.9　文件系统管理 ……271
 7.1.10　DNS 服务器配置 ……276
 7.1.11　IIS 及相关配置 ……280

7.2　网络安全技术 ……285
 7.2.1　网络安全 ……285
 7.2.2　数据加密技术 ……288
 7.2.3　网络安全体系 ……290
 7.2.4　网络防火墙技术 ……295
 7.2.5　虚拟私有网络 ……299
 7.2.6　入侵检测系统 ……300
 7.2.7　入侵抵御系统 ……301
 7.2.8　统一威胁管理器 ……301
 7.2.9　网络病毒与防范 ……302

习题 ……305
实训九　活动目录的安装 ……306
实训十　创建用户账户并分配权限 ……307
实训十一　安装 DNS 服务器 ……307
实训十二　WWW 服务及 FTP 服务的配置 ……308

参考文献 ……310

第 1 章　计算机网络概论

【内容提要】

本章作为全书的引论，介绍计算机网络的基本概念，包括其产生与发展过程，定义及分类，组成要素及功能结构，网络常用概念，网络体系结构，OSI 参考模型和 TCP/IP 参考模型，是后面各章学习的基础。

【学习要求】

要求理解网络的概念、发展概况、现状及趋势，网络的定义与分类方法，网络的性能指标，网络体系结构的层次化研究方法及相关术语。

要求掌握网络的拓扑结构，网络的组成，OSI 和 TCP/IP 参考模型的层次划分结构。

要求了解分层系统结构中数据传输过程，OSI 与 TCP/IP 参考模型的共同点与差异，网络的发展趋势。

1.1　计算机网络的产生与发展

人类进步史上任何一种新技术的出现都必须具备两个条件：强烈的社会需求和前期技术的成熟。计算机网络技术的产生与发展也遵循这一规律。了解计算机网络的产生背景和发展过程有助于理解它的应用目的、技术特点、分析方法和发展方向。

1.1.1　计算机网络产生的背景

20 世纪后半叶以来，社会的信息化、数据的分布式处理以及各种计算机资源共享等应用需求推动了计算机网络技术的迅猛发展，使之成为 20 世纪最伟大的科技成就之一。

1946 年第一台数字式电子计算机诞生，人类发明了信息处理的智能工具，为人类处理信息提供了理想的手段，促进了人类向信息社会迈进。

用于信息处理的计算机技术与用于信息传输的通信技术均属 IT 技术，在发展过程中相互渗透、相互融合产生了计算机网络技术，使得信息的采集、处理、存储、传输、控制和利用等技术成为一个有机的整体，是计算机技术发展和应用的深入，也是 IT 技术发展的必然，如图 1-1 所示。

计算机网络的诞生使计算机的应用环境发

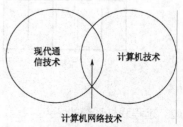

图 1-1　计算机网络技术是计算机与通信技术的结合

生了巨大变化，突破了单机资源的限制，得到了网络环境下各种资源的强大支持。从而使计算机的发展与网络融为一体，体现了"网络就是计算机"的理念。在当前信息社会中，计算机网络改变了传统意义上的时空概念，对人们的生活和工作产生了日益巨大的影响，成为支撑信息化社会的基础设施。

1.1.2 计算机网络的发展过程

计算机网络经历了从简单到复杂、从单机系统到多机系统、从以主机为中心到以网络为中心的发展过程，大致可分为四个阶段：面向终端的远程联机系统阶段；以通信子网为中心、以共享资源为目的的计算机—计算机网络阶段；开放式标准化网络阶段；以 Internet 为主体的网络互联阶段。

1．面向终端的计算机网络

（1）远程联机系统的诞生

20 世纪 50 年代，在计算机出现不到 10 年的时间里，工业、商业与军事等诸多部门开始涉及计算机应用。当时面临的现实问题是计算机系统价格昂贵、体积庞大，集中在少数部门而远未普及，然而人们对分散在不同地点的数据处理需求却日益迫切。人们开始考虑将彼此独立发展的计算机技术与通信技术结合起来，进行计算机通信网络的研究，以实现远程使用计算机，这为计算机网络的产生进行了前期技术准备，是计算机网络发展的萌芽阶段。

通信技术早于计算机技术出现且已相对普及，因此，将不同地理位置的用户终端通过通信线路和通信设备与远程的计算机相连，构成了以计算机（称为"主机"）为中心的远程联机系统。用户通过终端将需要处理的数据经通信线路传送到主机进行处理并得到返回的处理结果，实现了异地远程使用计算机，如图 1-2 所示。这样的系统通常称为"远程联机系统"，以区别于早期的脱机系统（图 1-3）。

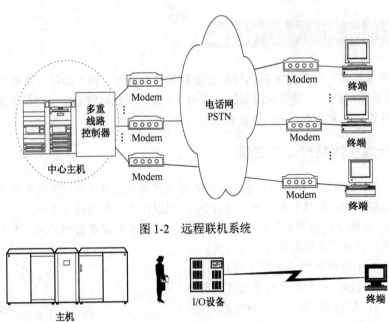

图 1-2　远程联机系统

图 1-3　脱机方式

（2）远程联机系统的特点

主机是网络的中心和控制者，主要任务是进行数据的批处理，其运行的是分时多用户操作系统,为众多的终端用户提供计算服务;终端无独立的数据处理能力,通过远程通信而共享主机的硬件和软件资源。所以远程联机系统又称为"面向终端的计算机网络"。

这里调制解调器(Modem)完成主机或终端的数字信号与电话线传输的模拟信号之间的转换(当时尚无专用的数字信道,数据传输只能采用电话模拟信道);多重线路控制器的功能是完成串行(电话线路)和并行(计算机内部)传输信号的转换、接收以及简单的差错控制。

(3)远程联机系统的改进

随着终端设备的增多,远程联机系统在以下两方面做了改进。

1)增设前端处理机,(Front End Processor,FEP)。终端数量增多后,中心计算机承担的与各终端间的通信任务必然加重,使得原本以数据处理为主要任务的中心计算机要频繁地中断收发各终端数据,增加了通信方面的额外开销,降低了实际数据处理的工作效率。因此,人们在中心计算机前面增设一个前端处理机(也称前置机)专门来完成与终端之间的通信工作,代替主机收发各终端数据,从而使中心计算机专注于数据处理。这可认为是最早的计算机协同处理应用之一。

2)增设终端控制器(Terminal Controller,TC)。若每台远程终端都使用一条专用通信线路连接中心计算机,则线路利用率很低,且随着终端数量的增多,线路成本剧增。因而,人们在终端较集中的地方设置终端控制器(也称集中器)。终端控制器首先通过本地低速线路将附近各终端连接起来,再通过 Modem 及高速通信线路与远程中心计算机的 FEP 相连,使用多路复用技术在一条高速线路上传输来自多条慢速终端线路的数据。这样可利用一些终端的空闲时间来传送其他处于工作状态终端的数据,提高了远程线路利用率,降低了通信费用。

改进的远程联机系统典型结构图如图 1-4 所示。两种系统对比如图 1-5 所示。

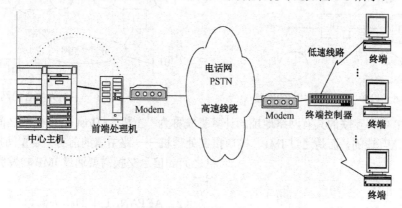

图 1-4 改进的远程联机系统典型结构图

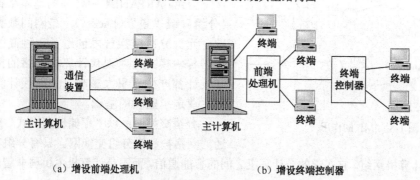

(a)增设前端处理机　　　　　　　　(b)增设终端控制器

图 1-5 两种远程联机系统对比示意图

尽管做了这些改进,其仍属于远程联机系统,结构特点是单主机多终端。除了中心计算机外,终端都不具备自主处理能力，属于非智能终端，与中心计算机具有明显的主从关系。虽然历史上也曾称它为第一代计算机网络，但为了更明确地与后来出现的自主计算机互连的网络相区别，现在一般称其为面向终端的计算机网络，它更多的是一种计算机通信网，是计算机网络的低级形式。

2．计算机—计算机网络阶段

（1）计算机—计算机网络的特点

20世纪60年代后期，随着计算机的广泛应用，出现了由多台自主计算机经通信系统互连的网络系统，呈现出多处理中心的特点，开创了"计算机—计算机"通信时代。网络用户不仅可以使用本地计算机的资源，也可以使用其他联网计算机的资源，从而达到资源共享的目的。这一时期的网络被称为第二代计算机网络。

ARPANET是这个阶段的先驱，它的出现标志着现代意义上的计算机网络诞生，是网络发展史上的里程碑，为网络技术的发展做出了突出的贡献。其主要表现在：提出并实现了基于"分组交换"的数据传输方式——这被公认为现代计算机网络的突出标志和核心技术，还提出了计算机网络的逻辑结构由"通信子网"和"资源子网"两级组成的重要理论。此外，它是第一个以资源共享为目的的计算机网络，采用具有良好开放性的通信协议，为当今最大的、覆盖全球的网络——Internet的诞生奠定了基础。ARPANET的成功使计算机网络的概念发生了根本性的变化，由面向终端的计算机网络转变为以通信子网为中心的网络，真正形成了"网"的概念。

以单个主机为中心的网络如图1-6所示，以多主机为中心的网络如图1-7所示。

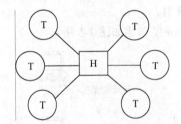

图1-6 以单个主机为中心的网络

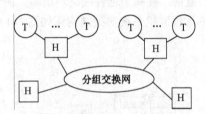

图1-7 以多—主机为中心的网络

ARPANET中将互联的具有网络地址的计算机统称为"主机"（Host）。但主机之间并不是通过直接的通信线路互连的，而是通过IMP（接口报文处理机——路由器的前身）装置间接相连的，主机之间的信息交换需要通过IMP转发完成，如图1-8所示。

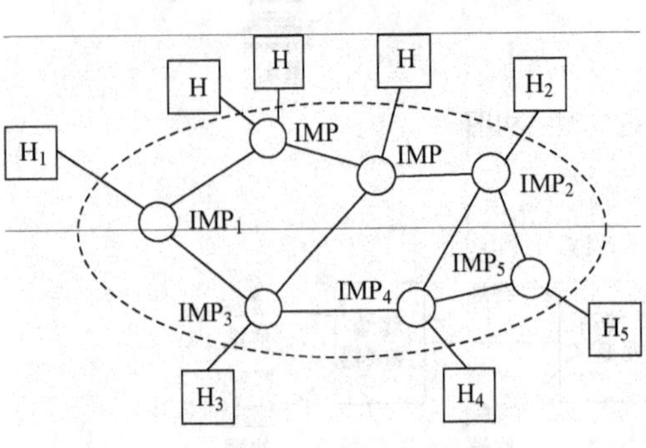

（2）ARPANET中的相关概念

分组：ARPANET中传递的基本数据单位称为"分组"或"包"（Packet），是网间数据传输的标准单元。分组交换技术创造了一种高效、灵活的数据传输模式，对现代计算机网络的概念、结构和设计都产生了重大影响，为现代计算机网络的产生奠定了坚实的基础。

图1-8 IMP的作用

分组交换网：以"存储转发方式"传输分组的通信网络被称为分组交换网。只有分组交换网才能称为真正的计算机网络，它实现的是计算机之间的智能通信，而不是计算机主机与非智能终端之间的通信。

交换结点：IMP或分组交换结点通常是由执行通信控制功能的专用计算机实现的，具有路径选择和存储转发功能。为确保高可靠性，每个 IMP 至少和另外两个 IMP 相连接。

(3) 同时期其他体系结构的计算机网络

在 ARPANET 发展的同时，为满足计算机联网日益增长的需求，各计算机厂商相继研发并推出了自己的网络体系结构。例如，IBM 公司的 SNA、DEC 公司的 DNA、UNIVAC 公司的 DCA 等网络体系结构。这些网络基于各自厂商的计算机与设备，体系结构都采用了层次的技术，但彼此对层次的划分、功能的定义、采用的技术标准等互不相同，这种互不兼容、自成体系的封闭系统，由于标准不统一，难以互联实现通信与资源共享，形成了"信息孤岛"现象。这种局面严重阻碍了计算机网络的发展，也给用户带来极大的不便。所以，第二代计算机网络是一个非标准化的阶段。

3．开放式标准化网络阶段

要实现更大范围内的联网，应当不同厂家生产的不同计算机系统（异构系统）能够互相通信。因此，建立"开放"式的网络，实现网络标准化，已成为历史发展的必然。为适应这一趋势，1977年，国际标准化组织（International Standards Organization，ISO），在研究分析和综合了已有的各种网络体系结构基础上，着手研究"开放系统互联参考模型"，即 OSI RM（Open System Interconnection Reference Model），于 1984 年正式公布。ISO 在推动构建开放的网络体系结构模型与网络协议的研究方面做了大量的工作，对网络理论体系的形成与网络技术的发展起到了重要的推进作用，为实现网络标准化制定了概念性框架。

OSI RM 迅速得到了国际社会的广泛认可，成为计算机网络体系结构的标准。从此，计算机网络进入了标准化阶段，标志着计算机网络的发展步入成熟期。人们把这个阶段的网络称为第三代网络。

4．网络互联阶段

随着全球经济一体化的发展，人们的活动空间日益扩大，单一计算机网络覆盖的范围已经不能满足人们的需求，网络之间互联的问题随之提出。20 世纪 90 年代初至今，是第四代计算机网络时代，其标志是 Internet 的成功普及。Internet 是世界上网络互联数目最多、规模最大的网际网，是"网络的网络"如图 1-9 所示。

Internet 目前覆盖了各种机构、家庭以及社会生活的各个角落，改变了各行各业人们的工作、学习和生活方式，成为人们打破时空限制进行交流的有效手段。Internet 是人类自印刷术以来信息传播方面最大的变革，对推动世界经济、社会、科学、文化的发展产生了不可估量的作用。21 世纪是一个以网络为核心的信息时代，网络已经在改变着世界，并将继续改变世界。

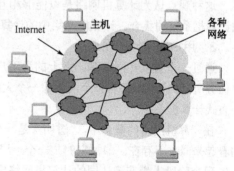

图 1-9 网络互联

1.1.3 计算机网络的发展趋势

世界范围内的信息化进程突飞猛进，计算机网络技术的发展处于鼎盛时期。随着人们越来越多地将现实世界的各种应用向网络虚拟世界转移，网络各种应用的新需求作为最基本动力驱动着网络技术向前发展，今后新一代计算机网络技术的发展趋势会表现在以下几个方面。

1) 开放式的网络体系结构，使得各种网络可以方便地互联在一起，真正达到资源共享、数据通信和分布处理的目标。

2) 向高性能发展，追求高速（宽带）、高可靠和高安全性，提供文本、声音、图像、视频等综合性一体化服务。随着多媒体网络的发展和日趋成熟，电话、有线电视和数据三网融合是一个重要的发展方向。

3）网络更加智能化，多方面提高网络的性能和综合的多功能服务，并更加合理地进行网络各种业务的管理，真正以分布和开放的形式向用户提供服务。

4）支持可移动性。由于笔记本式计算机和各种便携式智能设备的广泛使用，可移动的无线联网需求日益增加，无线数字网的发展前景十分可观。

专家们普遍认为：在网络的服务层面上看，以后将是 IP 的世界；在网络主干传输层面上看，"IP 技术+光网络"是发展方向，最终目标是全光纤化；从接入层面上看，它将是一个有线和无线的多元化世界。为此，目前比较关键的技术主要有软交换技术、IPv6 技术、光交换与智能光网络技术、宽带接入技术和 3G/4G 乃至今后的 5G 移动通信系统技术，新兴的物联网及云计算技术等。新一代 Internet——NGI（Next Generation Internet，采用 IPv6 协议），已开始投入使用。

1.2 计算机网络的概念

1.2.1 计算机网络的定义

计算机网络的精确定义至今尚未统一，原因在于它是一门高速发展的技术，人们在不同时期对计算机网络的理解和要求不同，也受各个时期技术条件的限制，人们提出了各种不同的观点，给出过不尽相同的定义。归纳起来，有三种理解和定义计算机网络的观点。

1. 广义的观点

这种观点以实现通信、传输信息为主要目的，认为计算机网络是由通信线路将多个计算机连接起来的计算机系统的集合，从通信的角度定义了计算机通信网络。按此观点，最早的面向终端的远程联机系统也可算做计算机网络。

2. 资源共享的观点

这种观点认为计算机网络是以能够相互共享资源的方式连接起来的，并且各自具备独立功能的计算机系统的集合。计算机网络中的计算机相互依赖的实质是为了共享资源。

3. 用户透明性的观点

通过一个建立在网络基础之上的为用户自动管理资源的高层网络管理软件，由它调用完成用户任务所需的资源，使得整个网络像一个大的计算机系统一样对用户透明。以此观点定义的是一种分布式计算机系统。

在计算机网络的概念中，"透明"是一个很重要的概念和术语。它表示：某一个实际存在的事物看起来似乎不存在，即被它的某一个上层实体所屏蔽。

现今阶段人们普遍认同的计算机网络定义基于资源共享的观点：计算机网络是通过数据通信系统把地理位置上分散的自治（自主）计算机系统互联起来，通过功能完善的网络软件（包括网络通信协议、网络操作系统等）实现数据通信和资源共享的系统。

1.2.2 计算机网络的基本特征

上面关于计算机网络的定义反映了当代计算机网络具有如下几个基本特征。

1）"互联"：不仅仅是指通过各种传输介质实现的物理"互连"，连接在一起的计算机必须能够互相交换信息才能称为"互联"。

2）"自治"计算机系统的集合：所谓自治计算机系统是指具有独立运算能力的计算机，可以独立运行用户的作业，属于智能结点，它排除了具有主从关系的多终端分时多用户系统。按此定义，则早期的面向终端的网络不能算是计算机网络,而只能称为联机系统。

3) 以资源共享为核心目的:所谓的"资源"是指构成系统的所有要素。计算机网络中的资源主要包括硬件资源、软件资源和数据资源。

4) 计算机技术和通信技术的结合:计算机网络是在计算机技术和通信技术高度发展的基础上相互融合的产物。一方面,通信系统为计算机间的数据传送和资源共享提供了重要的支持;另一方面,由于计算机技术渗透到了通信领域中,又极大地提高了通信网络的性能与智能。

5) 通过网络软件进行控制和管理,其中通信协议是关键内容。联网的计算机在通信过程中必须遵循统一的网络协议,是计算机网络得以运行的控制机制。网络中的各个独立的计算机之间要能互连并通信,必须制定相互遵循的规范标准或协议。

6) 从用户的角度看,计算机网络可以理解为一个具有透明的数据传输机制和资源共享、协同工作的综合信息处理系统。

1.2.3 计算机网络的资源

计算机网络的资源一般分为以下三大类。

(1) 硬件资源

所谓共享硬件资源是指网络用户可以共享网络上各种硬件设备,如巨型计算机或专用高性能计算机、大容量存储设备、高分辨率打印机、高精度大型绘图设备,以及通信信道和通信设施等。共享硬件资源的好处显而易见,一个低性能的计算机,可以通过网络使用各种不同类型的设备,既解决了部分资源贫乏的问题,同时也有效提高了现有资源利用率,充分发挥了资源的潜能,节省了用户投资,也便于资源的集中管理与采取安全措施。

(2) 软件资源

网络允许用户远程调用其他计算机中的软件资源以实现共享,也可以通过一些网络应用程序(如FTP)将共享软件下载到本地主机使用。

(3) 数据资源

数据资源即信息资源,网络尤其是Internet,是一个巨大的信息资源库,很多接入Internet的网络都提供信息资源供用户共享。Internet上的信息资源涉及各个领域,内容极为丰富。

1.3 计算机网络的功能、特点与应用

1.3.1 计算机网络的功能与特点

网络使计算机的作用范围超越了地理位置的限制,信息处理能力大大加强。计算机网络具有单机应用所不具备的下述主要功能。

(1) 数据通信

从通信角度看,计算机网络其实也是一种通信系统。利用计算机网络可在计算机之间快速可靠地传递各种数据。例如,电子邮件(E-mail)可以使异地用户快速准确地相互通信;电子数据交换(EDI)可实现商业部门或公司之间订单、发票、单据等商业文件安全准确的交换;文件传输服务(FTP)可实现文件的快速传递(上传和下载);还有电子公告牌(BBS)、IP电话、视频会议、在线音视频聊天、交互式娱乐、音视频点播等,这些极大地方便了用户,提高了工作效率,消除了地理上的限制。数据通信能力是计算机网络最基本的功能,是实现其他功能的基础。

(2) 资源共享

资源共享是计算机网络的主要功能和目标，也是其最具吸引力的地方。通过资源共享，可使网络中分散在异地的各种资源互通，分工协作，从而提高资源的利用率。由于资源共享，联网用户获得了网络支持，从而提高了用户本地计算机系统的性能。

(3) 提高系统的可靠性和可用性

单机或设备难免出现故障，导致系统瘫痪。而计算机网络能提供一个多机系统的环境实现容错功能，系统的冗余度提高了，避免了单点失效对用户产生的影响，提高了系统整体的可靠性。

对于单机难以完成的大型复杂任务，网络可以分配其他计算资源，由多台计算机协同工作共同完成，充分利用了网络资源，起到了均衡负载、提高可用性的作用，改善了整个系统的性能。

(4) 促进分布式计算环境的发展

在网络环境支持下，可以构建分布式处理系统，以提高系统的处理能力，高效地完成一些大型应用系统的计算及大型数据库的访问等，使计算机网络除了可以共享文件、数据和设备外，还能共享计算能力和处理能力，如分布式计算系统、分布式数据库管理系统等，改变了单机环境下的集中处理模式。这就是计算机网络结点地理上分布的广阔性带来的分布处理的社会性。

(5) 提高系统性能价格比

计算机组成网络后，由于资源共享，提高了整个系统的性价比，降低了系统的投资和维护费用，且易于扩充，方便系统维护。

1.3.2　计算机网络的应用

正因为计算机网络具有上述功能和特点，使得它广泛应用到经济、文化、教育、科学等各个领域中，对人们的生活产生越来越大的影响。随着网络技术的发展和各种应用的需求，其应用范围不断扩大，应用领域也愈加深入，许多新的计算机网络应用不断地涌现出来。

计算机网络典型应用涉及：办公自动化（OA）、电子数据交换（EDI）、远程信息访问、家庭娱乐、工业自动化、军事指挥自动化、辅助决策、网上教学、远程教育、远程医疗、管理信息系统、数字图书馆、电子博物馆、全球情报检索与查询、网上购物、网上订票、电子商务、电子政务、IP电话、视频会议、视频广播与点播、过程控制、网上即时通信和 E-mail 等。基于计算机网络的信息服务和各种应用正在带动网络、软件产业以及信息产品制造业与信息服务业高速发展，也正在引起产业结构和从业人员结构的变化，有更多的人转移到网络相关产业上来。

1.4　计算机网络的分类

计算机网络具有多种特征和属性，可以从不同的视角进行分类。一个网络从不同的角度观察可以被划分到不同的类别，同时多种类别的特征又可体现在同一个网络上。分类的目的只是便于分析和反映网络的特征，以便从不同的侧面了解不同网络类型的特点，从而选择和构建更适合应用需求环境的网络。

1. 按网络覆盖的地理范围分类

计算机网络按覆盖的地理范围进行分类，是一种最为常见的计算机网络分类方法，之所以如此，是因为地理覆盖范围的不同在网络技术的实现与选择上存在着明显差异。

(1) 局域网

局域网（Local Area NetworK，LAN），是分布在有限地理空间的网络，一般由一个部门或单位所拥有和管理，成本低、组网灵活，易于建立、维护与扩展，适用于企业、机关、校园、生活小区等范围内的计算机、终端与各类信息处理设备联网的需求。

局域网是伴随着微型机广泛应用而迅速发展起来的，它是计算机网络中最活跃的领域之一，是各部门信息化的基础平台，应用极为广泛。

（2）广域网

广域网（Wide Area Network，WAN）通常是指分布范围较大，覆盖一个地区、国家甚至全球范围的大型计算机网络，以实现较大范围内数据传输和资源共享为目的。通常采用公共通信网作为通信子网。

（3）城域网

城域网（Metropolitan Area Network，MAN）是介于局域网和广域网之间的一种大范围的高速网络。其覆盖范围通常是一个城市的规模，设计目标是要满足几十千米范围内的大量企业、机关、院校、生活小区的多个局域网互连的需求，使其成为一个规模较大范围内的综合信息传输平台，以实现大量用户间数据、语音、图形与视频等多种信息传输。目前城域网越来越多地采用局域网技术实现。

随着网络应用领域的扩大，网络的覆盖范围进一步向两端延伸，随之又出现了互联网和个域网。

（4）互联网

互联网由众多网络互连而成，Internet 是其典型代表。

（5）个域网

个域网（Personal Area Netwrk，PAN）只有几米到数十米的区域，取代线缆将终端设备接入网络，目前有蓝牙（802.15）、ZigBee（802.15.4）、UWB（超宽带）、Wi-Fi（802.11b）、IrDA 等多种技术。

2．按数据传输技术分类

（1）广播式网络

在广播式网络（Broadcast Networks）中，所有联网的结点都共享一个公共通信信道，是共享介质型网络。任一结点利用共享通信信道发送数据时，所有其他结点都可接收到，这种"一对所有"的方式称为"广播式"。利用广播通信信道完成网络通信任务时，必须解决两个基本问题。

1）如何寻址通信的接收方。

2）如何解决多个结点同时发送数据时造成争用公用信道而产生冲突的问题。

对于第一个问题的解决方法是，在发送的数据报文中带有目的地址与源地址，接收到该数据报文的计算机将检查目的地址是否为本结点地址。如果目的地址与本结点地址相同，则接收该数据报文，否则放弃接收，这样即可在广播信道上实现点对点的通信。对于第二个问题的解决方法是，通过介质访问控制协议分配信道的使用权，解决信道的争用问题，避免冲突。广播式网络一般用于局域网。

（2）点对点式网络

与广播式网络不同，在点对点式网络（Point-to-Point Networks）中，每条物理线路连接一对结点。如果两个结点之间不能直接相连，那么它们之间的数据报文传输就要通过中间的结点转发，直至到达目的结点，所以也称"交换式网络"。由于连接多个结点之间的线路结构一般比较复杂，因此，从源结点到目的结点可能存在多条路径选择（路由），需要由路由选择算法来计算。点对点式通信多用于广域网。

是否采用交换和路由选择技术是区分广播式网络还是点到点式网络的重要依据之一。

3．按网络的拓扑结构分类

（1）网络拓扑结构基本概念

网络拓扑结构是计算机网络结点和通信链路所组成的几何形状，是网络的抽象布局图形。网络拓扑描述网络中各结点间的连接方式及结构关系，给出网络整体结构的全貌。拓扑设计对网络性能、系统可靠性与通信费用都有重大影响。

需要注意的是，网络拓扑包括"物理拓扑"和"逻辑拓扑"，物理拓扑是描述网络设备如何布线和物理连接的，逻辑拓扑是描述信号如何沿网络传播的。一个网络的物理拓扑结构和逻辑拓扑结构可能相同也可能不同。

（2）基本的网络拓扑结构

一般有五种基本的网络拓扑结构。

1）总线型拓扑结构：这种结构的特点是所有结点都连接到一条作为公共传输介质的总线上，其典型代表是使用粗、细同轴电缆所组成的传统以太网，如图1-10所示。

2）星型拓扑结构：这种结构是以中央结点为中心与各个端结点连接而组成的，各结点与中央结点通过点到点通信线路连接，任何两结点之间的通信都要通过中央结点转接，如图1-11所示。

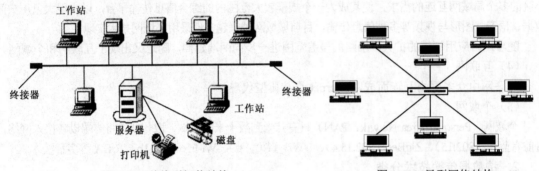

图1-10　总线型拓扑结构　　　　　　图1-11　星型网络结构

3）树型拓扑结构：这种结构目前多采用分级的星型结构来实现。它是一种层次化的结构，具有一个根结点和多层分支结点。树型拓扑中除了叶结点以外,根结点和所有分支结点都是转发结点，信息的交换通过转发结点进行，如图1-12所示。

4）环型拓扑结构：这种结构是由网络中若干中继器（干线耦合器）通过点到点的链路首尾相连形成的一个闭合环，如图1-13所示。

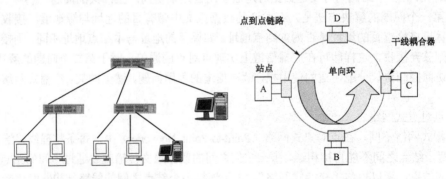

图1-12　树型拓扑结构　　　　　　图1-13　环型拓扑结构

5）网状拓扑结构：这种结构分为全连通网状拓扑结构和非全连通网状拓扑结构两种形式，如图1-14所示。网状拓扑结构的优点是可靠性较高，缺点是通信线路成本高。

需要指出的是，每一种拓扑结构都有其优缺点，各有其适用场合。在实际组网的应用中，往往综合了多种网络拓扑结构的优点，网络拓扑结构并不是单一类型的，而是上述几种基本类型的混合类型。例如，在一些网络中，主干网是总线型或环型拓扑，而部分子网采用星型拓扑。

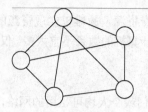
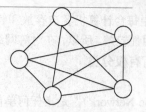

(a) 非全连通网状拓扑结构　　　　(b) 全连通网状拓扑结构

图 1-14　网状拓扑结构

(3) 网络拓扑结构的选择

网络拓扑代表了一个网络的基本结构，其选型是网络设计的第一步，具有十分重要的地位。选择网络拓扑结构时，主要考虑的因素如下。

1) 可靠性：网络的可靠性是拓扑选择的重要因素。网络拓扑要易于故障诊断和隔离，以使网络的主体在局部发生故障时仍能正常运行。

2) 网络既要易于安装，又要易于扩展。

3) 网络拓扑的选择直接影响传输介质的选择和介质访问控制方法的确定，这些因素又会影响各个站点的运行速度和网络软、硬件接口的复杂性。

4) 费用、灵活性、响应时间、吞吐量等因素。

多种不同拓扑结构的网络可以通过网络之间的互连技术，构成一个集多种结构为一体的互联网络。Internet 就是一个多种结构互连的典型例子。

4．按使用的传输介质分类

网络是通过传输介质来传输数据和各种控制信息的。根据网络信道使用的传输介质，可以把计算机网络分为"有线网络"和"无线网络"。

有线网络：包括双绞线网络、光纤网络、同轴电缆网络。

无线网络：使用无线电波、红外线和微波作为传输介质。由于联网方式灵活方便，支持移动接入，是一种很有前途的联网方式，尤其是在末端接入场合。它通过与有线数据网互连，把有线数据网络的应用延伸到移动和便携用户。

目前，很多网络并非使用单一的传输介质，而是几种传输介质混合使用。

5．按应用模式分类

依据网络中计算机地位的不同，可以将网络分为两类应用模式。

(1) 基于服务器的网络

在网络中，有一些计算机为网络中的用户提供共享资源和应用服务功能，这些计算机就称为"服务器"，而接受服务或需要访问服务器上共享资源的计算机称为"客户机"，这种结构的网络就是基于服务器的网络。服务器处于核心地位，在很大程度上决定了网络的功能和性能。根据服务器所提供的共享资源的不同，通常可以将服务器分为文件服务器、打印服务器、邮件服务器、Web 服务器和数据库服务器等。

基于服务器的网络可以集中管理网络的共享资源和网络用户，易于实现对网络用户权限的分级管理，因而具有较好的安全性。由于重要的共享资源主要集中在服务器上，而服务器一般是集中管理的，故这种网络易于管理和维护。在当前实际的应用中，大多数都是基于服务器的网络。

(2) 对等网络

对等网络中没有专用的服务器，网内所有计算机的地位都是平等的，因此，常将对等网络称为工作组网络。网络中的每台计算机既可作为服务器，管理自身的资源和用户，提供各种服务，同时，又可作为客户机去访问其他计算机中的资源。

由于对等网络中每台计算机各自存放和管理自身资源,故难以实现资源的集中管理,因而,数据的安全性和易用性较差。所以,在对等网络中,计算机的数目不宜太多,仅适用于小规模网络。

6. 按网络的所有权分类

(1) 公用网

"公用网(Public Network)"是指任何单位、部门或个人均可租用的网络,一般由国家电信部门或大的运营商构建、管理和控制,如公共电话交换网(PSTN)、数字数据网(DDN)、综合业务数字网(ISDN)等。公用网面向全社会所有人提供服务,因此公用网也可称为公众网。

(2) 专用网

"专用网(Private Network)"是指特定单位、部门为了某种目的而构建的私有网络。多数局域网属于专用网。某些广域网也可用做专用网,如广电网、铁路通信网等。目前专用广域网发展也极为迅速,它们也提供对外租用服务,形成与公用网竞争的局面。

7. 网络的其他分类方法

按信息交换方式分类:电路交换网、报文交换网、分组交换网(后面重点介绍)。

按组网技术分类:陆地网、卫星网、分组无线网等。

按通信速率分类:低速网、中速网和高速网。其中,高速网也称宽带网,低速网也称窄带网。

按网络采用的协议分类:TCP/IP 协议网络、IPX/SPX 协议网络、Appletalk 协议网络等。

以上这些关于网络的分类在概念上互有交叉,对于一个具体的网络,可能同时具有上面几种分类的特征。

1.5 计算机网络的组成结构和功能结构

1.5.1 计算机网络的组成结构

计算机网络的组成总体上说包括硬件系统和软件系统两大部分,是网络系统赖以存在的基础。

1. 计算机网络硬件系统

网络硬件是计算机网络系统的物质基础。从拓扑学的角度来看,网络是由一些点和线构成的,所以网络硬件为各种网络结点和通信链路。

(1) 网络结点

网络结点是网络系统中的各种数据处理设备、数据通信控制设备和数据终端设备。具体包括计算机、终端和各种连接设备。网络结点又分为端结点(访问结点)和中间结点(交换结点或转接结点)。

1) 端结点(访问结点):包括用户终端设备和网络上的主机系统,是通信的信源或信宿。用户终端设备直接面对用户,用于向网络发送信息或从网络接收信息。网络上的主机系统存储着各种资源供用户通过网络进行访问。

2) 中间结点:指网络通信过程中起控制和转发信息作用的结点,支持网络的连通性,它通过所连接的链路来转发数据,最终把数据交付给目的主机。通常这类结点有集中器、通信控制处理机(包括交换机、路由器、网关)等。

(2) 通信链路

通信链路是网络结点间承载信号传输的信道,可采用多种传输介质。

2. 计算机网络软件系统

网络软件系统是实现网络功能不可缺少的软件环境,可分为网络系统软件和网络应用软件。

（1）网络系统软件

这种软件用于控制和管理网络运行、提供网络通信和网络资源分配与共享功能，并为用户提供访问和操作网络的人机界面。主要包括网络操作系统（NOS）、网络协议软件和网络通信软件等，目前各种网络操作系统均支持多种网络协议，尤其是广泛应用的 TCP/IP 协议软件包。

（2）网络应用软件

网络应用软件是指为某一个具体应用目的而开发的网络软件，为网络用户提供一些实际的应用服务。例如，网络管理监控程序、网络安全软件、分布式数据库、管理信息系统（MIS）、数字图书馆、Internet 信息服务、远程教学、远程医疗、视频点播等。

1.5.2 计算机网络的逻辑结构

计算机网络是现代通信技术与计算机技术紧密结合的产物，其两大基本功能是数据通信和资源共享，因此从功能结构上也可以分成两大部分：负责数据通信的"通信子网"和负责数据处理以实现资源共享的"资源子网"。这样划分的功能结构也称为逻辑结构，是现代计算机网络结构的重要特征，使网络的数据处理与数据通信有了清晰的功能界面，便于根据功能进行分析。

通信子网是计算机网络中实现网络通信功能的设备及其软件的集合，资源子网是网络中实现资源共享功能的设备及其软件的集合。中间系统（转接结点）位于通信子网内，负责传输信息。端系统（访问结点）位于资源子网内，是资源的拥有者或用户与网络的接口。图 1-15 是计算机网络功能结构示意图。

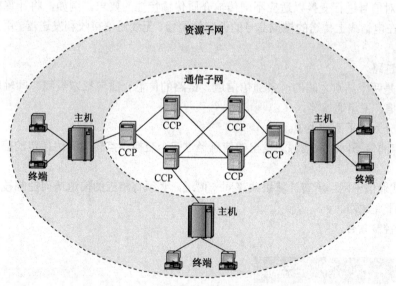

图 1-15　计算机网络功能结构示意图

网络逻辑结构表明：网络逻辑上以通信子网为中心，资源共享建立在通信基础之上，即资源共享依赖于通信实现，通信支持着资源共享。

1. 资源子网

资源子网主要负责面向应用的数据处理业务，向用户提供各种网络共享资源和网络服务。资源子网是面向用户的，接受网络用户提交的任务，最终完成信息的处理。其主要包括访问网络和处理数据的硬件、软件设施，由拥有资源的主机系统和请求资源的用户终端（都属于端结点，是网络中的信源与信宿）以及各种可共享的软件资源和数据资源组成。资源子网提供了计算机网络所有的计算能力和数据处理的能力。

（1）主机系统

主机系统具有功能强大的硬软件资源，集中存放和管理各种软件和数据资源，运行服务器端应用程序，为网络中远程用户提供资源和各种服务（如 Web、FTP、电子邮件等）。一般由具有较高性能的计算机担任，充当各种网络服务器。

（2）终端

终端是网络中数量最多、分布最广的用户端设备，是用户访问网络的接口与界面。用户通过终端进行网络操作，实现资源共享和获得网络服务的目的。终端分为非智能终端和智能终端两种。

非智能终端：主要由输入输出设备组成，本身不具备运算功能，典型的有键盘和显示器。

智能终端：本身具有运算功能，目前多以 PC 和智能型便携设备为主。

2．通信子网

通信子网在网络中是面向通信的部分，主要负责全网数据传输、通信处理工作，为资源子网提供底层服务。通信子网由网络交换结点、信号变换设备、通信链路和通信控制软件组成。

（1）交换结点

交换结点是交换数据和转发数据的通信设备，负责接收其他网络结点传送来的数据并选择合适的链路发送出去，完成信息的交换和转发功能。目前交换结点一般为路由器和各类交换机，是通信子网中的核心设备。

（2）信号变换设备

其功能是对信号进行变换以适应不同传输介质传输特性的要求。例如，将计算机输出的数字信号转换为能在电话线上传送的模拟信号的调制解调器、无线通信接收和发送器、用于光纤通信的编码解码器等。

（3）通信链路

通信链路是两个结点之间的一条通信信道。链路的传输介质包括双绞线、同轴电缆、光纤、无线电微波通信、卫星通信等。

通信子网分为以下两种类型。

1）点对点通信子网：从信源端发出的信息经过多个交换结点转发到达指定的信宿端，一般用于广域网。

2）广播式通信子网：所有计算机共享同一信道，必须有相应的信道访问控制技术分配信道使用权，一般用于局域网。

（4）通信控制软件

1.6　计算机网络体系结构

计算机网络是一个复杂的大系统，涉及计算机和通信两大技术领域，由众多功能不同的硬软件组成。其复杂性的原因主要由以下因素造成。

（1）通信技术的多样性

通信技术涉及不同的通信介质、通信设备、通信方式、信号类型、有效性和可靠性要求、信道资源利用率、服务质量要求、服务业务等内容，造成了通信技术的多样性。另外，由于历史的原因，当前存在着多种采用不同技术的通信网络作为支撑计算机网络的底层技术，必然会导致多种网络组建方案。

（2）计算机系统的异构性

计算机系统存在着硬件设备、操作系统采用不同体系结构的异构性，以及数据的存储方式和表示格式不同，使这些异构机间联网相互协调地工作存在着相当的难度。

(3) 多种网络应用

在网络环境下，实现更多的面向用户的应用服务是当今计算机技术追求的目标。人们开发出了远多于单机环境的各种应用，从简单应用发展到复杂应用，并且今后新应用需求还会不断提出。

(4) 方便用户使用

网络的众多应用力求做到在向用户提供各种服务的同时尽可能屏蔽实现的细节，给用户一个友好的界面，使用户尽可能透明地享用服务。这必然对网络提出了较高的要求和网络设计的多层次性。

以上这些因素造成了网络实现的复杂性，网络成为一种系统集成。如何从逻辑上规划各组成部分并进行功能分配，将众多的硬、软件网络元素有机地组织在一起，使之高度协调一致地工作，人们必须采用一种行之有效的方法，计算机网络体系结构就是为简化这些问题的研究、设计与实现而抽象出来的一种结构模型。

1.6.1 分析计算机网络系统的基本方法

1. 分治思想

对于复杂的大系统，在设计上很难作为一个整体来处理。理论和实践证明，解决复杂系统最为行之有效的方法是"分层模块化结构组织模式"，即采用"分治"的思想将一个庞大的复杂系统化繁为简，分解为多个不同层次的、易于处理的小的局部系统，分而治之。系统中每个层次完成部分确定功能，所有子层功能的集合实现总体功能，从而使复杂问题得到解决。从社会领域到技术领域，人们广泛地采用这种思想研究和解决复杂系统，获得了巨大成功。

分层模块化结构思想，就是明确复杂系统的逻辑结构和功能配置，将系统中具有共性的内容抽象出来以一个层次模块表示，从而可以单独分析和设计，减少了实现的复杂性。层次结构是描述一个系统体系的基本方法。

2. 建立系统体系结构模型

为了准确地描述系统各组成模块功能、相互关系和实现原则，人们通过建立系统体系结构对此进行了定义。体系结构是对系统的一种高度抽象性、概括性描述，给出概念性框架和实现方案，是从总体上对系统进行分析的一种方法，而非具体实现，它只解决"做什么"的问题，而不涉及"怎么做"。为了便于对抽象的体系结构直观、形象地表示，利于理解、讨论和交流，人们又将系统体系结构模型化，这已成为工程技术领域普遍采用的方法，是设计与研究复杂系统的基本依据。

1.6.2 计算机网络体系结构基本概念

1. 构建计算机网络体系结构的基本思想

对复杂的计算机网络系统进行分析、研究和设计的关键技术是：如何将计算机网络系统合理地分层；如何构建网络体系结构（抽象化描述）；模型化。

作为现代计算机网络发展里程碑的 ARPANET 就是采用分层结构化方法实现的，为分层实现通信的控制方法和协议做了大量研究，为网络体系结构的完善和发展提供了实践经验。ARPANET 提出的许多概念和技术至今仍在沿用。

第三代计算机网络是以具有标准体系结构为标志的，推动了计算机网络技术的发展，是人们研究、实现和改进计算机网络技术的参照系和基础，具有一般指导性的原则，也是贯穿计算机网络技术的主线。

网络体系结构一般根据信息的流通和处理过程将网络的整体功能分解为多个功能层，每个功能层用特定的协议规定其功能,这样概念清晰,易于分析讨论。

2. 通信的层次性

计算机网络的资源共享是在通信的基础上实现的,通信是一个传递和处理信息的过程,信息流需要经过多个层次传递和处理才能从发送方到达接收方。为了能更好地理解通信的层次性,我们先考察一个熟知的日常邮政通信的例子来说明通信的分层实现过程。尽管不同通信系统实现的具体技术可能不同,但信息传递过程有很多相似之处,处理思想同理,有助于对通信一般意义上的理解,应注意类比。认真分析邮政系统的组织方法与工作流程,可以给我们很多有益的启示。

甲、乙二人通过邮政信件异地通信,过程如下。

1)甲将写好的信笺封到信封中,并在信封上标明收发双方的地址(这是一种传输控制信息,供邮局传递过程中寻址)。这样,一封信就封装成了一个可以单独传递的传输单元。

2)甲将信封贴上邮票(服务是有偿的),放入邮局的信筒(调用邮局的服务,信筒是用户调用服务的接口)。

3)邮局根据信件的地址信息分检,将发往相同地点的信件再封装在邮袋中,并在邮袋上标明收发邮局双方地址(这是提供给具体运输部门的控制信息,以供在传递过程中寻址)。这样,在邮局这一层面上,各邮袋就封装成了可以单独传递的传输单元。

4)邮局将发往各地的邮袋,送交当地具体的运输部门传送,如铁路。办理一定的手续(邮局与铁路部门有接口),即可调用铁路部门的服务。

5)铁路部门将收到的邮局的各邮袋,根据其目的地址,放到开往目的地的列车特定车厢中,实际传输到信件目标地。

6)目的地邮局从当地铁路部门取回邮袋,进行拆封(与发方过程相反),取出信件,根据信件地址(对方传递的控制信息)投递。

7)收信人乙收到邮局送达的信件,打开信封(再一次拆封),获取甲发出的原始信息(也称信源信息"净荷")。

至此,一次完整的通信过程完成,如图 1-16 所示。

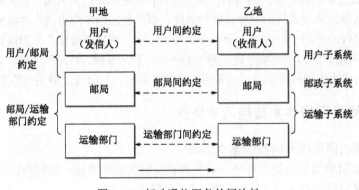

图 1-16 邮政通信服务的层次性

3. 通信概念分析

(1)通信分层实现

信息在流通过程中要经过多个层次,各层传递的传输单元和所关心的内容不同。例如,通信用户关心的是信件内容,邮局关心的是封装的信件,铁路部门关心的是封装的邮袋,这些传输单元在不同层次有不同的形式并进行封装和拆封。

(2)服务是逐层搭建的

利用邮政信件通信的用户，必须依赖邮局的服务支持。而邮局的信件服务又是在运输部门的支持下实现的。上层用户得到的服务是其下面各层服务的总和。

(3) 对等层间遵守相同的规则

分布于异地的对等层同属一个子系统，必须按相同的约定（协议）协同工作才能完成本层对上的服务。而同处一地的各层，是服务用户和服务提供者的关系。

(4) 各层服务细节对外屏蔽

上层用户只需知道如何通过接口调用下层的服务即可实现本层通信，而不必关心这种服务是如何实现的。例如，邮政信件用户只需知道将信件投入信筒即可调用邮局的服务，至于邮政系统内部是如何运作的，上层用户可以不关心。因此在接口不变的条件下，各层都可以单独地采用最适合的技术提供和改进服务。

(5) 每层对其上层屏蔽下层的差异

各地存在的运输系统可能不同，有汽运、铁运、海运、航空运输等，都可支持邮政系统，只是提供的服务质量和费用有所不同。邮政系统可以利用其中的任何一种完成信件传输，但可能需要对下层服务质量的差异进行弥补。这些对上层用户是透明的。

(6) 通信过程中传送两种信息

为了可靠地传递原始信源信息（净荷），还必须同时传递各种控制信息，如发送方各层的封包信息，供中间传递方和接收方根据这些控制信息做相应的处理。所以，发送方各层要逐层封装信息，而接收方对应层要逐层拆封，以获得自己所需的信息。

(7) 物理通信与逻辑通信

实际的信件是由发送方逐层向下传递的，直到最底层再沿水平物理地向接收方传递，然后在接收方逐层向上传递至最终用户，这是真正的物理通信过程，如图1-17中实线箭头所示。在物理通信的过程中，上层通过下层得到了对方对等层传来的信息，相当于同层之间也进行了逻辑上的通信，如图1-17中虚线箭头所示。

图 1-17 物理通信与逻辑通信

(8) 服务层次划分的非唯一性

层次的多少是人为设定的，如本例中，在邮局之上再加单位传达室这一层也是可以的。这样多了一层服务，最终用户的服务更完善了，各层分工更明确。但另一方面，层多了机构就会臃肿，增加了整体管理量和开销。这要根据实际情况在二者之间权衡。

在上面的解释中，我们对用到的一些概念和术语还未给出严格的定义，后面还要详述。这里只是借此例获得一些通信概念的初步认识，以帮助后面深入理解。

4．网络体系结构相关概念

计算机网络系统涉及一些重要的概念，这些概念是各种网络体系结构中普遍采用的。

(1) 层次

计算机网络是分层（Layer）实现的。"层"的准确定义：系统中能提供某一种或一类服务功能的逻辑集合。对于复杂系统，分层是一种有效的构造技术，可将总体要实现的各种功能分配在不同层次上实现，如图1-18所示。

分层结构的优点如下。

1) 各层功能相互独立：上一层不必关心下层的功能如何实现，仅需知道如何通过层间接口调用下层提供的服务即可。因而可将一个复杂问题分解为若干个较容易处理的小问题,复杂度降低,设计时即可分工明确。例如,一个开发高层应用的人员可能不懂底层通信的具体知识,但只要开发底层通信子系统的人员给他留有程序接口供其调用即可,他可在下层提供的服务基础上只专心于设计自己擅长的应用部分。这样,各层可独立实现,有利于分工合作,也符合软件工程的思想。

2)灵活性好:当任意一层发生变化时(如技术的改进),只要接口不变,上下层均不受影响。技术在不断发展,每一层都可能采用当前最适合的技术。分层后,不至于由于某一层技术的改进而推翻整个系统重新设计,增强了技术进步的灵活性。

3)各层对上层屏蔽下层的差异性:当下层提供的服务不够完善时,总可以添加一层来弥补。

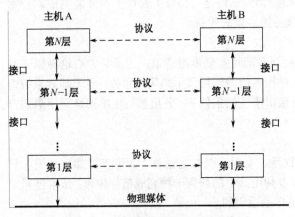

图1-18 分层构成的网络体系结构

4)易于实现和维护:分层后各层功能相对简化且独立性强,因而容易实现和维护,使得对整个网络的设计维护变成了对各层的设计维护。

5)便于抽象:每层的功能明确,所提供的服务可以精确描述,易于交流,便于理解,有助于标准化。

网络技术发展过程中曾经出现的各种网络体系结构毫无例外地采用了分层结构。一般来说,越是低层的内容越是与硬件环境相关,可由硬件实现;相反,越是高层的内容越是面向应用的,逻辑结构复杂,也越接近用户真正需要的形式,更多地用软件实现。

(2)通信实体

"实体"一般是指能够产生行为的对象。在计算机网络中,将能发送和接收信息的终端、应用软件、通信进程等统称为"通信实体"。正是这些通信实体依据各种通信协议产生着通信行为,使通信得以进行,而协议的实现要落实到具体的硬件模块和软件模块上。

(3)网络协议

网络是众多硬、软件实体的集合,通过通信手段协同工作而形成,因此,可靠通信是计算机网络实现的基础。实现可靠通信是一个复杂的、涉及众多因素的问题,如:

1)设备之间如何连接?这包括硬软两方面的连接问题。

2)发送方如何激活接收方?这涉及通信双方的进程如何建立连接的问题。

3)传送的数据采用何种双方能识别的编码格式?这涉及计算机彼此通信的"语法"问题。

4)发送方的数据如何传送到指定接收方?这涉及编址与寻址的问题。

5)传送过程中出现错误如何处理?这涉及检错和纠错问题。

6)发送方和接收方速率如何保持协调一致?这涉及收发双方的同步问题。

7)通信流量如何控制?这涉及收发双方反馈调节问题。

这些都要靠网络协议(Protocol)解决。

"协议"是通信双方必须遵循的一组规则、约定与标准。网络中分布于异地的同层实体必须协同工作才能为上一层提供服务,只有遵守一定的协议,才能彼此协调一致。协议是保证功能实现、提供服务的基础,是计算机网络工作的灵魂。

协议用来约束对等层实体,网络有多少层,就会有多少层协议。即使是在同一层中,也可以按照人们的需要提供不同的服务，制定多个不同的协议。分层结构的网络协议构成一个"协议栈"。

网络通信协议主要由语法、语义、时序三个部分组成，称为协议三要素。

1）语法：指通信双方在交换数据时，用户数据与控制信息的结构与格式，是对所表达内容的数据组织形式的一种规定，如报文各个字段的名称、意义、数据类型、长度等。

2）语义：数据格式中各部分协议元素代表何种信息，以及完成的动作与做出的响应。

3）时序：对通信双方发送、接收和应答等交互顺序的详细规定。

通信协议三要素实际上规定了通信的双方彼此之间怎样交流、交流什么及交互顺序等问题，人们形象地描述为：语法——怎么讲？语义——讲什么？时序——何时讲？

网络通信中，发送方实体按照协议的标准格式，在数据相应的位置放置不同的信息。接收方实体按照协议对不同位置的数据含义进行理解，就实现了交换信息的目的。另外，安排好如何应答、建立连接，协商好交互方式（单工、半双工、全双工），如何交换发言权以实现会话同步，即可实现有条不紊的通信。协议的三要素正是这些规则的体现。

（4）服务

"服务（Service）"是指某一层向上层提供的支持。上层是服务用户，下层是服务提供者。上层看到的下层所能提供的服务，是下层内部所具有的功能的体现。每一层都使用下层提供的服务，在完成本层的功能后，向上层提供"增值"后的服务，这种"增值"实际上是功能的累积。网络的整体服务功能正是依赖于各层的服务逐层搭建起来的。

（5）接口

在网络同一结点的相邻层之间，低层对高层的服务是通过接口（Interface）提供的。"接口"是邻层实体之间交换信息的连接点和界面，因此也称为"服务访问点（Service Access Point，SAP）"。

由上所述，可知协议、服务和接口三者的区别与联系。

1）协议的实现保证了能够向上一层提供服务，但协议实现的细节可以对上层用户透明。

2）协议是"水平的"，是同层对等实体间通信的规则。服务是"垂直的"，是通过相邻层间的接口提供和调用的。

3）相邻层间只要接口条件不变，低层功能的具体实现方法与技术的变化不会影响到整个系统的工作。

（6）网络体系结构

由上讨论已知，协议将横向的对等层联系在一起，接口将纵向的相邻

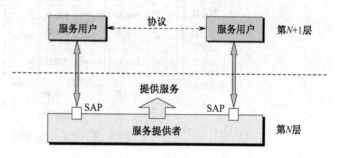

图1-19 协议、服务和接口三者的关系

层联系在一起。因此，将分层和把它们联系在一起的协议和服务接口都描述清楚，就是对网络系统的整体描述。

网络层次结构模型与各层协议的集合称为"网络体系结构（Network Architecture）"，它描述了整个网络体系中的逻辑构成和功能分配。网络体系结构是网络设计的一种框架、构想和原则，其中包括功能结构、信息格式和过程实现的规定及说明，作为网络设计、实现的基础。

计算机网络体系结构是分析、研究和实现现代计算机网络的基础，具有一般性的指导意义，也是贯穿计算机网络技术的主线。网络技术中的任何问题都与某一个层次相对应，在学习过程中应时刻注意这种对应关系，有助于理解相应技术的本质。

1.7 OSI 参考模型

在计算机网络体系结构中,最具权威性的当属 ISO 制定的 OSI RM。其最大特点是开放性,这里"开放"意味着各种计算机只要遵循统一的联网标准即可实现互联。ISO 试图为协调标准的研制提供一个共同基础,其良好的初衷是使网络标准化有一致性的框架和发展前景。

1.7.1 OSI RM 的结构和特点

首先需要明确,OSI RM 是一个抽象的概念模型,而非一个具体的网络。OSI RM 采用分层结构化方法,将整个网络系统划分为七个层次来处理。

1. OSI RM 的描述方法

OSI RM 本着"自上而下,逐步求精"的思想,先给出整体轮廓,然后逐步细化,定义了三个级别的抽象描述。

(1) 体系结构

OSI 体系结构是对 OSI 最高一级的抽象,定义了一个七层模型,是对网络组成结构最精炼地概括与描述,如图 1-20 所示。

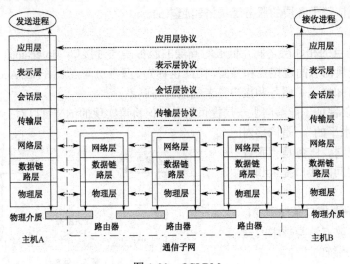

图 1-20 OSI RM

(2) 服务定义

第二级抽象是 OSI 的服务定义,描述了各层所提供的服务。各层所提供的服务与这些服务如何实现无关(可以采用不同的技术)。此外,各种服务定义还规定了层间服务调用的接口和方法。

(3) 协议规范

第三级抽象是各层协议规范的精确定义:应当发送什么样的控制信息以及用什么样的过程来解释这些控制信息。协议的规范约束分布于不同地理位置的对等层协调一致的工作以实现它们的服务定义,从而为上层服务。

OSI RM 的三级抽象概括地说,即为体系结构是整体描述,服务定义指定各层功能,协议规范说明各层功能实现的方法。

2. OSI RM 的主要特征分析

1) OSI RM 的层分两步进行划分:第一步,把网络全部功能划分为数据传输功能和数据处理功能两大部分,数据传输功能为数据处理功能提供通信服务,第二步,再把上述两部分功能进一步划分为子层,如图 1-21 所示。

2)高三层面向应用,负责对信息的处理,逻辑上属于资源子网;低三层面向通信,负责信息的传递,逻辑上属于通信子网;它们中间的传输层在通信子网和资源子网中起承上启下的作用。

3)由图 1-20 可以看出,整个开放系统环境由作为信源和信宿的端系统及若干中继系统通过物理介质连接构成。只有端系统主机中才需要包含七层的功能,而在通信子网中的中间系统一般只需要负责传输数据的低三层,有时甚至只要最低两层的功能。

4)在 OSI RM 中,实际的物理通信经过发送方各层从上到下传递到物理媒体,通过物理媒体传输到接收方后,再经过从下到上各层的传递,最后到达接收用户。层间纵向和在物理媒体上实现的是物理通信,对等层间实现的是横向逻辑通信,这样每层都可以交换信息进行通信,如图 1-22 所示。

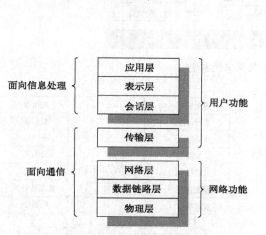

图 1-21　网络层次设计的基本思想

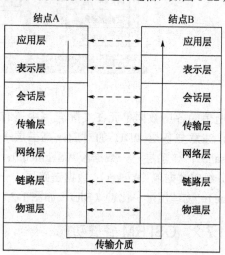

图 1-22　物理通信与逻辑通信

5)发送方数据从上到下传递的过程中逐层进行数据封装,每层都要加上本层的控制信息(统称为"报头"),按照双方约定的协议格式将上层数据与本层控制信息(报头)组织在一起,称为"封装"。接收方的过程相反,各层逐层获得发送方对等层传给自己的控制信息,进行协议要求的相应操作,然后剥去报头,只将其中的上层数据上交。也就是说,发送方将数据逐层封装,而接收方逐层拆封。如此重复,最后到达接收方用户的信息即是发送方用户的原始信息。这个过程类似于邮政信件的传递,发送方加信封、加邮袋、上邮车等逐层加封,接收方逐层拆封,获得各自的信息,如图 1-23 所示。

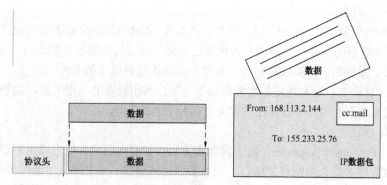

图 1-23　封装概念示意图

OSI RM 中，对等层之间交换的信息单元统称为"协议数据单元（Protocol Data Unit，PDU）"，也可统称为"数据报文"，其中协议头包含了对等层间的通信信息。封装就是在数据前面加上特定协议头部（有的层还要加上协议尾部）的过程，其变化如图 1-24 所示。

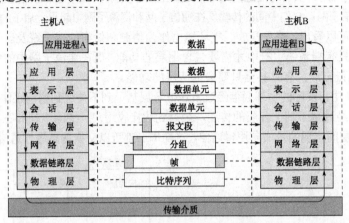

图 1-24　传送过程中数据单元的变化

通信的各层数据单元在实际应用中还有具体的名称，注意与各层 PDU 的对应：高三层——报文（Message）；传输层——数据段（Segment）；网络层——分组或数据包（Packet）；数据链路层——数据帧（Frame）；物理层——比特（Bit），如图 1-25 所示。

图 1-25　通信各层的数据单元

1.7.2　OSI RM 各层功能

1. 物理层

（1）物理层功能

物理层是 OSI RM 的最底层，主要解决如何利用各种传输介质将网络设备实现物理连接，以便透明地传输 0/1 二进制比特流。物理层互连是整个网络实现互联的第一步，物理层协议的目的是保证各厂家按统一物理层接口标准生产出来的通信设备能够实现互连。

在 OSI RM 之前，数据通信就已开始实现了，已经有一些组织和机构制定了多种物理层的规程和协议。例如，ITU（CCITT）的 V 系列（适用于模拟信道通信）、X 系列（适用于数字信道通信）和 I 系列（适用于综合业务数据网）建议，EIA 的 RS 系列推荐标准等。ISO 都将其采纳，作为 ISO 标准颁布。

关于物理层的功能，ISO 的 OSI RM 和 ITU 的 X.25 建议书都给出相类似的定义。

OSI RM 对物理层的定义：物理层在数据链路实体之间合理地通过中间系统，为位传输所需的物理连接的激活、保持和去活提供机械的、电气的、功能的和规程的手段。

ITU 在 X.25 建议书中对物理层的功能做如下定义：利用物理的、电气的、功能的和规程的特性在 DTE 和 DCE 之间实现对物理链路的建立、保持和拆除功能。

（2）DTE 与 DCE

DTE（Data Terminal Equipment，数据终端设备）直接面向用户，能生成用户数据向网络发送并可从网络接收数据，是人与网络的接口。在数据通信网络中，信息的发出者称为"信源"，信息的接收者称为"信宿"。大多数的数据处理设备的数据通信能力有限，直接将远程的两个 DTE 相连是不能进行通信的，需借助于 DCE。

DCE（Data Circuit-terminal Equipment，数据电路端接设备）连接数据终端设备与传输信道，把 DTE 发出的原始数据转换成适合于在传输介质上传输的信号形式，并负责建立、保持和释放数据链路的连接。DCE 是面向通信的设备，如调制解调器、信号变换器、自动呼叫应答设备、交换机等。其位置如图 1-26 所示。

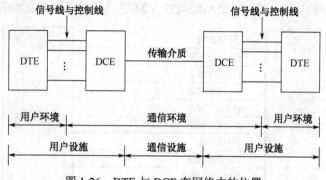

图 1-26 DTE 与 DCE 在网络中的位置

DTE 与 DCE 应用的具体实例如图 1-27 所示。

图 1-27 DTE 与 DCE 应用的具体实例

需要强调的是：OSI RM 的物理层并非指具体的物理设备或具体的物理传输介质，它是介于数据链路层和物理传输介质之间的一层。人们把物理介质看做第 0 层。

（3）物理层协议的四个特性

1）机械特性：定义物理接口连接器的机械尺寸、形状、规格、插针（孔）的数目、排列方式、接插及锁定方式等一系列物理外形特征，以便实现设备的物理连接，如图 1-28 所示。例如，EIA-RS-232-D 机械特性标准建议使用 25 针 D 形连接器 DB-25，位于 DTE 一侧为插针，位于 DCE 一侧为插孔，排列方式成镜像对称。两个固定螺钉之间的距离为（47.04±0.13）mm。另外，还有其他尺寸说明。

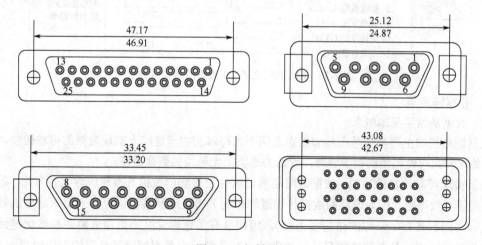

图 1-28 机械特性

2）电气特性：说明传输的信号以及相关连接电缆的特性，主要包括信号状态（正/负逻辑、电平高低、脉冲宽度、频率）及连接电缆的阻抗、数据传输速率与最大传送距离等。例如，EIA-RS-232-D 采用负逻辑，信号电平-15V～-5V 代表逻辑"1"，+5～+15V 代表逻辑"0"。在传输距离不大于 15m 时，最大速率为 19.2kbit/s。

3）功能特性：规定了物理接口上各条信号线（即连接器引脚）的功能分配和作用，即 DTE 和 DCE 之间各个线路的功能。例如，EIA-RS-232/V.24 的主要信号线定义如图 1-29 所示。

图 1-29　EIA-RS-232/V.24 接口的功能特性

4）规程特性：说明利用信号线进行数据交换的一组操作过程，是各信号线的动作规则和步骤，反映了通信过程中事件发生的时序关系，如图 1-30 所示。

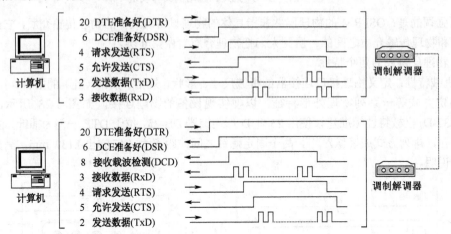

图 1-30　EIA-RS-232/V.24 接口的规程特性

2. 数据链路层

（1）数据链路层基本概念

数据链路层的主要功能是在相邻结点之间不太可靠的物理链路上实现数据的可靠传输，即将传输原始比特流可能出错的物理链路，改造为逻辑上无差错的数据链路。

为了实现可靠传输的功能，数据链路层通过软件使传输的数据具有逻辑含义，为此，数据链路层采用了"数据帧"作为该层的数据传送逻辑单元。帧是遵照某种协议格式组织起来的数据位流的组合，因其具有了一定的结构（语法），因而具有了逻辑含义，可由链路两端数据链路层协议软件解释和处理，是数据链路层功能实现的机制。每一个数据帧除了承载的上层用户数据外，还包括多种控制信息，如同步信息、地址信息、差错控制及流量控制信息等。数据链路层协议可以对这些具有逻辑含义的信息进行判断、处理,对传输中可能出现的差错进行检错和纠错,实现在相邻结点间无差错的透明传输。数据帧传输如图 1-31 所示。

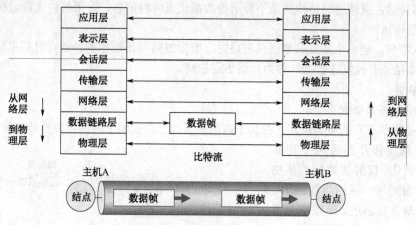

图 1-31　数据帧传输示意图

由上可知,数据链路除了必须有一条物理链路外,还必须有一些必要的通信协议来控制这些数据的传输。把实现这些协议的硬件和软件附加到物理链路上,就构成了数据链路。也就是说,数据链路=物理链路+控制数据传输的协议,是硬、软件结合的,因而也称为"逻辑链路"。可见,网络从第二层即开始逐渐地添加智能,这些智能是通过运行通信协议的软、硬件实现的。数据链路层是任何网络都必须有的层次。物理链路和数据链路如图 1-32 所示。

（2）数据链路层的功能

数据链路层所关心和解决的问题包括如下方面（都与可靠性有关）。

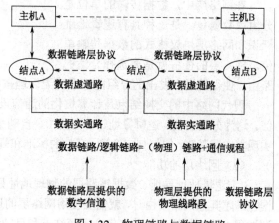

图 1-32　物理链路与数据链路

1）数据的成帧:发送端把上层数据加上传输过程中的各种控制信息（所谓帧头和帧尾）,封装成帧,形成可以管理和控制的数据单元按顺序传送,并处理返回的确认信息。按帧传送的另一个好处是一旦在数据传输中出错,只需重传或纠正有错的帧,而不必重发本次通信的全部数据,从而提高效率。

2）链路管理:当网络中的两个结点要进行通信时,发方结点必须将链路激活,使链路处于可用状态。为此,通信的双方必须先要交换一些必要的信息,用术语讲即必须先建立一条数据链路,在传输数据时要维持数据链路的连接,通信完毕要释放数据链路。这些都称为链路管理。

3）物理地址寻址:在多点连接的情况下,需要标识出数据帧的发送和接收地址,保证每一帧都能送到正确的目的站。

4）帧定界与同步:为了能使接收端在收到的比特流中明确区分出一帧的开始和结束,必须标示出帧的边界,一般是在帧的开始和结束位置增加一些特殊的位组合来实现,用于帧同步。

5）差错控制:为了保证数据传输的可靠性,数据链路层需要在数据帧中使用一些控制方法,检测出有错的数据帧,利用重传的方法对错误帧进行纠错。接收方可通过校验帧的差错编码,判断接收到的帧是否有差错。具体差错控制方法可详见 2.10 节。

6）流量控制：数据链路层对发送数据帧的速率必须进行控制，使收发双方的速率匹配。否则，发送的数据帧太快，流量过大，就会使目的结点来不及处理而造成数据丢失。

7）透明传输：所谓透明传输就是不管所传数据代表何种信息、采用何种比特组合，都应能够在链路上正确传送。

8）接入控制：当多个结点共享通信链路时，数据链路层还要控制各结点对共享信道的访问，某一时刻哪个结点有权发送数据，称为介质访问控制。

3．网络层

（1）网络层基本概念

网络层是通信子网的最高层，它在其下两层的基础上向资源子网提供数据传输服务。

数据链路层涉及的是两个相邻结点之间的通信，仅解决数据帧从物理介质的一端到另一端的问题；而网络层提供的是非相邻的、跨越整个网络多点之间源和目标的透明传输，如图1-33所示。

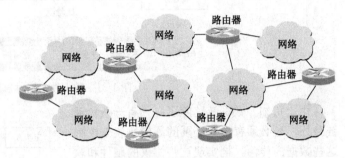

图1-33　网络层多点间的数据传输

在网络层中，数据传输的单位是分组或数据包，是一种具有逻辑地址标识和网络层协议格式的数据传输单位。网络层的任务就是要选择合适的路由，使得发送方发出的分组能够准确无误地按照地址找到目的站点。

现代网络中的交换结点是计算机化的通信设备，可以按一定协议通过软件控制实现智能化通信。这为分组交换、逻辑寻址、动态路由、自动平滑网络流量、充分利用信道资源等一系列技术的实现奠定了基础。如何制定合理、有效的标准和规程发挥这些技术的优势，正是网络层所要研究的。

（2）网络层的功能

1）逻辑地址寻址。数据链路层的物理地址只能解决在同一个网络内部的寻址问题，当一个数据包跨越其他网络路由时，就需要使用网络层的逻辑地址。网络层在每个数据包的头部加入一些传递过程中的控制信息，其中包含了源结点和目的结点的逻辑地址。

2）路由选择功能。在网络中进行通信的计算机之间传输的数据包可能会经过多个数据链路或通信子网，路由选择就是根据一定的原则和算法从源结点到目的结点的多条传输通路中选出一条最佳路由。

3）流量控制。尽管在数据链路层中已有流量控制问题，但在网络层中同样需要进行流量控制，它们面向的层次不同。数据链路层中的流量控制是在两个相邻结点间进行的，而网络层中的流量控制要完成数据包从源结点到目的结点传输过程中的流量控制。

4）拥塞控制。在通信子网中，当通信量过大时，出现超过网络吞吐量的数据包而引起网络性能下降的现象称为拥塞。为了避免出现拥塞现象，要采用一系列方法对网络进行拥塞控制。拥塞控制的关键是如何获取网络中发生拥塞的信息，从而利用这些信息对发送源进行控制，以避免由于拥塞出现数据包丢失以及严重拥塞而产生网络死锁的现象。

4．传输层

对于OSI RM，通常把低四层称为低层，是面向通信的，主要任务是实现数据传输；传输层以上的三层称为高层，是面向应用的，主要任务是实现数据处理。传输层运行于资源子网的端系统用户主机中，其目的是提供在不同端系统进程之间（称为"端到端的"）的通信。传输层的位置如图1-34所示。

分布在不同地理位置主机间的进程通信是网络中本质的活动,进程是真正通信的实体,它执行端到端差错检测和恢复、顺序控制、流量控制和管理多路复用等。传输层向高层屏蔽了低三层通信子网数据通信实现的细节,是资源子网与通信子网的接口和桥梁。传输层补充和完善通信子网的数据传输服务。通信子网的服务质量越好,传输层协议就可越简单,反之则越复杂。

因为传输层是实现端系统应用进程之间的逻辑通信,所以只存在于通信子网以外的端系统主机中,在通信子网中没有传输层。传输层协议的作用如图1-35所示。

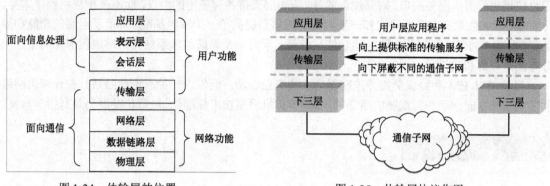

图1-34 传输层的位置　　　　　图1-35 传输层协议作用

5. 会话层

在网络中,所谓一次"会话",就是指两个应用进程之间为完成一次完整的通信而进行的一系列相关的信息交换过程,包括建立、维护和结束会话连接。会话层主要功能是在互相通信的端系统应用进程之间建立、组织和协调其交互,实现会话控制与管理。会话层具体解决以下问题:

1)会话方式:协商进程间交互的方式,避免收发的混乱,如采用单工、半双工、全双工方式。

2)会话协调:进程间发言权(令牌)交替的协调,持有令牌的一方才可发送数据,发送完毕将令牌交给对方,使会话能够有序地交互。

3)会话同步:建立会话同步点,一旦出错可从最近同步点开始,不必完整重传。尽管传输层已保证数据传输不出错,但仍不能保证端系统高层不出错。例如,网络打印,传输层将全部10页内容准确无误地传送至网络打印机,很好地完成了传输任务。但打印到第8时,由于打印机卡纸,损失部分内容,这种错误的纠正只能靠会话层来解决。因此需要在数据中加入一些同步点,故障解决后,从最近同步点处继续。也就是说,同步用于在出错后,将会话实体恢复到一个已知状态。如本例中只需继续打印第9页、第10页即可。

4)会话隔离:计算机系统都是多任务、多进程的,应能分清不同进程的界限,这就是会话隔离。

会话层的功能形象地说,就是在逻辑上协调"谁"(哪个进程)以什么方式(单工、半双工或全双工)按一种什么次序(同步地)进行交互。

6. 表示层

表示层的主要功能是解决通信系统中用户间不同信息格式的表示差异问题,它对来自于应用层的命令和数据进行解释,变换为适合于OSI系统内部使用的通用格式并交给会话层,确保应用层发出的信息可以被另一个端系统的应用层所理解,如图1-36所示。有了这样的表示层,用户就可以

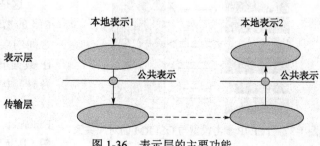

图1-36 表示层的主要功能

把精力集中在他们所要交互的内容本身,而不必过多考虑对方的某些特性,如对方使用什么语言。

表示层还负责为考虑安全性进行的数据加密和解密,以及为提高传输效率提供的数据压缩及解压等功能。

7. 应用层

应用层是 OST RM 的最高层,直接面向用户,是网络与用户间的界面与接口。从功能划分看,OSI RM 的下六层协议解决了支持网络服务功能所需的通信和表示问题,应用层主要功能是直接向用户应用进程提供服务接口。需要注意的是,应用层支持各种应用的协议,而不是指应用程序本身。

OSI RM 的意义在于为研究和开发网络协议体系提供了一个参照基准,规范了网络的功能和服务。OSI RM 的每一层都具有清晰的功能与特征。学习一个系统的体系结构,形成图形化的概念十分有助于理解和记忆。

虽然 OSI RM 和协议最终并未获得巨大的商业成功,但作为一种理论参照系,在计算机网络的发展过程中起到了非常重要的指导作用,对计算机网络技术标准化、规范化发展仍具有指导意义。

1.8 TCP/IP 模型

当今全球最大的互联网络 Internet 的通信标准采用的是 TCP/IP 协议,TCP/IP 协议成功的设计思想成就了 Internet 的发展,Internet 的迅速发展又进一步扩大了 TCP/IP 协议的影响力,二者相得益彰。得益于 Internet 的巨大成功,TCP/IP 协议已成为网络界乃至 IT 领域事实上的工业标准。全世界各厂商的网络产品和网络操作系统普遍支持 TCP/IP 协议,是目前异构网之间进行互连和通信唯一可行的协议体系。它既可用于局域网,又可用于广域网。

目前 TCP/IP 协议使用的主要是版本 4,称为 IPv4。IPv6 为下一代的 IP 协议,现已开始推广和使用。

1. TCP/IP 协议的特点

TCP/IP 协议的成功得益于自身的特点,即

1)开放的协议标准,免费使用,并且独立于特定的计算机硬件与操作系统,可运行于各种网络环境。

2)统一的网络地址分配方案,以实现连入网络中的各种 TCP/IP 设备间相互通信。

3)标准化的高层协议,可以提供多种网络服务。

TCP/IP 协议先于 OSI RM 开发,故并不完全符合 OSI RM。为了与 OSI RM 对应,TCP/IP 体系结构通常被认为具有四个层次,如图 1-37 所示。

2. TCP/IP 协议体系各层功能

(1)网络接口层

这是 TCP/IP 参考模型的最低层,相当于 OSI RM 的物理层和数据链路层,是各种网络和 TCP/IP 之间的接口,其功能是通过连接的网络发送和接收 IP 数据报。由于 TCP/IP 在设计之初就考虑要兼容各种异构网,所以并没有定义具体的网络接口协议,允许使用多种现成的协议,如局域网的 Ethernet、令牌网、分组交换网 X.25、帧中继协议等,因而可以灵活地与各种类型的网络连接。从而

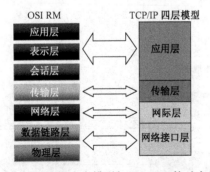

图 1-37 TCP/IP 参考模型与 OSI RM 的对应关系

使得 TCP/IP 协议可以适应各种网络类型，运行在任何网络上，充分体现出 TCP/IP 协议的兼容性与适应性，也为 Internet 和 TCP/IP 的成功奠定了基础。

网络接口层如图 1-38 所示。

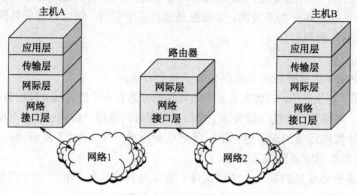

图 1-38　网络接口层

（2）网际层

网际层即 IP 层，也称互联网层，相当于 OSI RM 的网络层，是网络互连和数据传输的基础，它提供了无连接的数据报方式分组交换服务（因此常将 IP 分组称为"IP 数据报"）。其主要功能是将来自传输层的数据段或报文封装为 IP 分组，并为该数据包进行路由选择，使每个分组能够独立地传送到达目的站点。这种无连接的数据报服务灵活、高效，适应于各种网络应用的数据传输，但提供的是一种"尽力而为"的传输服务，不能保证可靠，因此，分组到达目的站点的顺序有可能与发送的顺序不一致，甚至分组有可能丢失。所以，保证可靠性的任务交由端系统的高层协议负责，如对接收到的分组进行排序和进行差错校验等。

（3）传输层

与 OSI RM 的传输层类似，主要功能是在互联网中源主机与目的主机的应用进程之间实现端到端（进程到进程）的通信。传输层针对不同的应用需求采用了两种不同的传输控制机制，定义了两种端到端协议，它们是 TCP 和 UDP，如图 1-.39 所示。

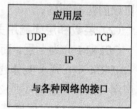

图 1-39　传输层的两种协议

① TCP

TCP（Transmission Control Protocol，传输控制协议）是一种可靠的面向连接的协议，可保证数据从信源端进程可靠地传送到信宿端进程。TCP 采用端到端的确认、超时重传等机制保障数据的可靠传输。TCP 也进行流量控制，便于发送方与接收方保持同步。

② UDP

UDP（User Datagram Protocol，用户数据报协议）提供无连接服务，无确认重传和纠错功能，不保证数据的可靠传输。UDP 适用于那些不需要面向连接的应用程序，在语音、视频等领域中得到了广泛的应用，也适用于客户机/服务器类型的请求响应模式。

（4）应用层

应用层向用户提供访问网络各种应用的接口及相应的协议。在 TCP/IP 体系结构中并没有像 OSI RM 一样单独设置会话层和表示层，而是把它们的功能都合并到应用层。

互联网的飞速发展，已经使其成为人们日常生活中最常使用的网络应用。应用层支持各种网络应用的协议，主要有 HTTP、FTP、SMTP、DNS、DHCP、RIP、OSPF、Telnet、SNMP 等。

1.9 OSI 与 TCP/IP RM 的比较

OSI RM 和 TCP/IP RM 都是对网络体系结构的描述，因此它们之间必然有很多相似之处。但由于两个模型是由不同组织分别开发的，因而也必然存在着差异。对比二者的共同点和差异性有助于加深对网络体系结构的理解。

1. 两者的共同点

OSI 和 TCP/IP RM 的共同点主要体现在如下几个方面。

1) 两者都采用了层次结构，将庞大且复杂的问题划分为若干个较容易处理的范围较小的问题，而且都是按功能分层。各协议层次的功能大体上相似，都存在网络层、传输层和应用层。

2) 两者都是计算机通信的国际性标准，虽然这种标准一个（OSI）是由国际权威组织制定的，一个（TCP/IP）是当前工业界既成事实的。

3) 两者都是基于协议集的概念，协议集是一簇完成特定功能的相互独立的协议集合。

4) 都使用分组交换，而不采用传统电信网中的电路交换。

2. 两者的主要差别

OSI 和 TCP/IP 的主要差别体现在如下几个方面。

（1）模型设计的差别

OSI RM 是先于协议构建出来的，所以该模型并不基于某个特定的协议集，因而对具体协议的制定更具有一般性的意义。但由于在模型设计时很难考虑全面，有时不能够完全指导协议某些功能的实现，从而导致对模型进行修补。例如，数据链路层最初只考虑处理点到点的通信网络，当广播型局域网出现后，存在一点对多点的连接问题，不得不在模型中插入新的子层来处理这种通信模式。TCP/IP 正好相反，它是先有协议并付诸应用，模型只不过是对已有协议的抽象描述，所以不存在与协议的匹配问题。

（2）层数和层间调用关系不同

OSI RM 分为七层，而 TCP/IP RM 只有四层。TCP/IP 层次之间的调用关系不像 OSI 那么严格。在 OSI RM 中，两个实体通信必须通过下一层实体，上层通过接口调用下层的服务，层间不能有越级调用关系。分层确实是必要的，但是，严格按照逐层调用编写的软件效率却极低。为了避免以上缺点，TCP/IP RM 在保持基本层次结构的前提下，允许越过相邻的下一层而直接调用更低层的服务。这样做可以减少一些不必要的开销，提高编程和数据传输的效率。

TCP/IP RM 各协议模块间的关系如图 1-40 所示。

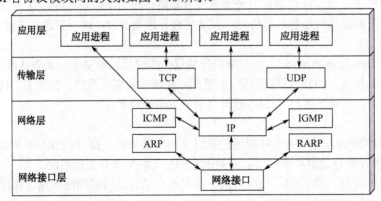

图 1-40 TCP/IP RM 各协议模块间的关系

（3）最初设计的差别

TCP/IP RM 在设计之初就着重考虑异构网之间的互连问题。而 OSI RM 最初只考虑用一种标准的公用数据网将各种不同的系统互连在一起，忽略了互连异构网的重要性。这种"大一统"的思想实现困难，缺乏包容性，事实上 OSI RM 至今也没有能够实现。

（4）对可靠性的强调不同

OSI RM 认为数据传输的可靠性应该由通信子网和端到端的传输层来共同保证。而 TCP/IP RM 认为，计算机网络通信的可靠性应该由智能的端系统主机中的传输层解决，通信子网应尽可能简单，以便高效、灵活地传递数据，网络本身不必进行数据恢复。

（5）提供的数据传输服务不同

TCP/IP RM 对面向连接服务和无连接服务同等重视，而 OSI RM 在开始时只强调面向连接服务。TCP/IP RM 在网际层仅有一种无连接的 IP 数据报通信模式，但在传输层支持两种模式，给了用户选择的机会。后来 OSI RM 才开始制定无连接服务的有关标准。事实上，无连接服务的数据报方式应用领域还是很广泛的。

（6）网络管理功能

TCP/IP RM 有较好的网络管理功能，简单易行。而 OSI RM 到后来才开始考虑这个问题，但网络管理功能的过度复杂，造成了 OSI RM 迟迟没有成熟的产品推出，影响了厂商对它的支持。

（7）市场应用和支持上不同

OSI RM 推出得晚，妨碍了第三方厂家开发相应的软、硬件，进而影响了市场占有率和未来发展。由于 Internet 在全世界的飞速发展，使得 TCP/IP RM 协议得到了广泛的应用，并使其成为"既成事实"的国际标准。

以上是 OSI RM 和 TCP/IP RM 的主要区别。不过，OSI RM 的制定，也参考了 TCP/IP RM 及其分层体系结构的思想，而 TCP/IP RM 在不断发展的过程中也吸收了 OSI RM 中的概念及特征。

OSI RM 与 TCP/IP RM 都不是完美的，但 TCP/IP RM 相对简单、灵活，支持的厂商多，成为事实上的工业标准，其本身也在不断发展。也许 OSI RM 历史性地错过了机会，人们将关注的目光更多地投向了 TCP/IP RM。

1.10 计算机网络的相关标准化组织

网络标准化是一个极其重要的问题，受到了各国际标准化组织的关注。目前国际上制定通信与计算机网络标准的几个权威组织如下。

1）国际标准化组织（ISO）：成立于 1947 年，是世界上最大的国际标准化专门机构，联合国甲级咨询机构。ISO 致力于开发科学、技术、经济领域里的各种标准，其在网络领域的最突出贡献就是提出了 OSI RM。

2）国际电信联盟（ITU）：成立于 1865 年的 ITU 是在世界各国政府的电信主管部门之间协调电信事务的一个国际标准化组织，在制定国际电信标准方面得到世界范围内的认可。

因为国际电话电报咨询委员会（CCITT）是 ITU 的前身，所以早期制定的标准也称为 CCITT 标准或建议。CCITT 标准或建议自 1993 年起都改为 ITU 标准或建议。

ISO 和 ITU 之间有很好的合作和协调，经常联合制定标准以避免互不兼容。

3）美国国家标准协会（ANSI）：代表美国审批各行业组织制定的标准，在计算机领域典型应用有美国标准信息交换码（ASCII）和光纤分布式数据接口（FDDI）等。

4）电子工业协会（EIA）：主要为设计生产电子元器件、通信系统和设备制定标准。在信息领域，EIA 为定义数据通信设备的物理接口和电气特性等方面做了巨大的贡献，尤其是数字设备之间串行通信的接口标准,如 EIA RS-232、EIA RS-449 和 EIA RS-530。在结构化网络布线领域,EIA 与美国电信行业协会(TIA)联合制定了商用建筑电信布线标准(如 EIA/TIA 568 标准),提供了统一的布线标准并支持多厂商产品和环境。

5)电气与电子工程师协会(IEEE):世界上最大的由工程专业人士组成的国际社团,其目的在于促进电气工程和计算机科学领域的发展和教育。IEEE 于 1980 年 2 月成立了 802 委员会,专门从事局域网标准的制定工作,制定了一系列局域网标准(802 标准),对局域网技术的发展起到了极大的促进作用。

6)Internet 协会(ISOC):主要工作是协调全球在 Internet 方面的合作,就有关 Internet 的发展、可用性和相关技术的发展组织活动,目的是积极推动 Internet 及相关的技术,发展和普及 Internet 的应用。

在 ISOC 中,有一个专门负责协调 Internet 技术管理与技术发展的分委员会——Internet 体系结构委员会(IAB),其主要职责是根据 Internet 的发展需要制定技术标准,审定发布 Internet 的工作文件 RFC,进行 Internet 技术方面的国际协调与规划 Internet 发展战略。在 IAB 中,下设了一个具体部门——互联网工程任务组(IETF),负责技术管理方面的具体工作,制定关于 Internet 的各种标准。

以上这些标准化组织已经为通信与计算机网络制定了一系列的标准供业界参照执行。在某些情形下,各种标准在某些方面都有相互引用的地方,只是以不同的名义颁布而已。

注意:网络标准化工作经过长期的努力,目前有三个最具影响的体系结构模型,是人们研究和实现网络的参照标准,即 ISO/OSI RM、TCP/IP 协议簇和局域网标准集 IEEE 802.x。这三个模型及相关网络标准是计算机网络学习的重点。

习　题

一、单选题

1. 计算机网络与分布式系统之间的区别主要在于(　　)。
   A．系统物理结构成　　　　　　　　B．系统高层软件
   C．通信子网　　　　　　　　　　　D．服务器类型
2. 目前计算机网络的定义是从(　　)的观点而来的。
   A．通信角度　　B．分布式系统　　C．资源共享　　D．用户透明
3. 在计算机网络发展过程中,(　　)对计算机网络的形成和发展影响最大。
   A．APPANET　　B．SNA　　　　C．DATAPAC　　D．DNA
4. 在 OSI RM 中,数据链路层的数据服务单元是(　　)。
   A．分组　　　　B．报文　　　　C．帧　　　　　D．比特序列
5. 网络体系结构可以定义为(　　)。
   A．一种计算机网络的实现
   B．执行计算机数据处理的软件模块
   C．建立和使用通信硬件和软件的一套规则和规范
   D．由 ISO 制定的一个标准
6. 使用分层结构来分析网络体系结构的优点是(　　)。
   A．演化比较慢　　　　　　　　　　B．便于分析、学习和解决复杂网络问题
   C．可以增加一些特权协议　　　　　D．增加复杂程度

二、填空题

1. 计算机网络是_____技术和_____技术相结合的产物。

2．计算机网络系统是由通信子网和_____组成的。
3．以_____为代表，标志着第四代计算机网络的兴起。
4．OSI RM 的三个主要概念是服务、接口和_____。

三、简答题

1．举例说出一些采用分层结构化解决问题的领域。
2．为什么说 ARPANET 是现代计算机网络的里程碑？它对计算机网络技术的发展提供了哪些有益的启示？
3．列举你所知道的当前的通信网？其主要用途与业务拓展是什么？其特点是什么？
4．计算机网络为什么要研究通信技术？
5．通信信息除了"净荷"外，为什么还要有各种控制信息？
6．网络体系结构为什么不是唯一的？分层实现的方法为什么是普遍的？
7．什么是网络体系结构？ 为什么要定义网络体系结构？
8．什么是网络协议？它在网络中的作用是什么？
9．请比较 OSI RM 与 TCP/IP 参考模型的异同点。
10．什么是网络的拓扑结构？常用的网络拓扑结构有哪几种？

实训一　参观校园网及网络实验室

一、实训目的
1）建立计算机网络的初步概念。
2）了解校园网的网络拓扑结构以及网络的组成，对计算机网络产生感性认识。
3）通过实地考察了解计算机网络常用设备、名称和用途。

二、实训环境
学院校园网，网络实验室，当地大型网络企业。

三、实训内容
1）参观学校网络中心。
2）参观网络实验室。
3）参观当地大型网络企业。

四、实训步骤
1）由教师带领学生，参观学校网络中心，由工作人员讲解校园网的构成、拓扑结构、所使用的网络设备以及使用的软件环境，每位学生都要做好详细的记录。然后参观校园网布线、配线情况和终端设备，并由网络中心工作人员讲解，学生做好详细的记录。
2）由教师带领学生到计算机网络实验室进行参观。由实验室工作人员介绍实验室中的设备、网络的构成、能够完成的实验、能够完成的科研项目，对照网络设备讲解设备名称、用途等相关规定及注意事项，学生做好详细的记录。
3）联系当地大型网络企业，参观各种网络产品和网络应用。

五、实训总结
1）画出学校校园网的拓扑图，写出所用网络设备的名称、用途及型号。
2）写出网络实验室中网络的连接情况、所用网络设备的名称、用途及型号。
3）写出主要网络产品和目前主要的网络应用。

第 2 章　数据通信基础知识

【内容提要】

数据通信是计算机网络的基础，网络中的信息交换、资源共享，都借助于数据通信技术来实现。本章介绍与网络相关的数据通信技术，使读者理解计算机网络的底层支撑技术。

【学习要求】

要求理解和掌握信息、数据与信号的基本概念，数据和信号的类型，数据通信系统一般模型及相关概念，数字通信的优点和主要性能指标，各类传输介质的特点，数据的各种传输方式、同步方式，信号的变换技术，数据交换技术，信道复用技术等。

了解数据通信中差错产生的原因与差错控制技术。

2.1　数据通信基本概念

通信是指在两点或多点之间通过通信系统进行信息交换的过程。数据通信不同于传统的通信方式，它是伴随着计算机技术和现代通信技术发展起来的，具有广阔的发展前景。目前数据通信与计算机通信的界定日益模糊，彼此融合，数据通信是计算机网络的底层技术。

2.1.1　信息、数据与信号

在信源与信宿之间信息的交换中，伴随着不同的处理过程，其载体形式要经常发生变化。所以，在通信技术中，要经常涉及信息、消息、数据、信号的概念。

1. 信息与消息

"信息"是现实世界中客观事物（物质的、概念的）属性和相互联系特性的表征，反映了客观事物的存在形式和运动状态。人们通过信息获取对现实世界客观事物的认识，因而，只有被人们获取并进入人们观念世界的信息才有使用价值。

"消息"是对于客观世界发生变化的描述或报道。信息是消息中包含的有意义的内容，人们从消息中提取出有价值的信息，感知和认识客观事物。严格地说，信息与消息之间存在着一个处理过程，但从通信传输的角度，有时人们并不严格区分二者的区别。

2. 数据

人们为了将观念世界的信息记载下来，便于存储和传播，必须将信息物理化。信息物理化之后的表现形式，即信息的载体，称为"数据（Data）"。数据可以采用多种表示形式，如数字、文字、语音或图像等。在数字式电子计算机中表示和存储信息的载体是二进制编码。所谓计算机信息处理，实质上就是由计算机进行数据处理的过程。

信息与数据的关系，简单地说，信息物理化即为数据，数据抽象化即为信息。或者说数据是信息的表示形式（即载体），而信息是数据的内涵。图2-1说明了信息与数据二者之间的转换关系。

3．信号

信号（Signal）是数据的携带者，是数据在传输过程中的具体物理表现形式，是一种具有变化的物理现象，如电压、光、电磁场等，所以也称信号是数据的电磁或光的信道编码。在通信技术中的信号都是变化的、具有能量的物理量，能承载数据以适当的物理形式在特定的介质上传输。

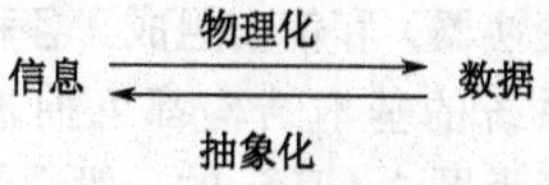

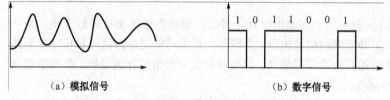

图 2-1　信息与数据的关系

可见，信息、数据、信号三者间既有区别，又密切相关，是通信过程中不同阶段的不同说法。

4．信号的分类

信号分为模拟信号和数字信号，如图2-2所示。

（1）模拟信号

模拟信号是量值随时间连续变化的信号，如语音是典型的模拟信号，其他由模拟传感器接收到的信号（如温度、视频、压力、流量等）也多为模拟信号。

图 2-2　模拟信号和数字信号

模拟信号的特点：直观、易实现，但抗干扰能力和保密性差。模拟通信在电信业已被广泛使用了近200年，模拟通信系统已相当普及。在数字通信系统还没有完全普及的今天，有时数据通信不得不借助于模拟通信系统实现。

（2）数字信号

数字信号是一种时间上离散的脉冲序列，它取几个不连续的物理状态来代表数字，最简单的离散数字是二进制数字0和1，分别由两个物理状态（如低电平和高电平）来表示。利用数字信号传输的数据，在受到一定限度内的干扰后是可以被恢复的，如图2-3所示。

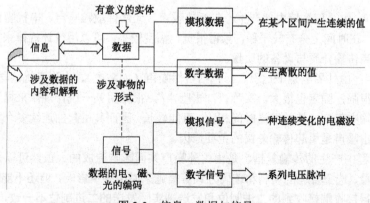

图 2-3　信息、数据与信号

模拟信号和数字信号二者通过一定的技术可以相互转换，转换的目的是适应通信信道的传输特性。数字数据可以通过调制技术转换为模拟信号，称为数/模转换（D/A转换），从而可以在模拟信道上传输；而模拟数据也可以通过编码技术转换为数字信号，称为模/数转换（A/D 转换），转换后可以在数字信道上传输。

2.1.2 通信系统模型

1．通信系统的一般模型

传输信息的系统称为通信系统，通信系统由信源、信源变换器、信道、信宿变换器（也称反变换器）和信宿组成。各种通信系统的基本结构都可抽象地概括为图 2-4 所示的一般通信系统模型，具有普遍意义。

2．通信系统各组成部分及其功能

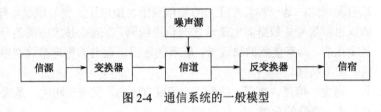

图 2-4　通信系统的一般模型

（1）信源和信宿

产生和发送信息的一端称为"信源"，接收信息的一端称为"信宿"。

（2）变换器和反变换器

信源数据又称为信源编码，一般不适于在信道中直接传输，要事先进行信号码型变换，变换为适应信道传输特性的信号形式，即所谓的信道编码。变换器的基本功能就是将信源和传输介质匹配起来，完成编码转换，提高传输的有效性及可靠性。信宿端的反变换器进行逆变换，将信道编码恢复为发送方的原始编码再交给信宿。

对于模拟和数字通信系统，变换器的功能不同，在实际的通信系统中有各自具体的名称。对于模拟传输方式，一般采用"调制解调器"作为信号变换器；对于数字传输方式，一般采用"编码解码器"作为信号变换器。

（3）信道

从信源到信宿之间信号传递所经过的传输介质及相应的通信设备称为"信道"，作用是把携带信息的数据以物理信号形式通过介质传送到目的地。

（4）干扰

在信号的传输过程中，会受到来自信道内部和外部两方面的干扰，按照通信的传统习惯称其为"噪声"。

1）内部噪声：由通信系统内部产生，包括热噪声、元器件散粒噪声、串扰噪声。这类噪声的特点：持续存在，在时间上分布较平稳，频谱很宽，幅度较小，可以用统计规律来描述。消除这类干扰的办法是提高传输介质与设备的质量。

2）外部噪声：由外界电磁干扰引入，包括自然噪声（如雷电）、人为干扰。与内部噪声相比，这类噪声随机性很强，强度也很大，又称"冲击噪声"，很难用某一统计规律来描述。冲击噪声持续时间与数据传输中每个比特的发送时间相比，可能较长，因而其引起的连续多个数据位出错称为"突发差错"。冲击噪声是引起传输差错的主要原因。

实际通信过程中产生的传输差错，是由内外噪声共同影响造成的。虽然可以采用屏蔽、改善线路和设备的质量、选择合理的调制和编码方式等措施来减少噪声影响，但还不能完全消除。噪声造成的后果是使得接收端接收到的二进制位和发送端实际发送的二进制位不一致，产生由"0"变成"1"或由"1"变成"0"的误码，出现传输差错。

实际的噪声干扰分布在数据传输过程的各个部分。为分析和研究问题方便，通常把它们等效为一个作用于信道上的噪声源，是整个系统全部噪声干扰的总折合，用以表征信号在信道上传输时受到的干扰情况。干扰的性质与大小都是影响通信系统性能的重要因素。

3．通信系统的类型

（1）模拟通信系统

模拟通信系统用于传输模拟信号的系统。其特点如下。

优点：传输信号的频带占用比较窄，信道利用率较高。

缺点：抗干扰能力差，信号易失真、保密性差、设备不易于由大规模集成电路实现，不适应现代计算机通信的要求。

（2）数字通信系统

数字通信系统用于传输数字信号的系统，其更适用于当前的数字式计算机通信。

4．数字通信系统的主要特点

无论是模拟通信还是数字通信，在不同的通信业务中都得到了广泛的应用。但是，由于数字通信的技术优势，发展与应用明显超过模拟通信，成为当代通信技术的主流。

数字通信系统与模拟通信系统相比具有以下特点。

1）抗干扰能力强、无噪声积累。在模拟通信中，为了延长信号的传输距离，需要在信号传输过程中及时对衰减的信号进行放大，但传输过程中叠加上的噪声也被同时放大，模拟放大器无法将有用的信号与噪声区分开。随着传输距离的增加，噪声积累越来越大，致使传输质量严重恶化。

对于数字通信，由于信号幅值为有限个离散值，以二进制为例，信号的取值只有两个，这样接收端只需判别两种状态。在传输过程中数字信号虽然也会受到噪声的干扰，但在适当的距离采用判决再生的方法，可以辨别出是两个状态中的哪一个。只要噪声的大小不足以影响判决的正确性，就能正确区分。所以，数字传输能使信号不失真地正确传送，传输质量优于模拟传输。

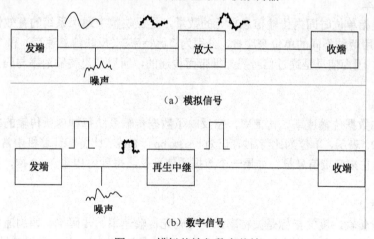

图 2-5 模拟传输与数字传输

2）便于存储、处理和交换。数字通信的数据形式和计算机数据形式一致，都为二进制代码，因此便于与计算机或各种数字终端接口联网，利用现代计算技术对信号进行存储、处理和交换，可使通信网的管理和维护实现自动化、智能化。

3）设备便于集成化、微型化。目前数字电路采用超大规模集成电路实现，体积小、质量轻、功耗低，性价比远高于模拟电路。

4）便于构成综合业务数字网。采用数字传输方式，可以通过数字交换设备进行数据交换，以实现传输和交换的综合。对来自文本、声音、视频等各类数据均可统一为数字信号的形式，通过数字通信系统传输，所以数字通信系统能灵活地适应各种通信业务。

5）便于加密处理。信息的安全性和保密性越来越重要，数字通信的加密处理比模拟通信容易得多，可通过数字逻辑运算进行加密、解密处理。

6）可进行数据压缩处理，提高传输的效率。

7）可进行差错控制，采用信道编码检错和纠错技术，提高传输的可靠性。

8）数字通信的许多优点都是以比模拟通信占用更多的信道带宽为代价而换取的，信道利用率低于模拟通信。

9）需要收发端严格保持同步，必须采用复杂的技术。

随着宽带信道（光纤、数字微波）的大量使用以及数字信号处理技术的发展，信道带宽目前已不是主要问题了。

计算机技术的应用，促进了数字通信技术的迅速发展。在数字通信中各种数字信号的变换、处理、存储和转发等功能，都可借助计算机智能化完成。可以预言，数字数据通信最终将取代模拟数据通信。目前，仅在不得已的情况下，才会采用模拟通信。

2.1.3 数据通信系统的主要性能指标

通信系统的性能指标反映了其通信质量的优劣。人们希望数字通信系统能够既快又可靠地传输数据，因此有效性和可靠性体现了对数字通信系统最基本的要求。然而这两者是互相矛盾而又互相联系的，经常要兼顾考虑。

数据通信系统的有效性通常用传输速率、信道容量、带宽等指标来衡量；可靠性通常用误码率指标来衡量。

1．传输速率

传输速率是指单位时间内传输信息单元的数量，是反映数字通信系统的有效性（传输能力）指标，实际中采用两种不同的单位来度量，分别为"比特率"（反映信息速率）和"波特率"（反映信号码元速率）。因为信息是通过信号码元携带而传递的，所以信息传输速率与码元传输速率有一定的关系。

（1）比特率

比特率又称数据传输速率、传信率，它反映了数据传输系统每秒内所传输的二进制代码的位（比特）数，用 R_b 表示，单位为比特/秒，记为 b/s 或 bps、bit/s。比特即计算机中常用的术语"位"，在数据通信中用它来度量信息量。如果一个数据通信系统，每秒内传输 9600 位，则它的传信率为 $R_b=9600 \text{b/s}$。

（2）波特率

另一种度量传输速度的指标是波特率，又称码元传输速率、传码率、调制速率。它表示单位时间内（每秒）信道上实际传输信号码元的个数，单位是波特（Baud），常用符号"B"来表示。需要注意的是码元速率仅表征单位时间内传送的信号码元数目，每一个离散值就是一个码元，而没有限定是何种进制的码元。一个信号码元往往可以携带多个二进制位，所以在固定的码元传输速率下，比特率可以大于波特率。换句话说，一个码元中可以传送多个比特。在一定的波特率下提高数据传输速率的途径就是用一个码元表示更多的比特数，这样能降低对线路带宽的要求。两者的关系如图 2-6 所示。

例如，某系统每秒传送 9600 个信号码元，则该系统的波特率为 9600B。如果系统是二进制的，则它的比特率是 9600b/s，此时，比特率正好等于波特率。如果系统是四进制的，则它的比特率是 19.2Kb/s；如果系统是八进制的，则它的比特率是 28.8Kb/s，此时，比特率大于波特率。由此可见，比特率与波特率之间的关系如下：

$$R_b = B \log_2 N$$

式中：N 为码元的进制数，即一个脉冲信号所表示的有效状态（调制电平数），通常为 2 的整数倍。在二进制的二元制调制方式中，脉冲只有两种状态，即 0 或 1，所以 $N=2$，则 $R_b = B$，此时比特率与波特率是一致的。当采用多元制调制方式时，N 的取值可不同，这时调制速率与数据传输速率是不等的。在数值上"比特率"等于"波特率"的 $\log_2 N$ 倍。

2．误码率（差错率）

可靠性是指在特定的信道内接收信息的可靠程度。通常衡量可靠性的指标是误码率。误码率是指码元在传输过程中，出错码元占总传输码元的概率。在二进制传输中，误码率也称为误比特率。

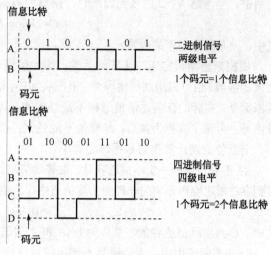

图 2-6　比特率与波特率的关系

$$P_e = B_e / P$$

式中：P_e，B_e，P 分别为误码率、出错码数、总传输码数。

3．信道带宽与信道容量

信道带宽或信道容量代表了信道传输数据的能力，是描述信道的主要指标。

（1）信道带宽

通信系统中传输信息的信道具有一定的频率范围，最高频率上限与最低频率下限之差称为"信道带宽"，也称为信道的"通频带"，单位用赫兹（Hz）表示。信道带宽由具体信道（包括传输介质和通信设备）的物理特性所决定，如图 2-7 所示。

信道容量、传输速率和抗干扰性均与信道带宽有着密切的联系。

（2）信道容量

信道容量是指单位时间内信道所能传输

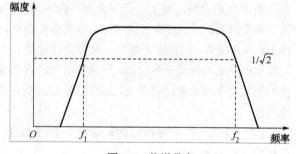

图 2-7　信道带宽

的最大信息量，也可以用比特率或波特率来表示。与前面所述的数据传输速率不同之处在于，数据传输速率表示了数据实际的传输速率，而信道容量则代表了信道的最大数据传输能力，是数据传输速率的极限值。当数据传输速率超过信道容量时就会产生失真。实际应用中，信道容量应大于要求的数据传输速率，以保证通信质量，减少误码率。

（3）信道容量和信道带宽的关系

通常，信道容量和信道带宽具有正比的关系。所以要提高信号的传输率，信道就要有足够的带宽。因此通信中常用带宽来指代速率，宽带和窄带分别就是高速和低速的同义词。

"奈奎斯特定理"和"香农定理"为分析信道容量和信道带宽的关系提供了理论依据。

1）奈奎斯特定理——理想信道容量。奈奎斯特定理为估算已知带宽无噪声理想信道的最高速率提供了依据。奈奎斯特定理可用信道带宽来表示：在无噪声的理想条件下，若信道带宽为 W Hz，则最大码元速率为 $B=2W$（Baud）。此式说明：对于特定的信道，其码元速率不可能超过信道带宽

的两倍。当考虑 $N>2$ 的多元调制时，换算为数据传输速率，则最大为

$$C=2W\log_2 N \quad \text{(b/s)}$$

式中：N 是信号电平的级数。

根据奈奎斯特定理，从理论上看，增加信道带宽可以增加信道容量，N 取值加大（即增加码元调制级数）也可以增加信道容量。但在实际中，信道带宽的无限增加并不能使信道容量无限增加，其原因是：实际的任何通信信道都不是理想的，其不可避免地存在噪声或干扰，若噪声过强则会淹没信号。考虑了噪声因素后，N 取值不能过大，否则信号难以与噪声区分，因而信道容量远远达不到奈奎斯特定理计算出的数据传送速率。

2）香农定理——实际信道容量。被誉为信息论之父的香农进一步把奈奎斯特的理想信道结论扩展到存在随机噪声影响的非理想实际信道中，给出了实际信道容量计算公式——香农定理：

$$C=W\log_2(1+S/N)$$

式中：C 为实际信道容量，单位为 b/s；W 为信道带宽，单位为 Hz；S/N 为信噪比。

但在实际应用中，人们通常不使用绝对值表示信道的信噪比，而使用符合人听觉规律的 $10\lg(S/N)$ 来表示，单位为分贝（dB）。所以，通过分贝值计算信噪比必须经过 $S/N\text{dB}=10\log_{10}S/N$ 的转换，即

$$\frac{S}{N}=10^{(S/N_{\text{dB}})/10}$$

例如，信噪比为 30dB，带宽 4kHz 的信道最大数据传输速率为

$C=W\log_2(1+S/N)$，因为 $S/N\text{dB}=30\text{dB}$，即 $10\times\log_{10}(S/N)=30\text{dB}$，则 $S/N=1000$。

$C=4000\times\log_2(1+S/N)=4000\times\log_2(1+1000)\approx 4000\times 10=40\text{kb/s}$。

香农定理说明：对于存在随机噪声影响的非理想实际信道容量（即信号传输的极限速率）取决于两个因素：信道带宽和信噪比。信道带宽越宽，数据传输速率就越高。在同样的信道带宽的条件下，噪声越大，则信噪比越小，能够达到的最大数据传输速率就越小。原因是噪声的存在将使离散值取值个数不可能无限增加，无论采用何种调制技术信道容量总是有限的。信噪比不仅仅与信道内的信号功率和噪声功率有关，还与信号的调制方式有很大关系，如调频系统的信噪比就比调幅系统的高。

【例 1】对一个无噪声的话音带宽为 $W=3.1\text{kHz}$ 的信道，若传送二进制信号，试问可允许的数据传输速率是多少？

解：由于传送的二进制信号是"1"、"0"两个电平，所以 $N=2$；又因为 $W=3.1\text{kHz}$，则根据奈奎斯特定理，信道容量，即数据传输速率为 $C=2W\log_2 N=6200\text{b/s}$。

【例 2】一个无噪声的话音带宽为 $W=3.1\text{kHz}$ 的信道，若采用 8 相调制解调器传送二进制信号，试问信道容量是多少？

解：由于 8 相调制解调器传送二进制信号的离散信号数为 8，即 $N=8$，则根据奈奎斯特定理，信道容量，即数据传输速率为 $C=2\times 3100\log_2 8=6200\times 3=18.6\text{kb/s}$。

【例 3】若信道带宽为 $W=3.1\text{kHz}$，信噪比为 $S/N=2000$，则

$$C=3100\times\log_2(1+2000)=3100\times 10.97\approx 34\text{kb/s}$$

即该信道上的最大数据传输率不会大于 34kb/s。

2.2 传输介质

2.2.1 传输介质的类型与特性

1. 传输介质的类型

根据传输介质的物理形态，可以分为有线介质和无线介质。

有线介质包括双绞线、同轴电缆、光纤等。因为信号被导向沿着固体介质传播，也称为导向型传输介质。

无线介质包括无线电、微波、红外线通信信道等。因为信号在自由空间传播，也称为非导向型传输介质。

2. 传输介质的特性

传输介质是构成数据传输信道的物理基础，是传输信号的载体。传输介质本身的特性对信道的质量有很大的影响，这些特性主要如下。

1）物理特性：指传输介质的特征，包括传输介质的材料特性和物理结构等。
2）传输特性：传输介质允许传送的信号形式，包括是以模拟信号传送还是以数字信号传送，使用的调制或编码技术、传输容量与传输的频率范围。
3）连通特性：适合点对点连接还是多点连接。
4）传输距离：指在不使用中继设备情况下，无失真传输所能达到的最大距离。
5）抗干扰性：传输介质防止噪声与电磁干扰的能力。
6）相对价格：指线路成本和安装、维护等费用总和。

在实际网络工程中究竟选用哪一种传输介质，必须考虑到拓扑结构、价格、安装难易程度、传输容量、抗干扰能力、衰减等方面的因素，同时要根据具体的运行环境总体考虑。

2.2.2 有线传输介质

1. 双绞线

（1）双绞线的结构

双绞线是一种使用最广泛、价格最低廉的传输介质，由一对或多对绝缘铜导线组成（如 8 条线组成 4 个线对），每两根具有绝缘保护的铜导线以一定的绞距均匀地绞合在一起组成一个线对。线对螺旋绞合的目的是减少信号传输中串扰及外部电磁干扰影响的程度。由电磁学原理可知，这种结构使得每一对导线两线之间辐射出来的电磁波大小相等、方向相反，相互抵消。同理，外电路在它上面产生的干扰信号也互相抵消。双绞线的抗干扰能力取决于线对的绞合密度及适当的屏蔽。绞合密度越高，抗干扰能力越好，数据传输速率越高，如图 2-8 所示。

(a) Category 3 UTP

(b) Category 5 UTP

图 2-8 不同绞合密度的双绞线

（2）双绞线的应用场合

双绞线既可传输模拟信号也可传输数字信号。计算机网络用它作为传输介质时，其数据传输距离最大是 100m。双绞线适用于局域网内点对点设备的连接，一般用于星型网络结构的布线。每条双绞线电缆两端都安装有 RJ-45 连接器（图 2-9），可以插到网卡和集线器/交换机的 RJ-45 接口上。双绞线的价格低，安装、维护方便，所以得到了广泛的应用。

（3）两种类型的双绞线

双绞线分为无屏蔽双绞线（UTP）和屏蔽双绞线（STP）两种，如图 2-10 所示。

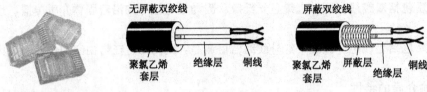

图 2-9　RJ-45 接头　　　　图 2-10　两种类型的双绞线

屏蔽双绞线：外层用铝箔屏蔽以减少干扰和串音。按屏蔽层设置的不同又分为外层屏蔽双绞线和全屏蔽双绞线。屏蔽双绞线比非屏蔽双绞线具有更好的电磁屏蔽和抗干扰性能，因而具有较高的传输速率。

非屏蔽双绞线：双绞线外没有附加任何屏蔽层。

（4）双绞线的特性

1）物理特性：双绞线一般是铜制的，能够提供良好的传导率。

2）传输特性：可用于不同的通信场合，提供不同的通信带宽。

3）连通性：普遍用于点到点连接，两端采用 RJ-45 接头，连接方便、牢固可靠。

4）地理范围：可以在 100m 范围内提供数据传输。

5）抗干扰性：在低频传输时，双绞线的抗干扰性能相当于同轴电缆；在高频传输时，双绞线抗干扰性能低于同轴电缆。

6）UTP 电缆价格便宜，布线和安装容易，非常适用于结构化综合布线系统；STP 电缆价格相对于 UTP 稍贵，类似于同轴电缆，它必须配有支持屏蔽功能的特殊连接器和相应的安装技术，因此布线和安装比非屏蔽双绞线电缆困难，一般在电磁干扰和辐射严重、对传输质量有较高要求的特殊场合使用。

（5）UTP 双绞线的等级

TIA 和 EIA 联合开发了双绞线的规范说明——TIA/EIA 568 标准。TIA/EIA 568 标准将双绞线电缆分为若干类。由于 UTP 的成本低于 STP，所以使用更广泛。按 UTP 的性能，目前广泛应用的有六个不同的等级（Category 1～6，通常"Category"简写成"CAT"），级别越高性能越好。

1）1 类 UTP（CAT 1）和 2 类 UTP（CAT 2）：主要用于话音通信、程控交换机和告警系统，通常不用于数据传输。

2）3 类 UTP（CAT 3）：阻抗为 100Ω，最高带宽为 16MHz，曾广泛用于 10Mb/s 双绞线以太网和 4Mb/s 令牌环网的安装，也能运行于 16Mb/s 的令牌环网。

3）4 类 UTP（CAT 4）：最大带宽为 20MHz，其他特性与 3 类 UTP 相同，能更稳定地运行 16Mb/s 令牌环网，但在实际应用中不多。

4）5 类 UTP（CAT 5）：又称为数据级电缆，包括四个双绞线对，带宽为 100MHz，能够运行于 100Mb/s 以太网和 FDDI 网络。5 类 UTP 已被广泛应用多年。

5）超 5 类 UTP：采用高质量的铜线，具有较高的缠绕率。超 5 类能支持高达 200MHz 的信号速率，是常规 CAT 5 容量的 2 倍，目前广泛应用。

6）6 类 UTP（CAT 6）：最大带宽可达 1000MHz，适用于千兆以太网内低成本的连接。

7）超 6 类线：6 类线的改进版，主要应用于千兆以太网络中。在传输频率方面与 6 类线一样，只是在串扰、衰减和信噪比等方面有较大改善。

在目前网络的实际应用中，100Mb/s 连接最常使用的网络线缆是超 5 类双绞线，它的综合成本相对较低，而且能够提供较高的数据传输率，施工的难度也不大。对于 1000Mb/s 连接，可以采用 6 类 UTP 也可以采用光纤。6 类 UTP 双绞线的典型连接距离也为 100m。

双绞线技术还在不断进步，标准制定机构和制造商已开发出 7 类双绞线，它主要适用于万兆位以太网技术的应用和发展。

（6）双绞线的连接标准

为了便于安装使用，双绞线电缆中的每一线对都按一定的色彩标识。双绞线的连接标准有两个，分别是 TIA/EIA 568A 标准和 TIA/EIA 568B 标准，我国采用 EIA/TIA 568B 标准。两种标准如表 2-1 所示。

表 2-1 双绞线的连接标准

标准＼线序	1	2	3	4	5	6	7	8
568B	白橙	橙	白绿	蓝	白蓝	绿	白棕	棕
568A	白绿	绿	白橙	蓝	白蓝	橙	白棕	棕
绕对	同一绕对		与 6 同一绕对		同一绕对		与 3 同一绕对		同一绕对	

（7）双绞线的连接方法

双绞线的连接方法有"直通线"和"交叉线"两种。

直通线：双绞线两端与连接器的连接使用相同标准，均为 568A 或均为 568B，如图 2-11 所示。

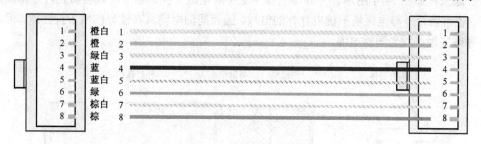

图 2-11 直通 UTP 电缆

交叉线：双绞线两端与连接器的连接使用不同标准，一端使用 568A 标准，另一端使用 568B 标准。这样，一端的 1、2 线序发送双绞线对正好与另一端的 3、6 线序接收双绞线对相对应，如图 2-12 所示。

（8）双绞线连接线的选用

1）交叉线用于同类设备相连，如交换机—交换机（普通端口）、Hub—Hub（普通端口）、计算机—计算机、计算机—路由器等。

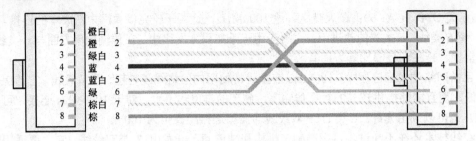

图 2-12 交叉 UTP 电缆

2)直通线用于不同类设备相连,如计算机—交换机(含三层交换机)、交换机—路由器、交换机—交换机(级联端口)等。

说明:有些设备,如交换机,端口内部已考虑了兼容不同方式连线的问题,根据连接线类型内部可自动切换。当交换机或 Hub 有 UPLINK 上连端口时,该端口已经为级联做了考虑,可以利用直通线通过 UPLINK 端口与上级交换机连接。如果采用交叉线,则可以直接将两个 UPLINK 端口或两个普通端口相连,如图 2-13 所示。

2. 同轴电缆

同轴电缆是早期局域网中使用的一种传输介质。它由绕在同一轴线的内、外两个导体组成,内导体为单股或多股铜导线,呈圆柱形的外导体(也称外屏蔽层)

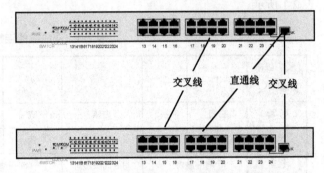

图 2-13 采用直通线或交叉线连接交换机

通常由编织铜丝线组成并围裹着内导体,内外导体之间用等间距的绝缘材料隔离,外导体再用塑料外罩保护起来,如图 2-14 所示。外导体的作用是屏蔽电磁干扰和辐射,既可防止内导体向外辐射电磁场,也可防止外界电磁场干扰内导体的信号,因而同轴电缆具有较好的抗干扰性能。因芯线与网状外导体同轴,故名同轴电缆。

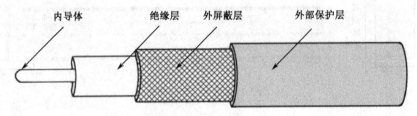

图 2-14 同轴电缆的结构

同轴电缆一般用于总线型拓扑,并且在两端各接 50Ω 终端匹配电阻以避免信号反射,但是同轴电缆有一处断开时,则阻抗失配,整个网络瘫痪,不便于隔离故障域。目前,双绞线和光纤作为两大主流有线传输介质已被广泛使用,同轴电缆已基本淘汰。

3. 光纤

(1)光纤的特性

光纤是一种传送光信号的介质,依靠光波承载信号,用光脉冲的出现表示"1",不出现表示"0",如图 2-15 所示。

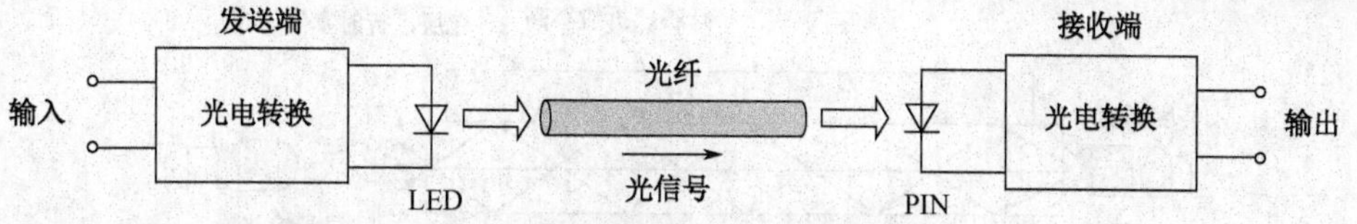

图 2-15 光纤传输

光纤通信现已得到了广泛应用，因为它具有以下突出优点。

1）物理特性：光纤是一种直径为 5～100μm 柔软、能传导光波的介质，多种玻璃和塑料可以用来制造光纤，其中使用超高纯度石英玻璃纤维制作的光纤具有最低的传输损耗，传输性能最好。在折射率较高的单根光纤外面，用折射率较低的包层包裹起来，就可以构成一条光纤通道。多条光纤可组成一条光缆。

2）传输特性：光纤的传输带宽很宽，理论上可达 30 亿兆赫兹，因而数据传输速率极高，通信容量大，仅受光电转换转换速度的限制，目前已有大于 1000Gb/s 的光纤通信系统。光纤的最佳传输波长可分为三个范围：0.85μm 波长区（0.8～0.9μm）、1.3μm 波长区（1.25～1.35μm）和 1.55μm 波长区（1.53～1.58μm）。每一根光纤任一时刻只能单向传输数字信号，因此，要实现双向通信必须成对使用。

3）传输距离：传输损耗小，不使用中继器传输距离即可达数千米至上百千米以上，信号的传输距离比传送电信号的各种网线要远得多，适合长距离传输。

4）抗干扰性和保密性好：光纤不受电磁干扰影响，抗干扰性能极好。本身不产生辐射信号，即使在同一光缆中，各光纤间也几乎没有串扰。光纤的这种优点是由其内在的物理特性所决定的：它传输的是光子，而光子不互相影响。所以它传输信号无电磁泄漏问题，不易被窃听，保密性能好，是构建安全网络的理想选择。

5）抗化学腐蚀能力强，使用寿命长，适应环境温度范围宽。

6）节约金属材料，有利于资源合理使用。光纤的原材料为砂子，原料丰富，取之不尽。

7）光纤通信不带电，使用安全，可用于易燃、易爆场所。

8）质量轻，体积小，铺设容易。

但是光纤也存在一些缺点，如光纤的接头、分岔比较困难。由于光纤的接头必须熔接，切断并将两根光纤精确连接需要专用设备光纤熔接机，所需技术要求较高。另外，光纤质地脆，机械强度低，工程中用的光缆需要通过加强元器件保护。光纤本身成本并不高，但光电接口价格较贵，分路、耦合较麻烦，但随着光通信技术的发展，这些缺点正在克服。

目前光缆主要用于主干线路连接，但随着千兆局域网应用的不断普及和光纤产品及其设备价格的不断下降，光纤连接到桌面也将成为网络发展的一个趋势。

（2）光纤的类型

将一束光以一定的角度进入光纤称为一个"模式"。根据使用的光源和光波的传输模式，光纤主要分为两种：多模光纤和单模光纤。

1）多模光纤：采用普通发光二极管（LED）光源产生用于传输的光脉冲，当光纤芯线的直径比光波波长大很多时，由于光束进入芯线中的角度不同因而传播路径不同，光束以多种模式在芯线内不断反射而向前传播。由于传输路径的长度不同，通过光纤的时间也不同，这会导致光信号在时间上出现扩散和失真，限制了其传输距离和传输速率。多模光纤的传输距离一般 2km 以内，多用于距离相对较近的区域内的网络连接，如图 2-16 所示。

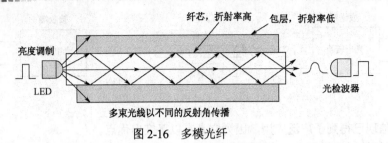

图 2-16 多模光纤

多模光纤的中心玻璃芯相对较粗，一般为 50μm 或 62.5μm。在对光纤进行标注时经常将其纤芯直径与覆层直径标注在一起，如纤芯为 62.5μm 的多模光纤表示为 62.5/125μm，斜杠前面的数值是纤芯的直径，斜杠后面的数值是覆层的直径。

2）单模光纤：采用注入式激光二极管（ILD）光源，激光的定向性很强。单模光纤的芯线很细，一般仅为 10μm 左右，进入纤芯中的激光束以单一的模式无反射地沿轴向直线传播，这是与多模光纤最大的区别，如图 2-17 所示。由于单模光纤只有一个传输路径，色散小，因而损耗小，比多模光纤的传输距离长得多。目前，单模光纤不采用中继器可传输数十千米至数百千米以上。由于单模光纤芯非常细，加工起来比多模光纤复杂，对光源的要求较高，因而单模光纤传输系统的价格要高于多模光纤传输系统。

图 2-17 单模光纤

（3）光纤传输系统的组成

其主要由三部分组成：光发送器、光纤和光接收器，如图 2-18 所示。发送端的光发送器利用电信号对光源进行光强调制，从而将电信号转换为光信号；光信号经过光纤传输到接收端，光接收器通过光电二极管再把光信号还原成电信号。

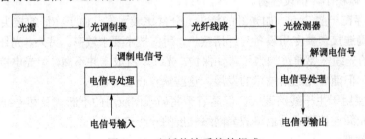

图 2-18 光纤传输系统的组成

（4）光缆

为了使光纤在工程中实用化，能承受工程中拉伸、侧压和各种外力作用，还要具有一定的机械强度才能使其性能稳定。因此，实用中要将光纤制成不同结构、不同形状和不同种类的光缆以适应光纤通信的需要。

光缆的结构：光缆主要由缆芯、护套和加强元器件组成，如图 2-19 所示。

缆芯：由光纤芯组成，它可分为单芯和多芯两种。

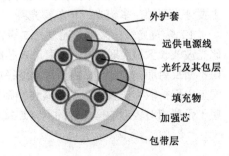

图 2-19 光缆的结构

加强元器件:在光缆内中心或四周加一根或多根加强元器件,一般为钢筋,保护纤芯。

护套:对已形成的光纤芯线起保护作用,避免受外部机械力和环境影响损坏。

随着人们越来越关注电磁干扰/射频干扰、带宽、链路距离、数据安全性和网络故障等问题,光纤已成为满足上述要求的最佳介质。光纤随着传输容量的增加,使得相对造价直线下降,逐渐成为有线传输介质的主流。人们普遍认为,20世纪是电网络的时代,21世纪将会是光网络的时代。

2.2.3 无线传输介质

无线传输介质包括无线电波、微波、红外线。在不便铺设电缆的场合,如通过高山、岛屿、河流或城市街道时,铺设线路困难且成本高,可采用无线传输介质作为传输信道。另外,在需要支持移动通信的场合,也只能采用无线传输介质。

无线通信一般有两种传播方式:定向传播和全向传播。

定向传播:使用定向天线将电磁波束集中向一个方向发射,只有仔细地调整接收天线对准发射天线,才能保证良好的接收效果。一般来说,电磁波的频率越高,越容易实现定向发射。

全向传播:全向天线向各个方向发射电磁波,朝向各个方向的接收天线都可以接收到信号。

1. 微波传输

微波是一种高频电磁波,工作频率一般为 1~20 GHz,对应的信号波长为 3cm~3m。微波通信有两种主要的方式:地面微波接力通信系统和卫星微波通信系统。

(1)地面微波接力通信系统

1)基本工作原理:微波由于工作频率很高,它的一个重要特点是在空间以视线传播,地面微波通信系统由视野范围内的两个互相对准方向的抛物面天线组成。受地球曲率的影响和天线高度的限制,一般两微波站间的距离为 50km 左右。为实现远距离通信必须在两个终端之间建立若干个微波中继站,中继站把前一站送来的信号放大后发送到下一站,这种通信方式称为"微波接力通信"。微波通信已广泛应用于电报、电话和电视的传播,目前,计算机网络主要将微波通信系统作为中继链路使用,以延长网络的传输距离,如图 2-20 所示。

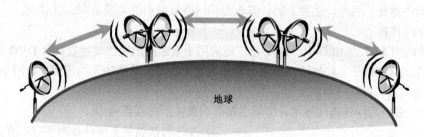

图 2-20 地面微波接力通信

2)微波接力通信的优点:微波波段频率高,频段范围宽,因此其信道容量很大,既可传输模拟信号,又可传输数字信号;因为工业干扰和天电干扰的主要频率成分比微波频率低得多,所以微波通信受外界干扰比较小,传输质量较高;微波接力信道能够通过有线线路难于通过或不易架设的地区(如高山、水面),故有较大的机动灵活性,抗自然灾害的能力也较强,因而可靠性较高;与相同容量和长度的电缆通信比较,微波接力通信建设投资少,见效快。

3)微波接力通信的缺点:相邻站之间必须直视,不能有障碍物;微波天线具有高度的方向性,因此在地面一般采用点对点方式通信;与电缆信道相比较,微波通信的隐蔽性和保密性较差;大气对微波信号的吸收与散射影响较大,微波的传播会受到恶劣气候的影响;大量中继站的建立和维护要耗费一定的人力和物力。

（2）卫星微波通信

1）基本工作原理：卫星微波通信实际上是以人造地球卫星为中继站的微波接力通信，由卫星转发器和地面站组成，是微波通信的一种特殊形式，如图 2-21 所示。

2）卫星通信的优点：传输距离远，具有覆盖全球的三维空间能力；从技术角度上讲，只要在地球赤道上空（36000km 处）的同步轨道上，等距离地放置三颗相隔 120°的同步卫星（图 2-22），就能基本上实现全球的通信。在电波覆盖范围内，任何一处都可以通信；易于实现广播通信和多址通信；卫星微波通信频带宽、容量大；受陆地灾害影响小，可靠性高。

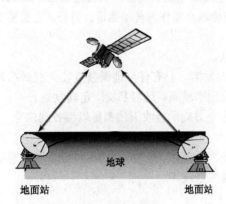

图 2-21　卫星微波通信

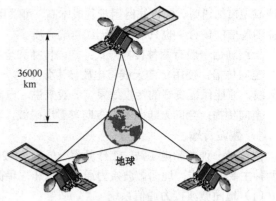

图 2-22　地球同步卫星

3）卫星通信的缺点：一次性投资大。通信卫星和发射卫星的火箭造价都较高，受电源和元器件使用寿命的限制，卫星的使用寿命一般只有 7～8 年；同时，卫星地面站的技术也较复杂，价格高；传输延时较大，从一个地面站经卫星到另一个地面站的传播时延为 200～300 ms，平均为 270ms；易受太阳噪声和气候变化的影响；保密性相对较差。

4）应用场合：通信卫星用于长距离的电话、用户电报、电视业务及数据通信，最适合作为高利用率的国际中继站。另外，地面上的计算机通信网络可以由卫星覆盖网加以补充。

2. 红外线传输

红外线的工作频率为 $10^{11}\sim10^{14}$ Hz，已广泛应用于短距离的通信。电视机和 DVD 的遥控器就是应用红外线通信的例子。红外线亦可用于数据通信与计算机网络的无线连接，如图 2-23 所示。

红外线通信具有以下特点。

1）方向性强，为视线传输技术，即发送器必须直接指向接收器。

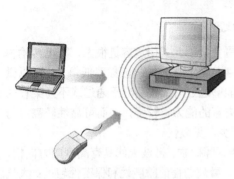

图 2-23　红外线通信

2）发送与接收装置硬件相对便宜，容易制造，且不需要天线，体积小，质量小。

3）红外传输不需要申请频率分配，即不需授权即可使用。

4）频谱较宽，因此红外线能提供极高的数据传输速率。

5）红外线不能穿透物体，包括墙壁，但这对防止窃听和相互间的串扰有好处。因此易于管理，且通信比较安全。

6）在一个房间中配置一套相对不聚焦的红外发射器和接收器，就可构成红外线无线局域网。

7) 易受外界光线与天气影响，不能穿透雨和浓雾，红外通信不能在室外使用。

由上可见，在无线传输中的视线介质，对环境、气候均较为敏感。

目前常用的介质使用方式为：局域网用双绞线连接到桌面，光纤作为信道主干线，卫星微波用于跨国界和对偏远地区传输，无线、红外用于不便于布线或支持移动通信的场合。

数据通信是一个复杂的系统，涉及多种技术，下面将对其进行介绍。

2.3 数据的基带传输与频带传输

根据信号在传输过程中是否调制，可将通信分成基带传输和频带传输两种。

2.3.1 基带传输

1. 基带与基带信号

数字信号是一连串的脉冲，它包含直流、低频和高频等多种固有频率成分，占有一定的频率范围。一般把未经调制的数字信号所占用的固有频率范围称为"基本频带"，简称"基带"，未作处理的原始数字信号就称为"基带信号"。数字信号基本频带的频率范围根据不同的信号可从直流起到数百千赫兹，甚至若干兆赫兹。

2. 基带传输

对基带信号不加调制而直接在线路上传输，也就是传输基带信号所固有的基本频带，这种传输方式称为"基带传输"。对于数字电信号来说，其基带越宽，传输线路的分布阻抗参数对信号衰减的影响越大，则信号的传输距离越短。所以，以往基带传输方式多用在距离较短的数据传输中，如局域网的信号传输技术。如不特别说明，局域网均指基带局域网。随着光技术的发展，基带光信号在光纤中也可实现长距离传输。

3. 基带传输的优缺点

优点：无需调制，系统安装简单、成本低。

缺点：基带传输占据信道的全部带宽，任一时刻只能传输一路基带信号，信道利用率低。基带传输的缺点可以通过时分多路复用技术加以克服。

2.3.2 频带传输

频带传输通过调制方式利用载波来承载信号进行传输，所以也称为载波传输或调制传输。在不具备数字信道的环境中，数字信号的传输还要借助于模拟信道，如电话线或有线电视信道。数字基带信号不能直接在模拟信道上传输，必须将数字信号转换为模拟信号。为此需要在发送端选取某一频率的正弦（或余弦）模拟信号作为载波，用它承载所要传输的数字信号，通过模拟信道传送至另一端；在接收端再将数字信号从载波上取出来，恢复为原来的数字信号波形。这种利用模拟信道实现数字信号传输的方法称为"频带传输"，如图 2-24 所示。

在频带传输中，将发送端的数字信

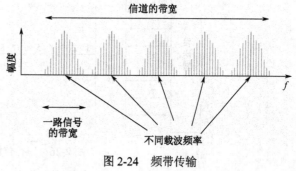

图 2-24 频带传输

号转换成模拟信号的过程称为"调制",相应的调制设备称为"调制器";在接收端把模拟信号还原为数字信号的过程称为"解调",是调制的逆过程,相应的设备称为"解调器"。同时具备调制和解调功能的设备称为"调制解调器"。

调制的实质是进行频谱变换。通过调制技术可将多路基带信号的频谱迁移到不同频带,使用一个物理信道同时传送多路信号,这样不仅解决了数字信号可用模拟线路传输的问题,还可以实现频分多路复用,提高了信道利用率。

2.4 数据的串行传输与并行传输

根据信号在传输过程中的先后顺序,数字传输可分为并行传输和串行传输。

2.4.1 并行传输

在传输过程中同一字节数据中的各位在多条并行信道上同时传输,在时间上是同步的。并行通信的优点是速度快,但这种方式每一位数据都要占用一条数据线,发送端与接收端之间需要多条传输线,同时还需要其他的控制信号线,信道费用高,仅适用于近距离和高速率的通信。最典型的例子是计算机内部总线和并行打印口,如图 2-25 所示。

2.4.2 串行传输

在传输过程中,数据位以串行方式在单一信道上传输,即同一字节的各位按顺序先后发送。在这种方式下,一个并行的数据被改造成了一个串行二进制数据位流,如图 2-26 所示。这种传输模式的速率一般低于并行传输,但它节省了大

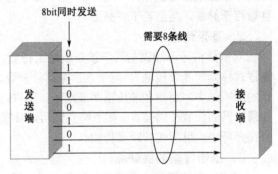

图 2-25 并行传输

量的数据通道,降低了信道成本,适用于远距离传输。网络中一般都采用串行传输。

由于计算机内部采用并行通信,因此,在远程数据通信采用串行传输时,发送端需要使用并/串转换装置,将计算机输出的并行数据位流变换为串行数据位流,然后送到信道上串行传输。在接收端,则需要通过串/并转换装置,还原成并行数据位流交付计算机。

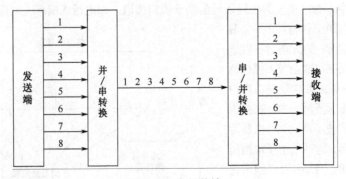

图 2-26 串行传输

串行传输可以用两种方式进行:同步传输和异步传输。

2.5 数据传输过程中的同步方式

1．同步

（1）数字通信中失步的严重性

由于分布于网络中的设备时间基准（时钟频率）并非严格一致而存在着误差，接收端在接收串行传输的数字信号时会产生时间漂移。即使存在很小的时钟误差，随着时间增加的逐步累积，也会造成对信号取样位置的错位，即所谓"失步"，从而造成数据接收错误。所以不能仅依靠接收方本地的时钟频率来决定对数据的接收（即对信号数据位的采样时间），而要不断地校准自己的时间和频率与发送端时钟保持一致，即所谓的收发"同步"。

（2）同步的重要性

在数字通信系统中，通信双方发送和接收的都是数字编码，动作必须高度地协同，才能保证接收的数据与发送的数据一致。接收端要按发送端所发送的每个码元或数据块的重复频率以及起止时间来校准自己的基准时间和重复频率，以便和发送端保持步调一致，这一过程称为"同步过程"，这种统一收/发同步的措施称为"同步技术"。数据通信系统能否可靠而有效地工作，在很大程度上依赖于能否很好地实现同步。

在并行传输中同步问题的解决方法为增加几条交互信号线，由发送方通过这些控制线控制接收端何时接收，就可以保证接收方接收时的准确性。并行通信设备有比较多的控制信号，如振铃、数据准备好、写允许、接收完毕等，这些信号线共同用来保证数据同步。

在串行远程通信中，为了节省信道或者适应现有的信道，通常不能另外加入控制信号线。这样就无法在硬件上保证同步了，只能通过严密的通信协议来保证同步。

2．同步的层次与实现方法

数据通信中根据不同的传输方式有以下三个层次上的同步。

（1）位同步

位同步又称码元同步，目的是使接收端接收的每一数据位都与发送端保持同步，因此接收端要有来自发送端的位同步时间基准信号，用于位时钟定时以保持与发送端时钟一致。实现位同步的方法可分为"外同步法"和"自同步法"两种。

外同步法：发送端发送数据之前首先发送同步时钟脉冲信号，接收方用这些同步信号来锁定自己的时钟，以便在随后接收数据的过程中与发送方保持同步。

自同步法：通过特殊编码（如曼彻斯特编码），使信号码型中包含同步信号，接收方从数据编码信号提取同步信号来锁定自己的时钟脉冲频率，自行进行同步。

（2）字符同步

接收端每接收来自发送端的一个字符时同步一次，要求发送端提供字符的边界，以使得接收端能找到正确的同步点。常用的为起止式同步。

（3）帧同步

帧同步用以识别一个帧的起始和结束。所谓一个"帧"是一个按规定格式组织、具有特定结构的包含数据和控制信息的数据块。常用的标识帧边界用于帧同步的方法有两种。

1）面向字符的：以同步字符（SYN，16H）来标识一个帧的开始，适用于数据内容为字符类型的帧。

2）面向比特的：以特殊位序列（7EH，即01111110）来标识一个帧的开始，适用于任意数据类型的帧。

3. 异步传输和同步传输

根据通信规程所定义的同步方式,可分为"异步传输"和"同步传输"两大类。

(1) 异步传输

异步传输以字符为传输单位,字符与字符之间插入同步信息,每传送1个字符(7位或8位)都要在每个字符码前加1个起始位(也称"传号"),作为字符的起始边界,表示一个字符代码的开始。在字符码和校验码后面加1或2个停止位(也称"空号"),作为字符的结束边界。接收方根据起始位和停止位来判断一个字符的开始和结束实现通信双方的同步,所以也称"起止式同步"或"字符同步",如图2-27所示。异步传输模式最早用在电传机上,字符之间存在不确定的空闲时间,即字符间的时间间隔是异步的,收方在收到每一个新字符的开始位后重新同步。异步传输的特点概括地说就是"字符内同步,字符间异步",这也是其被称为"异步传输"的原因。

在异步传输方式中,起始位是同步参考信号,接收端用其对时钟起置位作用,校准时间,产生与数据位同步的时钟。接收方时钟同步后只要在其后8~11位的传送时间内准确,就能正确接收该字符。当没有字符传送时,连续传送终止位1,接收方根据从1到0的跳变来识别一个新字符的开始。

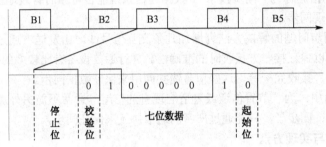

图 2-27 异步传输方式

异步传输方式的优点:收发双方的时钟不需要精确的同步,设备简单,费用低,实现较容易。

异步传输方式的缺点:

1) 每一个字符都要附加上2或3位的同步位,传输开销大,传输效率低。

2) 由于字符传送期间不提供位同步信号,因此不适用于传输大块数据,早期用于低速终端与主机之间的通信。

(2) 同步传输

不同于异步传输,同步传输不是独立地发送每一个字符,而是以一组字符或由二进制位组成的数据块(帧)为单位的数据传输,如图2-28所示。传输时,接收方需要知道数据块的边界,因此在每一个数据块的开始处和结束处各附加一个或多个特殊的字符(如同步字符 SYN,以0010110 表示)或比特序列(如同步字节,以 01111110 表示),用于标记帧边界,以使接收方进行帧同步检测,从而使收发双方进入帧一级的同步状态。由于一帧传送的数据位数较多,传送时间相对较长,为防止这期间时钟漂移造成失步,仅靠帧同步(外同步)是不够的,帧内各数据位还要采用位同步(内同步)的方法。因此要求每位信号编码自带时钟位同步信号,具体做法是把时钟位同步信号嵌入每一位数字信号,以便接收端提取出来进行位同步,如曼彻斯特编码或差分曼彻斯特编码,这种方法称为"自同步法"。

在同步传输时,帧同步边界的附加位相对于传送的数据位来说较少,从而提高了数据传输效率。但同步传输实现起来较复杂,需要有相应的协议并采用适当的信道编码配合实现,多用于计算机之间的高速数据通信系统。

数据通信基础知识 第 2 章

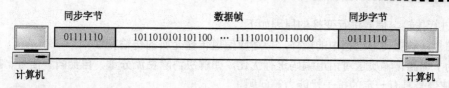

图 2-28 同步传输

2.6 数据通信的方向性

数据传输具有方向性，这是通信系统的一个能力特征。根据数据传输方向与时序关系，可以分为下列三种通信操作方式：单工通信、半双工通信和全双工通信，如图 2-29 所示。

1．单工通信

在单工通信方式中，数据只能单方向地从发送方传输到接收方，而没有反方向的交互，即发送方只负责发送，接收方只负责接收，即信息流是单方向的，如图 2-29（a）所示。例如，无线电广播、遥控、遥测等就属于单工通信，计算机对输出设备（如打印机或显示器）的通信也大都采用单工方式进行操作。

2．半双工通信

通信的每一方都具有发送和接收能力，可以分时轮流地进行双向的信息传输，在某一时刻只能沿着一个方向传输信息，或是发送或是接收，此过程完成后再反过来执行，不能同时执行两个功能。这样可以在一条信道上执行通信过程而无需另加硬件，也适应了现有的信道，如图 2-29（b）所示。

半双工通信方式一般用在通信设备或传输通道没有足够的带宽去支持同时双向通信，或者通信双方的通信顺序需要对话式交替进行的场合。虽然转换传输方向会带来额外的开销，但在要求不很高的场合多采用这种通信方式。

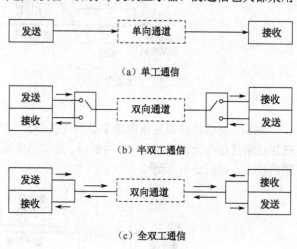

图 2-29 通信方式

3．全双工通信

通信方之间有两个双向的传输通道，双方的发送与接收装置可同时工作，进行双向的信息传输。这种通信方式的信息传输量大，通信效率高，但要求传输通道以足够的带宽给予充分的支持，如图 2-29（c）所示。例如，常用的电话系统就是全双工通信。

2.7 数据和信号变换技术

数据调制和编码技术均属于数据和信号变换技术，主要研究数据在信号传输过程中如何进行信源编码到信道编码之间的变换。

2.7.1 数据和信号变换技术基本概念

1．数据和信号进行变换的原因

无论信源产生的是模拟数据还是数字数据，在传输过程中都要变换成适合于信道传输的信号形式才能进行传输。信号进行变换的原因如下。

1）信号是数据传输过程中的载体，要适应信道传输介质的传输特性。

2）为了提高传输质量对信道编码进行优化，如解决消除直流分量、自带同步信号、提高传输效率以及使信号具有一定的抗干扰能力等问题。

3）提高信道资源利用率：信道在网络中也是一种资源，应充分利用。

基于这些原因，数据在传输的过程中，经常涉及数据或信号的变换问题，因而信号在传输过程中的信道编码形式一般不同于其信源编码形式。

2．信号变换技术

信号变换主要通过调制和编码技术实现。

调制：在发送端使载波信号的某些特征随输入信号而变化的过程，是一种把基带信号变换成传输信号的技术，多用于在模拟信道上采用模拟信号承载信源数据传输，如图 2-30 所示。

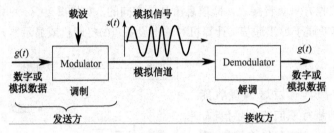

图 2-30　调制与解调示意图

编码：将信源模拟数据或数字数据变换成合适的数字信号，以便通过数字信道进行有效传输。在接收端进行相反处理过程，称为解码，还原出原始信号。这是一种采用数字信号承载信源数据传输的技术，如图 2-31 所示。

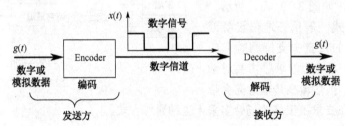

图 2-31　编码与解码示意图

3．数据的传输方式与编码方式

信源的数据类型有模拟和数字两种，信道类型也分为模拟和数字两种，由此组合成四种数据的传输方式：数字数据的模拟传输，数字数据的数字传输，模拟数据的数字传输，模拟数据的模拟传输。

在计算机网络中，主要采用前三种数据传输技术，至于模拟数据的模拟传输，一般应用于传统的模拟通信领域，不在数据通信的研究范围之中，在此不做讨论。

2.7.2　数字数据的数字传输

数字数据的数字传输不需要调制，但通常需要在传输之前使用编码器对二进制数据进行编码优化，即将信源数据编码变换成更适于信道传输的信道编码，改善其传输特性。

1．数字传输对信道编码的要求

数字信号传输时对信道编码的基本要求：不包含直流成分；码型中应自带同步时钟信号，利于接收端提取用于位同步。

二进制数字信息在传输过程中可以采用多种编码方案,各自性能不同,实现的代价也不同。这里只介绍几种常用的数字信号编码:全宽码、曼彻斯特编码、差分曼彻斯特编码和 4B/5B 编码。

2. 全宽码

全宽码用正电压表示 1,零或负电压表示 0(正逻辑),反之亦然(负逻辑)。全宽码一位码元占一个单位脉冲的宽度,码元中间电压恒定,无需回零,故也称为"不归零码(NRZ)"。全宽码又可分为单极性不归零码和双极性不归零码,如图 2-32 所示。

全宽码的优点:脉冲宽度越大,信号具有的能量就越大,这对于提高接收端的信噪比有利;脉冲时间宽度与传输带宽成反比关系,即全宽码在信道上占用较窄的频带。

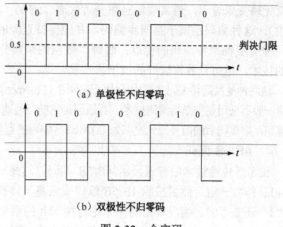

图 2-32 全宽码

全宽码的缺点:当传输的数据中出现连续 0 或连续 1 时,存在这样两个问题——接收端难以分辨一数据位的结束和另一数据位的开始,不具备自同步机制,这需要通过其他方法在发送端和接收端提供同步或定时信号才能保持收发同步;会产生直流分量的积累问题,这将导致信号的失真与畸变,使传输的可靠性降低。由于存在直流分量,因此无法使用一些交流耦合的线路和设备(如传输中不能使用变压器或电容)。

因此,以往的大多数数据传输系统都不采用这种编码方式。

3. 双相位编码

信号码型在每个比特的中间发生跳变,有一个归零的过程,因而称为归零码或非全宽码。常用的归零码有"曼彻斯特编码"和"差分曼彻斯特编码"。

(1)曼彻斯特编码

曼彻斯特编码的基本思想:数据的信道编码不包含直流成分,自带位同步时钟信号(归零码和双极性码的结合)。

在曼彻斯特编码中,规定在每个码元的中间必须发生跳变,用码元中间电压跳变的相位不同来区分 1 和 0,即用正的电压跳变(低→高的跳变)表示 0;用负的电压跳变(高→低的跳变)表示 1,如图 2-33 所示。

曼彻斯特编码的优点:由于每一个码元的中间都发生电压跳变,接收端可将此跳变提取出来作为位同步时钟触发信号,使接收端的时钟与发送设备的时钟保持一致,确保接收端和发送端之间的位同步。因此这种编码也称为"自同步编码",无需外同步信号。

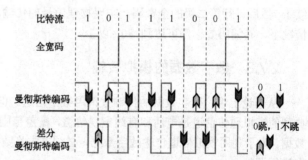

图 2-33 全宽码、曼彻斯特编码、差分曼彻斯特码

曼彻斯特编码的缺点:信号码元速率是数据速率的两倍,因此需要双倍的传输带宽,对信道

容量要求高。

（2）差分曼彻斯特编码

它是对曼彻斯特编码的改进。其保留了曼彻斯特编码作为"自含时钟编码"的优点，仍将每比特中间的跳变作为同步时钟之用，其不同之处在于：每位二进制数据的取值判断使用码元的起始处有无跳变来表示，通常规定有跳变者代表二进制"0"，无跳变者代表二进制"1"（所谓0跳，1不跳）。这种编码也属于自同步编码，并能保持直流的平衡。

差分曼彻斯特编码的优点：时钟、数据的采集分离，便于提取。差分曼彻斯特编码需要较复杂的技术，但可以获得较好的抗干扰性能。

这两种曼彻斯特编码主要用于中低速网络（Ethernet 为 10 Mb/s；Token Ring 最高为16 Mb/s），而高速网络一般不采用曼彻斯特编码技术。其原因是它的信号速率为数据速率的两倍，即对于传输 10 Mb/s 的数据速率，则编码后的信号码元速率为 20 Mb/s，编码的有效率仅为 50%。

4．4B/5B 编码

在光纤传输技术中普遍采用 4B/5B 编码。这是一种冗余编码体制，特点是将要发送的数据流每 4 bit 作为一组，然后按照 4B/5B 编码规则将其转换成相应 5bit 码。用光的存在与否表示每一位是"1"还是"0"。编码规则确保无论何种 4bit 的组合（包括全"0"或全"1"），转换成 5 位码后，至少有两个"1"，即保证在光纤中传输的光信号至少会发生两次跳变，以利于接收端作为同步信号提取时钟，不至于长时间得不到同步信号而失步。4B/5B 编码以多付出一位代码的代价换取了时钟同步的实现。5bit 码共有 32 种组合，挑选其中最优组合的 24 种，其中 16 种对应 4bit 码的数据码，8 种用做控制码，以表示帧的开始和结束、光纤线路的状态（静止、空闲、暂停）等。

其他编码技术有不归零见一反转码（NRZI）、替换标志反向编码（AMI）、伪三元码等，各有其特点，不再逐一介绍。

说明：

以往低速数据传输系统都不采用全宽码编码方式。但随着高速率网络技术的发展，全宽码又重新受到人们的关注，成为主流编码技术。其原因是在高速网络中要求尽量降低信号的传输带宽，以利于提高传输的可靠性和降低对传输介质带宽的要求。而全宽码中的码元速率与编码时钟速率相一致，编码效率高，符合高速网络对信号编码的要求。至于当出现连续 0 或连续 1 时所产生的同步和直流分量积累问题，主要通过加一级预编码来解决。也就是说，全宽码并非单独应用，而是采用两级编码方案。

第一级编码采用如 4B/5B 方式对数据流进行预编码，使编码后的数据流不会出现连续 0 或连续 1；然后进行第二级的全宽码，实现物理信号的传输。这种两级编码方案，在增加 1 个编码位的情况下，其编码效率仍可达到 80%以上。

2.7.3 数字数据的模拟传输

从理论上讲，数字数据的传输宜采用数字信道。但早在数字通信之前，模拟通信已广泛普及，典型的模拟通信信道是电话和有线电视信道，覆盖范围广、应用普遍。模拟信道不能直接传输数字数据。为了利用模拟信道传输数字数据，必须首先将数字信号转换成模拟信号，也就是要对数字数据进行调制。

1．调制/解调

数字数据的模拟传输是借助于对载波信号进行调制与解调实现的。载波是频率和幅值固定的连续周期信号，通常采用正弦（或者余弦）波周期信号，可以用 $A\cos(2\pi ft+\varphi)$ 表示。其中 A、f、

φ 分别为载波的幅度、频率和相位，称为"正弦波三要素"。"调制"的实质就是使这三个参量的某一个或几个随原始数字信号的变化而变化的过程，在接收端将模拟数据信号还原成数字数据信号的过程称为"解调"，用到的设备称为"调制解调器"，如图 2-34 所示。

图 2-34 调制与解调

2. 基本调制方法

最基本的调制方法有以下三种。

1）幅度调制 AM（调幅）：数字调制中对应幅移键控（Amplitude Shift Keying，ASK）。
2）频率调制 FM（调频）：数字调制中对应频移键控（Frequency Shift Keying，FSK）。
3）相位调制 PM（调相）：数字调制中对应相移键控（Phase Shift Keying，PSK）。

（1）ASK

ASK 是通过改变载波信号的幅度值来表示数字信号"1"或"0"，以载波幅度 A_1 表示数字信号"1"，用载波幅度 A_2 表示数字信号"0"（通常 A_1 取高电位，A_2 取低电位），而载波信号的频率 f 和相位 φ 则保持不变。

幅度调制实际上相当于用一个受数字基带信号控制的开关来开启和关闭正弦载波（称为"键控"的原因）。例如，数字信号 1 用有载波的信号表示，数字信号 0 用无载波的信号表示，如图 2-35 所示。

ASK 方式调制的特点是技术简单，容易实现，但抗干扰能力差，调制后的传输速率低，是一种效率较低的调制技术。

（2）FSK

FSK 是通过改变载波信号频率的方法

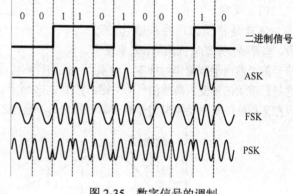

图 2-35 数字信号的调制

来表示数字信号"1"或"0"的，用频率 f_1 表示数字信号"1"，用频率 f_2 表示数字信号"0"，而载波信号的幅度 A 和相位 φ 不变，如图 2-35 所示。这种调制方式不易受干扰的影响，比 ASK 方式的编码效率高。

（3）PSK

PSK 通过改变载波信号的起始相位值 φ 来表示数字信号"1"或"0"，而载波信号的幅度 A 和频率 f 不变。在 PSK 方式中，信号相位与前面信号串同相位的信号表示"0"，信号相位与前面信号串反相位的信号表示"1"，如图 2-35 所示。PSK 方式具有较强的抗干扰能力，而且比 FSK 方式编码效率更高，因此是目前数字信号模拟化中最常用的方式，特别是在高速调制解调器中，几乎全都采用调相法。

上述三种基本调制方法还可以组合起来使用。常见的组合是 PSK 和 FSK 方式的组合及 PSK 和 ASK 方式的组合。

2.7.4 模拟数据的数字传输

自然界原始数据大多为模拟数据,如声音、图像、视频等,早期多采用模拟传输。模拟传输存在很多缺点(前已讨论)。数字传输相对于模拟传输具有众多优点。随着网络基础设施条件的不断改善,数字信道已广泛采用,模拟信号的数字化传输与处理也成为必然趋势。模拟数据要在数字信道上传输,必须要先经数字化处理转换成数字信号才能进行,如图 2-36 所示。

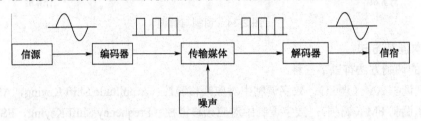

图 2-36 模拟数据的数字化传输

1. 模拟数据数字化技术——PCM

脉冲编码调制(Pulse Code Modulation,PCM)是将模拟数据数字化的主要方法。PCM 过程需要三个步骤,即采样、量化和编码,如图 2-37 所示。

(1)采样

采样是将模拟信号离散化的过程,即每隔一定的时间间隔,采集模拟

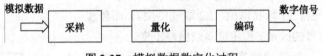

图 2-37 模拟数据数字化过程

信号的当前电平幅值作为样本。一系列连续的样本可用来代表模拟信号在某一区间随时间变化的值,这是把连续信号变为离散信号的关键,如图 2-38 所示。显然,采样频率越高(即采样时间间隔越小),根据采样值恢复原始模拟信号的准确性就越高,但随之产生的数据量就越大。

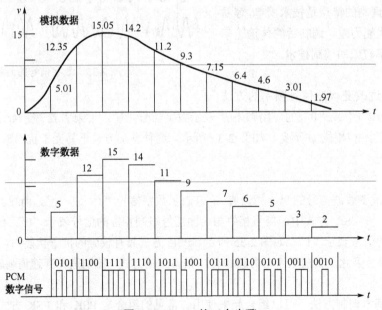

图 2-38 PCM 的三个步骤

采样的频率可根据奈奎斯特定理(也称"不失真采样定理")确定,是模拟信号数字化的理论基础,

其表述如下：如果某一连续变化模拟信号的最高频率成分为 F，若以不小于 $2F$ 的采样频率对原始模拟信号采样，则采样得到的离散信号序列就能足够准确地恢复出原始模拟信号。

例如，话音的最高频率通常为 3400 Hz，如果以 8000 Hz 的采样频率对话音信号进行采样，则采样值中包含了话音信号的完整特征，还原出的话音是完全可理解和可识别的。对于彩色电视信号的带宽为 4.6 MHz，采样频率应为 9.2 MHz。PCM 技术可用于数字化任何模拟数据。

（2）量化

量化是将取样样本幅度值按量化级分级取整的过程。根据量化之前规定好的量化级，将抽样所得样本的幅值比较，四舍五入取整定级，这样每个样本都量化为它附近的等级值。分级取整量化必然会产生误差，显然分级越细，误差越小。但分级越细，每个样本点编码所需的比特数就越多，产生的数据量越大。量化级可取 2^N 级（如 8 级、16 级、32 级或者更多），这取决于对数据精确度的要求。

（3）编码

编码是用相应位数的二进制代码表示量化后的采样值的量级。例如，有 16 个量化级，需要使用 4 个比特进行编码；如有 32 个量化级，需要使用 5 个比特进行编码，以此类推。经过编码后，每个样本都使用相应的二进制编码表示。

2．模拟数据的数字化传输

PCM 最初应用是将模拟电话信号转化成数字信号，以实现在电话主干网上数字化传输。我国使用的 PCM 体制中，电话信号采用 8bit 编码，则取样后的模拟电话信号量化为 256。采样速率为 8000 次/s（8kHz），因此，一路话音的数据传输速率为 8 bit×8000kHz=64kbit/s——称为"语音级速率"。

在局域网中，由于采用数字信道，因此主要使用数字传输技术。在广域网的早期，曾经以模拟信道传输为主。随着光纤通信技术的发展，目前广域网已完全数字化，传输成本和质量远优于早期的模拟传输。话音信号的 PCM 编码与传输如图 2-39 所示。

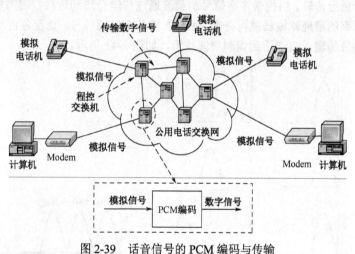

图 2-39 话音信号的 PCM 编码与传输

2.8 信道的多路复用技术

2.8.1 信道多路复用技术基本概念

1．信道多路复用的作用

在网络中，传输信道的成本占整个系统相当大的比例。所以，信道是数据通信的宝贵资源，充分利用信道资源，可以提高通信系统的性价比。另外，一般实际情况下，信道的传输容量远大于一路信号所需要的带宽。所以，为了提高信道资源利用率，降低通信成本，人们研究和发展了信道共享技术，即在一条物理信道上传输多路信号的多路复用技术，使一条物理信道变为多条逻辑信道，同时由多个通信方使用而互不影响。这一共享原理在通信技术中十分重要。

2. 多路复用技术

多路复用技术是把多个低速信道组合成一个高速信道的技术，需经过复合、传输和分离 三个过程，如图 2-40 所示。多路复用技术要用到两类设备。

多路复用器：在发送端根据某种约定的规则把多个低带宽的信号复合成一个高带宽的信号。

多路分配器：在接收端根据同一规则把复合的高带宽信号分解成多个低带宽信号。多路复用器和多路分配器统称多路器，简写为 MUX。

下面分别介绍各种多路复用技术。

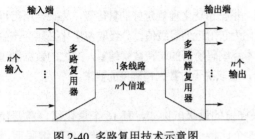

图 2-40 多路复用技术示意图

2.8.2 频分多路复用技术

1. 频分多路复用基本原理

在物理信道的可用带宽超过单路信号所需带宽的情况下，可将该物理信道的总带宽分割为若干个与传输单个信号带宽相同（或略宽一点）的逻辑子信道，每个子信道传输一路信号。各路信号都以不同的载波频率进行调制，这样，各路原始信号都被调制到不同载频频率附近的频段，称为"频谱迁移"。各频段之间留有一定的间隔（称为保护频带）以使各路信号带宽不相互重叠，那么这些信号就可同时在介质上传输。当携带多路信号的载波通过传输介质到达接收端的多路复用器后，分别采用不同中心频率的带通滤波器就可分离（解调）出各个单路信号，送至各自对应的输出线。频分多路复用属于频带传输，需要用到调制解调技术，如图 2-41 所示。

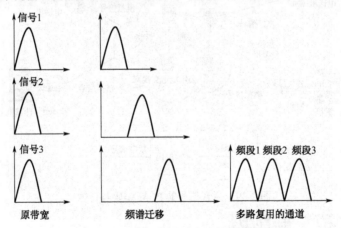

图 2-41 频分多路复用的频谱搬移

频分多路复用技术（FDM）早已应用在无线电广播系统和电视系统中。一根 CATV 有线电视电缆的带宽大约是 500 MHz，可传送 80 个频道的电视节目，每个频道占用 6 MHz 的带宽。每个频道两边都留有一定的警戒频带，防止相互串扰。

2. 频分多路复用的特点

频分多路复用的各路信号在频段上是分离的，在时间上各自在逻辑信道上是并行传输的，如

图 2-42 所示。由于各子信道相互独立，故一个信道发生故障时不会影响其他信道。

2.8.3 时分多路复用技术

1. 时分多路复用基本概念

如果物理信道所能达到的传输速率超过传单一信源的数据传输速率，则可将物理信道按时间分片，供多个

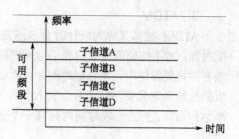

图 2-42 频分多路信号频段与时间的关系

信源轮流使用。从微观上看，每个信源按时间先后轮流交替地使用单一信道，而多个信源数字信号的传输在宏观上可认为是同时进行的，实现信道的复用效果。

时分多路复用（TDM）属于基带传输，和 FDM 相比，TDM 可以完全由数字电路实现，而 FDM 需要使用模拟电路，因此 TDM 更适于计算机网络中的数字通信系统。

时分多路复用 TDM 又分为"同步时分多路复用（STDM）"和"异步时分多路复用（ATDM）"两种。

2. STDM

STDM 采用固定时间片（称为"时隙"）的分配方式，各路数字信号周期性顺序地分配到一个时隙，因而从各个数据源的发送是定时同步的。接收端根据时隙的序号来分辨是哪一路数据，以确定各时隙上的数据应当送往哪一个信宿，如图 2-43 所示。

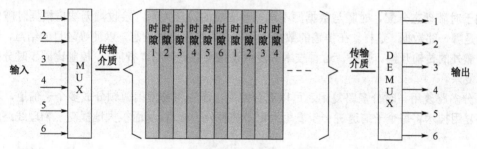

图 2-43 同步时分多路复用的逻辑信道

由于同步时分复用方式中时隙预先分配且固定不变，时隙与数据源一一对应，如果某个时隙对应的数据源无数据发送，则该时隙便空闲不用，因此造成信道资源的浪费，并且信道的传输容量不能低于各个输入信号的数据速率之和（以备各数据源同时发送数据），如图 2-44 所示。

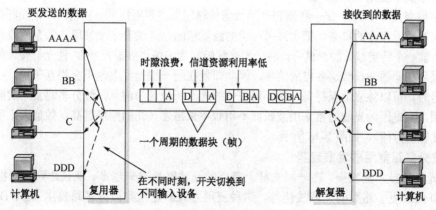

图 2-44 同步时分多路复用示意图

3. ATDM

ATDM 技术又称为统计时分多路复用,是对同步时分多路复用的一种改进,它动态地按需分配时隙,对不传输信号的信源不分配时隙。发送端的复用器依次循环扫描各个子通道,当某个输入端有数据要发送时,才分配时间片,否则跳过,避免了某个时间段中出现空闲时隙。而且,传输介质的传输带宽只要不低于各个输入信号的平均数据速率之和即可,充分利用了每个时隙,信道利用率达到最高。当某一段时间内只有一个信源传输数据时,可获得物理信道的最大传输率,如图 2-45 所示。

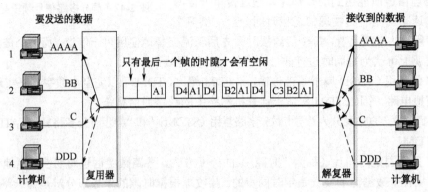

图 2-45 异步时分多路复用示意图

由于时隙动态分配,时隙与数据源不再具有固定的对应关系,接收端无法再根据时隙的序号来分辨是哪一路数据。这样,在传输的数据单元中必须包含地址信息,以便寻址目的结点,这会增加一些额外的传输开销。另外,这种技术的复用设备需要更多的"智能",控制比同步时分多路复用技术复杂。

频分多路复用与时分多路复用还可以混合使用,既先将物理信道频分成多个子信道,再用时分多路复用技术将每个子信道进一步复用为更多的时分子信道,从而极大地提高了物理线路的传输能力。

2.8.4 波分多路复用技术

1. 波分多路复用基本原理

波分多路复用(WDM)是一种增强光纤数据传输能力的复用技术。它利用一根光纤可以同时传输多个不同波长光载波的特点,把光纤可应用的波长范围划分成若干个波段,每个波段作为一个独立的通道传输一个特定波长的光信号,将一根光纤转换为多条"虚拟光纤",使光纤传输能力成倍增加。由于采用不同的波长传送各自的信息,因此即使在同一根光纤上也不会相互干扰。在接收端转换成电信号时,可以独立地保持每一个不同波长的光源所传送的信息。波分多路复用实际上就是光的频分复用,只是因为光波通常采用波长而不用频率来描述(光的频率甚高,数值大,用频率的倒数波长描述较为方便),如图 2-46 所示。

2. 波分多路复用的发展趋势

随着光通信技术的发展,在一根光纤上复用的光波路数越来越多。现已达到在一根光纤上复用 80~160 路或更多路数的光载波信号,这种复用方式就是密集波分多路复用(DWDM)技术。

电网络的传输速率已接近极限。DWDM 的光通信技术具有巨大潜力,其潜在带宽为数百 Tb/s,带宽极高,能够高速度、低成本、安全可靠地传送各类业务信息。波分复用技术主要用于全光纤网的主干线路，目前广域网通信主干线一般都采用这种技术。

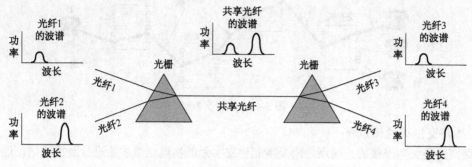

图 2-46 波分多路复用的基本原理

IP over DWDM，也称光因特网，是目前最新的技术。其基本原理和工作方式是将 IP 数据报直接放在光纤上传输，代表了网络架构的发展方向——IP 技术+光网络。

2.8.5 码分多路复用技术

码分多路复用（CDMA）技术又称为码分多址，也是一种共享信道的方法。CDMA 采用基于码型分割信道的原理，即每个用户分配一个地址码，各个码型互不相同，每个用户把发送信号用接收方的地址码序列编码。虽然不同用户发送的信号在接收端是重叠在一起的，但由于地址码的正交性，接收端用同样的地址码序列解码，只有与自己地址码相关的信号才能被检出，恢复为原始数据。CDMA 技术可以类比为：在一个公共场所允许参与者同时使用多种语言交谈，人们可以专注于自己所使用的语言，从而过滤了其他的谈话，因此不会受到其他谈话的干扰。CDMA 与 FDM 和 TDM 的不同之处是，每个用户可同时使用同样的频带进行通信，用户既共享信道的频率资源，也共享时间资源，是一种真正的动态复用技术。CDMA 最初用于军事通信，现已广泛应用于民用移动通信和无线局域网。因为 CDMA 能更加有效地解决频谱紧缺的问题，因此是目前 3G/4G 移动通信的实现技术。

2.9 数据交换技术

要想在任意两点之间传输数据，最简单的办法就是在任意两点之间都有一条通信线路，这种情况即所谓的全连通拓扑结构。当结点数 N 很多时，存在着线路有 N^2 条问题，建网成本急剧增长，因此，所有网络都采用全连通的方法静态分配信道是不现实的。所以，人们考虑采用动态分配信道资源的"交换"技术。

在交换式网络中，两个终端结点之间传递的数据需要通过中间结点转发实现。交换技术主要分为两大类，即线路交换和存储转发式交换，后者又分几小类。

2.9.1 线路交换技术

1. 线路交换的概念

线路交换也称为电路交换，为一对需要进行通信的终端结点之间通过中间交换结点提供一条临时的专用线路，最典型的例子是电话交换系统，如图 2-47 所示。

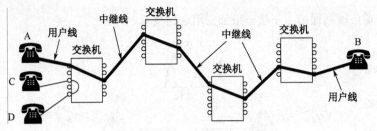

图 2-47 线路交换

2. 线路交换的通信过程

线路交换是面向连接的，端点之间必须先建立实际的物理连接才能进行数据通信，通信过程要经历如下三个阶段。

（1）电路建立阶段

首先，源端点向相连的最近交换结点发送连接请求呼叫信号，请求与目的端点建立连接。交换结点在路由表（存储于交换结点内部）中找出通向目的端点的路由，并为该条电路分配一个未用信道；然后，把连接请求信号传送到通往目的端点的下一个结点。这样通过各个中间交换结点的分段连接，使源端点和目的端点之间建立起一条物理连接。

（2）数据传输阶段

一旦电路连接建立起来，就可以通过这条专用电路来传输数据。在数据传输阶段，各交换结点要维持这条电路的连接。

（3）电路释放（拆除）阶段

当数据传输结束后，应释放该连接所占用的信道资源供其他通信方使用。

线路交换的三个阶段如图 2-48 所示。

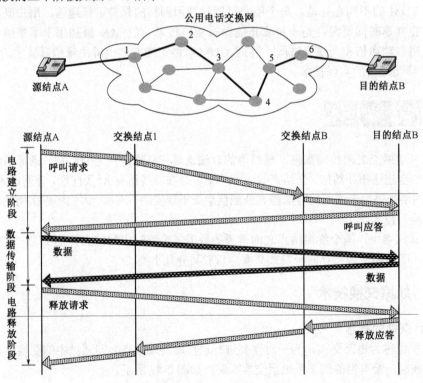

图 2-48 线路交换的三个阶段

3. 线路交换的特点

(1) 线路交换的优点

1) 传输延迟小,实时性好,唯一的延迟只是物理信号在线路上的传播延迟。
2) 一旦线路建立,便不会发生冲突。
3) 网络不会出现阻塞情况。

第一个优点得益于一旦建立物理连接,便不再需要交换开销;第二个优点来自于独享物理线路;第三个优点来自于网络在通信前预先静态地分配了信道资源。

(2) 线路交换的缺点

1) 建立物理线路连接所需的时间较长。呼叫信号必须经过若干个交换机,得到各交换机的认可,并最终传到被呼叫方。这会有较大的时间延迟,称为"呼叫损耗"。
2) 在线路交换系统中,物理线路的带宽是预先静态分配的。对于已经预先分配好的线路,其带宽在连接期间是独占的,即使通信双方都没有数据要交换,其他端点也不能使用,从而造成了信道资源的浪费。所以线路交换的效率可能是很低的。
3) 物理连接不具有智能,因而无纠错机制。
4) 正在通信的电路中只要有一个交换机或一条链路出现故障,整个通信线路就会中断。

静态分配、独占物理信道的线路交换方式对于具有突发性和间歇性的计算机通信来说信道资源浪费严重。由于人机交互(如键盘输入、移动鼠标单击、读屏幕等)的时间远比计算机进行通信的时间要多,线路空闲时间可能高达 90%以上,利用率极低。另外,电路交换建立连接的呼叫过程对计算机通信也太长。因此,计算机通信采用线路交换方式将是低效的,必须寻求更适合的高效交换技术,这就是存储转发交换技术。

2.9.2 存储转发交换技术

存储转发交换技术又可以分为"报文存储转发交换"与"分组存储转发交换"两种方式。其中,分组存储转发交换方式又可以分为"数据报"方式与"虚电路"方式。

1. 报文交换

(1) 报文交换的概念

发送方将发送的整个数据块加上目的地址、源地址与其他各种传输控制信息封装在一起,称为一个"报文",作为一个数据传输单位交给交换设备(转发结点)进行传输。

在计算机网络中,转发结点通常为专用计算机,具有一定的存储能力。当采用报文交换方式时,信源和信宿端结点之间无需事先建立专用的物理连接。转发结点收到一个报文后,将报文暂时缓存,加入待转发队列,当轮到其转发时,根据报文中所指的目的地址转发到下一个合适的结点。利用传输系统中的路由算法,报文从信源传送到信宿采用逐站存储转发的方式,直到报文"逐跳"地到达目的结点。

(2) 报文交换的特点

1) 不需预先分配整个传输链路,而是逐段传输,这种动态分配信道带宽的策略,提高了全网的传输效率。这非常适宜传送突发式的计算机数据,可以大大提高通信线路的利用率。
2) 与电路交换相比,报文交换没有建立电路和拆除电路所需的呼叫损耗和时延。
3) 要求交换结点具备足够的报文数据存储能力。
4) 数据传输的可靠性高,每个结点在存储转发中都可进行差错控制,采用确认/重传机制,出错后由前一站重传数据。

(3) 报文交换的优缺点

与电路交换比较，报文交换方式具有如下优点。

1）因为结点之间的信道可被多方通信所共享，所以对相同的流量要求，所需的信道总传输容量要小。

2）接收者和发送者无需同时工作，当接收者处于"忙"时，中间结点可将报文暂时缓存起来。

3）在电路交换网络中，当通信量变得很大时，就不能接收新的呼叫。而在报文交换网络中，通信量大时仍然可以接收报文，不过传送延迟会增加。

4）报文交换系统可以把一个报文发送到多个目的地（一点多投），而电路交换网络很难做到这一点。

5）报文交换网络可以进行传输速率和代码格式的转换，使两个传输速率不同且数据格式相异的端点相互通信。

6）可以建立报文传输的优先级，高优先级的报文优先转发，区别对待不同业务数据。

7）能够在网络中实现报文的差错控制和纠错处理。

报文交换方式的主要缺点如下。

由于对整个报文的存储/转发并且对报文长度没有限制，因而每个结点都要把报文完整地接收、存储、检错、纠错、转发，产生的结点时延较大，而且当网络负载不同时，延迟的波动范围（延迟抖动）比较大。所以，它不适用于传输实时性数据（如声音或图像）或交互式通信。另外，整个报文传输出错后全部重发代价大。因此，报文交换方式并没有得到真正的实际应用就被改进的分组交换方式所取代。

2．分组交换

（1）分组交换的概念

分组交换也称包交换，是对报文交换的改进，是现代计算机网络的技术基础。分组交换与报文交换的共同点是都采用了存储转发交换方式，主要区别如下：在分组交换网络中，要限制所传输数据单元的长度，先将信源产生的长报文分割为若干个较短的分组，典型值限制在一千到数千比特（而报文交换的报文要长得多）。数据传输单元的长度变小既可以减少结点所需的存储容量，也使得分组通过结点转发的速度大大加快，缩短了网络时延，明显地改善了网络性能，如图2-49所示。

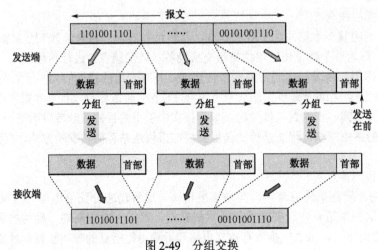

图2-49 分组交换

（2）分组交换的特点

采用存储转发式分组交换技术的主要优点体现在如下方面。

1）高效：动态地分配传输信道带宽，对通信链路分时逐段占用，实现了信道资源的高度共享，适合突发式的计算机数据通信，大大提高了通信线路的利用率。

2）灵活：每个结点均有智能，可根据当前网络状态决定路由和对数据做必要的处理。

3）迅速：不必事先建立连接就能向其他主机发送分组进行通信。

4）可靠：自适应的路由选择协议使网络有很好的生存性。当少数结点或链路出现故障时，交换结点可为分组另选路由，不至于造成通信失败。

5）经济：共享信道资源，费用比电路交换低廉。

6）出错重传代价小：因为分组较短，出错重传的数据量少、代价低，即提高了可靠性，又减少了传输时延。

7）适于采用优先权策略，以区分不同服务的要求。

分组交换存在的问题如下。

尽管分组交换比报文交换的传输时延小，但分组在各结点存储转发时需要排队等待，仍存在存储转发时延，使得通信的实时性不如线路交换方式好。当网络通信量过大时，这种时延可能会加大。另外，每个分组必须携带的首部控制信息也造成了一定的传输开销。

Internet 的前身 ARPANET 最早采用分组交换技术，其成功经验为现代计算机网络奠定了基础，使计算机网络的概念由此发生了根本的变化。分组交换是一种广泛应用的数据传输技术，现有的数据交换网都基于分组交换技术。

（3）数据报与虚电路交换方式

在分组交换方式中，又有"数据报"和"虚电路"两种方式来传输分组。

1）数据报方式。各分组自身携带完整的地址信息（称为自包含的）。网络的每个交换结点接收到一个数据分组后，根据数据分组中的地址信息和交换结点所存储的路由信息，将每个分组作为一个独立的信息单位进行处理，为其独立地寻找路径，向目的结点逐跳地转发，以这种方式传输的分组被称为"数据报"。

数据报分组交换的特点如下。

① 数据报的传输事先无需建立连接，提供的是一种无连接的服务。

② 同一报文的不同分组可能经由不同的传输路径通过通信子网。

③ 同一报文的不同分组到达目的结点时可能出现乱序、重复或丢失现象，网络本身不负责可靠性问题，需要端系统的高层协议软件解决。

④ 每一个数据报分组都必须带有源结点和目的结点的完整地址，增大了传输开销。

2）虚电路方式。虚电路方式试图将数据报方式和线路交换方式结合起来，发挥两者的优点。虚电路交换的数据传输过程与电路交换方式类似，也属于面向连接的服务。这种方式要求发送端和接收端之间在开始传输数据分组之前需要通过通信网络建立一条固定的逻辑通路（而不是物理线路），一旦连接建立，用户发送的分组将沿这条逻辑通路按顺序通过到达终点，这样每个交换结点就不必再为各数据包做路径选择判断，就好像收发双方有一条专用信道一样。当用户不需要发送和接收数据时，可以释放这种连接。这种传输数据的逻辑通路就称为"虚电路"。将其称为"虚"的原因，是因为这条虚电路并非像线路交换那样是一条独占的物理通路，而只是选定了特定的路径进行传输，每个结点到其他结点间可能有无数条虚电路存在。分组所途经的所有交换结点都对这些分组进行存储/转发式传递，仍然是分时地占用信道传输，这是与电路交换的本质区别。虚电路方式仍然具有线路共享的特征。

由于虚电路方式是面向连接的，因此数据传输过程与电路交换方式类似，也分为建立连接、数据传输和拆除连接三个阶段。

虚电路分组交换仅在建立连接时呼叫请求分组需要地址进行路由选择，一旦连接建立，其后本次通信的所有分组都从选定的虚电路上通过，因此，分组不必再携带目的地址、源地址等信息，只需要携带虚电路标识号，比数据报方式传输开销小。

各交换结点对分组进行差错和流量控制，给予上一跳确认信息，以保证按顺序正确接收。但这增加了实现的复杂性，需要一定的处理开销，没有数据报方式灵活，效率也不如数据报方式高。

虚电路分组交换根据虚电路建立的方式，又分为"永久虚电路"和"交换虚电路"两种。

永久虚电路：这种方式如同租用专线一样，由网络管理中心预先在客户之间建立固定的逻辑通路，租用后便半永久性地保持虚电路连接。因此在客户使用中，只有数据传送阶段，而无呼叫建立阶段。只有用户退租后才释放虚电路连接，适合通信量大且固定的场合。

交换虚电路：需要通信时，发送端先发送一个请求建立连接的呼叫分组，这个呼叫请求分组在网络中传播，途中的各个交换结点根据当时的网络通信流量状况决定选取哪条线路来响应这一请求，最后到达目的端。如果目的端给予肯定的回答，则逻辑连接就建立了。发送端发出的一系列分组经过这同一条虚电路，直到会话结束，释放连接。它适用于数据传送量小、随机性强的场合。

3．虚电路方式与数据报方式的优缺点

通信子网究竟采用数据报方式还是虚电路方式，取决于网络的设计目标和成本因素。二者的本质差别：顺序控制、差错控制、流量控制等可靠性功能交由通信子网完成（虚电路服务）还是交由端系统完成（数据报服务）。

数据报方式的优点在于其健壮性和灵活性，如果网络中的某个结点或链路出现故障，数据报可以绕开故障区而到达目的地。而已建立的虚电路中出现故障结点或链路时，整个虚电路中断，造成本次通信失败。当网络中发生拥挤时，数据报方式可以迅速地为分组选择畅通的路径，容易做到均衡网络负载。而虚电路的路由选择是在虚电路建立阶段完成的，对虚电路建立后网络通信量的变化缺乏反应能力。

2.10 差错控制技术

数字通信采用二进制"1"和"0"的编码表示信息，任何一位出错都可能造成严重后果。因此数字通信系统不但需要较低的误码率，而且应有自动纠错的能力。差错控制就是检测和纠正数据传输中可能出现差错的技术，以保证计算机通信中数据传输的正确性。

2.10.1 差错产生的原因与类型

1．差错产生的原因

任何一种通信线路上都不可避免地存在噪声和干扰信号，接收端收到的信号实际上是信源数据信号和噪声信号的叠加。接收端通常通过信号电平判断 1/0 数据。如果干扰信号对信号叠加的影响过大，取样时就会取到与原始信号不一致的电平，这样就产生了差错，如图 2-50 所示。

2．差错类型

差错可分为单比特差错（也称为随机差错）和突发差错两类。单比特差错是指在传输的数据单元中只有一个比特发生了改变（0 变 1 或 1 变 0），而突发差错指在传输的数据单元中有两个或两个以上的比特发生了改变。随机差错一般由热噪声引起，而突发差错一般由冲击噪声（如电磁干扰、无线电干扰等）引起。

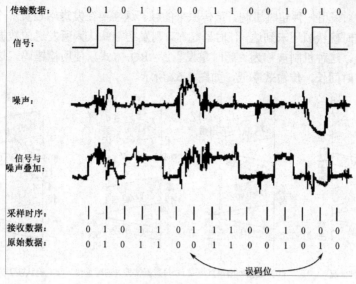

图 2-50 噪声引起的差错

2.10.2 差错的控制方法

差错控制是一种用于在数据通信过程中发现或纠正差错的技术。理论上讲，发送方和接收方都可以承担纠错的任务，但在实际应用中，要考虑实现的代价。通常对于发生的错误有两种处理方法，即"检错法"和"纠错法"，对应于发方纠错或收方纠错。

1. 检错法

检错法是当接收方检测到有错时，该数据被丢弃，同时通知发送方，重发该数据，属于发方纠错。对应的差错控制技术为"反馈重发技术"，也称"自动请求重发（Automatic Repeat reQuest, ARQ）"方式。发送方在缓存中保存已发送、但未收到确认的数据，接收方要求重发，若在指定时间内没有应答，表明该数据出错或丢失，则重发该数据，只有收到接收方对某数据单元的确认信息后，发送方才从发送缓存中将该数据删除。这是一种收方检错、发方纠错的方法。检错法通过重传机制纠错，会影响传输效率，并且必须有反馈信道，才有可能将差错通知发送方。但这种方法原理简单，实现容易，编码与解码速度快，是网络中广泛使用的差错控制技术，如图 2-51 所示。

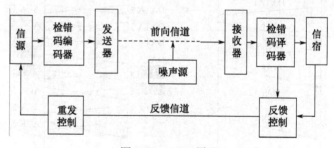

图 2-51 ARQ 原理

ARQ 有"停止等待方式"和"连续工作方式"两种。

（1）停止等待方式

在停止等待方式中，发方每发送一个数据帧，必须等待接收方的确认信息到来，收到肯定应答信号 ACK 后再继续发送下一帧，收到否定应答信号 NAK 后重发该帧，或在一定时间间隔内没有收到应答信号也重发该帧。没有收到应答信号的原因可能是发送的帧丢失了，也可能是帧虽然被接收方收到了，但是应答信号（ACK 或 NAK）在回程中丢失了。无论哪一种原因使得发送站收不到应答信号，都必须采用一种超时机制，重传原来的帧。这需要在发送端设置一个计时器，当计时器的值达到一定值时确认帧还未到达，计时器超时，则发送端就认为所发送的数据帧或应答信号丢失，将重发数据帧，这种机制被称为"超时重发"。ARQ 方式只使用检错码。这种方式一次只能发送一个帧，等待时间长，传输效率低，如图 2-52 所示。

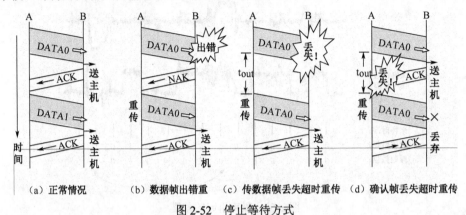

图 2-52 停止等待方式

(2) 连续工作方式

实现连续工作方式有两种："拉回方式"与"选择重发方式"。

1) 拉回方式（Go-Back-N ARQ）。发送方可以连续向接收方发送 N 个数据帧（N 的大小取决于接收端的接收能力），接收方对接收的数据帧进行校验，然后向发送方发回应答帧。如图 2-53（b）所示，如果发送方已经发送了 1~5 号数据帧，从应答帧中得知 4 号帧的数据传输错误。那么，发送方将停止当前数据帧的发送，重发 4、5 号数据帧。这就是 Go-Back-N（退回 N）名称的由来。拉回状态结束后，再继续发送 6 号数据帧。

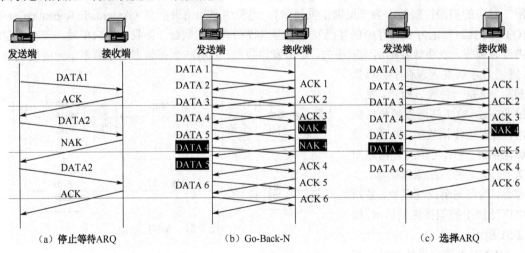

图 2-53 三种 ARQ 示意图

对于 Go-Back-N 方式，收到的数据帧是保序的，接收端不需要太多的缓存，但由于发送端要将出错数据之后的已发送数据帧重新发送，是一种浪费，使信道利用率相对较低。

2) 选择重发方式。选择重发方式如图 2-53（c）所示，它与拉回方式不同之处在于：只是重传出现差错的那一帧。如果在发送完编号为 5 的数据帧时，接收到编号 4 的数据帧传输出错的应答帧，那么，发送方在发完 5 号数据帧后，只重发 4 号数据帧。选择重发完成之后，再继续发送编号为 6 的数据帧。

当接收端发现某帧出错后，将其后面的正确帧先接收下来，存放于缓冲区，同时要求发送端重传出错的那一帧。接收端一旦接收到重传的帧并确认，则与原已存放在缓冲区的各帧一起按正确的顺序交付给上一层。这样，采用选择 ARQ 方式时，由于接收到的数据帧有可能是乱序的，因此，接收端必须提供足够的缓存先将每个数据帧保存下来，然后对数据帧重新排序。但由于该方式仅重发出错的数据帧，避免重复传输那些已经正确接收到的数据帧，效率高于拉回方式。

2．纠错法

在纠错方案中，当接收端发现错误后，不是通过反馈通知发送方重传进行纠正，而是由接收端根据发送方附带的冗余码，通过一定的运算，确定差错的具体位置，自动加以纠正。对于二进制系统，只要能确定出差错码元的位置，就能通过对该码元取反进行纠错。这是一种由接收方检测和纠错的方法。其优点是发送方不需存储副本以备重发，不需要反馈信道，缺点是纠错方法比较复杂，所需的冗余码元较多，实现比较困难，故较少使用。纠错方式也只能解决部分出错的数据，对于不能纠正的错误，就只能使用 ARQ 的方法。

纠错法的适用于没有反向信道，无法发回应答信息的场合，如单线制的单工传输。另外，适用于线路传输时间较长、重发不经济的场合，如卫星通信时延迟较大（可高达 270ms），而且重发费用较高。

目前，绝大多数的通信系统都采用反馈重发 ARQ 纠错法来纠正差错。因为流量控制技术也是利用反馈来实现的，所以 ARQ 自动请求重发技术一般与停等式流控技术结合使用。

另外，还可以采用两种方式结合的混合方式。接收端对少量差错予以自动纠正，而超过其纠错能力的差错则通过重传原信息的方法加以纠正。

需要指出，不论哪种差错控制方式，都是以增加编码冗余、降低传输效率为代价来提高传输可靠性的。对于任何通信系统，有效性和可靠性都是两个互相矛盾的指标。因此，在信道特性已经确定的条件下，差错控制的基本任务是寻求简单、有效的方法确保系统的可靠性。

2.10.3 常用差错控制编码

1．差错控制编码的基本思想

发送和接收双方事先商定传输的数据必须保持某种规律性。发送方在发送数据之前，先按照某种规则在原始数据位之外附加一定的冗余位，使二者形成的组合符合某种规律，即产生某种数学相关性，这称之为差错控制编码过程。接收端接收时，利用相同的规则对原始数据位和冗余位之间的关系进行检测，若这种规律未被破坏，则认为数据在传输过程中未受到干扰；若这种规律被破坏，则认为是传输过程中的干扰造成的，说明传输有误，需要采用某种手段来纠正。差错控制编码按照纠错机制分为"纠错码"和"检错码"两种。

2．检错码

检错码是指在发送每一组信息时附加一些冗余位，接收端通过这些冗余位可以对所接收的数据进行判断看其是否正确，如果存在错误，则接收端不进行纠正错误而通过反馈信道传送一个应答帧把出错信息通知发送端，让发送端重新发送该信息，直至接收端收到正确的数据为止。ARQ 采用检错码方法实现。

检错码主要有"奇偶校验码"、"循环冗余校验码"等。

（1）奇偶校验码

奇偶校验码也称为 mB1P 码，是一种最简单的检错码。其编码规则如下：先将传输的原数据位按一定长度分组（即以 m 比特为一组），然后在每一组后面附加一位冗余校验位（P 码），使得在附加冗余校验位后的整个数据码中的"1"的个数成为奇数或偶数规律，分别称为"奇校验"或"偶校验"，如图 2-54 所示。

下面给出对几个字节值的奇偶校验的编码。

数据	奇校验的编码	偶校验的编码
00000000	00000000<u>1</u>	00000000<u>0</u>
01010100	01010100<u>0</u>	01010100<u>1</u>
01111111	01111111<u>0</u>	01111111<u>1</u>

其中，最低一位（带下划线的位）为校验位，其余八位为数据位。从中可以看到，校验位的值取 0 还是取 1，是根据数据位中 1 的个数决定的。

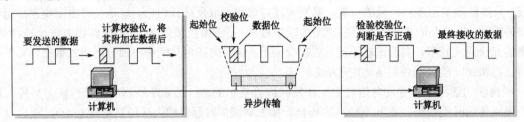

图 2-54 奇偶校验

实际使用的奇偶校验码可分为以下三种。

1）垂直奇偶校验：又称纵向奇偶校验，它是以字符为单位的一种校验方法。一个字符由 8 位组成，低 7 位是信息字符的 ASCII 代码，最高位（附加位）为"奇偶校验码"位，接收方用这个附加位来检验传输的正确性。其编码方法如下：把将要发送的整个信息按 K 位长度（通常为 1 个字符长度）分开成 N 段，并在每个段后附加一位校验位，该位的值由采用的校验方法和传输的每段信息中"1"的个数和决定。当采用奇校验时，若每段信息中的"1"的个数为奇数，则附加位为"0"，否则为"1"；当采用偶校验时，若每段信息中的"1"的个数为奇数，则附加位为"1"，否则为"0"。这样组成一个 K 行×N 列（K 为每段信息的比特数）的比特矩阵，并对每一列的奇偶位分别计算，形成一个校验行，附加在矩阵的最后（即 $K+1$ 行），如表 2-2 所示。发送时对矩阵按列进行。当数据块到达时，接收方检测所有的奇偶位，其中任何一位有错，就要重传整个数据块。

表 2-2　垂直奇偶校验

字符 位	a	b	c	d	e	f	g	h	i	J
b_1	1	0	1	0	1	0	1	0	1	0
b_2	0	1	1	0	0	1	1	0	0	1
b_3	0	0	0	1	1	1	1	0	0	0
b_4	0	0	0	0	0	0	0	1	1	1
b_5	0	0	0	0	0	0	0	1	1	1
b_6	1	1	1	1	1	1	1	1	1	1
b_7	1	1	1	1	1	1	1	1	1	1
b_8 偶	1	1	0	1	0	0	1	0	1	1
b_8 奇	0	0	1	0	1	1	0	1	0	0

2）水平奇偶校验：在传送数据时，常将若干个字符组成一组信息。当对一组字符中的同一位

作为校验单元进行奇偶校验时，称为水平奇偶校验，如表 2-3 所示。

表 2-3 水平奇偶校验

字符 位	a	b	c	d	e	f	g	h	i	J	偶	奇
b_1	1	0	1	0	1	0	1	0	1	0	1	0
b_2	0	1	1	0	0	1	1	0	0	1	1	0
b_3	0	0	0	1	1	1	1	0	0	0	0	1
b_4	0	0	0	0	0	0	0	1	1	1	1	0
b_5	0	0	0	0	0	0	0	1	1	1	1	0
b_6	1	1	1	1	1	1	1	1	1	1	0	1
b_7	1	1	1	1	1	1	1	1	1	1	0	1

水平或垂直奇偶校验只能检测出单个比特或奇数个比特差错，但不能确定是哪一位出错，对偶数个比特位的错误则无能为力，即检错的准确率仅为 50%。为了提高奇偶校验码的检错能力，引入了水平垂直奇偶校验，即由水平奇偶校验和垂直奇偶校验综合构成。

3）水平垂直奇偶校验：水平垂直奇偶校验构成了水平垂直二维奇偶校验，因此也被称为方块校验，如表 2-4 所示。

表 2-4 水平垂直奇偶校验

字符 位	H	Q	Z	K	4	5	T	7	8	9	水平
b_1	0	1	0	1	0	1	0	1	0	1	1
b_2	0	0	1	1	0	0	1	1	0	0	1
b_3	0	0	0	0	1	1	1	1	0	0	0
b_4	1	0	1	1	0	0	0	0	1	1	1
b_5	0	1	1	0	1	1	1	1	1	1	0
b_6	0	0	0	0	1	1	0	1	1	1	1
b_7	1	1	1	0	0	1	0	0	0	1	1
偶 b_8	0	1	0	1	1	1	1	1	1	0	1
奇	1	0	1	1	1	0	0	0	0	1	0

采用这种校验方法，如果有某位传输出错，则不但会从每个字符中的垂直校验位中反映出来，同时，也会在水平校验位中得到反映，即对每一位数据进行双重校验，从而提高了它的检错能力，基本能发现所有一位、两位或三位的错误，从而使误码率降低 2~4 个数量级，被广泛地用在计算机通信的数据传输中。

奇偶检验技术虽然简单，但并不是一种安全的差错控制方法。一般，在低速近距离传输时，出错概率较低，效果还可以。而当传输数据速率很高时，差错检验的结果很可能是错误的。因此，在进行高速数据传输时，需要采用更为复杂的差错控制技术。

（2）循环冗余码校验

1）循环冗余码校验基本原理：循环冗余码校验简称 CRC，又称多项式码。CRC 校验有着严密的数学基础,是在多项式代数运算基础上建立起来的。它利用除法及余数的原理来做差错检测。它将要要发送的原始数据比特序列当做一个多项式 $f(x)$ 的系数,发送时用双方预先约定的生成多项式 $G(x)$ 去除,求得一个余数多项式——称为"CRC 校验和",并把它附加到原始数据多项式之后一同发送到接收端。接收端用同样的 $G(x)$ 去除接收到的数据,若余数为"0",则表示接收的数据正确;若余数不为"0",则表明数据在传输的过程中出错,如图 2-55 所示。

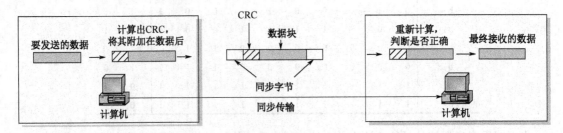

图 2-55 循环冗余校验

由于 CRC 有很强的检错能力,且算法固定,因而硬件实现容易(可用移位寄存器和半加器来实现)。目前循环冗余码的产生和校验均有集成电路产品,发送端能够自动生成 CRC,接收端自动校验,故很多通信规程和网络协议都采用了 CRC(如以太网帧和串行通信的 HDLC、PPP 帧),是目前应用最广的检错码编码方式之一。

2)标准的生成多项式:用于生成 CRC 的生成多项式 $G(x)$ 国际标准有以下几种:

CRC-CCITT: $G(x) = x^{16} + x^{12} + x^5 + 1$

CRC-16: $G(x) = x^{16} + x^{15} + x^2 + 1$ (IBM 公司)

CRC-12: $G(x) = x^{12} + x^{11} + x^3 + x^2 + x + 1$

CRC-32: $G(x) = x^{32} + x^{26} + x^{23} + x^{22} + x^{16} + x^{12} + x^{11} + x^{10} + x^8 + x^7 + x^5 + x^4 + x^2 + x + 1$(用在许多局域网中)

Ethernet 局域网采用的是 32 位 CRC,它由专用的以太网系列元器件来实现。

3)CRC 校验和计算方法:计算 CRC 校验和的算法过程如图 2-56 所示。

① 以原始数据块为单位进行校验,将其看做系数为 0 或 1 的多项式。

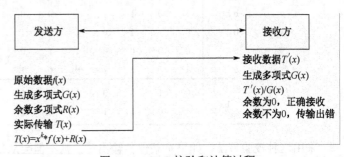

图 2-56 CRC 校验和计算过程

例如,待传输的原始数据块位串为 110011,可表示成多项式 $F(x) = x^5 + x^4 + x + 1$。

② 若生成多项式 $G(x)$ 为 k 阶,待传输的数据帧多项式 $F(x)$ 有 m 位,则在帧 $F(x)$ 后面添加 k 个 0,成为 $m+k$ 位,则相应的多项式变为 $2^k F(x)$。

例如,生成多项式 $G(x)$ 位串为 11001,可表示成多项式 $G(x) = x^4 + x^3 + 1$。

多项式 $2^k F(x)$ 对应的位串为 1100110000。

③ 按模 2 除法,用 $2^k F(x)$ 位串 1100110000 除以 $G(x)$ 位串 11001,得商 $Q(x)$,余 $R(x)$,产生的余数 $R(x)$ 就是 CRC,即

```
                           1 0 0 0 0 1     ← Q(x)
G(x) → 1 1 0 0 1 ) 1 1 0 0 1 1 0 0 0 0    ← f(x)·x^k
                   1 1 0 0 1
                   ─────────
                       1 0 0 0 0
                       1 1 0 0 1
                       ─────────
                         1 0 0 1          ← R(x)
```

这里，商 $Q(x)$ 对应的位串是 100001，余数 $R(x)$ 对应的位串是 1001。即

$$2^k F(x) = G(x) Q(x) + R(x)$$

④ 按模 2 加法把 $2^k F(x)$ 与余数 $R(x)$ 相加，结果就是要传送的带校验和的帧的多项式 $T(x)$，即

$T(x) = 2^k F(x) + R(x)$，对应位串是 1100111001。实际发送的带校验和的帧的多项式 $T(x)$ 对应位串是 1100111001，即

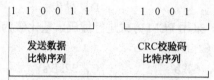

若传输过程中未出错，接收的 $T(x)$ 正确，则它肯定能被 $G(x)$ 除尽，即

```
                       1 0 0 0 0 1
        1 1 0 0 1 ) 1 1 0 0 1 1 1 0 0 1
                   1 1 0 0 1
                   ─────────
                           1 1 0 0 1
                           1 1 0 0 1
                           ─────────
                                 0
```

若数据无差错地到达接收方，循环冗余校验器将产生余数 0，因此数据单元将通过校验。若在传输中数据单元被干扰改变，则除法将产生非零余数，因此数据单元将不能通过校验，说明传输过程中出错了。

3．纠错码

纠错码指在发送每一组信息时附加足够的冗余位，借助于这些附加信息，接收端在接收译码器的控制下不仅可以发现错误，还能计算出出错位，自动纠正错误。纠错码实现起来比检错码复杂，编码和解码速度慢，效率低，造价高且费时。常用的纠错码有海明码和卷积码等。

习　题

一、单选题

1．下列传输介质中传输带宽最大的是（　　）。
　　A．双绞线　　　　　B．基带同轴电缆　　　C．光纤　　　　　　D．宽带同轴电缆
2．双绞线的两根绝缘的铜导线按一定密度互相绞在一起的目的是（　　）。
　　A．阻止信号的衰减　　　　　　　　　　　B．降低信号干扰的程度
　　C．增加数据的安全性　　　　　　　　　　D．前三项均不正确
3．根据（　　），可将光纤分为单模光纤和多模光纤。
　　A．光纤的粗细　　　　　　　　　　　　　B．光纤的传输速率
　　C．光在光纤中的传播方式　　　　　　　　D．光纤的传输
4．FDM 是按照（　　）的差别来区分信号的。

  A．频率参量   B．时间参量
  C．码型结构   D．空间分割

5．下列交换方式中实时性最好的是（ ）。
  A．数据报方式   B．虚电路方式
  C．电路交换方式   D．方法都一样

6．在数字数据编码方式中，（ ）是一种自含时钟编码方式。
  A．曼彻斯特编码   B．非归零码
  C．全宽码   D．脉冲编码

7．（ ）传输方式指同一报文中的分组可以由不同传输路径通过通信子网。
  A．线路交换   B．数据报
  C．虚电路   D．异步

8．语音信号带宽为4kHz，采用PCM方式进行编码，量化级为256级，则编码后的数字信号在传输介质中的最小数据率为（ ）。
  A．56kb/s   B．64kb/s   C．32kb/s   D．40kb/s

9．误码率描述了数据传输系统正常工作状态下传输的（ ）。
  A．安全性   B．效率   C．可靠性   D．延迟

10．香农定理从定量的角度描述了"带宽"与"速率"的关系。在香农定理的公式中与信道的最大传输速率相关的参数主要有信道宽度与（ ）。
  A．频率特性   B．信噪比   C．相位特性   D．噪声功率

11．分组交换中，可保持每个分组数据原有顺序的是（ ）。
  A．电路交换   B．数据报交换   C．虚电路交换   D．数据报和虚电路

12．下列差错控制编码中，（ ）是通过多项式除法来检测错误的。
  A．水平奇偶校验码   B．CRC
  C．垂直奇偶校验码   D．水平垂直奇偶校验码

二、填空题

1．分组交换过程又可具体分为_____分组交换和_____分组交换。
2．有一条数据通道，按顺序逐位传送比特，称为_____传输。
3．脉冲编码调制的过程简单地说可分为三个过程，它们是_____、_____和编码。

三、简答题

1．请举一个例子说明信息、数据与信号之间的关系。
2．什么是数据通信速率？其包括哪两种？各是什么？二者如何转化？
3．数字数据的编码主要有哪些？各是什么？
4．数字通信方式相对模拟通信方式有什么优缺点？
5．奈奎斯特定理与香农定理在数据通信中的意义是什么？
6．同步传输为什么要实现位同步？
7．双绞线分为直通双绞线和交叉双绞线的连接，简述它们之间的区别及适用场合。
8．在广域网中采用的数据交换技术主要有几种类型？它们各有什么特点？
9．试从多个方面比较虚电路和数据报这两种服务的优缺点。
10．比特串为0001110101，画出它的曼彻斯特编码。
11．某一个数据通信系统采用CRC校验方式，并且生成多项式$G(x)$的二进制比特序列为

11001，目的结点接收到的二进制比特序列为110111001（含CRC校验码）。请判断传输过程中是否出现了差错？为什么？

12．无线传输技术和有线传输技术各有哪些？试举例。

13．检错码和纠错码有什么不同？试比较其在网络通信中使用时的优缺点。

实训二 双绞线网线的制作与测试

在以双绞线为传输介质的局域网中，制作与测试双绞线连线非常重要。对于小型网络而言，网线连接着网络设备与计算机；对于大中型网络而言，网线既连接着信息插座与计算机，又连接着网络设备与跳线设备及跳线板。总之，网线的制作与测试是网络管理员必须掌握的基本技能。

一、实训目的

1）了解局域网的组网方式以及双绞线的两种制作规范及使用场合。

2）掌握RJ-45接头的接口标准与制作方法，掌握网线连通性测试方法。掌握网卡、双绞线和交换机等网络设备之间的连接与应用。

二、实训环境

1）每小组RJ-45接头若干、双绞线若干、RJ-45专用剥线/压线钳一把、双绞线测试仪一套。

2）两台配有以太网卡的计算机和一台以太网交换机。

三、实训内容

1）直通UTP电缆的制作。

2）交叉UTP电缆的制作。

3）网线连通性的测试。

四、双绞线制作标准

1．EIA/TIA-568A标准

EIA/TIA-568A简称T568A。其双绞线的排列顺序为绿白，绿，橙白，蓝，蓝白，橙，棕白，棕。依次插入RJ-45头的1~8号线槽，参见2.2.2小节中的表2-1。

2．EIA/TIA-568B标准

EIA/TIA-568B简称T568B。其双绞线的排列顺序为橙白，橙，绿白，蓝，蓝白，绿，棕白，棕。依次插入RJ-45指头的1~8号线槽，参见2.2.2小节中的表2-1。

如果双绞线的两端均采用同一标准（如T568B），则称为"直通线"。直通线能用于异种网络设备间的连接，如计算机与集线器的连接、集线器与路由器的连接。这是一种使用得最多连接方式，通常直通双绞线的两端均采用T568B连接标准。

直通UTP电缆接线图参见2.2.2小节中的图2-11。

如果双绞线的两端采用不同的连接标准（如一端用T568A，另一端用T568B），则称为"交叉线"。交叉线能用于同种类型设备连接，如计算机与计算机的直连、集线器与集线器的级联。需要注意的是，有些集线器（或交换机）本身带有"级联端口"，当用某一集线器的"普通端口"与另一集线器的"级联端口"相连时，因"级联端口"内部已经做了"跳接"处理，所以这时只能用"直通"双绞线来完成其连接。

交叉UTP电缆接线图参见2.2.2小节中的图2-12。

五、实训步骤

1）利用斜口钳剪下所需要的双绞线长度，将双绞线从头部开始将外部套层去掉20mm左右，并将8根导线理直。注意不要将里面的细线割破，以免断路。

2）确定是直通线还是交叉线方式，然后按照对应关系将双绞线中的线色按顺序正确排列。

3）将非屏蔽5类双绞线的RJ-45接头处用斜口钳剪齐，并且使裸露部分保持在14mm左右。注意，芯线留的太长，则会增加芯线间的相互干扰，也容易损坏。如果芯线太短，则接头的金属片不能全部接触到芯线，会因接触不良而使线路不稳。这两个问题通常是导致网络效率不高的主要原因。

4）将双绞线整齐的插入到RJ-45接头中（塑料卡头一面朝下），并确保护套也被插入。

5）确定双绞线的每根线已经正确放置到位之后，就可以用RJ-45压线钳压接RJ-45接头。

6）注意在双绞线压接处不能拧、撕，防止有断线的伤痕；使用RJ-45压线钳连接时，要压实，不能有松动。

7）用同样的方法制作另一头。

六、网线的测试

1）双绞线制作完成后，需要借助测线工具来测试双绞线的连通性。电缆测试仪是比较便宜的专用网络测试器，通常测试仪一组有两个：其中一个为信号发射器，另一个为信号接收器，双方各有8个LED灯和一个RJ-45插槽，使用较为方便。

将做好的双绞线两端的RJ-45接头分别插入测试仪两端，打开测试仪电源开关检测制作是否正确。如果测试仪的8个指示灯按从上到下的顺序循环呈现绿灯，则说明连线制作正确；如果8个指示灯中有的呈现绿灯，有的呈现红灯，则说明双绞线线序出现问题；如果指示灯中有的呈现绿灯，有的不亮，则说明双绞线存在接触不良的问题。此时最好先对两端水晶头再用压线钳压一次，再次测试，如果故障依旧，再检查一次两端芯线的排列顺序是否一样，如果不一样，则剪掉一端重新制作。

2）使用直通线连接PC和交换机。把直通线一头插入计算机网卡的RJ-45接口，另一头插入交换机的任意一个端口。如果连接正常，则网卡的指示灯和交换机端口指示灯都会亮，表示物理连接正确。

3）使用交叉线连接两台PC。把交叉线一头插入一台计算机网卡的RJ-45接口，另一头插入另一台计算机网卡的RJ-45接口。如连接正常，则网卡的指示灯会亮，表示物理连接正确。

七、注意事项

1．易出现的问题

1）剥线时将铜线剪断。

2）电缆没有整理整齐就插入接头，可能使某些铜线并未插入正确的插槽。

3）电缆插入过短，导致铜线并未与铜片紧密接触。

2．故障排除

测线器的指示灯不亮：查看测线器的电池是否有电，查看电缆是否断裂，或RJ-45接头是否制作不良。

插头接触不良：网卡、集线器、测线器的RJ-45接口的8个接点对应，有8个铜线，插入时铜线内缩；插入次数过多后，铜线的弹性会降低。

第 3 章 局域网技术

【内容提要】

本章介绍局域网的基本概念、技术特点和体系结构，各种常用局域网协议标准，以太网的原理、发展和趋势，重点介绍目前比较成熟运用的一些局域网技术。

【学习要求】

要求理解局域网的特点、分类、体系结构和介质访问控制方式，掌握交换式以太网组网技术，了解虚拟局域网、无线局域网的功能和实现方法。

3.1 局域网基本概念

3.1.1 局域网的产生和发展

局域网是伴随着个人计算机的迅速普及而发展起来的，在有限的地理范围内将大量 PC 及各种网络设备互连，实现数据通信和资源共享。随着社会各部门对信息资源高度共享的迫切需求，使得局域网技术得到了迅猛发展和广泛应用，成为当今各企事业单位信息化的基础平台。

在局域网技术中，以太网技术最为活跃，应用广泛，成为局域网的主流。从 1980 年标准以太网公布以来，在短短三十几年中，以太网的传输速率从 10Mb/s 提高到百兆每秒、千兆每秒、万兆每秒乃至更高。交换式以太网技术的产生，是以太网技术的一场革命和质变，其独占传输信道、独享带宽的特性，给用户提供了足够的带宽。

近年来，无线局域网技术发展迅速。利用无线局域网，可将园区网延伸到布线困难的区域，并支持移动联网，使园区网实现全方位的 Internet 连接，使网络无处不在。

局域网的出现与飞速发展，在网络发展史上起到重要的推动作用，是当今网络技术的一个重要分支和重点内容之一，具有十分重要的地位。

3.1.2 局域网的特点与应用

1. 局域网的特点

局域网通常具有如下特点。

1）覆盖有限的地理范围，一般为数百米至数千米。可以覆盖一幢大楼、一所校园或者一个企事业单位。

2）数据传输速率高，通常为 10～1000Mb/s，目前已有万兆、10 万兆局域网出现。传输延时小，可交换各类文本和非文本（如语音、图像、视频等）信息。

3）传输质量好，响应速度快，误码率低，可靠性高。这是因为局域网通常采用短距离基带传输，可以使用高质量的传输介质，出错几率小。

4）能够方便地共享网内资源，包括主机、外设、软件、数据。

5）以 PC 为主体，多采用客户机/服务器工作模式。采用多种通信介质，如双绞线、同轴电缆、光纤或无线介质，可根据不同的需求选用，适应多种拓扑结构。

6）局域网一般为一个机构所拥有，由该组织维护、管理和扩建。

7）局域网一般仅包含 OSI RM 中的低二层功能，即仅涉及通信子网的内容。所以连接到局域网的计算机必须加上高层协议和网络软件才能组成计算机网络。

8）协议简单、结构灵活、建网成本低、周期短、便于管理和扩充。系统的可靠性、可用性、可维护性好。

9）多采用分布式控制和广播式通信。

2．局域网的应用

局域网所具有的上述特点决定了它在社会信息化各个领域中有着广泛的应用，已在办公自动化、工业自动化、企业管理信息系统、生产过程实时控制、军事指挥和控制系统、辅助教学系统、医疗管理系统、银行系统、软件开发系统和商业系统等方面发挥了重要作用。

3.1.3 局域网的分类

根据不同的观察角度，局域网具有多种属性，因此局域网有多种分类方法。

1．按拓扑结构分类

按拓扑结构分类，可把局域网分为总线形、环形、星形和混合型等类型，是最常用的分类方法。

2．按传输介质分类

按传输介质分类，可将局域网分为同轴电缆局域网、双绞线局域网、光纤局域网、无线局域网。

3．按介质访问控制方式分类

传输介质提供了计算机之间互连并进行信息传输的通道。在早期的局域网中，经常采用共享传输介质连接各站点，如总线形和环形局域网。在基带传输方式中，一条传输介质在某一时刻只能传输一台计算机的数据，否则会产生冲突。这就需要有一个共同遵守的方法或原则来控制、协调各计算机对传输介质的访问，即如何获得信道使用权的问题，这称为"介质访问控制方法"。据此，可以把局域网分为以太网、令牌网、令牌总线网等。

4．按网络操作系统分类

局域网的高层是局域网操作系统，局域网的工作是在局域网操作系统控制之下进行的。网络操作系统决定了网络的功能、服务性能、易用性、稳定性和安全性等，因此可以把局域网按其所使用的网络操作系统进行分类，如 Novell 公司的 Netware 网、Microsoft 公司的 Windows Server 2003/2008/2012 网以及 UNIX 或 Linux 网等。

5．按数据的传输速率分类

按数据的传输速率分类，局域网可分为 10Mb/s 局域网、100Mb/s 局域网、1000Mb/s 局域网、万兆局域网等。

6．按信息的交换方式分类

按信息的交换方式分类，局域网可分为交换式局域网、共享式局域网等。

7．按站点之间工作模式分类

按站点之间工作模式分类，局域网可分为集中管理模式和分散管理模式。集中管理模式是一种以服务器为中心的网络，分散管理模式主要是对等模式网络。

3.1.4 局域网技术关键要素

局域网作为计算机网络技术的一个重要分支，具有其自身的特殊性。这些特殊性往往是局域网的关键技术，应重点关注。

1．局域网数据传输方式

由于局域网结点间距离短，所以可采用适合数字信号的数字线路直接进行基带传输而无须调制，因而设备简单，传输成本低。这些都是局域网得以普及应用的重要因素。

基带传输意味着不采用频分复用方式使用信道，而采用时分复用方式分时地使用信道。

2．局域网技术关键要素

局域网技术的三个关键要素：物理传输介质类型、网络拓扑结构和介质访问控制方法。

（1）物理传输介质类型

不同传输介质的物理连接特性决定了局域网的拓扑结构。例如，双绞线适于点对点设备的连接形成星型网络拓扑结构；同轴电缆适于连接成总线型拓扑结构；光纤既适于连接成环型拓扑结构又适于星型拓扑结构，但不适于总线拓扑结构等。

（2）网络拓扑结构

局域网由于覆盖范围有限，因而容易规划构成简洁、规则的拓扑结构，这是和广域网最重要的区别。由于拓扑结构简单，因而最初的局域网本着降低信道成本的思想，采用简单的共享信道连接各设备进行通信（即所谓多点接入技术或多址访问技术），如传统局域网最早采用总线形和环形拓扑结构。后来随着传输介质和设备的发展出现了星形和树形拓扑结构。

（3）介质访问控制方法

采用多点接入公共传输介质方式的局域网，信道是共享的，在某一时间段内只能为一个结点服务传输数据。这就产生了如何合理分配和使用信道的问题，既要充分利用信道资源，又不致发生各站点间的互相冲突。这需要有一种仲裁机制来控制各站使用介质的方式，即解决信道共享与独占之间的矛盾。为此，局域网的数据链路层必须设有介质访问控制功能。所谓"介质访问控制"，即在结点传输数据之前，首先要解决获得介质使用权的问题，以避免冲突。这与广域网数据链路层一般采用点对点连接的情况不同，点对点连接的专用信道一般不存在介质访问控制问题。

以上三个技术要素在很大程度上决定了局域网的工作方式、传输数据的类型、网络的响应时间、吞吐量和利用率，以及网络应用等各种网络特性。其中最重要的是介质访问控制方法，它对局域网特性起着十分重要的作用，是局域网的关键技术之一。

3．介质访问控制技术

局域网介质访问控制技术的功能就是合理解决信道使用权的分配问题。一个好的介质访问控制协议主要有三个基本目标：简单易于实现、信道利用率高、对网上各站点公平。

共享介质的访问控制技术（信道分配方式）有两大类："集中式控制"和"分布式控制"。

（1）集中式控制

网络中设置一个集中控制设备专门实施对介质的访问控制功能，管理各结点通信，各结点只有经它授权才可以访问介质向网络发送数据。

1）集中式控制的优点：可提供更复杂灵活的介质访问控制方式，如提供不同优先级、按需分配带宽等；各工作站的访问控制逻辑简单，避免了站点间进行分布合作带来的复杂配合问题。

2）集中式控制的缺点：需要专门的控制设备；控制点易成为网络中的单失效点，一旦出现故障，则会导致整个网络瘫痪；由于所有对共享介质的访问都要经过控制站点的允许，造成局部通信流量过大，可能成为网络性能的瓶颈，降低效率。

（2）分布式控制

网络中不设专门的集中式控制设备，各站点间的通信按照某种事先的约定由各站点分布式协同完成介质访问控制功能，从而动态地决定站点对信道的使用权。分布式控制比集中式控制对信道的利用率高。

局域网一般采用分布式信道控制方式，最流行的两种仲裁机制是"随机式访问机制"和"顺序式访问机制"。

1）随机访问方式：一种以竞争方式获得信道使用权的机制，其特点是所有用户可随机地发送信息。但如果有两个以上的用户在同一时刻发送信息，那么就会在共享介质上产生碰撞（冲突），使得这些用户的发送都失败。因此必须要有解决冲突的介质访问控制方法。

2）令牌传递访问方式：一种以顺序方式访问信道的机制。令牌是一种特殊的数据帧，其作用是作为一个允许站点进行数据发送的标记。在令牌传送系统中，令牌在网络中沿各站顺序传递，一个站点只有在得到令牌时才能发送数据。

在局域网中，被普遍采用并形成国际标准的介质访问控制方法主要有以下三种。

① 带有冲突检测的载波监听多路访问（CSMA/CD）方法。

② 令牌总线（Token Bus）方法。

③ 令牌环（Token Ring）方法。

在以上三种"共享介质"的工作方式中，前一种属于随机竞争访问信道方式，后两种属于顺序访问信道的方式。目前在局域网中使用最多的以太网采用 CSMA/CD 方法。

3.2 局域网体系结构与协议标准

3.2.1 局域网体系结构的特殊性

OSI 是具有一般性的网络体系结构模型，但其早先更多的是针对广域网的。局域网作为网络中一个特殊的分支，有自身的技术特点。另外，由于局域网实现方法的多样性，所以其并不完全套用 OSI 体系结构。

1．局域网体系结构的特殊性

局域网相对于广域网的特殊性表现在以下两个方面。

1）传统局域网大多采用共享信道广播方式通信，当通信局限于一个局域网内部时，在任意两个结点之间都有唯一的路由，一个结点发出的信息其他所有结点都可以收到，不存在路由选择问题，即网络层的功能可由数据链路层完成，所以局域网中通常不单独设立网络层。因此，就局域网本身来说，它只涉及 OSI RM 最低两层的功能（物理层与数据链路层）。局域网的高层功能，由具体的局域网操作系统（NOS）来实现。

2）共享信道的多点接入问题，必须通过介质访问控制技术解决。网络中的数据链路层是为了解决链路上两点之间通信可靠而设立的，而对于多点接入的局域网链路而言，发送结点首先要获得信道使用权才能考虑与接收端通信可靠性问题。所以，获得介质使用权——介质访问控制问题是首先要解决的问题。对于采用不同网络拓扑结构的局域网，在数据链路层不可能定义一种与介质无关的、普遍适用的介质访问控制方法，因此局域网的参考模型将数据链路层进一步细分为两个子层："逻辑链路控制（LLC）子层"和"介质访问控制（MAC）子层"。LLC 子层完成与介质无关的数据链路层功能，而 MAC 子层完成与介质相关的访问控制功能，两个子层共同完成数据链路层的全部功能，这是局域网最具代表性的特点。

针对 LAN 特点，IEEE 802 委员会提出了局域网体系结构参考模型（LAN RM），它与 OSI RM 的对应关系如图 3-1 所示。

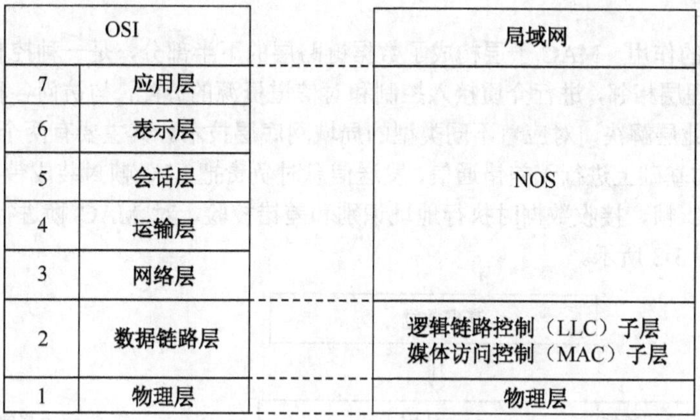

OSI		局域网
7	应用层	
6	表示层	
5	会话层	NOS
4	运输层	
3	网络层	
2	数据链路层	逻辑链路控制（LLC）子层 媒体访问控制（MAC）子层
1	物理层	物理层

图 3-1　局域网体系结构与 OSI RM 的对应关系

2．局域网的数据链路层

局域网允许底层实现技术的多样性，物理层可采用多种传输介质、拓扑结构和信号形式，各自的特点适用于不同的应用。面对不同的物理层技术，需要采用不同的介质访问控制方法。为了既适应各自的特点，又不至于使得数据链路层过于复杂，IEEE 802 标准将局域网的数据链路层划分为 MAC 和 LLC 两个子层。LLC 子层对所有局域网是统一的，只有 MAC 子层才针对不同的局域网有各自的标准（不同类型的局域网，区别在于 MAC 子层）。

IEEE 802 参考模型如图 3-2 所示。

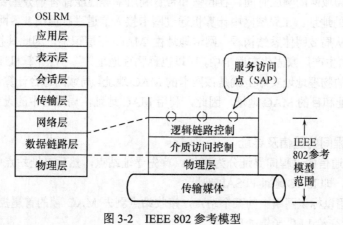

图 3-2　IEEE 802 参考模型

（1）LLC 子层

LLC 子层构成了数据链路层的上半部分。为了独立于低层不同的物理介质和介质访问控制方法，以将数据链路层功能中与硬件相关的部分和与硬件无关的部分分开，LLC 子层集中了与介质访问无关的部分，可运行于各种 802 局域网 MAC 子层之上。它对上层屏蔽了低层不同物理层拓扑形状、介质访问控制方式的差异，对所有类型的局域网是通用的。LLC 子层用 IEEE 802.2 标准规定。这样，仅让 MAC 子层涉及物理介质和介质访问控制方法，低层就可采用多种不同的技术实现，适应已有的和未来发展的各种物理网络，具有可扩充性。LLC 子层在 MAC 子层的支持下向高层提供服务，完成数据成帧、差错控制、流量控制、链路管理等功能，将不可靠的信道处理为可靠的信道，确保数据帧的正确传输，并向高层提供统一的接口（即服务访问点）。

（2）MAC 子层

1）MAC 子层的作用。MAC 子层构成了数据链路层的下半部分，是一种控制使用通信介质的机制，它直接与物理层相邻，进行介质接入控制和对信道资源的分配，与访问各种类型的传输介质有关的问题都放在此层解决，对应着不同类型的局域网底层技术。其主要有两个功能。

① 在物理层的基础上进行无差错通信，发送信息时负责把 LLC 帧封装成带有 MAC 地址和差错校验字段的 MAC 帧，接收数据时执行地址识别和差错校验，对 MAC 帧进行解封。LLC 帧和 MAC 帧的关系如图 3-3 所示。

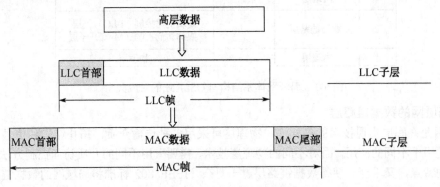

图 3-3　LLC 帧和 MAC 帧的关系

② 实现对共享传输介质的访问控制，解决信道使用权问题。介质访问控制方法决定了局域网的主要性能，它对局域网的响应时间、吞吐量和带宽利用率等性能都有十分重要的影响。

2）MAC 子层的地址。在局域网中计算机通过网卡接入信道进行通信。各网卡都有一个地址，作为站点的标识。从局域网体系结构看，网卡地址由 MAC 子层识别，因此其技术名称为"MAC 地址"。MAC 地址由生产厂家固化在网卡中，所以也称物理地址。当一台计算机通过网卡接入网络，该计算机在网络中的物理地址实际上就是该网卡的 MAC 地址。局域网每台计算机发出的各数据帧都带有源 MAC 地址和目的 MAC 地址，因此，利用 MAC 地址，局域网中的设备可以实现点到点的通信。

3．局域网进程间的通信及寻址

在局域网中，通信的进程间寻址分为两步：首先寻址站点，然后寻址站点中运行的进程，因此需用到两级地址，即 MAC 地址和 SAP 地址。

MAC 地址：用以标识网络中的某个站点，接收站点剥去 MAC 帧的首尾控制信息，将 MAC 帧封装的 LLC 帧上交给 LLC 子层处理。

SAP 地址（即进程地址）：标识站点的某个进程。

MAC 地址和 SAP 地址如图 3-4 所示。

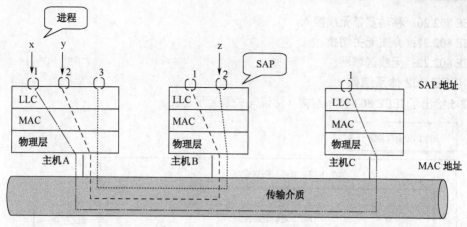

图 3-4　MAC 地址与 SAP 地址

3.2.2　IEEE 802 参考模型与协议

局域网标准由 IEEE 802 委员会（IEEE 于 1980 年 2 月成立的局域网标准化委员会）制定。IEEE 802 委员会根据局域网采用的传输介质、网络拓扑结构、性能及实现难易等因素，为局域网制定了一系列标准，称为 IEEE 802 标准，是网络技术中标准化程度最高的，已被 ISO 采纳为国际标准（ISO 8802）。IEEE 802 标准极大地促进了局域网技术的飞速发展，并且随着新技术的产生和发展，不断有新的标准制定和推出。

1. IEEE 802 标准的内容

IEEE 802 委员会为局域网制定了一系列的技术标准。

IEEE 802.1a：局域网和城域网标准综述和体系结构。

IEEE 802.1b：局域网寻址、网络互连、网络管理及性能测试。

IEEE 802.2：LLC 协议，提供数据链路层的上半部子层功能，以及与 MAC 子层的一致性接口。

IEEE 802.3：CSMA/CD 总线介质访问控制子层与物理层规范。

IEEE 802.4：令牌总线介质访问控制子层与物理层规范。

IEEE 802.5：令牌环介质访问控制子层与物理层规范。

IEEE 802.6：城域网介质访问控制子层与物理层规范。

IEEE 802.7：宽带技术。

IEEE 802.8：光纤技术。

IEEE 802.9：综合语音与数据局域网技术。

IEEE 802.10：可互操作的局域网安全性规范。

IEEE 802.11：无线局域网技术。

IEEE 802.12：优先度要求的访问控制技术。

IEEE 802.13：未使用。

IEEE 802.14：有线电视媒体接入控制和物理协议（交互式电视）。

IEEE 802.15：近距离无线个人网络。

IEEE 802.16：宽带无线接入网络。

IEEE 802.17：弹性分组环。

IEEE 802.18：无线管制。

IEEE 802.19：共存标签。

IEEE 802.20：移动宽带无线接入。
IEEE 802.21：介质无关切换。
IEEE 802.22：无线区域网。

2. IEEE 802 体系结构

图 3-5 给出了 IEEE 802 体系结构（协议间关系）示意图。

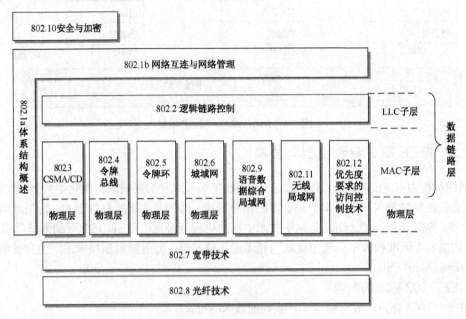

图 3-5　IEEE 802 体系结构

从中可以看出，对于采用不同传输介质和拓扑结构的局域网，其底层物理层和 MAC 子层各不相同，但各种局域网的 LLC 子层是相同的。这样，LLC 子层就成为高层协议与任何一种 MAC 子层之间的标准接口。

注意，IEEE 802 参考模型中包括了对传输介质和拓扑结构的规格说明，这与各种局域网的底层技术密切相关，而按照 OSI 的观点，这部分内容不包含在 OSI 环境之内。

3.3　以太网技术

以太网是最早出现的局域网技术之一，也是最成功的局域网技术，目前已成为局域网的主流技术，代表了今后局域网发展的方向，是人们研究和应用局域网的重点之一。

3.3.1　以太网概述

1. 以太网的产生与发展

以太网最早于 1975 年出现。经 Digital、Intel 和 Xerox 三家公司联合改进，形成 DIX Ethernet II——第二版标准以太网规约，以无源同轴电缆作为总线来传送数据帧，并以曾经在历史上表示传播电磁波的"Ethernet"来命名，表示它是一种广播方式的网络。

IEEE 802 委员会制定局域网标准时，在 DIX Ethernet II 的基础上稍加改进，形成了 IEEE 802.3（CSMA/CD）总线局域网标准。IEEE 802.3 与 DIX Ethernet II 都使用 CSMA/CD 技术，但在帧格式

的细节上有些区别,当不涉及具体的网络协议细节时,人们常将二者混为一谈。

以太网从诞生至今已近 40 年,其性能不断提高,从最初的 10Mb/s 以太网,发展到后来的 100Mb/s 快速以太网、1000Mb/s 的千兆以太网、乃至万兆以太网,目前尚未出现强有力的竞争对手,在已有的局域网标准中,它是最成功的局域网技术。以太网取得成功的主要原因是技术简单,简单体现了可靠性、低成本、易维护、易于理解和实现、灵活性高等一系列优点,理所当然地成为局域网的主流技术。

2. 以太网标准与命名规则

（1）以太网标准

到目前为止,以太网标准系列已扩展到 10 余个,其中几个主要的标准如表 3-1 所示。

表 3-1 主要的以太网标准

发布时间	以太网方案	802.3 标准	使用传输介质
1982 年	10Base-5（DIX）	802.3	粗同轴电缆
1985 年	10Base-2	802.3a	细同轴电缆
1990 年	10Base-T	802.3i	双绞线
1993 年	10Base-F	802.3j	光纤
1995 年	100Base-T	802.3u	双绞线
1997 年	全双工以太网	802.3x	双绞线、光纤
1998 年	1000Base-X	802.3z	短屏蔽双绞线、光纤
1999 年	1000Base-T	802.3ab	双绞线
2002	10000	802.3ae	光纤

（2）以太网命名规则

IEEE 802.3 支持的物理层介质和配置方式具有多样性和灵活性,为了定义和区分不同标准的以太网,每一种实现方案都有一个名称代号,命名规则由三部分组成,格式如下。

X TYPE-Y

其中,X 表示数据传输速率,如 10 表示 10Mb/s、100 表示 100Mb/s、1000 表示 1000Mb/s;
TYPE 表示信号传输方式,Base 指基带传输、Broad 指宽带传输;
Y 表示传输介质,5 为粗同轴电缆、2 为细同轴电缆、T 为双绞线、F 为光纤。
示例如图 3-6 所示。

(a) 示例（一）　　　　　　　　　　(b) 示例（二）

图 3-6 以太网标准命名规则

3.3.2 传统以太网

传统以太网也称标准以太网,是指早期运输速率 10Mb/s 的以太网。当今的以太网都是从传统以太网进化而来的,因此,学习传统以太网的工作原理仍是学习各种以太网的基础。

1. 传统以太网拓扑结构

最早出现的以太网采用同轴电缆作为传输介质，采用总线型拓扑结构，如图 3-7 所示。

这种结构适应了当时的传输介质水平，具有结构简单、易于安装、线缆最少、价格低廉的优点。

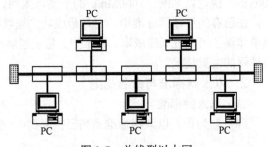

图 3-7 总线型以太网

2. 传统以太网特点

在传统总线型拓扑结构以太网中，所有结点都直接连接到同一条共享物理信道上，该信道负责所有结点之间的数据传送，是以"多路访问方式"进行操作的。站点以帧的形式发送数据，帧的头部含有目的站点和源站点的地址。所有连接在信道上的设备都能检测到数据帧，所以说是一种"广播型网络"。由于总线是共享介质，若多个站点同时发送数据必然会发生冲突，因而需要有一种介质访问控制协议来解决冲突。

3. 以太网工作原理

以太网采用了 CSMA/CD （Carrier Sense Multiple Access with Collision Detection，带有冲突检测的载波侦听多路访问）介质访问控制协议，是以太网的 MAC 子层用以解决信道使用权的机制，是一种在竞争的基础上随机访问传输介质的方法，属于分布式控制技术，对应的标准是 IEEE 802.3。由于总线上各站点随机竞争抢占信道使用权，冲突不可避免，因此如何尽可能减少冲突，提高数据传输的成功率是 CSMA/CD 的基本任务。其工作原理如下。

（1）载波监听

这实际上是对信道上的信号监听。为减少各站点盲目发送数据产生的冲突，总线上每个站点发送数据之前，必须首先监听信道上有无数据在传送（即信道"忙/闲"），根据总线是否被占用的状态来决定自己能否竞争信道发送数据帧。如监听到信道上有信号，说明信道"忙"，已被其他站点占用，则推迟发送，以免破坏正在传输的数据；若无信号，说明信道空闲，则发送数据；这被形象地称为"先听后说"。载波监听能有效地降低冲突。

（2）多路访问

多路访问是指当总线上的任一站点发送数据帧时，所有连接到总线上的其他站点都可以接收到，是一种广播机制。当目的站点网卡检测到帧的目的地址为本站地址时，则复制该帧交付给主机，非目的结点的网卡则忽略该帧。

（3）冲突检测

各站仅进行载波监听并不能完全避免冲突，还存在以下两种发生冲突的可能。

1）两个以上的站点同时监听到信道空闲并在同一瞬间将数据帧发往信道。

2）信号传输延迟造成的冲突。由于传输介质有一定的长度，信号在传输介质上传输存在一定的时间延迟，这给载波侦听结果的真实性带来了困难。例如，有两个相距一定距离的站点要发送数据，其中一个站点先开始发送数据，这时另一个站点在侦听过程中由于信号传输延迟而未检测到信道上第一个站点已发出的数据，认为信道是空闲的，并发送数据，这样就造成两个站点的信号在信道中发生冲突，如图 3-8 所示。

冲突在信道上造成了帧的重叠，从而使冲突的帧都出错，发送失败。由此可见，每一个站点在自己开始发送数据之后的一小段时间内，都存在着遭遇冲突的可能性。冲突时间是从数据开始发送到冲突信号在总线上传输到最远站点所花的时间，取决于总线长度。

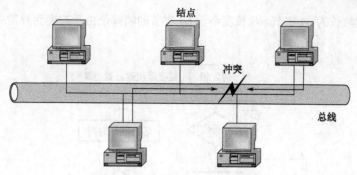

图 3-8　信号传输延迟造成的冲突

由于 CSMA 无法完全避免冲突的发生，因而需要附加冲突检测协议 CD 来弥补。冲突检测协议 CD 要求正在发送数据帧的站点在发送过程中仍然继续监听总线，即边发送边监听信道，以检测是否存在冲突。一旦发现冲突，说明此次抢占总线未成功，应立即停止当前数据帧的发送。该站点为了确保其他正在试图发送信息的站点也知道发生了冲突，向总线上发出了一串特殊的"冲突阻塞信号"（Jam 码，连续几个字节全 1，也称"强化干扰"）以通知总线上有冲突发生，全体暂停发送，使信道尽快恢复平静，各站各自等待一个随机长的时间，然后重新进行载波侦听发起竞争。这样，信道容量就不至于因传送已冲突受损的帧而浪费，提高了总线利用率。这被形象地称为"边讲边听"。

带有冲突检测的 CSMA 称为 CSMA/CD 技术，它对发生的冲突能迅速发现并立即停止发送，因此能明显减少冲突次数和冲突时间。

(4) 冲突退避

当信道发生冲突时，各站点采用"二进制指数退避算法"来决定重新竞争信道所需的时间延迟。该算法是指第 N 次冲突后的等待时间，在 0 到 2^N-1 范围内随机产生。这一随机等待时间是为了错开各站对总线的竞争，减少再次发生冲突的可能性。冲突次数越多（N 越大），产生退避随机数的范围越大，平均等待时间越长，发送的概率越小。当达到预先限定的冲突次数后，放弃本帧的发送。二进制指数退避算法从单个站点的角度来看，似乎是不公平的，但从整个网络来看，站点冲突次数的增加，意味着网络的负载较大，因而要求站点的平均等待时间增大，这样可以更快地解决站点的冲突问题，体现了全网概率上的公平。

(5) 冲突次数统计

为了避免信道甚忙时无休止的冲突，通常对各站点设置冲突检测的最大次数，以太网设备的冲突次数定为 16。若站点在总线上发送数据时冲突的次数过多，即达到设定的最大次数，则被视为线路故障，结束发送。

CSMA/CD 这种技术可形象地概括为"先听后说、边讲边听、冲突停止、延迟重发"。其工作流程图如图 3-9 所示。

4．以太网的最小帧长度

由于相距最远的冲突信号传回发送站要有一定的传输延迟，为了能使发送站在帧发送完毕前检测到冲突，以确保帧的发送成功，任何帧都应该具有一定的长度。否则，若站点发送的帧太短，还没有来得及检测到冲突就已经发送完毕，也就无法检测到冲突了。因此，所发送帧的最短长度应当保证在发送完毕之前，必须能够检测到可能最晚来到的冲突信号。以太网取 51.2μs 为争用期时间长度，对于 10 Mb/s 以太网，51.2μs 内可发送 512 位，即 64 字节。以太网在发送数据时，若前 64 字节没有发生冲突，则后续的数据就不会发生冲突，即冲突一定发生在帧的前 64 字节之内。由于一旦检测到冲突就立即中止发送，因此这时已经发送出去的数据一定小于 64 字节。所以以太网规定了最短有效帧长为 64 字节，凡长度小于 64 字节的帧都是由于冲突而异常中止的无效帧，也称"冲突碎片"。

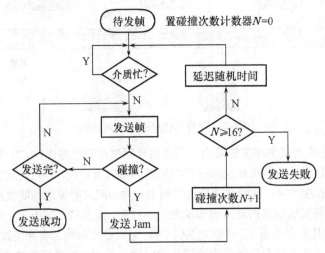

图 3-9 CSMA/CD 工作流程图

5. CSMA/CD 的优缺点

（1）CSMA/CD 方法的优点

每个站点都处于平等地位竞争信道，分布式地、随机地抢占共享介质的访问权，实现的算法简单。轻负载（结点少或信息发送不频繁）时，冲突概率小，有信息发送的结点可以及时获得介质访问权，数据帧发送成功的概率大，系统吞吐量大，效率高。

（2）CSMA/CD 方法的缺点

由于采用随机竞争方式，因此站点发送数据的时间具有不确定性，不适于实时性要求高的过程控制场合；不具有优先权设置，不能满足某些需要区分服务的应用场合。重负载时，冲突概率加大，冲突后再次发起竞争又加剧了冲突发生，使传输效率和有效带宽大为降低，因此不适用于负载较重的应用场合。

6. 传统以太网物理层规范

传统以太网使用的传输介质有四类：粗同轴电缆、细同轴电缆、双绞线和光纤。相应地，有四种不同的物理层，对应四种不同的标准，即 10Base-5、10Base-2、10Base-T、10Base-F，各部分含义如表 3-2 所示。

表 3-2 传统以太网各技术标准含义

选项	粗同轴电缆	细同轴电缆	双绞线	光纤
技术标准	10Base-5	10Base-2	10Base-T	10Base-F
每段最大长度	500m	185m	100m	2km
最大网络长度	2500m	925m	取决于主干类型	取决于连接形式
每段结点数	100	30	2	2
电缆类型	RG-8 同轴电缆	RG-58 同轴电缆	3/5 类 UTP 电缆	62.5/125μm 多模光纤
拓扑结构	总线形	总线形	星形	点对点
编码技术	曼彻斯特	曼彻斯特	曼彻斯特	曼彻斯特

(1) 10Base-5 粗缆以太网

1) 硬件系统如下。

① 传输介质：10Base-5 指定使用直径为 1cm 的 50Ω 粗同轴电缆（型号为 RG-8），传输速率为 10Mb/s。

② 物理连接器：有收发器 MAU、收发器 AUI 电缆和终端器，参见图 3-10（a）。

a．收发器 MAU：50Ω 粗同轴电缆与计算机网卡之间通过收发器及收发器 AUI 电缆连接。收发器的主要功能是从同轴电缆接收数据，经收发器 AUI 电缆传送给计算机，或从计算机经收发器 AUI 电缆得到的数据向同轴电缆发送；检测在同轴电缆上发生的冲突；在同轴电缆和 AUI 电缆接口的电子设备之间进行电气隔离；当收发器或所连接的计算机出故障时，保护同轴电缆不受影响。

b．收发器 AUI 电缆：一根带有 15 芯插头的电缆，采用 D 形插口和插头（也称为 DB-15 连接器），一端连接网卡，另一端连接总线上的收发器。

c．终端器：终端匹配电阻，连接在粗缆总线两端，用于吸收信号，防止信号在总线两端点产生反射，干扰总线正常工作。

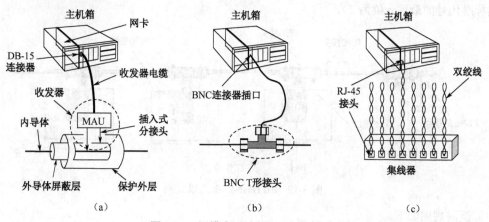

图 3-10　铜缆介质连接以太网示意图

2) 组网规则如下。

① 单个电缆段的最大长度为 500m，一个缆段上最多连接 100 个网络站点，两个站点之间的距离应大于等于 2.5m。

② 收发器 AUI 电缆的长度不能超过 50m。

③ 在缆段的两端必须安装终端器，且其中一端接地（防静电积累）。

④ 当要求延长总线长度扩展网络规模时，可以使用中继器连接多缆段。考虑到传输线路与中继设备的传输延迟对增大冲突可能性的影响，中继器数目限定为 4 个。IEEE 802.3 规定了"5-4-3"原则：最多可用 4 个中继器连接 5 个网段，其中只有 3 个网段可以连接站点，其余的 2 个网段仅用于加长距离。故采用 10Base-5 传输介质的网络最长距离是 2500m，最多可连接 300 个站点，如图 3-11 所示。需要注意的是，中继器延长的是物理距离，即用中继器延长后的不同的网段仍属于同一个冲突域。

3) 粗缆以太网的缺点如下。

粗缆直径较粗，柔韧性差，不适于在室内狭窄的环境内铺设，而且粗缆接头的安装也相对复杂，网络的组建和维护不方便，电缆及设备成本也较高，所以在实际中使用得不多。

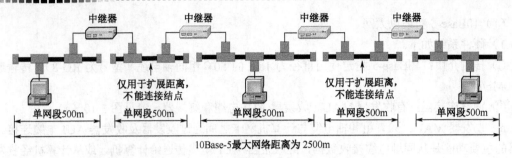

图 3-11 10Base-5 的"5-4-3"原则

（2）10 Base-2 细缆以太网

10Base-2 是传输速率为 10Mb/s 的细同轴电缆总线式以太网，是作为 10Base-5 的一种替代方案制定的，称为"廉价以太网"。10Base-2 使用 RG-58 型细缆和 BNC-T 形连接器，收发器的功能被移植到网卡上，因此网络更加简单，更便于使用，性价比也提高了，如图 3-12 所示。但由于同轴电缆变细，信号传输损耗加大，信号能够传送的最大距离缩小，单段电缆最大使用长度限制为 185m（虽然标准代号的最后一位为 2）。

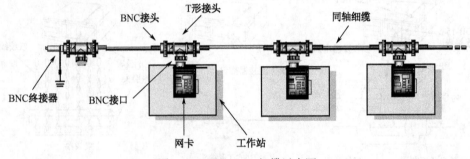

图 3-12 10 Base-2 细缆以太网

1）组网规则如下。

① 每个缆段的最大长度为 185m，最多连接 30 个站点，站点之间最小距离为 0.5m。

② 每个缆段的两端必须安装 50Ω 终端器，且一端接地（防静电积累）。

③ 每个缆段可由多个带 BNC 接头的细缆段组成，通过 T 形连接器将电缆和站点连接起来，T 形连接器必须直接连接到网卡的 BNC 接口上，不能再通过电缆连接。

④ 当要求延长缆段长度扩展网络规模时，可以使用中继器连接多段。同样遵守"5-4-3"原则，故最长距离是 925m，最多可连接 300 个站点。

2）10Base-2 的优缺点如下。

优点：使用细同轴电缆除了价格低之外，因其直径小具有布线转弯处易弯曲等优点，安装简单，适合架设终端设备较为集中的小型以太网络。

缺点：由于电缆段中连接了多个 BNC-T 形连接器，因而连接故障率较高，实际应用中大部分故障出现在连接方面，且故障不便查找和维护，某个站点的接头故障可能导致整个网络瘫痪，系统可靠性差，仅用于小规模网络。

带宽低，不能隔离故障域，不便于结构化施工布线等是同轴电缆传输介质的共同缺点。

（3）10Base-T 双绞线以太网

对应 IEEE 802.3i 标准，使用 3 类及以上非屏蔽或屏蔽双绞线作为传输介质，首次将星形拓扑引入以太网，连接计算机的双绞线都集中连接到中央结点集线器上。从计算机到集线设备的最远传输距离规定为 100m。一个集线器有多个端口，每个端口通过 RJ-45 连接器用双绞线中的两对线与一个工作站上的网卡相连，安装非常方便且可靠，如图 3-13 所示。

使用集线器的以太网虽然从物理连接上构成了星形结构，但在逻辑上仍是一个总线形以太网。因为集线器是一个无智能的纯物理设备，当某个端口接收到数据帧后，集线器只是将数据帧放大后广播给其他端口，功能仍相当于总线，只不过是将总线移入了集线器的盒内，因此称为"盒内总线"。若有两个或更多的端口同时有数据到来，则会发生冲突，集线器就发送 Jam 信号通知各工作站。因为各工作站仍然共享逻辑上的总线，所以使用的还是 CSMA/CD 协议。

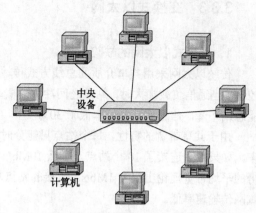

图 3-13 10Base-T 双绞线以太网

10Base-T 双绞线以太网的优点：星型结构易于实现分级结构化布线、可靠性高、易于安装和维护、成本低、扩展方便，与总线形以太网相比，具有故障隔离能力，排除故障以及重构网络等方面都极为方便。所以，10Base-T 一经推出就得到了广泛的认可和应用。其缺点如下：双绞线连接距离小于同轴电缆，UTP 的抗干扰性比同轴电缆要差一些。

三种铜缆介质以太网布线方式如图 3-14 所示。

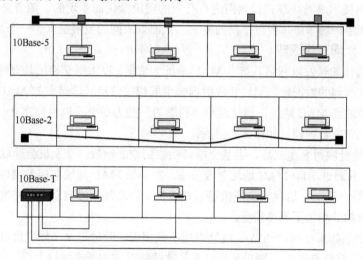

图 3-14 三种铜缆介质以太网布线方式

（4）10Base-F 光纤以太网

10Base-F 是 10Mb/s 光纤以太网，它使用多模光纤介质，以光信号方式承载数据传输，使用 4B/5B 编码方式。10Base-F 具有传输距离长、抗干扰性好、安全可靠、可避免雷击危险等优点。10Base-F 常用于建筑物间的连接，构建园区主干网，使用 1 对多模光纤传输数据，并能实现分支局域网与主干网的连接。

由于光纤的带宽很宽，10Base-F 只用了其中很小一部分，经济性不良，现在已被 100Base-F、1000 Base-F 乃至更高速率的光纤所代替。

3.3.3 交换式以太网

1．共享式以太网的缺陷

传统以太网采用共享介质的总线方式传输数据，各站点对公共信道的访问由 CSMA/CD 协议控制。当通信负载加大时，站点之间冲突的概率也加大，加之重发数据也要参与竞争，使得网络性能急剧下降，信道实际利用率低于 30%以下，严重时可能造成网络阻塞瘫痪。

由于共享带宽的特性，每个站点只能分时得到带宽的一小部分。如对 10Mb/s 带宽的以太网而言，如果网上连接了 10 个站点，那么 10Mb/s 网络带宽则由 10 个站点分时共享，每个站点所能获得的平均带宽理论上仅为 1Mb/s。连接的站点越多，每个站点所得到的带宽就越小，所以共享式局域网传输速率低。

共享式以太网缺陷的原因是各结点共处于同一个冲突域，冲突造成了信道带宽利用率下降。可见，共享带宽是传统以太网传输速率低的原因。

2．交换式以太网的提出

为了提高带宽利用率，传统局域网曾经使用路由器进行网络分割，将一个网络分为多个网段，各自构成自己的广播域，以减少网络上的冲突，提升网络带宽，这种方法称为"网段微化"。采用这种方法使得网络结构变得复杂，成本提高，也不能根本解决网络带宽的问题。为了解决共享以太网弊端，20 世纪 90 年代初提出并开发了交换式以太网技术，从根本上改变了共享式以太网的结构和工作方式，解决了以太网带宽瓶颈问题。

交换式以太网技术是对共享式以太网进行有效的网段微化而实现的。随着交换技术的大量采用，给以太网带来了一场革命，发生了质的变化，从而以太网的发展进入了一个崭新的阶段。

3．交换式以太网工作原理

交换机对数据帧的转发以网络各结点 MAC 地址为依据。以太网交换机具有两层智能，能够自动监测每个端口接收到的数据帧，通过获取数据帧中的相关信息（源结点的 MAC 地址），得到与每个端口所连接的结点 MAC 地址，通过这种"自学习"能力在交换机内部建立一个"端口-MAC 地址"映射表用以转发数据帧，如图 3-15 所示。

端口-MAC 地址映射表建立后，当某个端口接收到数据帧后，交换机会读取出该帧中目的结点的 MAC 地址，并通过端口-MAC 地址对应关系，实现按 MAC 地址向相应端口转发数据帧（而非像集线器那样进行广播）。这样，交换机可以在多个端口之间同时建立多个并发连接，进行无冲突地传输数据，有效地增加了网络带宽。

交换机接收的帧如果在端口-MAC 地址中找不到相应的映射记录（如交换机刚加电，端口和 MAC 地址的映射关系尚未建立），则仍利用广播把数据帧发送到所有端口上，当目的计算机对源计算机发回响应时，交换机可以学习到这个目的 MAC 地址与哪个端口对应，在下次传送发往该 MAC 地址的数据时就不需要对所有端口进行广播了。交换机的数据转发如图 3-16 所示。

交换机的并发通信使得网络拓扑由共享信道结构变成了交换机内部的全连通结构，结点间由分时串行数据传输变为可同时进行的并行传输，如图 3-17 所示。

4．交换式以太网的优点

与共享介质的传统局域网相比，交换式以太网具有以下优点。

1）以交换机为中心的星型拓扑结构（物理的和逻辑的），既隔离了故障域，又隔离了冲突域。

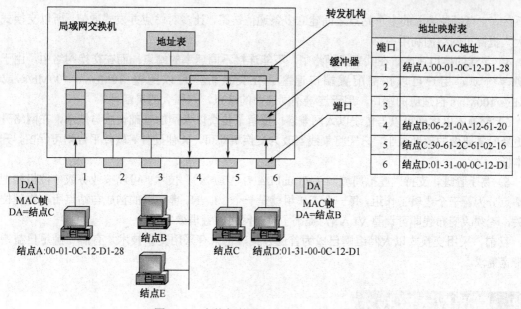

图 3-15 交换机的端口-MAC 地址映射表

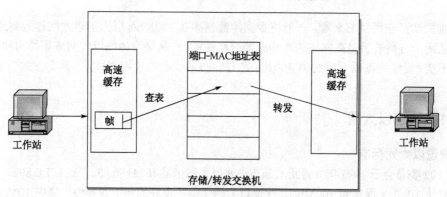

图 3-16 交换机的数据转发

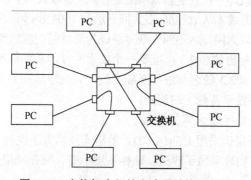

图 3-17 交换机内部的全连通结构示意图

2）交换式以太网把"共享"变为"独占"，实现了网段微化，网络上的每个站点都可以独占一条点到点的传输通道，独享端口带宽。网络的总带宽通常为各个交换端口带宽之和。所以在交换式网络中，随着用户的增多，网络中总传输带宽在增加，而不是减少。另外，独享带宽还支持全双工模式工作，进一步提高了传输效率。

3）共享式以太网是一个分时系统，任何时候只允许一个帧在介质上传送。而交换机是一个并行系统，它可以使接入的多个站点之间建立多条通信链路，让多对站点并发式通信，所以交换式网络大大提高了网络的利用率。

4）灵活的接口速度。在共享式网络中，不能连接不同速率的站点；而在交换网络中，由于站点独享介质，用户可以按需配置端口速率。在交换机上可以配置 10Mb/s、100Mb/s 或者 10Mb/s/100Mb/s 自适应的端口，用于连接不同速率的站点，有很大的灵活性。

5）交换式以太网可以与传统以太网兼容，保留了传统以太网的基础设施与技术，在网络升级和更新时需要做的改动很小，只需将集线器改为交换机即可，其他硬件、软件平台均可保留，升级成本低。

6）易于管理，支持"虚拟局域网（Virtual LAN，VLAN）"技术。可以按业务或单位机构把网络站点分为若干个逻辑工作组，每一个工作组就是一个 VLAN。虚拟网的构成与站点所在物理位置无关，无须改变布线即可调整 VLAN，提高了整个网络的管理效率。

目前，采用交换式以太网组网已成为首选方案，也只有采用交换技术才有潜力满足日益增长的带宽需求。

3.4 高速以太网技术

就目前的实际应用情况来看，一般将数据传输速率在 100Mb/s 以上的以太网称为高速以太网。人们主要从两个方面着手提高网络速率和改善网络性能：一是保持传统以太网体系结构和介质访问控制方法不变，设法提高以太网的传输速率；二是将传输介质的使用方式从"共享方式"改变为"交换方式"。

3.4.1 快速以太网

1．快速以太网标准

IEEE 802 委员会于 1995 年 6 月正式颁布快速以太网标准 IEEE 802.3u，在 IEEE 802.3 基础上，把传输速率从 10Mb/s 提高到 100Mb/s。快速以太网保持了良好的向下兼容性，原先 10Mb/s 以太网上运行的软件不用做任何修改即可在快速以太网上运行，快速以太网实际上是 10Mb/s 以太网的升级版本，这有利于用户以最小的成本从 10Mb/s 以太网升级到 100Mb/s 以太网。这一思想最大限度地保护了用户已有的投资，也是以太网技术不断升级逐渐成为局域网主流的原因。

需要说明的是，IEEE 提出的 802.3 标准是一个以太网技术总的标准框架，当有一项以太网新技术推出时，IEEE 并不对 802.3 的名称进行全部更改，只是通过在后面加上一个或两个字母来区分，这样就可以标识出相同技术背景下的差异。

2．快速以太网与 10Mb/s 以太网的比较

快速以太网的 MAC 子层仍采用 CSMA/CD，帧格式及帧大小也与 10Mb/s 以太网相同（仍沿用 IEEE 802.3 标准），仅在物理层做了改进。这样高层不变，只在低层进行修改，平滑升级容易，节约成本。

快速以太网因为传输速率提高了 10 倍，帧间的间隔由原来 9.6μs 调整为 0.96μs。由于传输速率快了 10 倍，因而冲突域直径相应减小了约 10 倍，意味着网络覆盖范围缩小了，原来 10Mb/s 以太网中的"5-4-3"原则不再适用。

3．快速以太网物理层规范

快速以太网淘汰了落后的粗缆和细缆，采用双绞线和光纤两种传输介质，物理层支持三种传输介质标准：100Base-TX、100Base-FX 和 100Base-T4。

（1）100Base-TX

1）基本工作特点。100Base-TX 是由 10Base-T 派生出来的、传输速率为 100 Mb/s 的双绞线技术，采用 5 类及以上 UTP 或 1 类 STP 双绞线，使用其中的 2 对线进行数据传输，1/2 线对用于发送，3/6 线对用于接收。双绞线通过与 10Base-T 相同的 8 针 RJ-45 标准连接器连接终端设备与集线器或交换机，符合 EIA568 布线标准，最大距离仍为 100m。若原 10Base-T 网采用 5 类 UTP 布线（5 类 UTP 是使用最为广泛的介质），升级成 100Base-TX，则只需将网卡和集线器交换机更换为 100Mb/s 即可，这意味着不必改变原网络布局便可直接移植到 100Base-TX。所以，100Base-TX 成为快速以太网规范中应用最早、最流行的方式，市场产品最多。在以太网技术中，100Base-T 是一个里程碑，确立了以太网技术在局域网中的统治地位。

100Base-TX 为了降低对信道容量的要求，不再使用曼彻斯特编码方案，而采用 4B/5B 编码方案，这样，为了得到 100Mb/s 的数据速率，只需 125Mb/s 的信号速率即可。

2）快速以太网的自适应技术。在 10Mb/s 以太网向 100Mb/s 以太网的过渡期间，会遇到在一个以太网内两种不同速率的设备共存的情况，产生的速率不匹配将影响正常工作。为了简化用户的工作量，IEEE 推出了一种链路自动配置机制，即所谓"自适应（自动协商）"模式，并将此功能包含在网卡和集线器/交换机中。具有自适应的集线器/交换机和网卡在加电后会定时发送"快速链路脉冲（FLP）"序列，该序列包含有半双工、全双工、10 Mb/s、100 Mb/s、TX 的信息，对方检测到相应的信息，自动调节到双方可接受的最高速率。自适应大大简化了局域网的管理，减轻了网络管理员的工作量，使快速以太网技术和传统 10 Mb/s 以太网能够非常方便地结合在一起，实现从 10Mb/s 以太网向 100Mb/s 以太网平滑过渡，对快速以太网的推广起到了重要作用。

（2）100Base-FX

100Base-FX 是使用光纤介质的快速以太网技术，采用 1 对单模或多模光纤进行数据传输，支持全双工的数据传输。根据所使用的光纤类型和工作模式不同，传输距离可达数百米至数十千米。由于光纤具有优秀的传输特性，100Base-FX 特别适用于有电气干扰的环境、长距离连接、高保密环境等场合。100Base-FX 的信号编码也使用 4B/5B 编码方案，信号频率为 125MHz。

（3）100Base-T4

100Base-T4 主要是为了在早先低质量的 3 类 UTP 布线系统上实现快速以太网的方案，该规范也可使用 4 类或 5 类非屏蔽双绞线，其设计的初衷是避免重新布线。该方案需使用 4 对 3 类或以上 UTP，其中 3 对用于传送数据（每对传输 33.66Mb/s 的数据流，三对线即可达到 100Mb/s），1 对用于冲突检测。但由于设备价格过于昂贵，实际网络工程中很少应用。

人们一般将 100Base-TX 和 100Base-T4 统称为 100Base-T。

3.4.2　千兆以太网

1．千兆以太网技术背景与特点

在快速以太网标准出现后不久，更高带宽要求的网络应用相继提出，如局域网主干、大型数据库、桌面视频会议、三维图形处理、虚拟现实技术、高清晰度图像等。IEEE 802 委员会于 1996 年成立 IEEE 802.3z 工作组，专门负责千兆位以太网的研究，并制定相应标准。

千兆以太网最大的优点仍在于它与已有以太网的兼容，是对 10Mb/s 和 100Mb/s 速率以太网成功的扩展。它仍然基于以太网结构，使用相同的 IEEE 802.3 协议、相同的帧格式和帧大小，使众多以太网用户能够在保留现有应用程序、操作系统、通信协议等软件平台的同时，通过简单的低层修改，使现有以太网廉价、平滑地升级到千兆位传输速率。

千兆以太网的早期主要用于构建局域网的主干网络，连接超级服务器和核心交换设备，目前已逐渐延伸到用户桌面设备。

2．千兆以太网物理层标准

千兆以太网的标准有两个，即 IEEE 802.3z 和 IEEE 802.3ab，分别用于规范在光纤和双绞线上传输千兆信号。

（1）IEEE 802.3z

1998 年 6 月，千兆以太网标准 IEEE 802.3z 获得批准，其定义了三个物理层规范，支持以下三种传输介质。

1）1000Base-LX：工作波长为 1300nm 的长波长光纤传输，采用直径为 50μm 及 62.5μm 的多模光纤和 9μm 单模光纤作为传输介质，波长为 1270~1355nm，传输距离分别是 525m、550m 和 3000m，主要用于园区网主干。

2）1000Base-SX：工作波长为 770~860nm 的短波长激光传输，采用直径为 50μm 及 62.5μm 的多模光纤作为传输介质，传输距离分别为 525m 和 260m，适用于建筑物中同一层的短距离主干线路。

3）1000Base-CX：采用特殊规格的高质量平衡屏蔽双绞线电缆，传输速率为 1.25Gb/s，传输距离为 25m，主要用在高性能集群设备集中的地方进行设备的短距离连接，代替使用光纤造成的复杂光电转换。

（2）IEEE 802.3ab

继千兆以太网标准 IEEE 802.3z 公布之后，1999 年 6 月，1000Base-T 标准 IEEE 802.3ab 获得批准，该标准允许使用 4 对五类双绞线在 100m 内以 1 Gb/s 的速度传输数据，主要用于结构化布线中同一层建筑的通信，为以太网/快速以太网络向千兆网络的移植提供了一种简单、廉价的方案，将使千兆以太网应用于桌面系统成为现实。其具有以下特点。

1）1000Base-T 完全兼容原有的以太网和快速以太网，为现有的以 100 Mb/s 为基础的网络提供平滑的过渡。

2）1000Base-T 具有更高的性能价格比。当传输距离小于 100m 时，采用双绞线显然比光纤更具价格优势，是千兆以太网应用于桌面系统的理想方案。

3.4.3 万兆以太网

随着千兆以太网技术广泛应用，网络的各个方面都提出了对带宽更高的需求，包括骨干网、城域网和接入网，催生了万兆以太网技术。

万兆以太网标准 IEEE 802.3ae 于 2002 年 6 月批准，目前已在许多实际应用中进入大量部署阶段。万兆以太网继承了 IEEE 802.3 以太网的技术标准。因为万兆以太网的目标已不限于局域网应用，其目的在于扩展以太网，使其能够超越局域网范围，进入城域网和广域网领域。所以万兆以太网并不只是将千兆以太网的带宽扩展 10 倍的问题，而是为了适合更广泛的应用，进行了大量调整，其中最重要的更改与数据编码方式及万兆以太网可以运行的物理连接类型有关。

万兆以太网在设计之初就考虑到了城域骨干网需求，接口基本应用在主干交换机点到点线路，不再多点接入，载波监听、多路访问和冲突检测已不再重要，所以不再采用 CSMA/CD 协议。万兆以太网只采用全双工技术，只支持光纤传输介质，采用以交换机为中心的星型结构，数据编码采用 64B/66B 编码形式，其传输距离可以达到 10km 甚至 40km，并不断在提供更高的带宽和支持更远的距离方面继续努力。万兆以太网的主要应用是作为主干网配置在核心局域网中，为企业和电信运营商网络建立交换机到交换机连接，也可以支持交换机与服务器的互连。万兆以太网标准中采用了局域网和广域网两种物理层模型，从而使以太网技术方便地被引入广域网，进而使 LAN、MAN 和 WAN 网络可采用同一种以太网核心技术。这样，也方便对各网络的统一管理和维护，避免了烦琐的协议转换，实现了 LAN、MAN 和 WAN 网络的无缝连接。

万兆以太网仍保留了以太网的精髓，继续使用 IEEE 802.3 以太网的帧格式和帧大小。因此在用户普及率、使用方便性、网络互操作性及简易性上皆占有极大的升级优势。

万兆以太网标准的公布给网络界带来了极大的震撼，备受关注。由于万兆以太网把局域网和城域网统一到了一种单一的技术平台上，因此使该技术成为从桌面系统向园区主干网、城域网和更大范围延伸的一种很有潜力的主导技术。人们正在研究将城域以太网进一步演化成为电信级以太网。

以太网的不断发展证明了它是一种优秀的网络技术，极具生命力。目前，以太网占据了整个局域网 90%以上的份额，而且随着万兆以太网的出现，以太网在传输速度上的优势越来越明显，加之其良好的兼容性、升级的平滑性等特点，应用会更加广泛。以太网技术的持续改进满足了用户不断增长的带宽需求，使得以太网技术从多种局域网技术中脱颖而出，最终成为局域网的主流技术。

3.5 其他局域网技术

3.5.1 IEEE 802.5 令牌环局域网

1. 令牌环网络特点

网络拓扑结构为点到点链路连接，构成物理闭环；信息单向逐站传输；传输媒体一般采用双绞线或光纤，速率 4~16Mb/s；信号采用差分曼彻斯特编码，如图 3-18 所示。

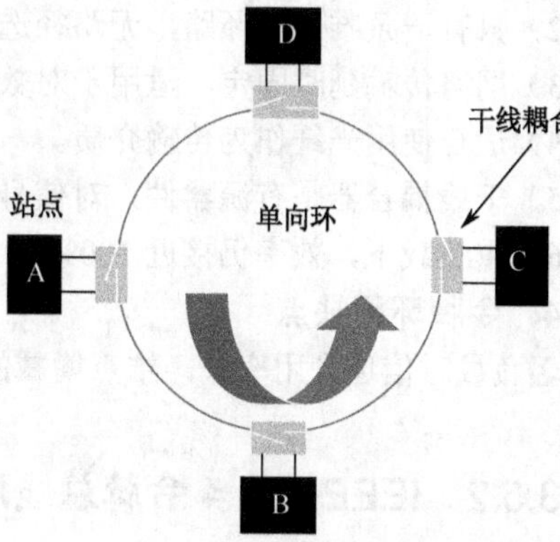

实际上，令牌环并不是广播信道，而是用环接口（即干线耦合器）把单个点到点链路首尾相接形成环路的逐点转发式网络。由于各站点发送的帧沿环路传播时能到达所有的站，所以同样可以起到广播的作用。

干线耦合器如图 3-19 所示。

图 3-18 令牌环网拓扑结构

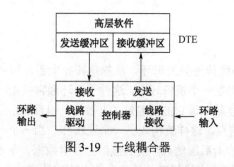

图 3-19 干线耦合器

2. 令牌环网络工作原理

在环型网络中，一般通过令牌机制来分配信道使用权。"令牌"（也称权标）实际上是一种特殊的帧，其本身并不包含用户数据，仅用来控制信道的使用，作为数据发送的唯一"许可证"，确保在同一时刻只有一个结点能够获得信道使用权。令牌依次通过环路上的每个结点，只有获得令牌的结点才能发送数据。令牌帧中有一位被称为"令牌比特"（即帧格式中的 T 比特），当其为 0 时，表示该令牌空闲；当其为 1 时，表示某站点已截获令牌正在发送数据。任一结点想发送数据时，必须首先截获空闲令牌（$T=0$），并将令牌比特位置为 1（$T=1$），即将得到的"空令牌"改为"忙令牌"，然后将需要传递的信息附在令牌之后，构成一个数据帧发送给网络中的下游结点。如果结点发现经过的令牌 T 比特为 1，则说明令牌已被其他站点占用，拿不到令牌的站点只能等待。

发送站的数据依次通过环中每个结点，各结点的干线耦合器监视经过的数据帧，当发现目的地址与自己的地址相同时，则复制该数据帧，并在数据帧控制信息部分加入确认应答信息，表示数据已被接收。若不是接收站点的干线耦合器，则仅放大信号后转发该数据帧。

当数据帧环回到发送站时，发送站检查该帧中被目的站点设置的应答字段，判断是否已被目的站正确接收，然后清除该数据帧，产生一个新的令牌，并将它发送给下游站点，使环路中有令牌继续流动，然后转入监听模式，新一轮的传输开始。

环上数据帧由发送站回收，这种方案有两个好处。

1）允许多点传递（多址访问），当帧在环上循环一周时，可被多个站点接收复制，具有多播和广播特性。

2）允许自动应答，当帧经过目的站点时，目的站点可改变帧中的确认应答字段，从而不必向发送方返回专门的应答帧。

3．令牌环网优点

1）由于令牌在网环上按顺序依次传递，因此对于所有站点而言，访问权是公平的。由于在整个环路中只有一个令牌，任何时刻只能有一个站点发送数据，因此不会发生数据碰撞。

2）只有一条唯一的环路，无路径选择（路由）问题，信道访问控制技术较简单。

3）网络传输延时固定，适用于对数据传输实时性要求较高的场合。

4）适合使用光纤作为传输介质。

5）干线耦合器是有源器件，对信号具有放大整形作用，因而环网覆盖的范围较大。

6）重负载下，效率仍接近100%。

4．令牌环网缺点

轻负载时信道利用率低，结点增减的灵活性差，接口的复杂程度和成本高于以太网。

3.5.2　IEEE 802.4 令牌总线局域网

竞争型局域网由于获得信道使用权的不确定性，不适用于工业中一些对时间有严格要求的实时控制系统，但具有广播式传输、任意结点间可直接进行通信等优点；而令牌环网在负载较轻时效率不高，并且其可靠性比总线差，但具有无数据冲突等优点。两种局域网均存在一定的优缺点。人们结合总线网和令牌环网的优点，设法克服其缺点，提出了令牌总线网标准，即 IEEE 802.4 标准——令牌总线局域网。

1．令牌总线网工作原理及特点

令牌总线网的物理拓扑和逻辑拓扑如图 3-20 所示。

令牌总线网访问控制在物理总线上建立起一个用于令牌传递的逻辑环。从物理拓扑上看，所有结点都挂在一条总线上，但在逻辑上，所有结点都被组织在一个逻辑环中，这种逻辑环通常按工作站地址的递减顺序排列，与站的物理位置无关。每个结点都知道它的前趋站（上游站）和后继站（下游站）的结点地址，最后一个结点的后继站是第一个结点，这样就构成了一个逻辑环。当一个结点发送完数据后，在令牌中填入其后继结点的地址，并传给后继结点，由后继结点发送数据。令牌在逻辑环中流动，各结点轮流发送，如图 3-20 所示。在图中实线代表的是各个结点物理的连接，虚线表示各结点在工作时遵循令牌环的传递机制。图中 A→B→D→E→A（C 站点没有加入令牌环）构成一个逻辑环。

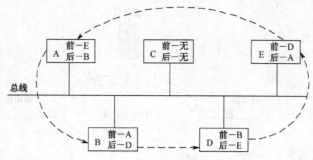

图 3-20　令牌总线网的物理拓扑和逻辑拓扑

2. 令牌总线网的优点

1）用户数据帧和令牌的物理传输采用广播方式，介质访问控制采用顺序机制的令牌方式，因而其既具有总线网的接入方便和可靠性较高的优点，也具有令牌环网的无冲突和发送时延有确定上限值的优点。

2）逻辑环网传送数据和令牌有直接通路（总线），所以比物理环网延迟时间短。而物理环网传送数据和令牌必须按环路进行，因而传输延迟较大。

3）各工作站对介质的共享权力是均等的，两次获得令牌之间的最大时间间隔是确定的，即有固定的传输延迟，这一点对实时性过程控制系统是必需的。

4）具有很强的吞吐能力，重负荷下仍能保持很好的性能。

5）由于不必考虑信号传输时延造成的冲突问题，联网距离较 CSMA/CD 方式大。

6）令牌总线网可以提供不同的服务级别，即具有不同的优先级，允许不同的站点持有令牌的时间长短不同，从而可以调节相应的通信量。

3. 令牌总线网的缺点

在总线上建立和维护一个逻辑环，通常需要一系列复杂的操作，如环初始化、插入环、退出环和故障恢复等，控制电路较复杂、成本高，轻负载时线路传输效率低。另外，和令牌环不同的是，令牌总线网中的令牌需要携带地址，操作更复杂。

由于目前以太网技术发展迅速，令牌型网络存在固有的缺点，在计算机局域网中已不多见。

3.5.3　光纤分布式数据接口网络

1. 光纤分布式数据接口产生的背景

光纤分布式数据接口（Fiber Distributed Data Interface，FDDI）是一个使用光纤介质传输数据的环形局域网，出现于 20 世纪 80 年代中期。FDDI 的传输速率为 100Mb/s，网络覆盖的最大距离可达 200km，最多可连接 1000 个站点。它提供的数据通信能力高于当时的以太网（10Mb/s）和令牌网（4Mb/s 或 16Mb/s），是第一个达到 100Mb/s 数据传输速率的网络，在当时局域网 10Mb/s 传输速率的年代曾被认为是"下一代高速 LAN"。

2. FDDI 的双环结构

FDDI 作为局域网的主干，为了实现网络的容错机制，保证可靠，采用双环结构，由两个传输方向相反的环组成：一个为主环，用于正常情况下传输数据；另一个为辅环，作为主环的备份。这种结构以增加一条光纤链路为代价，提高了网络系统可靠性。连接到环上的站点必须相应地提供两个连接端口，分别连接主环和辅环。如果主环发生故障，检测到故障的站点就会将数据转移到辅环上，这样主环和辅环可重新构成一个环，从而保证网络环路不间断。它属于自恢复网络，具有较强的容错能力，如图 3-21 所示。

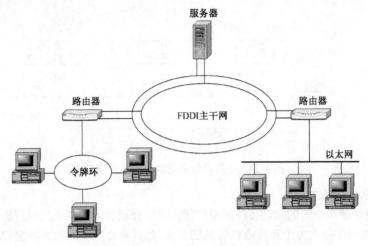

图 3-21　FDDI 的双环结构

3. FDDI 主要特征

1）使用基于 IEEE 802.5 标准的令牌传递 MAC 协议并进行了改进，形成了新的令牌协议，实现了网上同时传输多个数据帧的功能。改进之处如下：FDDI 虽然也采用令牌机制，但源站发完数据帧后立即产生空闲令牌，称为"最早令牌释放技术"。下一站获得该空闲令牌后就可发送数据帧，而此时前一个站发出的帧可能还没有环回到它的源站，因此环中可能同时存在多数据同时传输，称为"多数据帧访问方式"，大大提高了传输效率。这是因为，FDDI 构成的环路较长，连接的站点多，且光纤的数据传输速率很高，若仍采用单令牌方式的单帧传送，则效率太低，而采用多数据帧访问方式可使数据传输效率提高。

2）使用基于 IEEE 802.2 的 LLC 协议，因而与 IEEE 802 局域网兼容。

3）利用多模光纤作为传输介质，并使用有容错能力的双环拓扑。采用令牌环方式，充分利用了光纤带宽，减少冲突。

4）数据率为 100Mb/s，采用 4B/5B 编码，光信号码元传输速率为 125 Mb。

5）可以实现 1000 个物理连接（若都是双连接站，则为 500 个站）。

6）最大站间距离为 2km（使用多模光纤），环路长度为 100km，即光纤总长度为 200km。

7）具有动态分配带宽的能力，故能同时提供同步和异步数据传输服务。

8）分组长度最大为 4500 字节。

4. FDDI 的容错性

正常情况下，FDDI 主环工作，辅环备份。当主环出现故障时，FDDI 能够自动重新配置，使网络流量绕过主环中的故障点从备份环中通过。FDDI 具有这种容错能力的关键技术是各种设备的端口内有光信号旁路开关，可用于隔离和恢复故障。当站点正常工作时，光信号旁路开关引导光信号进入站点或集中器的接收器。当站点出现故障时，旁路开关就引导光信号绕过该站直接送到输出光纤上，该站被旁路掉，网上其余正常的站仍可通信，如图 3-22 所示。

FDDI 的 100Mb/s 传输速度在当时与 10Mb/s 的以太网和令牌环网相比有相当大的提高。但是随着快速以太网和千兆以太网技术的发展，FDDI 的使用越来越少。因为 FDDI 使用的通信介质是光纤，比快速以太网传输介质成本要高。另一个原因是其站点管理过于复杂，从而导致芯片复杂和价格昂贵。再者由于结构不同于已有的以太网，升级面临着大量移植问题，所以 FDDI 技术并没有得到充分的认可和广泛的应用。FDDI 曾主要用于城域网和校园网的主干线连接局域网。

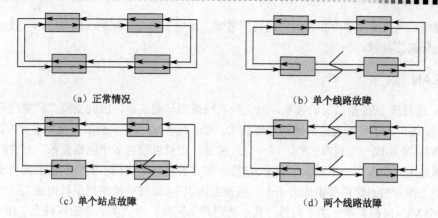

图 3-22 FDDI 的容错性

3.6 现代局域网技术

3.6.1 虚拟局域网

1. 广播域

一个设计良好的网络要解决三个"域"的问题,这就是"故障域"、"冲突域"和"广播域"。这三个问题解决程度的好坏,反映了网络的性能。

在传统以太网中,各站点共享传输信道所造成的信道冲突和广播是影响网络性能的主要问题。交换式以太网的出现,一方面将网络拓扑结构由总线型变为星型,很好地隔离了故障域;另一方面交换机按 MAC 地址—端口转发表转发数据帧,又隔离了冲突域,但连接在交换机上的所有设备仍处于同一个广播域。"广播域"是一个网络中广播帧所能到达的范围。广播对网络性能的影响主要有以下几点。

1) 同处于一个广播域的设备之间互有影响,造成主机处理能力的浪费。
2) 广播流量占用信道带宽资源。
3) 广播信息的扩散会带来不安全因素,如图 3-23 所示。

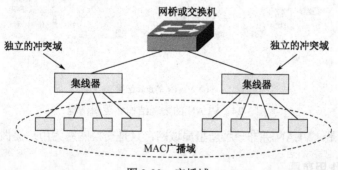

图 3-23 广播域

然而,网络中许多应用是借助于广播实现的,如 ARP、DHCP、路由更新等。另外,当交换机接收到的帧目的地址不在转发表中时,也向所有端口广播,广播是网络中常用的技术手段。当一个广播域内结点数量增多时,将会产生大量广播帧占用信道带宽。

采用路由器隔离广播域的传统手段成本较高,且转发处理需要在第三层用软件实现,因而效率低、速度慢。为了实现廉价和高效的隔离广播域，诞生了虚拟局域网（即 VLAN）技术，它能够更高效率地隔离广播域。

2．VLAN

VLAN 是对应 OSI 第二层的技术，以交换式网络为基础实现，因此交换式局域网不仅可以提高网络性能，还引入了一种先进的网络管理技术，通过具有 VLAN 功能的交换机进行 VLAN 划分。

一个 VLAN 构成一个逻辑子网，即一个广播域，它可以覆盖多个网络设备，允许处于不同地理位置的网络用户加入到一个逻辑子网中。该技术的实质是将连接到不同交换机上的属于不同物理网段的网络工作站按一定需要组成若干个"逻辑工作组"（如按单位的组织机构或工作性质划分用户群），每个 VLAN 都有唯一的子网号，其中的用户如同在一个"实际"的网段上工作一样。

VLAN 彻底打破了传统的只能按照地理位置来组建局域网的概念，可以把位于不同地点的计算机虚拟地划分在同一个 VLAN 中，实际上，VLAN 具有物理局域网的所有特征，但对用户是完全透明的。

VLAN 的物理结构和逻辑结构如图 3-24 所示。

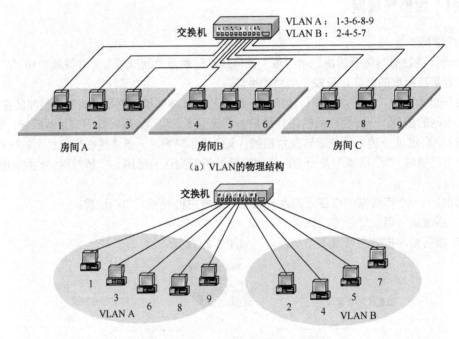

图 3-24　VLAN 的物理结构和逻辑结构

需着重指出的是，VLAN 并非一种新型局域网，只是交换网络为用户提供的一种服务。

3．VLAN 的作用范围

VLAN 的划分可以在一个交换机或者跨越多个互连的交换机实现。处在同一 VLAN 中的计算机不一定要连接在同一交换机上，连接在同一交换机上的计算机也未必属于同一个 VLAN。

1) 在一台交换机上配置不同 VLAN 如图 3-25 所示。

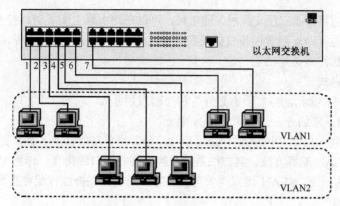

图 3-25　在一台交换机上划分不同 VLAN

2）跨越多台交换机的 VLAN 如图 3-26 所示。

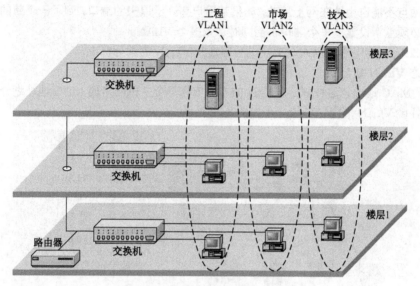

图 3-26　跨越多台交换机的 VLAN

4．划分 VLAN 的优点

1）网络连接更加灵活，增加网络的可管理性，减少网络管理开销，改进管理的效率。因为 VLAN 与地理位置无关，所以易于管理。如果一个用户因工作需要移动到另一个新的地点，不必重新布线和对网络物理结构重新调整，只要网络管理员在交换机上配置一下即可。这样，可在企业内建立灵活的、动态化的组织结构，既节省了时间，又便于网络结构的增改、扩展，非常灵活。特别是一些业务情况有经常性变动和部门重组的机构使用了 VLAN 后，管理工作量大大降低，有效地提高了整个网络的管理效率。

2）控制网络上的广播范围，改善网络性能。每个 VLAN 构成一个独立的广播域，VLAN 越小，VLAN 中受广播影响的用户越少。这种配置方式大大地减少了广播流量，为用户的实际流量释放了带宽，弥补了局域网易受广播影响的弱点，网络的性能得到显著的提高。

3）增加网络的安全性。在网络应用中，经常有机密和重要的数据在局域网传递。网络规模越大，安全性就越差。

对于保密要求高的用户，可以将其划分在同一个 VLAN 中。VLAN 上的数据帧（无论是单播还是广播）都不会流入另一个 VLAN，减少了数据被窃听的可能性。VLAN 间必要的通信只能通过路由跨越,当经过路由器(或三层交换机)通信时,可以在路由器上配置访问控制列表(Access Control List,ACL)来进行跨子网段的授权访问和数据过滤,可控制 VLAN 外部站点对 VLAN 内部资源的访问,提高内部网络访问的安全性。

5. VLAN 的划分方式

VLAN 的划分方式分为两大类:"静态划分"和"动态划分"。

(1)基于端口的 VLAN 划分——静态 VLAN 划分

这是最常应用的一种 VLAN 划分方法,应用最为广泛、简单高效,绝大多数支持 VLAN 协议的交换机都提供这种 VLAN 配置方法。其方法是将交换机某些端口的集合,作为 VLAN 的成员,构成一个虚拟网。交换机上的 VLAN 端口由管理员静态分配,并保持这种配置直到由人工再次改变它们。

这种划分方法的优点:定义 VLAN 成员简单,易于理解和管理,只要将所需端口加入相应的 VLAN 即可;同时,这种方法还便于直接监控,可以对端口进行安全控制。这种划分方法的缺点:VLAN 成员站点不能自由地在网上移动,如果某用户离开了原来的端口,到了一个新的交换机的某个端口,就必须重新设置。每个端口不能同时加入多个 VLAN。

IEEE 802.1q 规定了基于以太网交换机端口划分 VLAN 的国际标准。

(2)动态 VLAN 划分

1)基于 MAC 地址。这种划分 VLAN 的方法依据每个主机网卡的 MAC 地址划分,交换机能够跟踪属于各自 VLAN 的 MAC 地址,如图 3-27 所示。

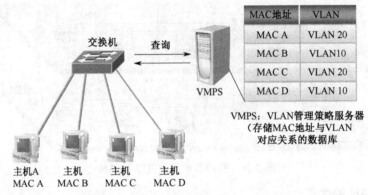

图 3-27 基于 MAC 地址的 VLAN 划分

这种划分方法的最大优点就是当用户物理位置移动时,即从一个交换机移动到其他交换机时,VLAN 无须重新配置。但其缺点是初始配置时,所有用户的网卡 MAC 地址(需要逐个从用户网卡查取)都必须与相应的 VLAN 绑定,如果有几百个甚至上千个用户,配置工作量繁重,所以这种划分方法通常适用于小型局域网;这种划分的方法也导致了交换机执行效率的降低,因为在每一个交换机的端口都可能存在多个 VLAN 组成员,保存了许多用户的 MAC 地址,影响查询效率。另外,对于使用外置网卡的用户来说,他们的网卡可能经常更换,这样 VLAN 就必须经常配置。

2)基于网络层。基于网络层的 VLAN 划分技术使用协议或网络层地址来定义 VLAN,主要有以下几个优点:第一,有利于组成基于应用和服务的 VLAN;第二,用户可以在网络内部自由移动而无须重新配置;第三,可以减少由于协议转换而造成的网络延迟。但这种划分方法的主要缺点是由于需要第三层处理,故交换机的执行效率低。

6. VLAN 间的互连方法

不同 VLAN 间通信需要具有路由功能的三层设备来实现,如使用路由器或三层交换机。

(1) 传统路由器互连

这种方法的缺点是路由器的成本较高且转发速率低。

(2) 采用三层交换机互连

第三层交换技术也称路由交换技术，它将交换技术和路由技术相结合，很好地解决了 VLAN 间的互连问题。三层交换机除了具有第二层交换机的全部功能外，还具有第三层路由的功能。它能自动识别交换帧和路由帧。对于同一子网段的帧，只进行二层交换处理，直接转发到相应的端口；对于不同子网段的帧，先进行三层路由查询，再转发到相应端口。由于交换和路由均在同一设备中进行，整合了交换和路由技术的优点，因此能够实现线速转发。

3.6.2 无线局域网技术

1. 有线网络的局限性

有线网络受到布线的限制，存在如下的局限性。

1）有线网络建设投资大、施工周期长、布线和改线施工难度大、扩展困难。

2）对周围环境影响大。施工中，往往需要破墙掘地、穿线架管。另外，有些地理位置限制（如跨越河流、公路）不便于布线，如博物馆、机场、剧院等。一些流动性较大的工作场所如石油勘探、地质部门、军事行动等也无法采用有线网络。

3）有线线路容易损坏，维护工作量大。

4）有线网络中各接入点固定，因此结点不可移动，不支持用户漫游。

2. 无线局域网技术产生的背景

无线局域网（Wireless LAN，WLAN）是为解决有线网络的上述问题而出现的。WLAN 是计算机网络与无线通信技术相结合的产物，是对有线联网方式的一种补充和延伸，可实现移动联网。随着人们工作、生活节奏的加快，对移动联网的要求也越来越迫切。网络无时不在、无处不在，已不仅仅是人们的一种希望，也成为一种必需。无线网满足了用户在任何时间、任何地点接入计算机网络的需求，摆脱了线缆的束缚，符合终端智能化、便携化的发展方向。人们普遍认为，不支持移动联网的网络不是真正的网络。WLAN 是当前局域网中最热门的技术，处于高速发展的阶段。

3. WLAN 的特点

（1）WLAN 工作频段

WLAN 使用无线传输介质，选用美国联邦通信委员会（FCC）制定的三个频段：902~928MHz、2.4~2.4835GHz、5.725~5.850GHz。这三个频段在使用时无须申请执照。

无线频段物理层实现方式有两种：“跳频扩展频谱（FHSS）”方式和"直接序列式扩频（DSSS）"方式。

（2）WLAN 优点

WLAN 与有线网相比，具有以下优点。

1）安装便捷：免去或减少了网络布线的工作量，只需安装一个或多个称为"无线接入点（Access Point，AP）"的设备，即可建立覆盖一定区域的局域网，便于构建、管理和维护。

AP 的作用就像一个无线基站，可将多个无线站点汇聚到有线的网络上，能够实现有线信号与无线信号的转换、负责无线通信管理工作（如给无线结点分配无线信道的使用权），起到与有线局域网网桥和路由器相似的作用。一个无线接入点通常由一个无线输出口和一个有线的网络接口（802.3 接口）构成，如图 3-28 所示。目前，AP 覆盖范围可达室内 100m，室外 300m。

2）使用灵活：在有线网络中，网络设备的安放位置受网络信息点位置的限制。而在 WLAN 中，在无线信号覆盖区域内任何一个位置都可以方便地接入网络。支持终端的漫游，非常适合有移动需求的网络用户。

3）经济节约：由于有线网络需要布线因而缺少灵活性，网络设计者必须尽可能地考虑未来发展的需要，预设大量利用率较低的固定信息点，而一旦网络的发展超出了设计规划，又要花费较多费用进行网络改造并重新布线。WLAN 可以避免或减少以上情况的发生。

4）易于扩展：WLAN 中配置方式多样，能够根据需要灵活选择。

5）易维护：有线网络的维护需沿物理线路进行测试检查，出现故障时，一般很难及时找出故障点。而 WLAN 只需对天线、无线接入设备和无线网卡进行维护，出现故障时能快速找出原因，恢复网络正常运行。

（3）WLAN 缺点

WLAN 在给用户带来便捷和实用的同时，也存在着一些缺陷，主要体现在如下方面。

1）网络性能受地理环境影响较大：WLAN 依靠无线电波传输数据，建筑物、车辆、树木和其他障碍物都可能阻碍电磁波的传播，所以会影响网络的性能。

2）数据传输速率不高，不适合应用要求非常高的系统使用。

3）网络安全性较差：无线电波属于非导向型介质，以发散形式传播，很容易被监听，造成信息泄漏。因此，必须采用一定的安全措施（如加密）。

4）当 AP 布局数量少、覆盖范围不足时，存在信号盲区。

5）当在一个区域内同时存在两个或多个 WLAN 时，必须考虑到它们之间的干扰问题。

随着无线局域网技术的不断发展和成熟，这些问题正在得到改善。

4. WLAN IEEE 802.11 技术与标准

无线网络的发展日新月异，当今正处于各种 WLAN 技术交织的时代，新技术层出不穷。正因为如此，目前 WLAN 的标准较多，各具特点，处于众多标准竞争共存和互补的时期，其中 IEEE 802.11 系列的 WLAN 是应用最广泛的。WLAN 的推动联盟是 Wi-Fi Alliance，目前人们都以 Wi-Fi 产品来形容 802.11 的产品。

（1）IEEE 802.11

IEEE 802.11 是 IEEE 于 1997 年正式颁布的第一个无线局域网标准，主要用于解决办公室局域网和校园网中用户终端的无线接入，业务定位主要为数据传输，速率最高为 2Mb/s，工作在 2.4GHz 开放频段。因传输速率过低，目前此技术已过时。

（2）IEEE 802.11b

IEEE 802.11b 是 IEEE 继 802.11 标准之后推出的一个以高速传输应用为目的的标准。它的速率最高可达 11Mb/s。IEEE 802.11b 支持动态速率调节技术，可以根据环境变化，在 11Mb/s、5.5Mb/s、2Mb/s、1Mb/s 之间切换。在信号强度高、干扰小的理想状态下，用户以 11Mb/s 的全速率运行，当用户移出理想的 11Mb/s 速率传送位置时，或受到干扰时，数据传输速率自动降低为 5.5Mb/s、2Mb/s 或 1Mb/s，当用户回到理想环境时，连接速度会增加到 11Mb/s。

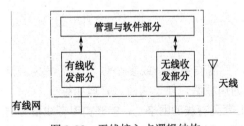

图 3-28 无线接入点逻辑结构

它使用的是开放的 2.4GHz 频段，位于 ISM（Industrial，Scientific & Medical）频段，该频段原本是分配给工业、科学及医疗领域的，无需申请就可以使用，带宽为 83.5MHz（2.4~2.4835GHz）。802.11b 有两种运作模式："点对点模式"和"基础结构模式"。点对点模式是指插入无线网卡的微机之间的直接通信，不需要通过 AP 互连，最多可连接 256 台设备。基础结构模式是带有无线网卡的微机通过 AP 相互连接的。

（3）IEEE 802.11a

IEEE 802.11a 工作在 5GHz U-NII 频段，避开了拥挤的 2.4GHz ISM 频段。5GHz 高频段的应用极少，这样 802.11a 可能受到的其他无线设备干扰也极少，这就相对保证了无线应用环境的纯净。可用的频宽高达 300 MHz，频宽充足，能提供至少 12 个互不干扰的信道。它采用正交频分复用扩频技术，其物理层速率可达 54Mb/s，为实时性要求很高的音视频应用等，提供了一个较好的无线环境。IEEE 802.11a 的速率为 6~54Mb/s，动态可调。

由于 IEEE 802.11a 芯片进入市场较晚，加之设备昂贵、不兼容 802.11 和 IEEE 802.11b、空中接力不好和点对点连接（必须使用更多的接入点）很不经济，在传输距离和穿透力上远不如 802.11b，因此该技术得不到用户的认可而不易推广。

（4）IEEE 802.11g

IEEE 802.11g 其实是一种混合标准，与 802.11a 和 802.11b 兼容，这样原有的 802.11b 和 802.11a 两种标准的设备都可以在同一网络中使用。它既能适应传统的 802.11b 标准，在 2.4GHz 频率范围提供 11Mb/s 数据传输率，也符合 802.11a 标准，在 5GHz 频率范围提供 56Mb/s 数据传输率。2004 年 4 月，基于 802.11g 技术的增强技术——IEEE 802.11g Super G 技术诞生。它采用了双信道捆绑等增强技术，使得无线信道传输带宽提升到 108Mb/s，能够提供 80~90Mb/s 的真实 TCP/IP 吞吐量。又因其与 802.11b 共同工作在 2.4GHz ISM 频段，所以技术上兼容 802.11b，已开始成功取代 802.11b 成为市场主流，能满足用户大文件的传输和高清晰视频点播等要求。

为了进一步提高 WLAN 的传输速率，IEEE 又发布了 IEEE 802.11n 标准，最高传输速率可达 320Mb/s，并工作于双频模式（包含 2.4GHz 和 5GHz 两个工作频段），可与以往的 IEEE 802.11 各模式兼容。

5．WLAN 的结构模式

WLAN 有两种主要的体系结构，即"自组织型"网络（Ad-Hoc 网络）和"基础结构型"网络，如图 3-29 所示。

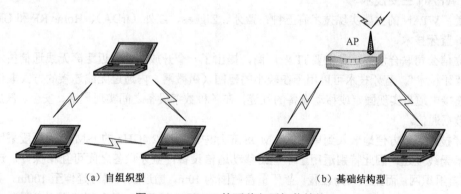

（a）自组织型　　　　　　　　　　　（b）基础结构型

图 3-29　WLAN 的两种主要拓扑结构

（1）自组织型网络

自组织型网络是一种无固定基础设施（如 AP）的无线局域网，属于"无中心拓扑"。

将其称为"自组织型"网络和"无中心拓扑"的原因：网络的铺设不依赖于任何预设的网络固定基础设施，无须设置任何的中心控制结点。处于平等地位的移动站利用自带的无线网卡，在信号覆盖范围之内，就可以实现计算机之间的无线连接，构建成最简单的无线网络。网络中所有结点的地位平等，是一个对等式网络。结点通过协议和分布式算法协调各自的行为，开机后就可快速、自动地组成一个独立的网络。"自组织"的含义之一就是"即连即用"。

此模式较适合组建临时性的网络，如野外作业、临时流动会议、军事行动等，可快速展开、抗毁性强，在紧急状况下非常健壮（如：火灾、地震等）。不过这种组网方式不能连接外部有线网络。

（2）基础结构型网络

基础结构型网络是一种有固定基础设施体系结构的 WLAN，属于"有中心拓扑"。它以 AP 为中心，是一种星型拓扑结构。AP 类似无线移动通信蜂窝小区中的基站，所有结点通信要通过 AP 转接。应用时，既可以 AP 为中心独立建立一个无线局域网，将有限的"信息点"扩展为"信息区"。也可以 AP 作为一个有线网延伸到无线网的扩展部分，这时，AP 充当无线网络与有线主干网络的转接器，是当前 WLAN 最为普遍的构建模式。AP 及连接 AP 的有线网络称为"基础设施"。AP 一般称为网络桥接器，顾名思义，其作为无线工作站及有线局域网络的桥梁，因此任何一台装有无线网卡的 PC 均可通过 AP 去分享有线局域网络甚至广域网络中的资源。在实际应用中，无线网络往往与有线主干网络结合起来使用。

3.6.3 无线个域网技术

1. 个域网

个人局域网（Personal Area Network，PAN）简称"个域网"，是近年来随着各种短距离无线技术的发展提出的一个新概念，因而也称为无线个人局域网（Wireless Personal Area Network，WPAN）。其基本思想如下：用无线电或红外线取代传统的有线电缆，实现个人信息终端的智能化互连，组建个人化的信息网络。WPAN 定位在家庭与小型办公室的应用场合，主要应用范围包括数据和话音通信、信息电器互连等。从信息网络的角度看，WPAN 是一个极小的局域网；从电信网的角度看，WPAN 是一个接入网，因此有人将 PAN 称为互联网的"最后 50m"解决方案。同时，WPAN 也是今后"物联网"的主要支撑技术之一。

2. WPAN 主要技术

目前，WPAN 的主要实现技术有五种：蓝牙、Zigbee、红外（IrDA）、Home RF 和 UWB。

（1）蓝牙技术

爱立信公司联合世界上各主要 IT 业厂商，提出了一个开放性的、近距离无线通信技术标准，称为"蓝牙技术"。蓝牙技术可以用于在较小的范围（微微网）内通过无线连接的方式取代传统网络中的连接电缆来实现固定或移动设备的互连，在各种数字设备之间实现灵活、安全、低成本、小功耗的数据通信。

蓝牙技术可以方便地嵌入到单一的 CMOS 芯片中，通过 2.4GHz 的 ISM 公用频段采用跳频式扩频技术无线互连，因此特别适用于小型的移动通信设备。蓝牙设备之间可互相探查，连接形成 Ad-Hoc 自组织网，而无须人为设置。蓝牙覆盖范围为 10m，通过放大器可延伸至 100m。蓝牙技术的全方位广播特性使之非常灵活，其多点通信能力允许设备被共享，且联网范围不必限制在同一房间内。其良好的设想可使无线联网变得非常容易，目前已得到广泛应用。IEEE 为蓝牙技术制定的标准是 IEEE 802.15。

对于 802.11 来说，蓝牙的出现不是为了竞争而是互补。IEEE 802.11 的传输距离长、速度快，可以满足用户运行大量占用带宽的网络操作，就像在有线局域网上一样。而蓝牙技术面向的却是移动设备间的小范围连接，通过短程无线链路，在各设备之间可以穿过墙壁或公文包，实现方便快捷、灵活安全、低成本小功耗的数据通信。虽然蓝牙技术传输速度较慢（IEEE 802.15 的 1.1 版本传输速率为 1Mb/s，2.0 版本速率是 3Mb/s），但比 802.11 更具移动性，不只限于办公室和校园网内。此外，它成本低、体积小，有效地简化了像移动电话、个人数字助理以及笔记本式计算机等设备的短距离互连，促进了全新概念的个人局域网的发展。它可以把设备连接到 LAN 或 WAN 上，从而使这些通信设备与因特网之间的数据传输变得更加迅速高效，为无线通信拓宽了道路。

（2）Zigbee 技术

与蓝牙相类似，Zigbee 是一种短距离、低功耗的无线通信技术，IEEE 为其制定的标准是 IEEE 802.15.4。其特点是近距离、低复杂度、自组织、低功耗、低数据速率、低成本，主要适用于自动控制和远程控制领域，可以嵌入各种设备。简而言之，Zigbee 就是一种便宜的、低功耗的近距离无线组网通信技术。

（3）IrDA

IrDA（红外线数据标准协会，Infrared Data Association）是利用红外线进行通信的技术，其相应的硬软件技术都已比较成熟。红外线的频谱介于电磁频谱和最短微波之间，最典型的频率在 1000 GHz 或以上。红外线具有光的特性，有两种传输方式：直线方式和散射方式。直线方式是将红外线光波集中在一个较窄的光束内点对点定向传输；散射方式是以全向模式发射红外线光波。

红外线传输的主要优点是设备体积小、功率低、成本低、无须天线、适合移动的需要，传输速率较高，并且不受频率管制的限制，这在当前频率资源匮乏的情况下尤显可贵。红外线传输的主要问题是传输距离太短。另外，阳光或室内照明的强光线，都会成为红外线接收器的噪声部分，因此限制了红外线局域网的应用范围。而且任何障碍物（如墙壁）都可以阻断信号，但这也带来了安全性，如不同房间互不干扰，更容易避免窃听。

（4）HomeRF

HomeRF 无线标准由 HomeRF 工作组开发，主要为家庭网络设计，是计算机与其他电子设备、家电产品之间实现无线通信的开放性工业标准，旨在降低语音数据成本。

为了实现对数据包的高效传输，HomeRF 采用了 IEEE 802.11 标准中的 CSMA/CA（载波监听多路访问/冲突回避）模式，它与 CSMA/CD 类似，以竞争的方式来获取信道的控制权，在一个时间点上只能有一个接入点在网络中传输数据。不像其他的协议，HomeRF 提供了对流业务真正意义上的支持。由于对流业务规定了高级别的优先权并采用了带有优先权的重发机制，这样就确保了实时性流业务所需的带宽和低干扰、低误码。

HomeRF 也工作在 2.4GHz 频段，采用数字跳频扩频技术，采用调频调制可以有效地抑制无线环境下的干扰和衰落。在 2FSK 调制方式下，最大数据传输速率为 1Mb/s；在 4FSK 调制方式下，速率可达 2Mb/s。HomeRF 2.X 中，采用了 WBFH 技术来增加跳频带宽，其数据峰值高达 10Mb/s，接近 IEEE 802.11 标准的 11Mb/s，基本能满足未来的家庭宽带通信。就短距离无线连接技术而言，它是蓝牙和 802.11 协议的主要竞争对手。

HomeRF 规格相当简单，其宗旨是让所有人都能够轻松、简易地使用上无线网络，因此 HomeRF 系统中不需要集线器，所有的终端都是无线网卡，最大支持 16 块无线 HomeRF 网卡处于同一网段中，每块网卡的连接速率均为 1.6Mb/s。由于结构简单，该系统安装后几乎无须设置就能开始正常工作——唯一需要设置的是一个 8 位的网络 ID，以便在同一区域内有多个网络时判断处于哪个网络内。

HomeRF 和 802.11b 工作于同一频段，如果在一起使用将会互相干扰、互相阻塞，当时设计时它们都没有考虑到对方。另外，由于 HomeRF 技术没有公开，只有几十家企业支持，在抗干扰等方面相对应其他技术而言尚有欠缺，并且在功能上过于局限家庭应用，因此目前应用不够广泛，在与 IEEE 802.11 的竞争中不占优势，目前已逐渐被蓝牙和 IEEE 802.11 所淘汰。

（5）UWB

UWB 是一种无载波通信技术，与原先的无线通信技术有着本质的区别。早先的无线通信技术所使用的通信载波是连续的电波,用某种调制方式将信号加载在连续的电波上传输。而 UWB 不采用正弦载波,而利用纳秒级的非正弦波窄脉冲传输数据,因此其所占的频谱范围很宽(最大传输速率可以达到几百兆位每秒),频谱的功率密度极小,它具有通常扩频通信的特点。

UWB 技术以前主要作为军事技术在雷达等通信设备中使用,现在已开始用于民用领域。UWB 抗干扰性能强,带宽极宽,传输速率高。UWB 使用的带宽高达几吉赫兹,这在频率资源日益紧张的今天,开辟了一种新的时域无线电资源。UWB 是一种高速而又低功耗的数据通信方式,有望在无线通信领域得到广泛的应用,适用于高速、近距离的无线个人通信。

综上所述,这些流行的短距离无线通信技术各有所长,各有各的应用领域,又有各家公司或科研机构的支持,所以在一段时间内,这几种技术之间的竞争和相互间取长补短都是必然的。

习　题

一、单选题

1. IEEE802 网络协议只覆盖了 OSI RM 的(　　)。
   A．应用层与传输层　　　　　　　B．应用层与网络层
   C．数据链路与物理层　　　　　　D．应用层与物理层
2. 以太网协议是一个(　　)协议。
   A．无冲突的　　　　　　　　　　B．有冲突的
   C．多令牌的　　　　　　　　　　D．单令牌
3. 传输介质、拓扑结构与(　　)是决定各种局域网特性的三个要素。
   A．环形　　　　　　　　　　　　B．总线形
   C．介质访问控制方法　　　　　　D．逻辑链路控制
4. 以太网的核心技术是(　　)。
   A．随机争用型介质访问方法　　　B．预约
   C．按优先级分配　　　　　　　　D．轮流使用
5. 交换式局域网的核心是(　　)。
   A．路由器　　　　　　　　　　　B．服务器
   C．局域网交换机　　　　　　　　D．CSMA/CD 协议
6. VLAN 的技术基础是(　　)技术。
   A．局域网交换　　B．双绞线　　C．冲突检测　　D．光纤
7. (　　)在逻辑结构上属于总线形局域网,在物理结构上可以看做星形局域网。
   A．令牌环网　　B．交换式以太网　　C．总线以太网　　D．集线器以太网
8. 在 100Base-TX 中,Base 的含义是(　　)。
   A．最远距离　　　　　　　　　　B．在网络上传输信号的类型
   C．所用的线缆　　　　　　　　　D．局域网使用的是半双工模式
9. VLAN 在现代局域网技术中占有重要地位,在由多个 VLAN 组成的一个局域网中,以下说法不正确的是(　　)。
   A．当站点从一个 VLAN 转移到另一个 VLAN 时,一般不需要改动物理连接
   B．VLAN 中的一个站点可以和另一个 VLAN 中的站点直接通信
   C．当站点在一个 VLAN 中广播时,其他 VLAN 中的站点不能收到

D．VLAN 可以通过交换机端口、MAC 地址等进行定义

二、填空题

1．在以太网中，网卡的 MAC 地址位于 OSI RM 的_____层。
2．Ethernet 采用的介质访问控制方式为_____。
3．VLAN 之间的通信需要通过_____设备来实现。

三、简答题

1．IEEE 802 局域网参考模型与 OSI RM 有何异同之处？
2．局域网中限制中继器使用数量基于什么考虑？
3．网络介质代号的意义各是什么？试解释 10Base-T。
4．局域网最常用的介质访问控制方式有哪两大类？各自的特点是什么？
5．令牌环网中，为什么由发送站清除数据帧？
6．划分 VLAN 的方法有几种？各有什么优缺点？
7．为什么局域网信道的长度会受到限制？
8．何谓 AP？它是如何应用的？AP 怎样实现 WLAN 和有线局域网的桥接？

实训三　对等网组建与配置

一、实训目的
掌握使用 Windows 组建对等局域网的方法。

二、实训环境
每组具有安装了 Windows 操作系统的计算机两台以上、交换机一台、双绞线若干。如果条件允许，最好配备一台打印机供各组轮流使用。

三、实训内容
1）组建 Windows 环境下的对等网。
2）对等网的应用。

四、实训步骤
1．组装以太网

主要步骤如下。
1）制作 UTP。
2）安装以太网卡。
3）将计算机接入网络。

2．对等网物理连接方式

对等网的物理连接方式有以下两种。
1）两台计算机通过交叉双绞线直接插入网卡相连，如图 3-30 所示。
这种方式只能实现两台计算机的组网，应用受到限制，使用得较少。
2）多台计算机通过交换机或集线器连接，如图 3-31 所示。
本实训采用多台计算机通过交换机或集线器连接的方式，适用于站点不多、网络规模较小的家庭、宿舍、小型办公室环境。

3．对等网中计算机的配置

网络硬件安装完成后，还需要对对等网中的每一台计算机进行配置，具体步骤如下。

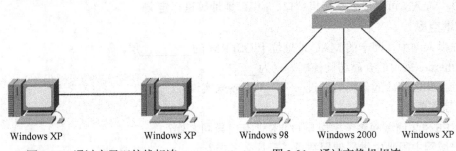

图 3-30　通过交叉双绞线相连　　　　图 3-31　通过交换机相连

1）安装网卡驱动程序。随着 Windows 对硬件支持范围的扩大,许多网卡驱动程序都已内置,不需要提供厂家的驱动程序,当系统启动后便可检测到硬件,然后安装相应 Windows 系统中自带的驱动程序,真正实现"即插即用",不再需要人工配置。如果为了更有效地发挥网卡性能,可以安装厂家提供的驱动程序。

2）安装"NetBEUI Protocol"协议。选择"协议",添加"网络协议"/"NetBEUI"协议,这是 Microsoft 的对等网协议。NetBEUI 是 Microsoft 公司为对等网量身定做的文件共享、打印机共享协议。NetBEUI 是不可路由的,该协议所需的唯一配置是计算机名称,通常用于小型 LAN。若要与 Internet 通信,则需要 TCP/IP 协议的支持。

3）TCP/IP 协议在 Windows 中默认是安装的,只需进行一些配置。配置 IP 地址时,要保证处于工作组中的所有计算机都处于同一个 IP 网段。

4）设置计算机的网络标识。网络标识是 Windows 操作系统识别不同计算机的依据,即完整的计算机名称,具体内容包括计算机名、工作组等,设置过程如下。

① 右击"我的电脑",在弹出的快捷菜单中选择"属性"选项,打开"系统特性"对话框,选择"网络标识"选项卡,如图 3-32 所示。

② 在"网络标识"选项卡中显示的是当前计算机在网络中的名称、所属工作组的名称。单击"属性"按钮,打开"标识更改"对话框。

③ 在"标识更改"对话框中,为该计算机输入新的名称与希望加入的工作组名称,然后单击"确定"按钮。

注意：同一工作组中的各计算机名称不能同名,否则将无法正确识别计算机。由于组建的网络为对等网,属于工作组模式,所以"隶属于"应选"工作组"。

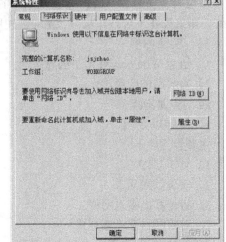

图 3-32　"系统特性"对话框

5）安装网络客户

Microsoft 网络客户组件允许计算机访问 Microsoft 网络上的资源。在对等网络中,用户的目的是共享 Microsoft 网络资源。因此,在 Windows 对等网中,需把网络客户设置成"Microsoft 网络客户端"。具体设置步骤如下。

右击"网上邻居",在弹出的快捷菜单中选择"属性"选项,打开属性对话框,右击"本地连接",在弹出的快捷菜单中选择"属性"选项,打开本地连接的属性对话框,选择单击"安装"按钮,打开对话框,选择添加网络客户,添加"Microsoft 网络客户端",单击"确定"按钮。

6)添加服务。在"选择网络组件类型"对话框中选择"服务",单击"添加"按钮,选择添加"Microsoft 网络的文件和打印机共享",单击"确定"按钮。

打开"网上邻居",检测各种工作站是否已经正确加入到了工作组中。如果能够发现对方的计算机名,则说明对等网络已经连接成功。

4.对等网网络应用

（1）文件夹共享

设置共享的方法：右击向网络开放共享的文件夹,在弹出的快捷菜单中选择"共享"选项,在打开的对话框中设定共享名、共享类型等内容。共享类型分"只读"、"更改"、"完全控制"（可读、可写、可删）,选择后单击"确定"按钮,该文件夹上就会出现一个共享标记,说明共享成功了。

对于经常使用的共享文件夹,可以用网络驱动器映射到自己的计算机上。首先打开"网上邻居",找到经常使用的资源（其他计算机共享出的文件夹）并右击,在弹出的快捷菜单中选择"映射网络驱动器"选项,在打开的对话框中的"驱动器"中选择所映射的网络驱动器在计算机中所占的盘符（默认按照已有驱动器号顺序往后排）,单击"确定"按钮完成设置。当打开"我的电脑"时,就能看到多了一个网络逻辑磁盘驱动器,通过它可以方便地使用共享资源。

（2）共享打印机

如果某台计算机已经安装了一台打印机,打开"控制面板"窗口中的"打印机"文件夹,右击"打印机",在弹出的快捷菜单中选择"共享"选项,这时网络中的其他用户都能使用它了。如果要在网络上使用别人的打印机,同样打开"打印机"文件夹,双击"添加打印机",找到共享的打印机,双击下载完成驱动程序的添加即可。当然,为了满足网络用户使用打印机,连接打印机的主机必须处于工作状态。

第 4 章　广域网与接入技术

【内容提要】

本章介绍广域网的基本概念、服务类型、数据传输机制、路由原理和各种常见广域网特点及常用接入网技术。

【学习要求】

要求理解和掌握广域网服务类型和数据传输机制，路由基本原理与算法及广域网发展过程和趋势。清楚不同广域网的优缺点及适用场合，能够正确选择接入方式。

了解流量和拥塞控制基本原理，了解各种广域网接入技术及发展趋势。

4.1　广域网概述

广域网是一种覆盖地域较广的网络，是主要用于地区、国家甚至全球之间把分布在异地的局域网或主机连接起来的一种技术。因此，广域网也称远程网，其复杂性要高于局域网。

由于历史的原因，曾出现过多种类型的广域网，它们的连接、结构、技术、服务等多样性，性能差异很大。目前有多种广域网技术并存与交错。

4.1.1　广域网的特点

除了传统的公用电话交换网之外，现代计算机广域网普遍采用存储转发机制传输数据，路由选择和网络互连技术是其重要组成部分。广域网对应于 OSI RM 的下三层，网络层是广域网的关键，利用存储交换机制，向上层提供面向连接的通信服务和无连接的通信服务。

在应用上，局域网强调的是资源共享，人们更多关注的是如何根据应用需求规划、搭建各种应用服务；而对于广域网，侧重的则是网络能够提供什么样的数据传输业务，以及如何将用户接入网络等。因此广域网在网络特性和技术实现上与局域网存在明显的差异。

与覆盖范围较小的局域网相比，广域网的特点如下。
1）覆盖范围广，可达数千千米甚至全球。
2）广域网没有固定的拓扑结构，一般为网状拓扑结构。
3）当前广域网主干传输介质已基本光纤化。
4）局域网可以作为广域网的终端用户接入广域网。
5）广域网主干带宽很大，但分配给每个终端用户的带宽较小。

6) 数据传输距离远,一般要经过多个交换设备转发,因而延时较长,传输速率一般低于局域网。
7) 广域网管理、维护复杂。
8) 广域网一般面向社会公众开放服务,因而通常被称为公用数据网。

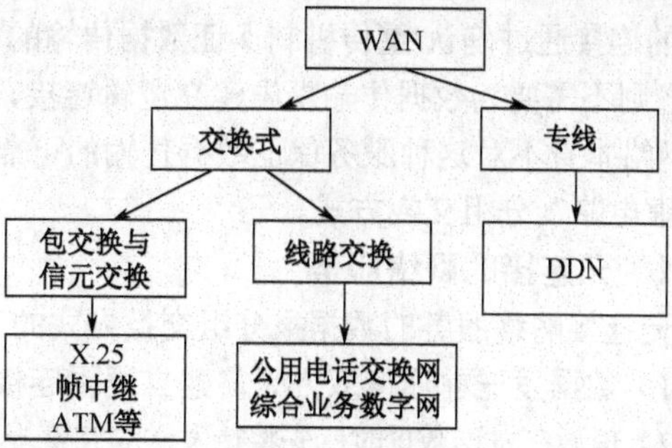

4.1.2 广域网类型

常用的公共网络系统有公用电话交换网、分组数据交换网 X.25 网、帧中继(FR)网、数字数据网(DDN)、综合业务数字网和异步传输模式(ATM)网等,如图 4-1 所示。

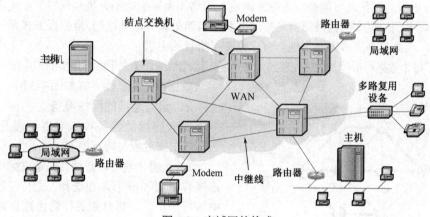

图 4-1 广域网类型

4.1.3 广域网的构成

广域网主要是由一些称为"结点交换机"的交换结点和连接这些交换结点的"传输线路"组成,如图 4-2 所示。

图 4-2 广域网的构成

1) 传输线路:也称链路、信道或中继线,用于在主机或结点交换机之间传送数据。
2) 结点交换机:配置了通信协议软件的专用计算机,属于智能型通信设备,是公用通信网的核心部件。为了提高网络的可靠性,每个结点交换机与多个结点交换机相连,目的是在结点交换机之间提供多条冗余链路,这样当某个结点交换机或线路出现故障时不至于影响整个网络运行。当数据从某条输入线路到达时,交换结点为它选择一条通向目的地的输出线路进行转发。结点交换机有不同的名称,如分组交换结点、中继系统、路由器等。

注意:这里需要说明"互联网"与"广域网"的区别。互联网虽然也可以形成覆盖地域范围广阔的网络,但其不同于广域网。不同网络的"互连"是互联网最主要的特征,必须使用路由器来实现网间连接。而广域网大多指的是单一网络,它内部使用结点交换机而不是路由器来连接。结点交换机和路由器都是用来转发分组的,它们的工作原理相似。它们的区别是,结点交换机在单个网络内部转发分组,而路由器在多个网络构成的互联网之间转发分组。

4.1.4 广域网提供的通信服务

通信服务是通过数据传输来实现的,广域网广泛采用"分组交换技术"进行数据传输(传统的公用电话交换网除外)。根据分组转发的方式不同,广域网网络层提供的数据传输服务可分为两大类:"无连接的传输服务"和"面向连接的传输服务"。所谓"面向连接"就是指在数据传输之前通信双方需要为此次通信建立一种逻辑连接,然后在该连接的基础上实现有序的分组传输。这种逻辑上的连接通过确认/重传机制保证数据传输的可靠性,直到数据传送完毕连接才被释放;所谓"无连接"则不需要为数据传输事先建立逻辑连接,其只提供简单的源和目的之间的数据发送与接收功能,网络本身不对这种服务保证数据传输的可靠性。这两种服务的具体实现分别是所谓的"数据报"和"虚电路"分组交换方式。

1. 无连接的网络服务

无连接网络服务的数据报分组交换方式的工作过程与特点如下。

1)数据发送前通信双方无需建立逻辑连接,网络随时可以接收端系统主机发送的分组。

2)信源在发送数据时,先将待发送的完整报文拆分成若干个小的分组,各分组都携带地址信息,称为一个"数据报"。网络为每个分组独立地选择路由。一个交换结点接收到一个数据报后,根据数据报头中携带的地址信息和本交换结点存储的路由信息,找出一个合适的出口,把数据报发送到通往目的地的下一个结点,这样逐跳地转发,直至到达目的结点。各交换结点可根据网络当前流量、拓扑情况为每个数据报动态地选择最佳传输路径,因此具有高度的灵活性,网络资源的利用率和容错性较高。

3)各数据报经过网络可能会有不同的路由,网络不保证数据不丢失和保序,由用户的端系统对已收到的属于同一报文的数据报重新排序并负责差错处理和流量控制。数据报方式是一种不保证可靠的服务,网络只是"尽力而为地"将分组交付给目的主机。

4)由于每个数据报都需要携带完整的地址信息,因此传输开销大于面向连接的虚电路方式。

数据报分组交换方式如图 4-3 所示。

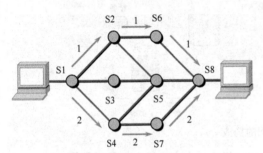

图 4-3 数据报分组交换方式

2. 面向连接的网络服务

面向连接的服务技术实现手段是虚电路方式,其工作过程与特点如下。

1)数据传输前,必须首先建立虚电路(逻辑连接),即事先进行路由选择,避免了在传输过程中对每一个分组再分别进行路由选择。每个虚拟连接对应一个虚拟连接标识,网络中的结点交换机根据这个标识决定将分组转发到哪个输出端口。虚电路工作过程类似于电路交换方式,整个通信过程包括建立连接、数据传输和释放连接三个阶段。数据传送完成后根据事先约定可释放连接(临时虚电路),也可永久保持(永久虚电路)。

2)每次通信传输的数据包沿同一条虚电路传输,因此虚电路保证接收端按发送的顺序收到分组。相邻两点通过确认/重传机制,提供可靠的服务,服务质量有较好的保证。

3)数据传输过程中路由固定,不需要为每个转发的数据包进行路由选择,分组头部不必包含地址信息,因此数据传输开销小。服务质量比较稳定,适于一次性大批量数据传输。

4)网络容错性差,由于分组未带有完整的地址信息,当某个链路或中继系统出现故障时,后续分组将无法另选路由,导致虚连接断开致使本次通信失败。

虚电路分组交换方式如图 4-4 所示。

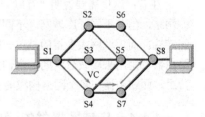

图 4-4 虚电路分组交换方式

3. 两种服务的区别

关于网络层应当采用数据报传输服务还是虚电路传输服务，早期在网络界争论许久，争论的焦点是网络要不要提供端到端的可靠服务。

虚电路服务继承了传统电信网的思想。电信网不要求用户的终端设备具有很高的智能，可以做得非常简单（如电话机），由电信网负责保证可靠通信的一切措施，因此电信网的结点交换机复杂而昂贵。

数据报服务力求使网络生存性好并使网络的控制功能分散，因而只要求网络提供"尽力而为"的服务，将可靠性的责任推给网络两端的端系统解决，这样可大大简化网络层的功能。这种网络要求使用具有智能的计算机作为用户终端，通信的可靠性由用户终端中运行的软件（如 TCP）来保证。从当前网络发展的情况看，技术的进步（如更多地采用光纤技术和高性能的路由器）使得网络传输出错的概率越来越小，而用户端的计算机性能越来越强，因而让主机负责端到端的可靠性不但不会给主机增加更多的负担，反而能够使更多的应用在这种简单的网络上运行。因特网发展到今天的规模（其数据传输采用数据报方式），充分说明了在网络层提供数据报服务是非常成功的。

根据不同的网络应用，二者各有其适用场合。

4.1.5 路由选择机制

广域网关键技术是为转发的分组进行路由选择，即通过哪条路径将数据从源主机传递到目的主机。路径选择算法的好坏在很大程度上决定了整个网络的运行性能，路由算法的复杂性直接与通信子网拓扑结构的复杂程度、网络规模、交换方式等因素有关。

目前在广域网中，路由选择功能一般由结点交换机完成；在互联网各子网之间，路由选择功能一般由路由器完成。二者路由选择的依据均是其内部的"路由表"。由于二者工作原理基本相同，这里我们以使用最多的路由器为例分析路由原理。

路由通常由以下两个独立的操作组成。

① 分组转发：采用"逐跳"转发方式。

② 路由表的管理：生成和更新路由表。

路由机制如图 4-5 所示。

1. 分组转发机制

每个路由器都存储着一个路由表，表项内容包含可到达的目的网络地址、去往目的网络的

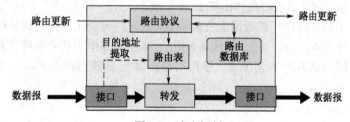

图 4-5 路由机制

下一跳地址、本路由器的出口。路由表中不含源站地址信息，这是因为路由选择中的下一跳只取决于数据报中的目的站地址，而与源站地址无关。路由器的某一个接口收到数据帧后，首先进行帧的拆封，从中剥离出 IP 分组，然后利用子网掩码求"与"方法从 IP 分组中提取出目的网络号，根据目的网络号查找路由表，与路由表项逐条比对看能否找到匹配，即确定是否存在一条已知的到达目的网络的路径信息。若存在匹配，则将 IP 分组下交数据链路层，重新封装到输出端口所连网络的帧中并将其转发出去；若不存在匹配，则将该分组丢弃。

有了路由表，只要根据它来进行分组转发即可。对于大规模的复杂网络，每个交换结点路由表的建立，必须按照一定的算法进行，即"路由选择算法"。

2. 路由算法要求

通信子网为网络源结点和目的结点提供了多条传输路径的可能性。确定路由选择的策略称为"路由算法"。一个理想的路由算法应具有以下一些原则。

1）正确性：算法必须是正确的和完整的。

2）简单性：算法在计算上应简单。任何路由算法，都会给交换结点带来一定的处理开销，过于复杂的路由算法会使交换结点负担过重。另外，路由算法不应使交换结点为获得当前网络的状态信息时通信量过大，否则会造成全网过大的额外流量开销。

3）自适应性：算法应能适应当前通信量和网络拓扑的动态变化。

4）稳定性：算法应具有稳定性。以防止对于网络状态的变化反应过于敏感或过于迟钝。

5）公平性：算法对网上所有结点应是公平的。

6）最优性：算法应是最佳的。

应该说，路由算法同时具有上述原则是有矛盾的，有时只能折中。

3. 路由算法分类

根据路由选择算法能否自动适应网络拓扑结构及通信流量的变化，又分为"静态路由算法"和"动态路由算法"两大类。

（1）静态路由算法

这种方法是预先设计安排好的固定路由，一般由网络管理员手工配置路由表信息，称为"静态路由表项"。配置完成后，各静态路由表项将保持不变，除非网络管理员重新配置。

静态路由算法的优点如下。

1）简便易行，开销小，不必在路由器之间为生成路由表而交换路由信息，可以减少路由器之间的额外通信流量，这对于带宽较紧张，线路冗余度低的网络尤其适合。另外，也可减少路由器CPU的计算工作量。

2）网络安全保密性高。动态路由因为需要路由器之间频繁地交换各自的路由信息，若被截获可能暴露网络的拓扑结构和网络地址等信息。因此，网络出于安全方面的考虑也可以采用静态路由。

静态路由算法的缺点：灵活性差，不能适应网络拓扑结构和通信流量的动态变化而自动调整路由，属于非自适应路由算法。

静态路由一般适用于负载稳定，拓扑结构变化不大的简单网络环境，也经常应用于一个末梢网络的唯一出口路由，如图4-6所示。末梢网络中去往外部所有网络的数据包都将通过路由器A，在路由器B中只需配置一条指向路由器A的静态路由表项即可实现，这是静态路由的典型用法之一。

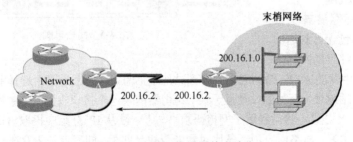

图4-6 末梢网络设置静态路由

（2）动态路由算法

路由器运行动态路由协议软件，彼此间定期相互通信交换路由信息，自动生成和更新路由表。因此，这种算法的路由表能够根据网络拓扑结构和当前流量等状态信息进行自动调整，选择最佳路径,被称为"动态路由选择策略",属于自适应路由算法,如图4-7所示。

1)动态路由算法的优点如下。

① 灵活:能较好地适应网络流量、拓扑结构的变化,能对网络的流量进行控制,避免或减缓网络中拥塞的发生,从而极大地改善网络的性能,减少管理工作量。

② 强壮:可根据网络当前状态选择最佳路径,网络出现故障时可绕过故障点继续传输。

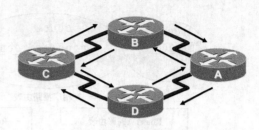

图4-7 动态路由协议

2)动态路由算法的缺点如下。

① 算法复杂,需要占用路由器的内存和CPU处理时间,消耗路由器的资源,对路由器性能要求高,设备开销较大。

② 各路由器之间定期交换路由信息,会占用网络的带宽,从而增加网络负担。

③ 自适应算法对网络参数的变化反应太快会引起网络流量的振荡,反应太慢则得不到最佳路由。为减少这些风险要经常对算法本身的某些参数进行调整,这又增加了网络管理的难度。

自适应算法尽管存在一些缺点,但是在大型网络中仍然得到了广泛的应用,因为这种算法的优点更突出。

4. 动态路由算法分类

动态路由算法主要有以下两大类。

(1) 距离矢量路由选择算法(D-V算法)

每个路由器周期性地向其相邻路由器广播自己知道的路由信息,通告相邻路由器自己可以到达的网络以及到达该网络的距离,相邻路由器可以根据收到的路由信息进行叠加更新自己的路由表并向外广播,这样路由信息逐渐传播到了全网。更新过程经过一段时间后,所有的路由器都建立起自己完整的路由表。路由表从更新开始到进入稳定状态,称为"收敛"。快速收敛是动态路由选择协议最希望具有的特征。

路由器所知的最初始路由信息是它从直连的网络得到的,然后利用路由协议,不断通过已知网络逐步获取未知网络的路由信息,如此逐步扩展,直到掌握全网的路由信息。当网络状况发生变化时,路由器中的路由表能够自动地重新发布、更新,以保证路由表正确。

距离矢量路由算法的典型代表是路由信息协议(Routing Information Protocol,RIP),是为TCP/IP环境开发的第一个动态路由协议,其最大优点就是简单。RIP基于跳数作为距离值计算路由,通过计算抵达目的地的最少跳数来选取最佳路径,每30s将整个路由表广播一次。RIP规定的跳数最多为15跳,当大于等于16跳时,RIP即认为目的地不可达,这样就限制了其所应用的网络规模。另外,单纯以跳数作为选路的依据不一定能充分描述路径特征(如带宽等其他因素),可能导致所选的路径不是最优的,因此RIP只适用于中小型的网络,属于第一代路由协议。由于路由器之间交换的路由信息是完整的路由表,因而随着网络规模的扩大,传输开销也就增加。由于RIP开发得较早,因此几乎所有的路由器都支持RIP。其原理如图4-8所示。

(2) 链路状态路由选择算法(L-S算法)

链路状态路由选择算法的基本思想是不直接向相邻路由器通告路由信息,而是将自己所连接的链路状态信息发布给其他路由器,这些信息包括:该路由器连接的链路以及连接到该链路上的相邻路由器、接口信息、传输花费(如带宽)等。由于各路由器之间动态地交换链路状态信息,因此所有路由器最终都能建立一个全局的链路状态数据库,这个数据库实际上描述的就是全网的拓扑结构图。这个拓扑结构图在全网范围内是一致的(称为链路状态数据库的同步)。每一个路由器再根据这张全网的拓扑结构图，使用最短路径算法，计算出自己到达各个目标网络的路由（也称"最小生成树"），生成自己的路由表。链路状态路由选择算法的过程如图 4-9 所示。

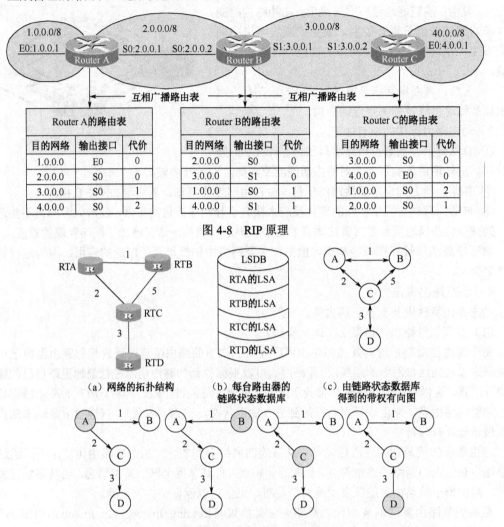

图 4-8　RIP 原理

图 4-9　链路状态路由选择算法

20 世纪 80 年代中期，基于距离矢量路由算法 RIP 的缺点已使其不能适应大规模网络的互连，Internet 工程任务组为 IP 网络开发出了"开放最短路径优先"（Open Shortest Path First，OSPF）协议。OSPF 协议是一种典型的基于链路状态的路由协议。

链路状态路由选择算法的优点如下。

1）网络开销小：仅发布链路的状态而不是整个路由表，且仅在网络拓扑结构发生变化时，才触发链路状态更新的发布，因而带宽占用率低。

2）路由收敛迅速：链路状态数据库能较快地进行更新，各路由器能及时地更新其路由表，更新过程收敛快是其重要优点。

3）支持 VLSM（变长的子网掩码），适应当前灵活划分子网的需求。

4）无自环：由于通过网络拓扑用最小生成树算法计算路由，故从算法本身保证了不会生成路由自环。

5) 网络扩展性好。

由于 OSPF 协议具有这些优点，采用链路状态算法的路由协议可用于大型网络，属于第二代路由协议，目前应用广泛。

4.1.6 流量控制和拥塞控制

1. 流量控制和拥塞控制的概念

"流量"就是网络中通信的数据量，在网络层指的是分组流。任何网络对数据量的处理能力都不是无限的。在网络传输过程中，网络的吞吐量随着输入负荷的增大而下降，当某段时间，通信子网中传输的分组数量接近网络的最大分组处理能力时，对网络中某些资源（结点存储容量、CPU 处理速度、线路带宽等）的需求超过了该资源所能提供的可用部分，网络的性能就要明显变坏，表现是网络吞吐量随着输入负荷的增大而减小，这种情况称为"拥塞"。例如，某瞬间分组流同时从多个输入线路涌入交换结点，并且要求从同一输出线路转发到下一结点，就将在路由器缓存中排队，转发延迟加长。如果没有足够的存储空间来缓存分组，后续分组就会丢失（路由器溢出）。CPU 处理速度慢也将导致拥塞。拥塞是一种持续过载的网络状态，并会导致恶性循环，如发送端因未收到确认而超时重发分组，但路由器却没有空余缓冲区，必然会再次丢掉新到来的分组，浪费带宽来转发无用分组。可见，在接收端产生的拥塞反过来会引起发送端缓冲区的拥塞。拥塞严重时会耗尽全部网络资源，网络的吞吐量降为零，陷入瘫痪，产生"死锁"。

所以，为防止拥塞的出现，要对进入通信子网的数据流量进行控制，合理分配通信资源，使网络信道忙闲状态均匀化，以平滑通信量。在通信网内部避免发生数据传输堵塞的调度行为称为"拥塞控制"。

进行拥塞控制需要付出代价。这首先需要获得网络内部流量分布的信息。在实施拥塞控制时，需要在结点之间交换信息和各种命令以便选择控制的策略和实施控制，这样就产生了额外的开销。在设计流量控制策略时，必须全面衡量得失。

2. 拥塞控制与流量控制的关系

拥塞控制和流量控制既有联系又有差异。总体说来，流量控制用于解决"线"或"局部"问题，而拥塞控制用于解决子网中"面"或"全局"问题。流量控制可以限制进入网络中的数据流量，在一定程度上减缓拥塞的发生。但仅解决了流量控制问题，并不等于网络的拥塞问题就解决了。当网络中有瓶颈或结点出现故障时，就可能导致拥塞。拥塞控制的作用如图 4-10 所示。

3. 拥塞控制方法

拥塞是一个动态的问题，因此其控制是一个很复杂的问题。从控制论的角度来看，所有拥塞控制解决方案分为两类：一类是"开环策略"，一类是"闭环策略"。

1) 开环策略：这种策略重在预防，它试图通过良好的初始设计来避免拥塞的发生。精心设计网络的各个环节，事先将可能发生拥塞的所有因素都考虑周全，尽可能避免数据过分集中在某个局部，力求网络在工作时不产生拥塞。例如，决定何时接收新的通信，何时丢弃分组，以及丢弃那些分组等。这些的共同之处在于，它们在做出决定时不能考虑网络当前的实际状况，在网络运

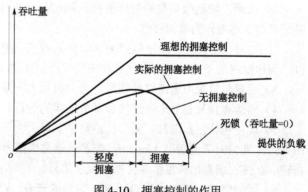

图 4-10 拥塞控制的作用

行过程中不能进行自动调整,因此很难适应动态的网络流量实际情况。

2)闭环策略:这种策略重在解决,在拥塞发生后设法控制和缓解拥塞。闭环的解决方案是建立在反馈环路概念之上的。当应用于拥塞控制时,实现这种方法的系统有三个组成部分。

① 监视系统:检测何时何地发生了拥塞。在网络中定期收集各种性能参数,一旦参数值超过设定的门限,则检测到拥塞的结点立即通知有关结点,以便采取措施。

② 反馈系统:将拥塞发生的信息传送到可以采取调整行动的地方,它可以传给源发送端,也可以传给进行转发的交换结点。

③ 调整系统:根据收到的反馈信息采取相应措施调整网络系统的运行以解决出现的问题。

4.2 公共电话交换网

1. 基本概念

公共交换电话网(Public Switched Telephone Network,PSTN)的最初设计目的是以电路交换技术为基础的用于传输模拟话音的通信网络,随着光纤和数字技术的引入也可用于传递数据信息。由于其历史悠久、普及率高、接入方便和费用相对低廉,所以计算机通信可以利用电话通信线路实现。

2. 组成与特征

PSTN 的组成如图 4-11 所示。

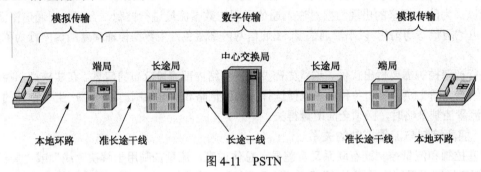

图 4-11 PSTN

PSTN 的主要特点如下。

1)从用户端到端局交换机侧的接入网部分(也称"用户环路"或"本地回路")目前仍普遍采用双绞线连接,为模拟线路。

2)端局、汇接局、长途局的电话交换机均已采用数字化程控交换,提供自动交换连接;交换机之间传输网的干线与中继线已普遍采用光纤,实现了数字化传输。

3)话音传输采用电路交换模式,通信时独占一条通道。

4)通信有拨号建立电路连接和释放连接的过程。

5)既可传输模拟信息,又可传输数字信息。由于用户环路普遍是模拟信道,数字式端系统利用 PSTN 通信时需要借助 Modem,把发送端数字信号变换为模拟信号才能在用户环路模拟信道上传输,在接收端再把模拟信号变换为数字信号。

6)无差错控制机制。从 OSI RM 的角度来看,PSTN 可以看做物理层的一个简单的延伸,没有向用户提供流量控制、差错控制等服务。

7)因为电路交换独占信道,因而实时性好。

8)租用费用低,入网方式简便灵活。

4.3 综合业务数字网

4.3.1 综合业务数字网产生的背景与发展概况

1. 综合业务数字网产生的背景

电信网在其发展历程中,按照各自业务的特征设计和组建了各种类型的网络,每种业务网都有其各自的网络拓扑结构、接口标准、信号规范、编址方案。因此,传统的各种通信网,如电话网、电报网、电视网、数据通信网等彼此都是各自独立建设的,各自有不同的接入方式与技术,当用户需要进行多种信息传输业务时,就需要按业务类型申请安装多种终端和相应的用户线路。这对用户和网络运营部门都是不小的负担和不便。

随着通信和计算机技术的不断融合,人们不断地提出新的通信业务要求,对信息传输实时性要求越来越高,并提出了综合性传输和处理所有数据类型的要求。对这些多功能业务,原先的任何单一业务网都无法满足。

因此,无论从用户的角度还是从网络经营者的角度,都希望建立一个单一网络的同时提供各种业务,综合业务数字网(Integrated Service Digital Network,ISDN)因此而提出。它是一个将语音、数据、图像等各种信息综合在一起的技术,其设计思想是只用一种用户/网络接口即可提供各种业务,使终端用户享用多种类型的网络综合服务。

2. ISDN的发展概况

尽管事实上人们追求的 ISDN 还远没有达到预期的效果,但它至少已经过了两代。面对综合性网络要求越来越迫切这一局面,ITU-T 于 20 世纪 70 年代开始研究用单一网络支持不同类型的业务,在 20 世纪 80 年代后期推出了第一代 ISDN。CCITT 给出的 ISDN 定义如下:ISDN 是以电话综合数字网(采用数字传输与数字交换综合而成的通信网)为基础演变而成的一个网络,它能提供端到端的数字连接,用来承载包括话音和非话音在内的多种电信业务,客户能够通过少量的一组标准多用途用户/网络接口接入这个网络。由此定义可见,第一代 ISDN 是在电话网基础上开发的一种综合网络,实质是将电话综合数字网向用户端的拓展。它以 64kb/s 的话音信道作为基本单位,最高只能提供一次群速率(1.5~2 Mb/s,也称基群速率),并且是面向电路交换的。因为第一代 ISDN 传输速率低,因而被称为"窄带 ISDN"(Narrow band-ISDN,N-ISDN)。通常,若无特别的说明,ISDN 指的是 N-ISDN。

4.3.2 N-ISDN 的基本特征

N-ISDN 的基本特征主要体现在如下三个方面。

1. 标准的用户/网络接口

ISDN 的设计思想和主要特点就是用一个标准的用户/网络接口提供各种业务,将语音、数据、图像等信息综合在一起传输的技术。引入 ISDN 后,用户只需申请一条用户线和一个电信号码就可将各种业务类型的终端接入网内,并按统一的规程进行通信。需要说明的是,N-ISDN 是一个从用户角度提出的概念,尽管实际传输数据中可能用到了多种类型的网络,但在用户看来,只要使用 ISDN 标准接口即可实现各种通信业务的综合,享用多种类型的网络服务。因此,N-ISDN 只实现了业务的综合,而非技术的综合。

2. 端到端的全数字化传输

ISDN 与其他各种业务网络最大不同之处是,它提供从终端用户到终端用户的"全数字化"传输。"数字位管道"是 ISDN 的中心思想，其实质是一条全数字化传输信道。也就是说，要求 ISDN 各种业务的数据必须是全数字化的，这是实现综合业务的基础。也只有变换成统一的数字数据形式，才能将不同业务的数据综合到一个网络中。数字位管道支持时分复用技术，可将数据位流复用为多个独立的信道。这些数据位流可以来自数字电话、数字终端、数字传真机或其他设备，都可以双向流过数字位管道。

N-ISDN 实际是对 PSTN 电话系统的再设计，ISDN 数据传输与 PSTN 数据传输的对比如图 4-12 所示。

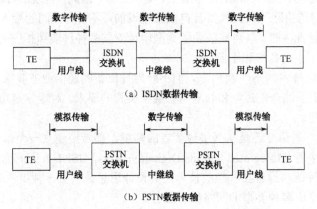

图 4-12　ISDN 数据传输与 PSTN 数据传输

3．综合的业务

ISDN 利用综合数字网的数字交换和数字传输，使用户获得包括话音、文字、图像、数据等在内的各种综合业务，电信将其称为"一线通"。从理论上讲，任何形式的原始信号，只要能够转变成数字信号，都可以利用 ISDN 进行传递和交换，实现各种业务。这大大节省了投资，极大地提高了网络资源的利用率。

4.3.3　N-ISDN 的用户/网络接口

1．N-ISDN 接口标准

ITU-T 为 N-ISDN 接口标准定义了 B、D、H 三种通道，"通道"是提供业务用的具有标准传输速率的传输信道。通道通常有两种主要类型：一类是数据通道，为用户传送各种业务数据；另一类是信令通道，传送用于网络控制的信令信息。

1）B 通道：为 64kb/s 速率的数字 PCM 信道，是数据承载信道，用于语音或数字传输。B 通道既可单独使用，各自以 64kb/s 的传输速率传送数据，也可将两个以上 B 信道捆绑在一起以 $N\times$ 64kb/s 的速率使用。

2）D 通道：速率为 16kb/s 或 64kb/s，主要用于带外信令传输。D 信道作为控制信道，采用分组交换技术发送控制信号（即信令），用于建立和终止 B 通道的连接。当无信令传输时，D 信道也可以用于低速的分组数据传输。

3）H 通道用于支持高速数据业务，可提供三种速率，H0 为 384kb/s，H11 为 1536kb/s，H12 为 1920kb/s。

2．N-ISDN 的信道控制技术

ISDN 的一个重要特征是使用"共路信令技术"（也称"信令分离技术"或"带外信令技术"），其使用一条独立于用户数据信道的专用控制信道传输各种信令（因而称为"共路"），这条共路信令

通路控制多个线路交换连接，以实现不同用户网络访问和信息交换。

ISDN 的 D 通道采用 ITU-T 共路信令系统 CCSS No 7（7 号信令）标准，用于建立、管理和释放数据通道的交互连接。7 号信令系统是国际标准化的共路信令系统，其结构以 OSI RM 为基础。在 ISDN 中，当用户需要使用 B 数据通道和网络中的另一个用户通信时，控制 B 通道的信令在 D 通道中传输，使用 CCSS No 7 完成此控制过程。一旦端到端的数据通道连接建立起来，则任何业务数据都能在 B 数据通道上传送。7 号信令是一种能支持多种服务、灵活通用的信令规程。

3. N-ISDN 的两类接口

N-ISDN 主要采用两种标准的用户/网络接口，差别在于支持的传送用户数据的 B 通道个数不同。

（1）基本速率接口

采用 2 个 64kb/s 数字 PCM 的基本信道（B 通道）和 1 个 16kb/s 的 D 通道，即所谓 2B+D。2 个 B 通道（128kb/s）用于传输用户数据，D 通道主要用来传输控制信令，无信令传递时也可用来传送用户数据，这时基本速率接口（Basic Rate Interface，BRI）的传输速率可达 144kb/s，如图 4-13 所示。当用户同时打电话时，它会自动释放一个 B 信道用于电话通信，相应地用户数据传输速率会减少 64kb/s。

图 4-13　BRI（2B+D）

BRI 是面向家庭或小型企事业的配置，如图 4-14 所示。

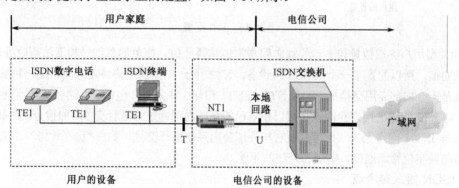

图 4-14　BRI

BRI 在用户设备和电信公司的 ISDN 交换机之间放置一个网络终端设备 NT1（Network Termination 1），作为用户和网络的接口。NT1 作为用户前端设备，一般安装在用户室内，利用电话线路与远端通信运营公司的 ISDN 交换机相连。NT1 装有一个连接器，连接一条无源总线电缆，电缆最多可接入 8 个 ISDN 数字终端设备，如数字电话、终端、报警装置等，连接方法与接入总线局域网的方法类似。NT1 不仅起连接器的作用，它还包括网络管理、测试、维护和性能监视等功能。在无源总线上的每个设备都有一个唯一的地址，NT1 还要解决总线争用问题，当几个设备同时访问总线时，由 NT1 裁决哪个设备获得总线访问权。

（2）基群速率接口

基群速率接口（Primary Rate Interface，PRI）是一种面向大型企事业单位较高传输速率的配置。根据各国数字传输系统的体制不同，又分为两种速率。在北美和日本，PRI 提供 23B+D，其中 B

信道的速率为 64kb/s,用来传送用户数据,D 信道的速率也为 64kb/s,用来传送网络控制信令,总速率为 1.5Mb/s。在欧洲、澳大利亚、中国和其他国家或地区,PRI 提供 30B+D,总传输速率为 2.048Mb/s。

图 4-15 PRI 管道

PRI 的配置如图 4-16 所示。

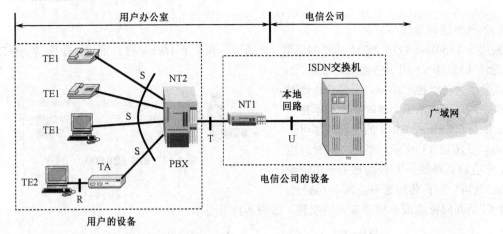

图 4-16 PRI 配置

因为大型用户终端数量较多,终端之间常常也需要通信,简单的总线结构无法同时处理多对终端之间的通信,所以配置了一个 NT2 交换设备。NT2 介于 NT1 和用户终端之间,是一种智能设备,实际上就是一个内部专用交换机 PBX。NT2 与 NT1 相连,并为各种电话、终端以及其他设备提供接入接口。与 NT2 相连的用户终端设备可以在自己的系统内部通过它进行交换(如拨分机号码),这时内部通信与 ISDN 网络无关。也可通过它与外部公用系统进行交换,如先拨一个"0",NT2 就分配一个通道与数字位管道连接,实现和外线的相连。

4．ISDN 接入参考点

ITU-T 为 ISDN 定义了 R、S、T、U 四个参考点来描述各设备之间的界面与接口,是 ISDN 网络中不同设备之间连接的规范标准,如图 4-17 所示。

U 参考点:NT1 与电信公司 ISDN 交换机间的连接点,可采用双绞线或光纤。

T 参考点:NT1 到用户设备之间的连接点,用于标志用户设备和 ISDN 网络设备之间的接口,在参考点 T 的一边接用户设备,另一边接 ISDN 网络设备。

S 参考点:NT2 与 TE1/TA 之间的连接点。S 参考点是 ISDN 的 PBX(NT2)与 ISDN 终端的接口。

R 参考点:TE2 与 TA 之间的连接点,利用多个不同的接口连接终端适配器和非 ISDN 终端。

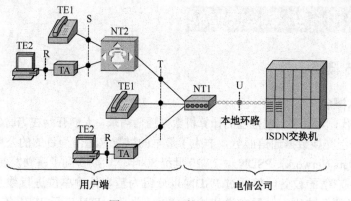

图 4-17 ISDN 接入参考点

4.3.4 N-ISDN 存在的问题

1．N-ISDN 带宽的局限性

N-ISDN 是以电话网为基础发展起来的，以线路交换和分组交换两种方式提供各种业务，基本保持了原有通信网的结构和特性，主要用于实现各种低速业务的综合，因而，存在固有的局限性，难以满足用户对高速宽带业务的要求。其传送数据的 B 信道只能达到 64kb/s 传输速率（2B+D 也仅为 144kb/s），以今天的眼光来看，用来承载综合业务数据，其传输速率太低，所以已被淘汰。

2．宽带 ISDN

宽带 ISDN（B-ISDN）支持更高的数据传输速率，除了一般的话音、数据和可视业务外，更重要的是实时可视交互业务（电视会议、视频点播）、高清晰度电视、高保真度音响和多媒体业务等。

ITU 在 1991 年曾确定 B-ISDN 的传送方式为 ATM（传输速率可达 625Mb/s）。但 ATM 的技术复杂且价格较高，普及困难。另外，10Gb/s 以太网和基于光交换的 IP over DWDM 技术传输速率都已远远超过 ATM，所以 ATM 已没有优势成为 B-ISDN 的支撑技术。B-ISDN 技术还在不断发展中，目前，人们普遍认为 B-ISDN 最有前途的实现技术应该是基于光交换的 IP over DWDM。

尽管 B-ISDN 和 N-ISDN 都称为 ISDN，但各自的信息表示、交换和传输方式根本不同，N-ISDN 是以数字式电话网为基础的，采用电路交换方式，它试图实现的是业务上的综合，而非技术的综合；而 B-ISDN 则是真正意义上的综合业务数字网，它采用快速分组交换方式，真正实现的是技术和业务上的全面综合。

3．IP over DWDM 技术

IP over DWDM 也称光因特网，是较新的宽带技术。其基本原理和工作方式如下：在发送端，将不同波长的光信号组合（复用）送到一根光纤中传输，在接收端，又将组合的光信号分开（解复用）并送入不同终端，即将 IP 数据报直接放在光纤上传输。

IP over DWDM 具有如下所述的优点：能充分利用光纤资源，极大地提高带宽和传输速率；对所传输数据的传输码率、数据格式及调制方式透明，可以传输不同业务、不同协议的信号；具有较强的兼容性，并支持未来的宽带业务网及网络升级。

4.4 X.25 公用分组交换数据网

4.4.1 X.25 概述

1. X.25 基本概念

20 世纪 70 年代，为适应广域范围的计算机数据通信需求，人们开始在当时的 PSTN 的基础上提供面向连接的分组交换数据通信服务，产生了最早的以数字通信为目的的公用分组交换数据网（Packet Switched Data Network，PSDN），在 20 世纪 80 年代后期得到了蓬勃发展。

为了使各种用户端的设备能够通过 PSDN 以分组为基本传输单位进行数字通信，用户设备与 PSDN 的连接必须标准化，以便发送和接收分组。为此，ITU-T 于 1976 年推出了 X.25 建议书。X.25 建议书描述了数据终端设备（DTE）只要与 PSDN 之间的接口符合 X.25 分组交换技术标准，就可接入任何公司的 X.25 网络进行数字通信而不必关心网络内部的操作，使 PSDN 向用户提供了统一的接口规格标准，故习惯上称 PSDN 为"X.25 网"。X.25 协议规定，待传送的原始数据报文必须按照一定的规则分割成若干定长的分组数据报，采用"存储转发"的方式在交换网上传输，到达目的地后，再组装还原成原先完整的数据报文交付给用户。X.25 是第一种公用的分组交换网，使得在当时质量较差的模拟线路条件下也能提供较高质量和较高可靠性的数据传输服务，一定程度上满足了当时社会对数据通信的需求，在当时的传输条件下对实现数字化传输做出了巨大贡献。

需要说明的是，X.25 协议定义的是公用数据网对于外部用户提供的标准界面与接口，描述了一个用户分组终端连接到 PSDN 如何实现向网络传递和接收分组，是 DTE 与数据电路端接设备（DCE）之间的接口规程，主要功能是在 DTE 和 DCE 之间建立虚电路、传输分组、释放虚电路，同时进行差错控制、流量控制等。X.25 标准没有涉及网络内部对分组存储转发的具体实现，这由各个网络根据自己的技术来决定。因此所谓"X.25 网"只是说该网络与网络外部 DTE 的接口遵循 X.25 标准而已，X.25 的实质上是一个接口定义。

ITU-T 有三大系列建议（标准）：V 系列——针对模拟通信；X 系列——针对数字通信；I 系列——针对综合业务。

ITU-T 对 X.25 的定义："在公用数据网上以分组方式工作的（DTE）和（DCE）之间的接口。"

2. X.25 网的组成

X.25 网的组成如图 4-18 所示。

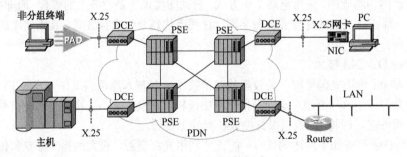

图 4-18 X.25 网的组成

（1）分组交换机

在 PDN 内部，各结点由分组交换机（Packet Switching Equipment，PSE）组成，交换机间交换的数据单元是"分组"，所以也称 X.25 网为分组交换网或包交换网。PSE 采用"存储转发"的方法交换分组,为了保证通信可靠性,每个 PSE 至少与另两个 PSE 相连接。分组交换机是分组交换网的枢纽。

（2）传输线路

X.25 分组交换网的中继传输线路可采用模拟和数字两种形式,用户端的接入线路也有两种形式,即利用数字电路或利用电话线路和调制解调器。X.25 网服务刚刚引入时,其传输速率被限制在 64 kb/s 内。1992 年,ITU-T 更新了 X.25 标准,传输速率可达到 2.048 Mb/s。

（3）DTE

X.25 网络的末端设备（如路由器、主机、终端、PC 等）,一般位于用户一侧,故称为用户终端设备。用户终端分为分组型终端和非分组型终端两种。没有智能的非分组型终端要通过 PAD（Packet Assembler / Disassembler,分组组装/拆装设备）接入网络。

（4）DCE

DCE 是诸如 X.25 适配器、包交换机等的专用通信设备,用来将 DTE 连接到 X.25 网络中。

3. X.25 网的特点

X.25 网具有如下特点。

1）统一的用户设备接口,能接入不同类型的用户设备。

2）为保证数据的可靠传输,采用大量的差错控制协议,有一整套完备的差错控制机制,在结点间执行差错检测、出错重传、流量控制功能,有拥塞控制机制,可靠性高,有服务质量保证,能适应低质量传输介质的网络。

3）第三层协议提供了可靠的面向连接的虚电路方式分组传输服务,如图 4-19 所示。

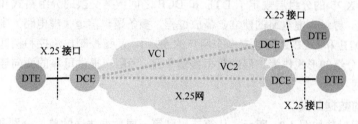

图 4-19　X.25 的虚电路服务

4）每个交换机至少与另两个交换机相连来增加网络的抗毁性和可靠性。

5）多路复用。在单一的物理链路上可同时复用多条逻辑信道（虚电路）,使一个用户设备能同时与多个用户设备进行通信,线路利用率高,这是 X.25 网的突出优点。

6）可提供点到点、一点对多点、多点对多点等多种通信方式。

7）动态分配线路的带宽。

8）支持多种高层应用,它们的数据均可封装在 X.25 分组中并在网络中传输。

4.4.2　X.25 协议体系结构

1. X.25 的层次结构

X.25 接口标准为实现分组交换定义了物理层、数据链路层、分组层（即网络层）三层协议。虽然 X.25 协议出现在 OSI RM 之前,但其在 DTE 和 DCE 之间的分层通信协议,分别对应于 OSI RM 的低三层,这三层协议正好包含了通信子网的全部功能,如图 4-20 所示。

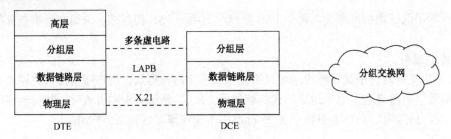

图 4-20 X.25 的层次关系

（1）X.25 的物理层

该层定义了 DTE 和 DCE 之间建立和维持物理连接的电气接口所必需的机械、电气、功能和规程特性，用于激活和断开 DTE 与 DCE 之间在物理介质上的连接，在物理层提供二进制比特流传送。

（2）X.25 的数据链路层

X.25 接口标准的第二层，采用平衡型数据链路控制规程 LAPB 为 DTE/DCE 链路上定义了帧格式，将第三层的分组进行封装后经物理层传输。LAPB 适用于点对点连接的场合，帧内所含的 FCS 校验字段采用 CRC 进行检错，具有确认应答机制，保证帧序列的无差错传输，将不十分可靠的物理链路变为逻辑上可靠的数据链路。

（3）X.25 的分组层

X.25 的分组层是 X.25 建议的核心。分组交换的目的是实现通信资源的共享，主要采用多路复用的原理来实现。X.25 的分组层规定了 DTE 和 DCE 之间数据交换的分组格式和分组传输控制过程，包括分组定义、寻址，虚电路的建立、释放过程，多条逻辑信道（虚电路）到一条物理连接的复用（以使得在 DTE 和 DCE 之间建立多个用户的连接）、差错控制、流控和拥塞控制的处理与恢复等，其目的是以分组的形式作为该层的数据传输单元，为用户提供可靠的面向连接的虚电路传输服务。

2．X.25 网的数据封装

X.25 网的数据封装如图 4-21 所示。从第三层到第一层数据传送的单位分别是"分组"、"帧"和"比特"。

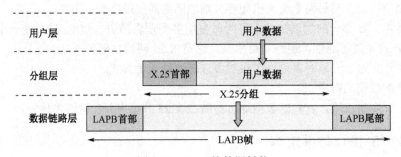

图 4-21 X.25 的数据封装

4.4.3 X.25 网的应用与现状

1．X.25 网的应用

X.25 网作为广域网曾经主要用于局域网之间的互连，如图 4-22 所示。

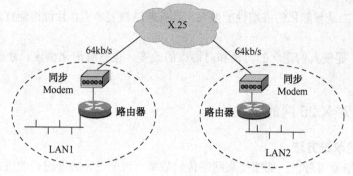

图 4-22　X.25 互连局域网

2．X.25 网的现状

X.25 网早期依赖于差错率较高的模拟电话网传输数据，为保证可靠，采用了严格的协议，利用检错、确认、重传等机制，来保证服务质量，这曾是它最大的优点，在二三十年前被认为是一种成熟的协议，颇受欢迎。分组交换技术从 20 世纪 70 年代开始普及，到了 20 世纪 80 年代末期，世界上几乎所有的数据通信网都采用这一技术，其根本原因是分组交换技术在降低通信成本、提高通信可靠性和灵活性等方面取得了巨大成功。

但是 X.25 网的差错控制机制复杂，致使速率很低（≤2.048Mb/s）。20 世纪 90 年代以后，通信和计算机技术都发生了极大的变化，通信线路和终端设备都得到了极大的改善。通信主干线路已基本光纤化，数据传输质量大大提高使得误码率降低了好几个数量级，在这样的网络中数据几乎达到无错传输，而 X.25 网十分复杂的数据链路层协议和分组层协议已成为多余。随着快速分组交换技术的实现，X.25 网现已基本被淘汰。

4.5　帧中继

4.5.1　帧中继产生的背景

帧中继（Frame Relay，FR）技术是在 X.25 技术基础上演变而来的，是 X.25 技术在新的传输条件下的简化和改进，因而性能优于 X.25 技术。它对 X.25 技术的简化和改进主要体现在省略了 X.25 的分组层，以数据链路层的帧为基础实现多条逻辑链路的统计复用，所以称为"帧中继"。帧中继协议运行在 OSI RM 的物理层和数据链路层。

1．X.25 网存在的问题

在 X.25 网发展初期，网络传输设施基本上借用了模拟电话线路，这种线路容易受噪声的干扰而产生误码。为了在误码率很高的信道上保证传输的无差错，就需要复杂的协议来屏蔽，每个结点都要在数据链路层和分组层执行差错校验和出错重传，做大量的处理。这种复杂的差错控制机制确实为用户数据的高可靠传输提供了很好的保障，这在当时的传输条件下是必要的。但由于强调高可靠性，X.25 复杂的协议造成了大量的额外传输开销，使其传输效率很低，难以满足当今多种高速业务的要求。

2．新传输条件下网络性能的目标

经过几十年的发展，传输条件已经大为改观，通信主干线路已光纤化，通信设备的可靠性也显著提高，传输误码率极低。因此，在新的传输条件下，再采用过于复杂的传输控制协议已无必要。简化网络功能、提高网络效率成为主要目的。做到这一点要有两个前提条件：一是要保证数字传输系统的优良性能；二是智能化的终端性能要高，具有差错恢复能力，且价格便宜。这两个条件目前早已不是障碍。

技术的发展，促使人们观念的转换和对协议的改变，也只有简化协议，才能加快处理和转发速度。

4.5.2 FR 对 X.25 网的改进

1. X.25 网的改进方法

由 X.25 网的缺点可看出，要想提高网络传输效率，可从三个方面进行改进：简化网络协议、提高交换设备转发速率，信令分离（带外信令技术）。

（1）简化网络协议

为克服分组交换开销大、延时长的缺点，FR 简化了传统分组交换技术的传输协议，省略了 X.25 的分组层，上层数据直接封装在帧中传输。省去了很多在 X.25 分组交换中的纠错功能，减少了协议层数的处理，必然提高了网络效率。

FR 避免了分组层的报文分组和重装的消耗，而且帧长度是可变的，没有分组层的固定组长度的限制，动态分配传输带宽，适应各种数据类型的传输。

（2）提高交换设备的转发速率

FR 认为传输基本不出现差错，因此 FR 交换机只要一读出帧的目的地址就立即开始转发该帧，即使该帧还处于接收状态中，即边收边发（称为"流水线"式转发）。FR 只在虚电路两用户端系统中进行确认和重发，中间交换机之间不再通过确认和重传进行逐点的纠错，当收到出错帧时就简单地丢弃，不提供确认，只检错不纠错，尽量减少数据传输过程中的开销和层次处理环节，所以有人说 FR 只有 1.5 层。这样使得帧通过结点的延时尽可能缩短，如图 4-23 所示。

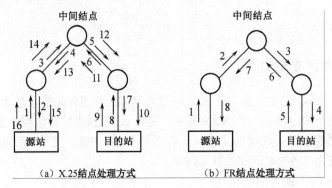

图 4-23 X.25 和 FR 结点处理方式比较

FR 将原来大部分由网络解决的传输控制工作推到网络外部的智能终端上去解决，在减少网络时延的同时也降低了通信成本。只有当网络本身的误码率非常低时，FR 技术才是可行的。FR 和 X.25 的差错控制方式比较如图 4-24 所示。X.25 的逐点确认方式如图 4-25（a）所示，FR 的流水线确认方式如图 4-25（b）所示。

（3）信令分离技术

X.25 网的传输控制信息和用户数据组织在一起封装在分组中，在同一个信道中传输（称为"带内信令"，因为要占用传输带宽），无疑增大了传输开销，且易受干扰。FR 采用传输控制信息与用户数据分开传输的方式（称为"带外信令"），传输控制信息通过一条单独的、专用的信令通道控制各结点交换机为数据传输建立虚电路，中间交换结点无需为每个连接保持状态表。这样就简化了结点交换机的工作，提高了信道的数据传输效率，如图4-26所示。

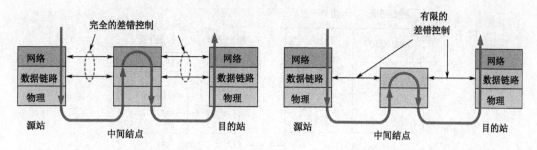

图 4-24　X.25 与 FR 的差错控制方式比较

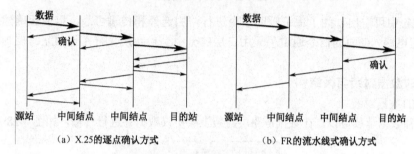

图 4-25　X.25 和 FR 的确认方式

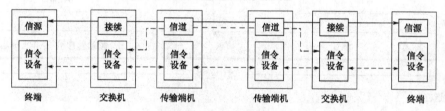

图 4-26　FR 的信令分离技术

实线—数据信道；虚线—信令信道

2．共路信令技术

所谓"共路信令"技术，是指将多个数据通道的控制信令集中在一个专用的信令通道中传送，与数据通道分开，形成所谓的共路信令系统。数据通道不用再维护信令状态，只传送数据，将更多的带宽留给用户数据，提高了数据传输效率。而专门的信令通道传送、维护控制信令信息，传送速率快且干扰小，既简化了控制管理，又提高了信令通道的资源利用率。

共路信令主要用于：呼叫建立、路由选择和呼叫释放；内部数据库访问；网络运行与支持；计费等。

4.5.3　FR 的体系结构和服务

1．FR 的体系结构

帧中继是 ITU-T 在 ISDN 标准过程中由 I.122 建议提出的。帧中继由两个子网构成，对应在逻辑上分开的两个层面：传输用户数据的"交换信息子网"和传递控制信息的"信令子网"。图 4-27 所示的虚线分割构成了传输用户信息的"用户面"（U 面）和呼叫控制有关的"控制面"（C 面），U 面中的用户数据通道相当于 ISDN 的 B 通道，用于传输用户数据；C 面中的信令通道相当于 ISDN 中的 D

通道，用于传输信令，如完成建立连接、释放连接等。

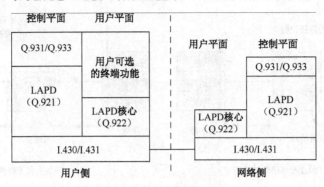

图 4-27　FR 体系结构

从图 4-27 中可看出，为了保证呼叫信令进行路由选择和传输可靠，以便正确建立用于传输用户数据的虚电路，C 面的信令通道仍采用三层的分组交换实现，有完整的差错控制和可靠性保证机制。

2．FR 的数据封装与帧结构

（1）FR 的数据封装

FR 是一种数据承载协议，在数据链路层封装上层协议数据并进行传输，如图 4-28 所示。

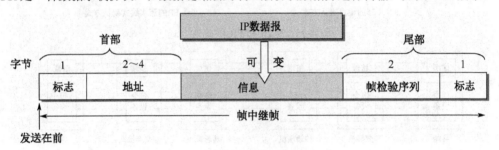

图 4-28　FR 的数据封装

（2）FR 的帧结构

FR 的帧结构如图 4-29 所示。

FR 数据帧各主要字段含义如下。

1）标志：帧的边界（01111110—0x7E），表示帧的开始和结束。

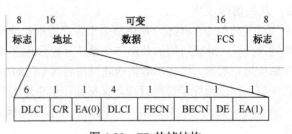

图 4-29　FR 的帧结构

2）数据链路连接标识符 DLCI：FR 提供了一种多路复用的手段，通过建立多条虚电路共享物理介质。FR 用 DLCI 来标识虚电路（最多 1024 个），不同的 DLCI 在链路层上实现了复用。

每一帧的帧头中都包含虚电路号，即 DLCI，每一个结点交换机中都保存虚电路的路由表。当用户数据帧进入结点交换机后，结点交换机首先识别帧头中的 DLCI，然后从虚电路路由表中找出对应的下段虚电路的标识 DLCI，从而将帧正确地送往下一结点机。结点交换机通过 DLCI 值识别帧的去向。

3）FECN：前向显式阻塞通知。若某结点将 FECN 置为 1，则表明与该帧在同方向传输的帧可能受网络拥塞的影响而产生时延。

4)BECN：后向显式阻塞通知。若某结点将 BECN 置为 1，即指示接收者，则与该帧反方向传输的帧可能受网络拥塞的影响产生时延。

5)DE：允许丢弃指示。在 FR 网络中，所有的帧被划分为高优先级和低优先级两种。高优先级帧在首部的地址字段中的可丢弃指示 DE 比特置为 0，表示网络尽可能不要丢弃这类帧（即使网络发生了拥塞）。低优先级帧的 DE 比特置为 1，表示这是相对较为不重要的帧，在网络发生拥塞时可丢弃这类帧。

6)FCS：帧校验序列字段，这是一个 16 比特的序列。它具有很强的检错能力，它能检测出在任何位置上的三个比特以内的错误、所有的奇数个错误、16 个比特之内的连续错误以及大部分的突发错误。

3．FR 的虚电路传输服务

FR 是一种简单的面向连接的虚电路传输服务，能充分利用网络资源，既提供交换虚电路，又提供永久虚电路，并且遵从 ISDN 保持用户数据和信令分离的原则。

目前已建成的 FR 网络大多只提供永久虚电路业务，如图 4-30 所示。

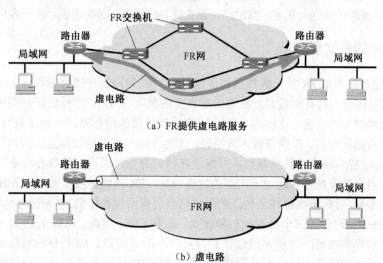

图 4-30 FR 的虚电路传输服务

FR 作为一种面向连接的采用虚电路技术的通信方法，ITU-T 最初是为 ISDN 的承载业务而定义的，FR 使用专用的 D 通道来传递控制信息，建立 B 通道的虚电路。两类通道对应的逻辑层面如图 4-31 所示。

后来许多组织看到这种协议在广域网中具有的巨大优势，对 FR 技术进行了广泛的研究。目前其主要用在公共或专用网上的局域网互连以及广域网连接。

4．FR 系统组成

一个典型的 FR 网络由用户设备与网络交换设备组成，如图 4-32 所示。

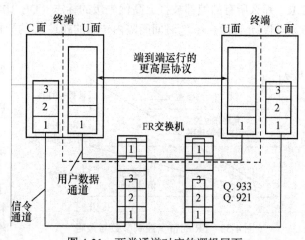

图 4-31 两类通道对应的逻辑层面

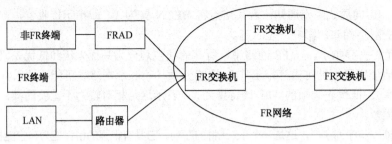

图 4-32 FR 系统组成

1）帧中继网接入设备（FRAD）：属于用户设备，如支持 FR 的主机、桥接器、路由器等；负责把数据帧送到 FR 网络，用户设备分为 FR 终端和非 FR 终端两种，非帧中继终端必须通过帧中继装拆设备接入 FR 网络。

2）帧中继网交换设备（FRS）：网络服务提供者的设备，FR 的交换结点。作为 FR 网络核心设备，其在数据链路层完成帧的传送。很多厂家的路由器支持 FR 网络的 UNI 协议，便于客户接入。

4.5.4 FR 的带宽管理

FR 的带宽控制技术是 FR 技术的特点和优点之一。FR 使用统计时分复用，实现了带宽资源的动态分配，因此它适合为具有大量突发数据的用户提供服务。例如，当传送活动图像时，经常会遇到瞬间信息量突然增加的情况，这称为"突发"，突发信息量的持续时间一般是短暂的。FR 不仅可以提供用户事先约定的带宽，在网络资源富裕时，还允许用户使用超过预定值的带宽（但只需付预定带宽的费用）。这样当有突发数据量时，网络能在限定的短时间里提供高吞吐量的传送。但是如果某一时刻所有用户的流量之和超过了可用的物理带宽，FR 网络就要实施带宽管理。它通过为用户分配带宽控制参数，对每条虚电路上传送的用户信息进行监视和控制，以便合理地利用带宽资源。

FR 网络为每个用户分配三个带宽控制参数 B_c、B_e 和 CIR。同时，每隔 T_c 时间间隔对虚电路上的数据流量进行监视和控制。T_c 值是通过计算得到的，$T_c=B_c/CIR$。CIR 是网络与用户约定的用户信息传送速率，即承诺信息速率。B_c 是网络允许用户以 CIR 速率在 T_c 时间间隔传送的数据量。如果用户以小于等于 CIR 的速率传送信息，则网络保证这部分信息的传送。如果帧的速率总是小于 CIR，那么所有的帧都被打上高优先级的标志（DE 比特置 0），在一般情况下传输是有保证的。B_e 是网络允许用户在 T_c 时间间隔内传送的超过 B_c 的数据量，如图 4-33 所示。

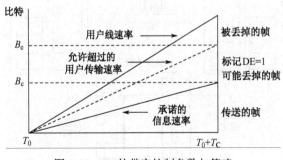

图 4-33 FR 的带宽控制参数与策略

网络对每条虚电路进行带宽控制，采用如图 4-33 所示的策略。

网络每隔 T_c 时间检测一次用户数据传送量：

1）当用户数据传送量小于等于 B_c 时，继续传送收到的帧，并保证传输可靠。

2）当用户数据传送量大于 B_c 但小于等于 B_c+B_e 时，将 B_e 范围内传送的帧的 DE 比特位置为 "1"，若网络未发生严重拥塞，则继续传送，否则将这些帧丢弃。

3）当 T_c 时间内用户数据传送量大于 B_c+B_e 时，则将超出范围的帧丢弃。

在传统的数据通信业务中，如数字数据网，用户预定了一条 64 kb/s 的电路，那么它只能以

64 kb/s 的速率来传送数据。而在 FR 技术中，用户向 FR 业务供应商预定的是约定信息速率，即 CIR（CIR 越高，FR 用户交纳的费用就越多）。而实际使用过程中用户可以以高于 CIR 的速率发送数据，却不必承担额外的费用。举例说明，一个用户预定了 CIR=128 kb/s 的 FR 电路，并且与供应商约定了另外两个指标，承诺数据量 B_c=128 kb，超过的突发量 B_e=64 kb，则 $T_c=B_c/CIR=1s$。

当用户在 T_c 时间内以等于或低于 128 kb/s 的速率发送数据，网络将负责传送。当用户以大于 128 kb/s 的速率发送数据时，帧的 DE 比特位被置为 "1"，这时只要网络不拥塞，且用户在一定时间 T_c 内的发送量（突发量）小于 B_c+B_e=192 kb/s，网络还会传送；若发生了严重拥塞，这些帧会被丢弃。当突发量大于 B_c+B_e=192 kb/s 时，则网络立刻丢弃帧。这是在保证用户正常通信的前提下防止网络拥挤的重要手段，也可以保证适应各种数据通信业务（流式和突发）的需要。所以 FR 用户虽然付了 128 kb/s 的信息速率费用（收费依 CIR 来定），却可以传送高于 128 kb/s 的数据，这也是 FR 吸引用户的重要原因之一。

4.6 数字数据网

4.6.1 数字数据网概述

1. 基本概念

数字数据网（Digital Data Network，DDN）也是一种公共数字数据传输网络，它利用光缆、数字微波、卫星信道等数字传输信道，以传输数字信号为主，为用户提供专用的、高质量的、半永久性连接的出租数字专线，其实质是在干线上为用户提供的时分复用信道。用户租用一条点对点的专线后，DDN 就为两个用户间提供了一条双向的高质量、高带宽的全程端到端数字数据专用线路。DDN 适用于频繁的大数据量通信场合。

"半永久性连接" 是指信道一旦由网管生成，用户两端之间的连接便是固定不变的，直到用户提出业务变更时网管才进行相关连接变动。DDN 采用复用技术和点对点的半固定电路连接方式，数据不必进行交换。因此沿途没有复杂的软件处理，延迟短，避免了分组网中传输时延大且不固定的缺点。

DDN 对用户是完全透明的。所谓透明传输，是指经过传输通道后数据比特流没有发生任何协议上的变化。这意味着 DDN 支持各种通信协议和各种通信业务，只要通信双方自行约定了通信协议就能在 DDN 上进行数据通信。DDN 可以支持任何类型的用户设备接入网络，如计算机、各种终端、图像设备、语音设备或网站或园区网等。DDN 示意图如图 4-34 所示。

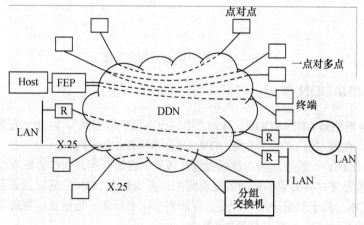

图 4-34 DDN 示意图

2. DDN 的组成

DDN 由数字通道、DDN 结点、网管控制、用户环路四个部分组成，如图 4-35 所示。

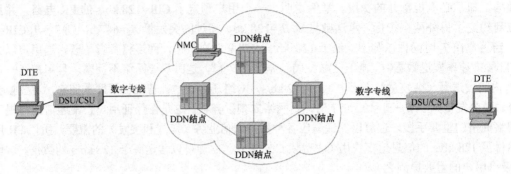

图 4-35 DDN 的组成

1）DSU/CSU：数据服务单元（Data Service Unit，DSU）/信道服务单元（Channel Service Unit，CSU），是一个数字接口装置，用以适配和连接 DTE，可以是调制解调器或基带传输设备，以及时分复用、语音/数字复用等设备，用于接入不同的用户终端设备。

2）NMC：网管中心。对于一个公用的 DDN 来讲，网络管理至少包括用户接入管理、网络资源的调度和路由管理、网络状态的监控、网络故障的诊断、报警与处理、网络运行数据的收集与统计、计费信息的收集与报告等。

3）DDN 结点：数字交叉连接时分复用设备。

DDN 适用于远程局域网间的固定连接，但租用费用稍高。这一点是由 DDN 的特点所决定的，它提供的数字电路为半永久性专线连接，即无论用户是否传输数据，此数字连接一直存在，如图 4-36 所示。

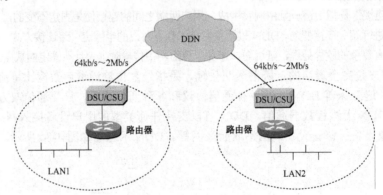

图 4-36 用 DDN 进行网络互连

4.6.2 CHINADDN 体制

中国的 DDN 网络是 CHINADDN，称为"中国公用数字数据网"，以数十万条光缆为主体，实行分级管理机制，由国家级 DDN、省级 DDN、地市级 DDN 分级构成。

（1）国家级 DDN：一级干线网，包括设置在各省、自治区和直辖市的核心结点，是各大区骨干核心，主要功能是建立省际业务之间的逻辑路由，提供长途 DDN 业务以及国际出、入口。

（2）省级 DDN：属于二级干线网，是各省的主干，主要功能是建立本省内各市业务之间的逻辑路由，提供省内长途和出入省的 DDN 业务。

（3）地市级 DDN：各级地方范围内的网络，主要是把各种低速率或高速率的用户复用起来进行业务的接入和接出，并建立彼此之间的逻辑路由。本地网可以由多层次的网络组成，本地网中的小容量结点可以直接设置在用户室内。

这样，国内、国外用户都可通过 DDN 专线互相传递信息。各级网管中心负责用户数据信道的生成，以及网络的监控、调整、告警处理等维护工作。

4.7 ATM

4.7.1 ATM 概述

1. ATM 产生的背景

ATM 即异步传输模式，ITU 在 1991 年推荐 B-ISDN 的传送方式采用 ATM 技术，曾被认为是"未来最理想的"宽带综合业务数字网。

电路交换和分组交换两种方式各有其优缺点。ATM 综合了二者的优点发展而成，是建立在电路交换和分组交换基础上的一种面向连接的快速分组交换技术，在信息格式和交换方式上与分组交换相似，在网络构成和控制方式上与电路交换相似。因此，ATM 技术既具有电路交换技术实时性好、传输延迟固定和传输速率高的优点，又具有分组交换技术对突发数据的适应性和分时复用信道资源的能力，是电路交换和分组交换的折中。ATM 支持的 ISDN，不仅仅是业务上的综合，也是技术上的综合，试图为高速传输语音、数据、图像、视频等各种信息提供适应性广泛的多媒体宽带传输。

2. ATM 的定义与特点

（1）ATM 的定义

ITU-T 在 I.113 建议中给 ATM 下了这样的定义：ATM 是一种传输模式，在这一模式中信息被组织成信元，而包含一段信息的信元并不是周期性地出现在信道上。从这个意义上来说，这种传输模式是异步的，实际上就是一种统计时分多路复用。

定义中所说的"信元"实际上也是一种分组，只是为了区别于 X.25 的分组，才将 ATM 的信息传输单元称为信元，因此 ATM 有时也称"信元中继"。

ATM 异步传输模式是相对于同步传输模式而言的。同步传输模式采用预先为用户分配时间片的方法，当用户不传输信息时，分配的时间片就会空闲，造成信道带宽的浪费。而 ATM 技术中时间片是根据数据传输的需要动态分配的，即异步时分复用模式，具有很大的灵活性，任何业务都可按实际需要来占用信道资源。这意味着 ATM 具有较高的数据传输速率。所以，如上可知，ATM 本质上是一种快速分组交换技术。

（2）ATM 的特点

ATM 网络的基本思路和特征是把数据分割成固定长度的小分组（信元）来传输，主要具有如下特点。

1）每个数据传输单位，即信元，只有 53 字节固定长度和格式。由于 ATM 信元短小且定长，有利于进行高速数据交换，具有灵活的带宽分配、高效的复用等特点。信元由信元头部和数据域两部分组成。其中五个字节的信元头存放信元穿越 ATM 网络时所用的路由控制信息，包括表示信元去向的逻辑地址、优先度及信头的纠错码等。定长的首部可以简化交换机的处理过程，可利用高速硬件对信头进行识别和处理，因而缩短了信元的处理时间。48 字节的数据域称为"有效载荷"，携带各种高层数据——来自各种不同业务的用户信息。每个信元在 ATM 网络中独立地传输，如图 4-37 所示。

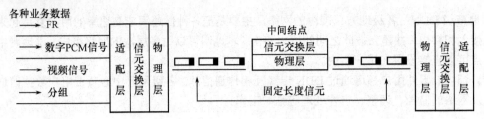

图 4-37 ATM 信元的交换

2）快速交换技术：ATM 将电路交换与分组交换结合起来，采用了面向连接的虚电路交换技术，数据传输保序，以满足高实时性应用要求。ATM 交换机的内部实现输入端口的信元直接交换到输出端口，这是由于 ATM 运行在光纤介质上，传输差错极少，交换机本身不执行差错控制和流量控制，把检错纠错功能推到网络两端智能终端的高

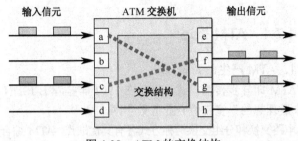

图 4-38 ATM 的交换结构

层协议上去解决，减少了中间结点处理延时。信元在 ATM 交换机中转发的速度极快，输入/输出速率一般可达 155.252Mb/s、622.080Mb/s 等。ATM 交换结构如图 4-38 所示。

3）ATM 的统计（异步）时分复用：根据各种业务的统计特性，在保证业务质量要求的情况下，在各个业务之间动态地分配网络带宽，以达到最佳的资源利用率。多个信源连接复用到一条链路上，只在有数据传输时才被分配信道时隙进行传输，无数据传输时不占用带宽。每个信元占用一个时隙，时隙的分配是根据通信量的大小和排队规则决定的。遵从先来先服务的原则，时隙的分配不固定，只要信道有空闲，便将信元投入信道，这也是被称为"异步"传输模式的原因，如图 4-39 所示。由于 ATM 的高速性，使声音、图像和数据等能同时在 ATM 信道中传输。

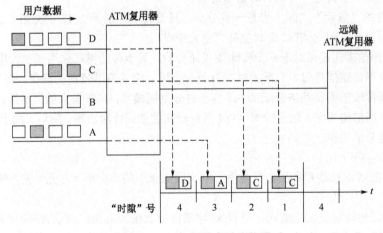

图 4-39 ATM 的异步时分复用

4.7.2 ATM 的发展前景

1. ATM 的缺点

ATM 信元首部的开销太大，5 字节的信元首部在整个 53 字节的信元中所占的比例相当大；

ATM 的技术复杂且价格较高；ATM 能够直接支持的应用不多；万兆以太网的问世和 IP 光传输技术的发展，进一步削弱了 ATM 在 Internet 高速主干网领域的竞争能力。

2．ATM 面临的严峻的挑战

在 OSI RM 中，ATM 和千兆以太网都只涉及低二层，在低二层网络技术中，以太网是人们用得最多、最为熟悉的技术。廉价、简单、快速的以太网技术牢固地占据着 LAN 的阵地，ATM 没有机会向桌面系统扩张。

近年发展迅速的宽带 IP 网络也对 ATM 提出了严峻的挑战。Internet 的飞速发展，使电信网必须认真考虑与它结合，因为这提供了网络技术和网络应用发展的极大机遇。

20 世纪末以前，人们对 ATM 寄予厚望，认为其是宽带网的首选并可以替代以太网，目前随着 IP 技术和以太网技术的提高，ATM 已非主流技术。支持 B-ISDN 的各种新技术不断推出，ATM 技术的优势不再明显。

4.8 常用接入网技术

4.8.1 接入网

对于主干网来讲，目前各种宽带技术日臻成熟和完善，波分复用系统的带宽已达 400Gb/s，IP over DWDM 等技术已投入使用，正在实现全优化主干光网络，可以说网络的主干已经为承载各种宽带业务做好了准备。但是位于主干网与用户之间的接入网发展相对滞后，成为制约通信发展的瓶颈。为了给广大用户提供端到端的宽带连接，保证宽带业务的开展，接入网的宽带化、数字化是前提和基础，必然成为网络技术中的热点问题。

必须有宽带接入技术的支持，各种宽带服务与应用才有可能开展。也只有把接入网带宽的瓶颈打开，核心网的容量潜力才能真正发挥。

接入网是各运营商提供的业务到用户端的必经之路，是网络运营的基础。对于运营商来说，必须要解决好网络的"最后一千米"问题，否则无论其主干网络的资源多么丰富，也很难提供给用户享用，取得良好的经济效益。接入网的位置如图 4-40 所示。

CPN—用户驻地网；UNI—用户网络接口；SNI—业务结点接口

图 4-40 接入网的位置

目前，可以作为用户接入网的主要有三类：电信通信网、计算机网络与广播电视网。虽然三网所使用的传输介质、传输机制各不相同，却都在朝着一个共同的方向发展，均按照自己的体制经历了数字化的进程，因为数字技术可将各种信息变成统一的数字信号来获取、处理、存储与传输。在文本、语音、图像与视频信息实现数字化后，这三种网络在传输数字信号这个基本点上是一致的。同时，它们在完成自己原来的传统业务外，还有可能经营原本属于其他网的业务。数字化技术使得这三种网络的服务业务相互交叉，三网之间的界限日趋模糊，人们使用一种最简单、费用最低的方式将自己的计算机接入 Internet 有了选择。

因为面对的终端用户众多，所以宽带接入网投资比主干网更为巨大，这也是当前推广过程中面临的难题之一。至今尚无一种接入技术可以满足所有应用的需要，接入技术的多元化必然是接入网的一个基本特征。当前采取的策略是，一方面对现有网络技术改造延长其使用寿命；另一方面研制新的技术。总体来说，接入技术可以分为有线接入技术和无线接入技术两大类。

4.8.2 xDSL 接入技术

1．xDSL 基本概念

目前最为普及、距离用户最近的接入线路资源是电话双绞线。如何充分发挥这些已投入巨资建成的线路资源的效益受到人们的关注。

网络运营商总是希望用相对较小的投资、较快地为用户提供宽带接入。虽然有线宽带接入的最终方式为光纤，但直接大规模地为用户提供光纤接入，既不能保护原有资源，投资也太大，且市场对带宽的实际需求也是一个渐进的过程。在这种情况下，目前利用传统电话线路可提供的最佳宽带接入方式是 xDSL 技术。

数字用户环路（Digital Subscriber Line，DSL）是以现有的、广泛应用的普通铜质电话双绞线为传输介质的点对点传输技术。DSL 技术采用先进的数字信号处理技术在原有铜线上扩容实现高速数字化传输，以支持宽带业务。采用 DSL 技术不需要对现有的接入系统进行过多改造，即可方便地开通宽带业务。DSL 技术包含几种不同的类型，它们通常称为 xDSL，是一系列用户数字线技术的总称。其中"x"代表着不同种类的数字用户线路技术，区别在于信号的传输速率和距离，以及上传/下载的对称和非对称性。xDSL 技术在传统的电话网络的接入端——用户环路上解决了网络服务供应商和最终用户间的"最后一千米"传输瓶颈问题，因此受到重视。

xDSL 同样是调制解调技术家族的成员，只是采用了不同于普通 Modem 的标准，运用先进的调制解调技术，使得通信速率大幅度提高，最高能够提供比普通 Modem 快 300 倍的兆级传输速率。由于采用 xDSL 技术需要在原有语音或视频线路上叠加传输，在用户端和电信局分别进行合成和分解，为此需要配置相应的用户端和局端设备。

2．xDSL 的调制技术原理

电话双绞线理论上有接近 2MHz 的带宽，传统电话系统在用户环路上只利用 0～4 kHz 的低端频率传送语音，xDSL 技术则利用在电话系统中没有使用的高频段进行数据调制和传输，因而可以获得较高的带宽和数据传输速率。这样，充分利用了电话线路的带宽，且数据传输与话音传输互不干扰。该技术把用户环路频带分割成三部分，分别用于普通电话服务、上行和下行高速宽带信号。从这个意义上看，xDSL 是一种频分复用技术，如图 4-41 所示。

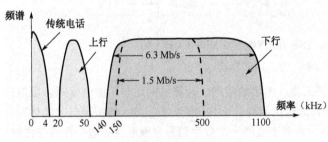

图 4-41 xDSL 的频分复用技术

3．xDSL 的技术优势

与其他宽带网络接入技术相比，xDSL 技术的优势在于：能够提供当前人们对网络应用的带宽需求；与 Cable Modem、无线宽带接入等技术相比，xDSL 性能和可靠性更加优越，是过渡阶段比较经济的接入方案之一。

4．xDSL 技术种类

xDSL 技术按上行（用户到交换局）和下行（交换局到用户）的速率是否相同可分为速率对称型和非对称型两类。xDSL 技术包括多种，有 ADSL（非对称数字用户线）、RADSL（速率自适应数字用户线）、ADSL Lite（简化的 ADSL）、HDSL（高比特率数字用户线）、SDSL（HDSL 的单线版本)、IDSL（ISDN 数字用户线）、VDSL（甚高比特率用户数字线）、UDSL（超高速数字用户环路）等，速率、传输距离、对称性各不相同，适用于不同的应用场合，其中 ADSL 是应用最广泛且最具竞争力的一种。

5. ADSL 技术

（1）ADSL 工作原理与特点

ADSL 主要特点在于其上下行速率非对称。它利用数字编码技术从现有普通铜质电话线上获取高达 32kb/s～8.192Mb/s 的高速下行和 32kb/s～1.088Mb/s 的上行数据传输速率，传输距离可以达到 3～5km，同时保留电话语音服务，使上网与打电话互不影响。只需在线路两端加装 ADSL 设备即可，无需修改任何现有协议和网络结构。ADSL 技术的高下行速率和相对而言较慢的上行速率（使用浏览器的用户只发出简短的查询命令）非常适于 Internet 浏览、下载文件、视频点播、网上音乐、网上电视、网络学习、娱乐、购物等，使应用 Internet 多媒体服务成为可能，适合通过现有普通电话线的家庭、办公室使用。

ADSL 采用了高级的数字信号处理技术和新的算法压缩数据，使大量的信息得以在普通电话铜制双绞线上高速传输。为了在电话线上分隔有效带宽，产生多路信道，ADSL 调制解调器一般采用两种方法实现：频分多路复用和回波消除技术。

ADSL 在同一铜线上分别传送数据和语音信号，数据信号并不通过电话交换机设备，减轻了电话交换机的负担。因为 ADSL 使用话音以外的频率传输数据，上网时无需拨号（打电话仍需拨号），永远在线，属于专线上网方式。这意味着使用 ADSL 上网并不需要缴付另外的电话费。由于不需要重新布线，用户投资少，仅需购置一台 ADSL Modem，安装方便快捷，降低了成本。ADSL 接入方式，等于在不改变原有通话的情况下，增加了一条高速上网专线。

（2）ADSL 的接入

ADSL 的典型结构如图 4-42 所示。

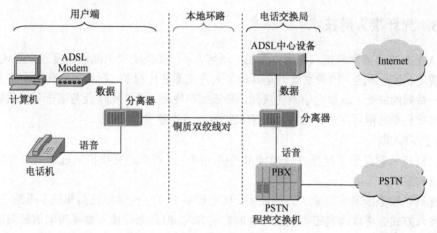

图 4-42 ADSL 的接入

ADSL 的接入由用户端和 ADSL 局端两部分组成。用户端设备由 ADSL Modem 和分离器组成。

1) ADSL Modem 的作用是对用户的数据进行调制或解调，以便在用户环路的电话线上传输。

2) 分离器用来隔离电话机和终端设备，将线路上的音频信号分离出来接到电话机。

由于 ADSL 技术调制的数据信号与原有话音信号在线路上叠加传输，在电信局和用户端分别进行合成和分解，需要配置相应的局端设备。ADSL 局端设备由 DSL 局端分离器和数据汇聚设备等组成。经 ADSL 调制解调器编码后的信号通过电话线传到电话局后，通过一个信号识别/分离器，将话音信号传送到程控交换机上,将数字信号接入 Internet,如图 4-43 所示。

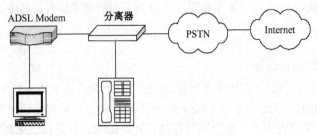

图 4-43 ADSL 用户端设备

（3）ADSL 的调制技术

ADSL 的调制技术主要有离散多音频调制（DMT）技术和无载波调幅调相（CAP）技术两种。其中 DMT 技术复杂，但功能更强，已被正式采纳为国际标准，如图 4-44 所示。

DMT 采用 256 个不同频率的载波对数据信号进行调制传输，每个载波占用 4kHz 的频段，把要发送的数据位流分配到

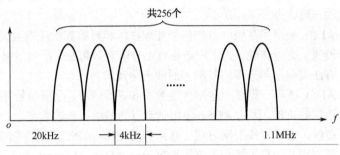

图 4-44 DMT 调制技术

256 个信道中调制后并行传输。4kHz 以下频段仍用来传送传统电话业务的话音服务；20～50kHz 的频段用来传送上行信号，52kHz～1.1MHz 的频段用来传送下行信号。

4.8.3 光纤接入网技术

虽然 ADSL 在当前宽带接入应用方面已广泛普及，但如果要提供高清晰度或交互式视频业务，仍将无法满足。而光纤接入的带宽潜力是其他接入方式无法比拟的，在接入网环境中用光纤取代铜线可带来一系列的好处：消除电信网的瓶颈，降低维护费用，易于实现业务融合和提供新业务，提高信息传输质量和通信可靠性，方便系统未来扩容，节省建设投资等。

1．光纤接入网

所谓光纤接入网是指采用光纤传输技术的接入网，泛指本地交换机或远端模块与用户之间采用光纤通信的系统。

由于光纤传输系统具有容量大、损耗小、防电磁能力强、传输质量高和成本不断下降等优点，今后光纤接入方式必将成为宽带有线接入网的发展方向。但是光纤接入需要对电信部门过去的铜线接入网进行替换改造，用户众多，投资巨大，目前还未完全实现。光纤接入分为多种情况，从技术上光纤接入网可以分为"有源光网络（AON）"和"无源光网络（PON）"两类。PON 由于消除了局端与用户端之间的有源结点设备，只需要安装一个简单的光分支器，从而使得维护简单、可靠性高，且能节约光纤资源、节省机房投资、设备安全性高、建网速度快、综合成本低等优点，是未来光纤接入的主要解决方案。

目前影响光纤接入网发展的主要原因不是技术问题，而是成本。

2．光纤接入网类型

根据光纤接入网中光纤向终端用户延伸的距离，也就是光网络单元（ONU）放置位置的不同，

光纤接入可分成多种形式，表示成 FTTx，其中的 FTT 表示 Fiber To The，x 可以是路边（Curb）、小区（Zone）、大楼（Building）或家（Home），即所谓光纤到路边（FTTC）、光纤到小区（FTTZ）、光纤到大楼（FTTB）和光纤到户（FTTH），如图 4-45 所示。

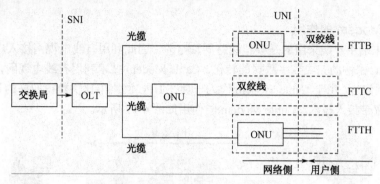

图 4-45　光纤接入网类型

OLT—称光线路终端；ONU—用户侧光网络单元；SNI—业务网络接口；UNI—用户网络接口

根据 ONU 位置不同有不同的 FTTx 光纤接入网形式。

FTTH（光纤到户）是光纤接入的远期目标，但实现成本高；中期目标可以实现 FTTC、FTTZ、FTTB，所谓的"光进铜退"是光纤接入的趋势。目前较佳的方案是 FTTx 与其他铜线或无线技术相结合，如 FTTx＋LAN、FTTx＋xDSL、FTTx＋WLAN 等。

4.8.4　HFC 和 Cable Modem 技术

1．HFC 基本概念

采用 HFC 技术的有线电视网，是由广电部门设计用来传输电视信号的网络，其覆盖面广，用户众多。HFC 的通频带为 750MHz，45～750MHz 主要用于传输有线电视信号。有线电视网的传输带宽远远没有得到充分利用，它有着巨大的潜力。随着有线电视网的发展壮大和人们对带宽要求的不断提高，通过 Cable Modem 利用有线电视网访问 Internet 也是高速接入方式的一种。

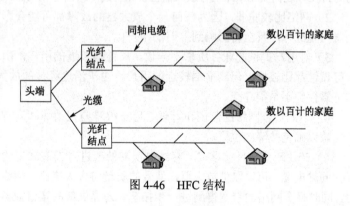

图 4-46　HFC 结构

HFC 把铜缆和光缆搭配起来使用，既是一种灵活的接入系统，也是一种优良的传输系统。它采用光纤到服务区，而在进入用户的"最后一千米"采用同轴电缆，前端或局端信号经由光纤主干网络传输至光结点，光电转换将光信号转换成电信号，再经由总线结构的同轴分配电缆至各个用户端。

目前我国的有线电视网有两大优势："最后一千米"带宽很高，覆盖率高于电信网。电信网形成时，只是为了电话业务，而电话只要求 64kHz 的带宽。因此，电信网的"最后一千米"就成了瓶颈，限制了网络速度的提高。尽管电信网采用了 ADSL 后可以做到 8MHz、6MHz，但提高的余地不大，导致成本非常高。而有线电视网同轴电缆的带宽很容易做到 800MHz，就现在的带宽需求而言，有线电视网的"最后一千米"是畅通的。当然，由于有线电视网当初设计是用于广播式的电视传播，即单工模式的，只有下行信道，因此它的用户只要求能接收电视信号，并不上传信息。当将有线电视网用于计算机通信时，必须对现有的网络前端和用户端进行改造，使之具有双向传输功能。

2. Cable Modem 的作用

由于 HFC 末端用户线采用的是模拟线路同轴电缆，因此利用有线电视网接入广域网，必须要有 Cable Modem，来协助完成数字数据的转化。Cable Modem 技术利用有线电视网，以数字方式传送数据及音/视频信号。由于 Cable Modem 作为一种在 HFC 网络中提供数据业务的设备，因此它通常等同于 HFC 宽带接入技术。Cable Modem 的作用如图 4-47 所示。

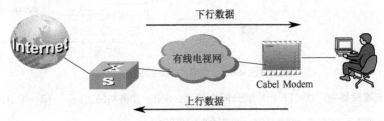

图 4-47　Cable Modem 的作用

3. CATV 技术的优缺点

总的来说，有线电视网与电信网相比有自己的优势，最主要的优势如下：带宽大、速率高、廉价；线路不用拨号，始终畅通；多用户使用一条线路；不占用公用电话线；提供真正的多媒体功能。

CATV 网的缺点也是很明显的，例如：

1）对于传送双向业务必须进行很大改造。首先需要将原有单向传输的有线电视网，改造为双向传输的 HFC，还需要用双路信号放大器替换原有的单路信号放大器。另外，还需要安装 IP 路由器。

2）网络比较脆弱，因为任何一个放大器的故障都可能会影响到许多用户，如果在干线上的放大器出现故障，甚至将影响到上万的用户。

3）对用户提供的业务质量不一致。离前端较近的用户，由于沿途经过的放大器少，信号质量和可靠性都比较好，但离前端较远的用户，由于沿途经过的放大器可有 40~50 个，因此信号质量和可靠性都不是很理想。

4）不太适合网络的监控和管理。自身很难监视故障，只有等待用户报障后才知道，而且知道后也难以确定故障的位置。

5）产业政策。目前看来，有线电视网的改进方案最理想的办法是用光纤代替同轴电缆。光纤替代同轴电缆，可以取消放大器，信号的质量将大大提高，网络的可靠性极大增强，减少了维护费用，同时整个网络的带宽得到进一步拓宽，为提供新的宽带业务创造条件。有线电视接入技术更趋向于采用 FTTx＋PON 技术，而不是采用 Cable Modem。

4.8.5　无线广域网

近些年来，无线广域网的应用也在逐渐展开，随着技术的不断成熟，它将会成为未来最有前途的网络手段之一。无线广域网中用无线电、微波和卫星进行通信。无线电通信的拓扑结构要求将 LAN 连接到无线的网桥上，再由网桥连接到天线上。天线向远方的天线发送信号，远方的天线也连接在网桥上，它接收发送来的数据包并将其传送到本地的局域网。这种通信类型称为分组无线网，在无线电频率非常高的时候使用。图 4-48 所示为一个连接了两个 LAN 的无线广域网的拓扑结构。

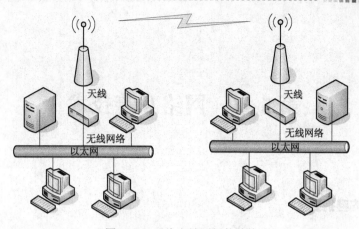

图 4-48　无线广域网拓扑结构

综上所述，目前接入网技术正向多元化发展，并将会在相当长一段时间内并存和竞争。

习　题

一、填空题

1．X.25 协议的分组级相当于 OSI RM 中的_____层，其主要功能是向主机提供多信道的_____服务。

2．到达通信子网某一部分的分组数量过多，使得该部分乃至整个网络性能下降的现象，称为_____。严重时甚至导致网络通信业务陷入停顿，即出现_____现象。

3．广域网中突出的核心技术是_____。

二、简答题

1．为什么大型的互联网络需要动态路由？
2．广域网与局域网相比，有何特点？
3．路由算法的设计目标是什么？
4．典型的广域网技术有哪些？
5．现在的 ADSL 业务采用的是何种技术？
6．帧中继的主要特点是什么？它与 X.25 有哪些区别？
7．目前常用的 PSTN、DDN、ISDN、ADSL 和 HFC 几种接入方式中，适用于家庭接入的有哪几种？适用于网吧接入的有哪几种？适用于校园网接入的有哪种？
8．广域网接入需要有哪些网络设备？
9．广域网连接有哪几种类型？
10．ISDN 有何特点？
11．为某中型单位设计一个广域网接入方案，并写出一个简单的设计报告。

第 5 章 网络互连技术

【内容提要】

本章主要介绍网络互连的目的、类型、原则、互连方式及实现技术，各种网络接入设备和网络互连设备的原理、用途和基本使用方法。

【学习要求】

要求理解网络互连设备的互连层次，熟悉它们的功能与特性，以及它们之间的区别，能够按实际需求选择和使用网络设备，重点掌握路由器和交换机设备。

5.1 网络互连的目的与要求

5.1.1 网络互连的目的

1. 网络互连的含义

网络互连包含如下两个方面的含义。

（1）指采用各种网络互连设备与互连软件将同一类型或不同类型的网络互连在一起，组成地理覆盖范围更大、功能更强的网络，最大程度地实现网络资源的共享、信息交换和协同工作。

（2）将一个大的网络分解为互连的若干个较小的子网，以利于更有效地管理和使用网络资源、优化网络性能、隔离故障及提高安全保密性。

网络互连是网络技术发展到一定阶段的必然产物。世界上存在着多种计算机网络，采用不同的技术，适用于不同的应用场合。当前与人们密切相关的 Internet 就是建立在不同网络互连基础上的更高一级逻辑网络。对于"网络互连"有不同的解释，比较普遍的说法如下：使用物理和逻辑设备互连不同的网络，构成统一的可相互通信的平台，同时对原有网络不做大的改动，保留原有网络所具有的各自独立性，即网络互连过程遵守"独立性、协作性"的工作原则。

2. 同构网和异构网

网络有"同构网"和"异构网"之分。

1）同构网：具有相同特性的网络，具有相同的通信协议，使用相同的操作系统。

2）异构网：具有不同的传输性质、通信协议及操作系统的网络。目前，网络的互连大多指异构网间的连接。

由于异构网络具有许多内在的不同特性，所以实现异种网络互连并不是简单的物理线路连通而是较为复杂的逻辑上的连接。

3. 网络互连的必要性

网络互连的必要性主要有以下几点考虑。

1）增加地理覆盖范围和资源共享范围。信息点的地理分布更接近实际应用需求，使信息的可达性不受限制。

2）保护已有投资，使各种不同类型、不同需求的通信子网能够继续共存下去。

3）改善网络性能。采用不同的网络设备、依据一定的原则分别构造子网，使得各子网内的信息流量远大于网间的通信流量，实现了通信流量的隔离，则互连各子网后形成的网络性能远远高于一个未划分子网的单一大网。

4）提高系统的可靠性和可维护性。如果将一个大的网络通过互连设备分割成多个相对独立的子网，出现故障时波及范围仅局限在一个子网内而不至于影响全网，同时也便于故障定位与维护。

5）增加系统安全性。可在不同级别和不同层次上限制用户跨网访问资源的权限。

6）建网方便。规划建立多个较小的网络比一次建立一个复杂的大型网络更加方便，符合层次化思想，也便于扩充改造。

随着 Internet 的迅速发展，网络互连技术已成为实现大范围通信和资源共享的关键技术。

5.1.2 网络互连的要求

网络互连应实现以下三个层面上的要求。

1. 互连

"互连"即"互相连接"，是指在两个物理网络之间至少要有一条物理链路和数据链路，它为两个网络的数据交换提供了必备的物质基础。物理上的互连并不一定能够保证两个网络进行数据交换，因为这还要取决于两个网络的通信协议是否兼容。

2. 互通

"互通"即"互相通信"，是指两个网络之间可以进行数据交换，它涉及通信的两个网络之间的端到端连接和数据交换，互通为互操作提供了前提条件。

3. 互操作

"互操作"是指两个网络中不同计算机系统之间具有透明地交换信息和访问对方资源的能力，而不必考虑硬件、软件的差异。它不依赖于具体连接形式，是为支持应用间的相互作用而创建的协议环境，一般由高层软件来实现。

互连、互通、互操作表示了由低到高三个层次的含义，互连是网络连接的物质基础，互通是通信手段，互操作才是网络互连的最终目的，只有解决好这三个层次上的问题才是真正意义上的网络"互连"。

互连的各网络在体系结构、协议及服务等方面可能存在着差异，对于异构网来说尤其如此。这种差异可能表现在寻址方式、路由选择、最大数据传输单元、网络接入机制、用户接入控制、超时控制、差错恢复方法、服务、管理方式等多方面的不同。要实现网络互连，就必须要屏蔽掉这些差异，但同时应尽可能不改变原网络的结构，保持原网络的独立性，这些都是网络互连要解决的问题。

网络之间的互连是通过网络互连设备以及相关协议来完成的。网络互连设备以 OSI RM 作为理论基础，在不同的网络层面上实现网络的互连。

虽然网络互连的技术有多种，但随着 Internet 普及的大趋势，各种网络都可能需要与 Internet 互连，采用 TCP/IP 协议实现网络间互连已成为一种趋向。

5.2 网络互连的类型与层次

5.2.1 网络互连的类型

从 LAN 和 WAN 的角度看,网络互连可能有四种类型:LAN-LAN、LAN-WAN、WAN-WAN、LAN-WAN-LAN 之间的互连。

1. LAN-LAN

由于局域网是数量最多的网络,所以局域网之间的互连是最常见的一种形式。局域网互连大致分为以下两种。

(1)同构局域网互连

同构局域网互连是指协议相同的局域网之间互连。例如,两个以太网之间的互连,两个令牌环网之间的互连。同构网之间的互连比较简单,不需要进行协议的转换。

(2)异构局域网互连

异构局域网互连是指协议不同的局域网之间互连。例如,以太网和令牌环网的互连,以太网和令牌总线网的互连。异构网之间的互连必须实现协议转换,因此连接设备必须支持各互连子网所使用的协议。

2. LAN-WAN

LAN 与 WAN 互连也是当前常见的方式之一。目前企事业单位甚至生活小区都建有自己的 LAN,众多的用户都位于 LAN 环境中,随着用户对 Internet 的需求,LAN 通过 WAN 接入 Internet 是普遍的方法。LAN 与 WAN 的互连可以采用路由器或网关来实现。

3. LAN-WAN-LAN

这种网络互连可以将分布在不同地理位置的两个局域网通过广域网互连,Internet 主要是以这种方式构成的。

4. WAN-WAN

通过各个 WAN 之间的互连可以进一步扩大广域网的覆盖范围,是各大网络运营商之间采用的互连方式。

5.2.2 网络互连的层次

网络互连涉及硬件的物理连接和软件的逻辑连接,从 OSI RM 分层的观点来看,网络互连可以分为四个层次:物理层互连、数据链路层互连、网络层互连和高层互连,与之相对应的有四个层次的互连设备,分别称为中继器(Repeater)、网桥(Bridge)、路由器(Router)和网关(Gateway)。图 5-1 给出了各层互连的示意图。

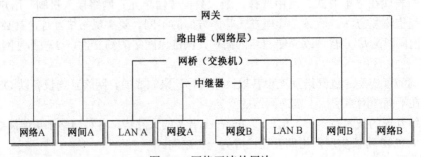

图 5-1 网络互连的层次

按照 OSI 术语，这些互连设备统称为"中继系统"。根据中继系统进行信息转发时与其他系统共同遵循哪一层的协议，就称其为第几层中继系统。

两个网络之间进行互连时，它们之间的差异可能表现在 OSI RM 之中的任一层上，通常不同类型的网络，它们传递的数据单元（帧、分组和报文）的格式可能是不同的，差错校验的方法、最大分组生存周期、是无连接协议还是面向连接的协议都有不同。用户在连接不同的网络时，正确地选择相应层次的互连设备尤为重要。

根据实现的功能是把终端计算机接入网络还是在网络之间进行互连，需要的设备可大致分为两大类，即"网络接入设备"和"网络互连设备"。

5.3 网络接入设备

5.3.1 网络接口卡

计算机作为终端数据处理设备，其通信功能是较弱的，必须借助于网络接入设备才能接入网络与其他设备通信。网络接口卡（网卡）相当于前端通信处理机，其基本功能是提供与网络的硬、软接口和实现控制数据发送与接收的通信服务。网卡可以把计算机数据处理成网络数据，并在网络中传输，也可以从网络中接收数据并把网络数据处理成计算机可以识别的数据，是终端设备连接网络的桥梁。网卡的功能如图 5-2 所示。

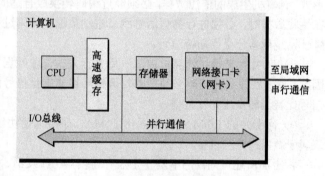

1．网卡的位置

网卡是计算机和网络传输介质之间的接入设备。网卡的一端插入计算机总线插槽与计算机相连，另一端通过电缆或光纤接口与网络传输介质相连，将

图 5-2 网卡的功能

计算机接入网络。网络操作系统通过网卡驱动程序驱动网卡，以实现计算机的网络通信。网卡的位置如图 5-3 所示。

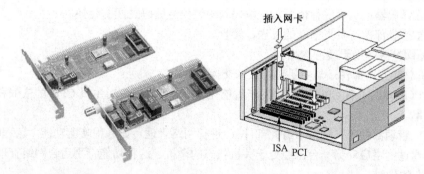

图 5-3 网卡的位置

2．网卡的基本功能

网卡工作在 OSI RM 的物理层和数据链路层，实现物理层功能及数据链路层的大部分功能。

1）提供主机与传输介质的物理接口：实现主机和传输介质的物理连接和信号匹配，并负责接收和执行主机送来的各种控制命令。

2）提供物理地址，即介质访问控制子层地址（MAC 地址），该地址被固化在网卡的 ROM 中，不能改动。网络中寻址主机实质是对计算机中网卡的寻址。

3）完成主机与网络的通信功能：当网络中有数据帧到达时，网卡检查数据帧的目的地址是否为本网卡的 MAC 地址或广播地址。若不是，则对该帧不予理会；若是，则将该帧复制进缓存的接收队列，然后产生中断信号通知本地计算机 CPU 接收数据。

4）帧的封装与解封装：网卡在接收网络中传输过来的数据帧时，首先对收到的帧进行差错校验，以确保帧的正确性，然后拆封帧（去掉帧头和帧尾），取出被帧封装的数据通过总线传输给本地计算机。网卡在发送数据时，会把从主机接收到的网络层数据包封装到帧中，然后发送到网络。

5）介质访问控制：对于共享传输介质的局域网，为了防止发生冲突，需要利用介质访问控制技术进行协调（即分布式控制），主要由 MAC 子层协议来实现。不同类型的网卡使用的介质访问控制技术各不相同，如以太网使用的是 CSMA/CD 方法，令牌环网卡使用的是令牌环方法。

6）数据缓存功能：匹配主机数据处理速率与网络的传输速率不一致问题，以防止数据在传输过程中丢失并实现传输流量控制。

7）数据的编码/解码：在进行数据接收和发送时将信号编码转化成主机或传输介质能够理解的形式。计算机生成的信源数据，必须经过编码转换成合适的物理信号才能在传输介质中传输。同样，在接收数据时，必须进行物理信号到二进制数据的解码过程。例如，以太网使用曼彻斯特编码，令牌环网使用差分曼彻斯特编码。

8）串/并行转换：计算机内部采用并行方式传输数据，而网线上采用的是串行方式传输数据，因此，网卡在发送数据时必须把并行数据转换成串行信号比特流；在接收数据时，网卡必须把串行信号比特流转换成并行数据。

9）网卡中的 ROM 通常都固化了 MAC 子层通信协议软件，所以网卡不仅仅是物理层设备，还属于数据链路层设备。

由上面所述可知：网卡是一个兼有连接器、收发器、编码译码器、访问控制器、数据缓冲器、数据串/并转换器等多种功能的设备，作用相当于一台前置机。

3. 网卡的组成结构

网卡一般包含以下部分。

1）载波检测部件：检测物理接口连接的介质上是否有载波信号。

2）编码/译码器：负责进行信源数据编码和信道信号编码之间的转换。

3）发送/接收部件：负责信号的发送、接收。

4）数据缓冲区：用于缓冲数据帧。

5）主机总线接口部件：与主机进行数据交换。

6）CPU（高端网卡有 CPU）：增强网卡智能化，减少网络通信对主机 CPU 的依赖和资源占用，提高传输效率。

7）LAN 管理部件（高端网卡有此部件）：进行网络管理，如远程唤醒功能。远程唤醒就是在一台微机上通过网络启动另一台已经处于关机状态的微机，这种功能特别适合网络管理员使用。

4. 网卡的地址

联网计算机发送和接收数据都是通过网卡实现的，为了能正确寻址，每一块网卡都有一个物理地址，即 MAC 地址。MAC 地址是由生产厂商通过写入硬件的方式固化到网卡 ROM 中的，不可修改，全球唯一。以太网卡的 MAC 地址由 48 位二进制组成，通常用 6 字节的 16 进制数表示，如 00:60:8C:00:54:99。所有网络设备，如网卡、交换机、路由器都有自己的物理地址。

MAC 地址分为两个部分，即生产商 ID 和设备 ID，如图 5-4 所示。

（1）生产商 ID：即厂商标识码。MAC 地址的前 3 个字节（24 位二进制）代表厂商（由生产厂商向 IEEE 购买），如 3Com 公司的为 00:60:8C（16 进制表示，下同），Intel 公司的为 00:AA:00，Cisco 公司的为 00:00:0C，H3C 公司的为 00:E0:FC。有些生产厂商有几个不同的生产商 ID。

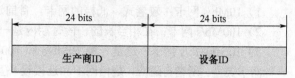

图 5-4　MAC 地址的组成

（2）设备 ID：即产品系列号（流水号）。MAC 地址的后 3 个字节（24 位二进制）代表制造商为某具体设备分配的 ID，如 00:54:99。

在 Windows 系列操作系统中使用命令行命令"ipconfig /all"，在 Linux 操作系统中使用命令行命令"ifconfig"，可获得本机网卡的 MAC 地址。

5．网卡的分类

（1）按网络物理接口类型分类

连接不同的网络传输介质需要具有不同物理接口的网卡。网络物理接口的主要类型如下。

1）连接双绞线的 RJ-45 接口，这是目前市场上主要的接口方式。
2）用于总线结构中连接细同轴电缆的 BNC 接口。
3）用于总线结构中连接粗同轴电缆的 AUI 接口。
4）用于连接光纤的光纤接口。
5）早期的 Combo（RJ-45＋AUI＋BNC）接口。
6）FDDI 接口、ATM 接口、无线网卡等。

按用于连接传输介质的物理端口数量，可以将网卡分为单接口网卡、双接口网卡（如 RJ-45+BNC）、3 端口网卡（如 RJ-45+BNC+AUI）等。目前局域网中主要的网络接口为 RJ-45 接口和光纤接口，早期的 AUI 和 BNC 接口已基本淘汰。

（2）按总线接口类型分类

随着计算机总线技术的发展，网卡也经历了从 16 位网卡到 32 位进而到 64 位网卡的过程，目前 32 位和 64 位 PCI 网卡是使用最广泛的网卡。

1）16 位 ISA（工业标准结构）总线网卡：此类网卡是早期网卡，传输速率较低，由于目前绝大多数计算机主板已不再提供 ISA 接口总线插槽，所以 ISA 总线网卡已被淘汰。

2）PCI 总线网卡：32 位或 64 位总线接口，支持即插即用，在当前的台式计算机上相当普遍，也是目前最主流的一种网卡接口类型。它的 I/O 速度远比 ISA 总线型的网卡快（ISA 最高仅为 33Mb/s，而目前 PC 的 PCI 接口数据传输速度高达千兆位每秒以上）。目前市面上能买到的网卡基本上是这种总线类型的网卡，一般 PC 和服务器中也提供多个 PCI 总线插槽。

3）PCMCIA 总线网卡：笔记本式计算机专用网卡，体积较小。它支持热插拔技术，便于实现移动式的无线接入。但目前大部分笔记本式计算机网卡已内置。

4）USB 接口网卡：通过主板上的 USB 接口接入，USB 网卡的主要特点如下。

① 良好的扩展性：比传统的串/并行口具有更强的扩展性，最多可接 127 个 USB 总线设备。
② 支持热插拔功能：插拔 USB 设备都不需要关机，安装和使用非常方便。
③ 即插即用功能：只要插上插头，所有的 USB 设备的设置工作均可由操作系统来完成。

（3）按带宽分类

按带宽分类，网卡主要有 10Mb/s 网卡、100Mb/s 以太网卡、10Mb/s/100Mb/s 自适应网卡、1000Mb/s 千兆以太网卡等多种。

1）10Mb/s 网卡：较老式、低档的网卡，目前这种网卡已不是主流。

2）100Mb/s 网卡：在相当长的一段时期内是一种主流网卡，它的带宽为 100Mb/s。

3）10/100Mb/s 网卡：这是一种 10Mb/s 和 100Mb/s 自适应的网卡，也是曾经应用最为普及的一种网卡类型。所谓自适应，是指网卡和连接设备互相通信，自行协商确定采用的传输速率。它既可以与 10Mb/s 网络设备相连，又可与 100Mb/s 网络设备连接，减少了用户的配置工作，适应了 10Mb/s 以太网向 100Mb/s 以太网的平滑过渡，所以得到了用户普遍的认同。

4）1000Mb/s 以太网卡：千兆网卡的网络接口有两种类型，一种是 RJ-45 接口，另一种是多模 SC 型标准光纤接口。网络中的服务器应该采用千兆以太网网卡，以提高整体系统的响应速率。目前以太网卡已逐步过渡到千兆网卡。

（4）根据网卡所应用的计算机类型分类

按这种方式分类，网卡分为工作站网卡和服务器网卡。在大型网络中，服务器通常采用专用的网卡。它相对于工作站所用的普通网卡来说在带宽、稳定性、纠错等方面都有比较明显的提高。部分服务器网卡支持冗余备份、热插拔等服务器专用功能。为了尽可能降低服务器 CPU 的负荷，一般都自带控制芯片，这类网卡售价较高，一般只安装在一些专用的服务器上。普通工作站网卡是一般计算机上使用的网卡，价格价廉、兼容性强等。

（5）按网卡的工作方式分类

按这种方式分类，网卡可分为半双工方式和全双工方式。目前绝大部分网卡都支持全双工方式。

在选用网卡时，应注意上述的各种性能参数，如接口标准、传输速度、总线类型等，根据网络的具体要求综合考虑，尽量选择性价比较高的网卡。

随着计算机生产技术的不断发展，计算机外设的生产成本也越来越低，所以许多以前以独立板卡形式存在的一些计算机外设现在都被集成到了计算机主板上。目前市面上新推出的一些计算机的主板大都集成了网卡。一般情况下，个人计算机主板上集成的网卡的速度是 100Mb/s 或 1000Mb/s，而在服务器上集成的网卡速度是 1000Mb/s 甚至 10000Mb/s。

6．网卡的设置

安装网卡硬件后，还要安装网卡驱动程序、进行协议（如 TCP/IP 协议）的配置。随着各种操作系统对硬件支持范围的扩大，许多网卡驱动程序都已在操作系统中内置，不需要提供厂家的驱动程序，当系统启动后便可检测到硬件，自动安装系统自带的驱动程序，即所谓的"即插即用"，无需手工配置。为了更有效地发挥网卡性能，也可以安装厂家提供的驱动程序。

5.3.2 调制解调器

1．调制解调器的作用

调制解调器也是网络接入设备之一。目前，广泛存在的 PSTN 仍是最为普及、覆盖范围最广的一种通信网络，在很多情况下（尤其在家庭中）将计算机接入网络不得不借助于电话线来实现。但是 PSTN 的用户端线路仍然是模拟线路，若直接用来传输数字信号，会产生极大的失真和差错。为了利用廉价的 PSTN 实现计算机之间的远程通信，必须将发送端的数字信号调制成能够在用户环路上传输的模拟信号，经传输后再由接收端将模拟信号逆变转换（解调）为原来的数字信号，从而经济地实现远程数据传输。由于计算机之间的数据通信一般是双向的，因此在数据通信的双方既有用于发送信号的"调制器"又有用于接收信号的"解调器"，把这两种功能结合在一起的设备即我们通常所说的"调制解调器",也就是 Modem,它是一种典型的 DCE 设备。其作用如图 5-5 所示。

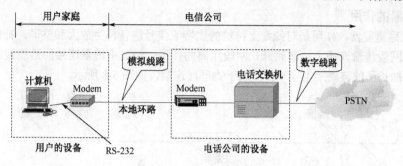

图 5-5 调制解调器的作用

2. Modem 基本工作原理

在发送端,Modem 产生一个连续载波,并根据信源数字数据的各位去调制载波,进行数字信号到模拟信号的转换,称为"调制"(属于 D/A 转换);在接收端,它检测到达的载波中的调制信息,并据此恢复数字数据的各位,进行模拟信号到数字信号的转换,称为"解调"(属于 A/D 转换)。由此,实现了在模拟线路上传输数字信号。其工作原理如图 5-6 所示。

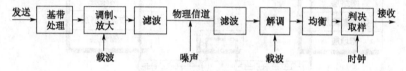

图 5-6 Modem 基本工作原理

Modem 的作用也是将计算机接入网络,属于网络接入设备。Modem 的类型分为适用于电话线的普通 Modem 和 xDSL Modem,适用于有线电视的 Cable Modem。

5.4 物理层互连设备

网络互连是通过网络互连设备来实现的。网络在不同层次互连时,需要解决的问题和任务不同,因而采用的互连设备也不同。进行互连的层次越高,互连设备的实现就越复杂。反之,越是底层的网络互连设备,需要完成的任务越少,功能和结构也越简单。根据网络互连的层次,在网络中选择、配置和使用好网络互连设备是实现网间正常连接的关键。物理层互连采用的设备是中继器和集中器,这是最低层次的网段互连形式。

5.4.1 中继器

1. 信号的衰减与失真

由于信号在网络介质中传输时有衰减和失真,当达到一定距离时,信号就会衰减和失真到不可识别从而丢失。所以,采用不同传输介质的网络对网线的最大传输距离都有严格限制。信号衰减除信号能量降低外,还伴随着信号的失真,如图 5-7 所示,所以在物理层需要采用信号放大和整形的方法来解决信号

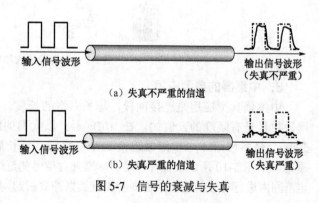

图 5-7 信号的衰减与失真

衰减及其失真问题。

2. 中继器的作用

中继器也称重发器，作用是对线缆上传输的比特流信号进行再生放大和整形，补偿信号能量后再发送到其他网段传输介质上，起到延长网段距离的作用。经过中继器连接的两段线缆上的工作站就像是在一条加长了的链路上工作一样，属于物理层连接，如图5-8所示。

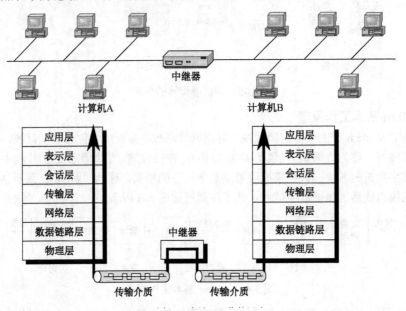

图5-8　中继器工作的层次

中继器是最简单的网络连接设备，不具备智能，没有逻辑隔离和过滤功能，在一段链路上发生的冲突也将被传到另一段链路上。因此用中继器扩展的网络，尽管增大了距离，但在逻辑上仍然是同一个网段。因此，一般不认为这是网络互连，只是传输介质的互连，只不过是将网络的范围扩大而已。由于中继器工作在物理层，只在比特级上操作，所以它对高层协议是完全透明的，它不解释也不改变接收到的数字信息，其实质只是一种数字信号放大器。中继器作用如图5-9所示。

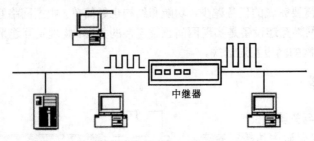

图5-9　中继器放大和整形信号

3. 中继器的典型应用

中继器典型应用是连接网段，延长网络的长度。但由于中继器存在传输延迟，所能连接的网段数量是有限度的。例如，在10Base-5以太网的组网规则中规定，每个电缆段最大长度为500m，最多可用4个中继器连接5个电缆段，延长后的最大网络长度为2500m，即"5-4-3"原则，如图5-10所示。各种网络的标准都对信号的延迟范围做了具体的规定，中继器只能在此规定范围内进行有效的工作，否则会加重数据冲突引起网络故障。

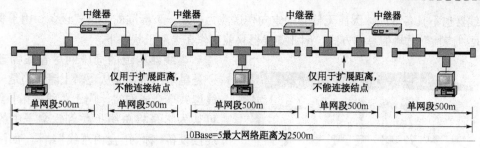

图 5-10　传统以太网的"5-4-3"原则

5.4.2　集线器

1. 集线器的功能与特点

集线器（Hub）意为"中心"。

（1）集线器主要功能

1）将接收到的信号进行再生、整形放大，以扩大网络的传输距离，此点与中继器的功能相同。

2）把所有结点集中在以它为中心的结点上，形成物理上的星型结构。

其拓扑结构如图 5-11 所示。

（2）集线器的特点

由于集线器将网络的物理拓扑结构由总线型改变为星型，因此克服了总线型拓扑结构单一介质信道的缺陷。每个设备都通过独立信道连接到集线器上，当其中某条线路或终端结点出现故障时，不会影响网络上其他结点的正常工作，因而隔离了故障域，便于故障定位、改变配线方式等。星型拓扑结构也利于结构化布线，同时集线器通过 RJ-45 接口与双绞线介质连接，连接可靠。这也是集线器与传统的同轴电缆总线网络最大的区别和优点。

2. 集线器的内部结构与工作过程

集线器的内部结构如图 5-12 所示，由接收部件、整形放大部件、总线和发送部件组成。

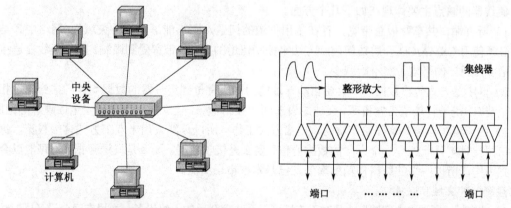

图 5-11　采用集线器的网络拓扑结构　　　图 5-12　集线器的内部结构

集线器工作过程：从端口接收计算机发来的信号，将衰减的信号整形放大，再将放大后的信号经内部总线广播转发给其他端口，它实质上是一种多端口的中继器，工作在物理层。连接到集线器上的终端网卡根据数据帧中的 MAC 地址判断数据是否发给自己，若是则接收，否则放弃。

集线器也不具备智能，因而无信号的定向传送能力，是一个标准的共享式设备。由于集线器采取的是"广播"传输信息的方式，因此集线器只能工作在半双工状态下。

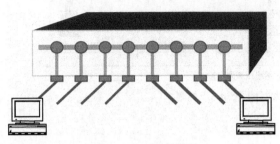

集线器构造的局域网尽管在物理拓扑上是星型结构，但从逻辑上看，仍是一个总线型共享介质网络，属于总线型拓扑结构。可认为它是将总线折叠到铁盒子中的集中连接设备，称为"盒内总线"结构，如图 5-13 所示。

注意：物理拓扑指网络物理连接的几何形状，而逻辑拓扑则指数据在通信介质中传输的机制。对特定网络而言，其逻辑拓扑与物理拓扑不一定相同，如图 5-14 所示。

图 5-13　盒内总线结构

如果要构造物理上和逻辑上都是星型的拓扑结构，则中央结点必须换成交换机。

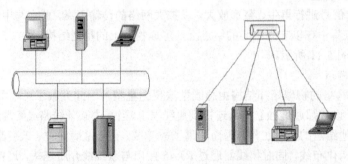

（a）物理与逻辑统一的总线结构　　（b）物理上的星型结构与逻辑上的总线结构

图 5-13　集线器网络的物理拓扑与逻辑拓扑

3．集线器的缺点

集线器的缺点主要体现在如下几个方面。

1）所有端口共享背板总带宽，存在争用信道的问题，即不能隔离"冲突域"。网络中各结点通信必须使用 CSMA/CD 介质访问控制方法来控制信道的分配，带宽受到限制。随着集线器连接用户的增多，用户的平均带宽不断减少。

2）以广播方式传输数据，不具备自动寻址能力，所有传到集线器的数据均被广播到与之相连的各个端口，既消耗信道带宽资源，又造成设备间的互相影响，且广播也带来了安全性隐患等问题。

3）由于集线器是共享传输介质的、广播方式工作，所以只能采用半双工方式传输数据，每一个端口同一时刻只能进行一个方向的数据通信，要么是接收数据，要么是发送数据，不可能以全双工方式工作，所以网络的数据传输效率低，已基本被市场淘汰。

注意：冲突域和广播域。

1）冲突域：所谓"冲突域"就是对于连接到一个物理介质的一组设备，如果有两台设备同时访问介质，会造成两个信号冲突。我们把这个冲突的范围称为"冲突域"，它是物理上连接在一起的可能发生冲突的网络分段。一般来说希望冲突域内的冲突越少越好，即冲突域范围越小越好。

2）广播域：所谓"广播域"就是彼此接收相同广播消息的一组网络设备构成的一个区域。在一个网络内广播域越多越好，只有广播域多了才能使广播域内发生广播的计算机数目减少。

一个设计良好的网络，要能够解决故障域、冲突域和广播域的问题，这需要采用不同的技术，体现了局域网技术的不断提高和网络性能的不断改善。

中继器和集线器同是物理层连接设备,可以在物理范围上扩展网络,但是不可能隔离或过滤数据流量。由中继器或集线器互连的网络仍然属于一个大的共享介质环境,所以中继器或集线器既不能隔离冲突域也不能隔离广播域。

集线器的采用,解决了局域网中故障域的问题,但未能解决冲突域和广播域问题,如图 5-14 和 5-15 所示。解决冲突域和广播域的问题需要借助其他网络互连设备实现。

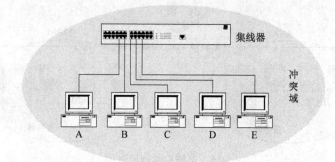

图 5-14 集线器互连的主机处于同一冲突域

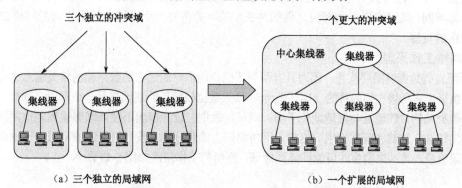

图 5-15 多个集线器互连形成更大的冲突域

5.5 数据链路层互连设备

数据链路层互连要解决的问题是在逻辑上分割网段并在网段之间过滤转发的数据帧。主要设备是网桥和交换机。

5.5.1 网桥

1. 网桥的作用

传统的总线拓扑共享式以太网属于同一个冲突域,随着接入的结点数量增多,冲突会成倍增加,信道带宽利用率将显著降低。为了解决共享式以太网冲突引起的网络性能下降问题,人们提出了网段分割的解决方法。其基本思想就是将一个共享式介质网络划分为多个网段,以减少每个网段中设备的数量,即所谓的"网段微化",目的是隔离冲突域。网段分割后提高了信道带宽的利用率,网络有效带宽增加,由此出现了桥接技术,图 5-16 所示。

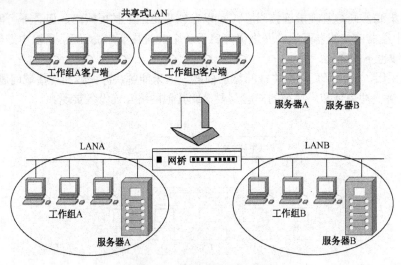

图 5-16 网桥实现网段微化

网桥是一个网段与另一个网段之间建立连接的桥梁,又称"桥接器",可以将两个网段互连为一个逻辑局域网,既可实现不同网段之间的冲突隔离,又能使一个网段中的用户跨越网桥去访问另一个网段中的资源。

2. 网桥工作原理

网桥配置有数据链路层软件,因而具有两层智能,能够对通过它的数据帧的相关信息进行分析。网桥能够解析出它所接收帧的目的 MAC 地址,如果数据帧的目的地址在另一个网段,则把该帧转发过去;若数据帧的目的地址与源地址位于同一网段,就把它过滤掉而不使该帧影响到其他网段,从而实现对帧的筛选、过滤和隔离作用。这样,网桥将网上流量分成几段并进行过滤,减少了网络中不必要的跨网段流量,将冲突发生的可能性降到最低。网桥的工作层次如图 5-17 所示。

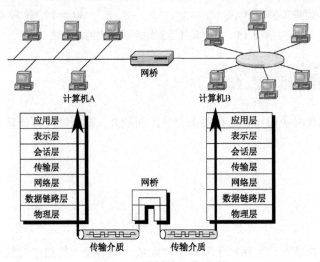

图 5-17 网桥的工作层次

网桥实现对数据帧转发或过滤是根据其内部的一个网桥表来实现的,网桥表也称转发表。

3. 网桥表的建立

网桥工作的关键是构建和维护网桥表,网桥表中记录了不同结点物理地址与网桥端口的映射(绑定)关系。网桥是根据网桥表确定数据帧是否需要转发或过滤的。网桥表如图 5-18 所示。

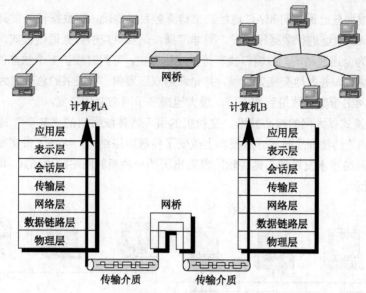

图 5-18 网桥表

网桥表的建立对用户是透明的。网桥具有自学习能力,能够观察和记录每次到达的帧的源地址,以及是从何端口进入的,自动为它们建立映射关系,然后记录在转发表中。当转发表建好后,网桥就按学习到的转发表转发数据帧。所以,网桥是一种即插即用的设备。

为了保持转发表的正确性,网桥将为转发表的每一个表项分配一个计时器。一旦超时,网桥就会删除这个表项,以保持所存储转发表映射关系的新鲜性。

网桥如果在转发表中找不到目的 MAC 地址,则采用广播的办法将该数据帧发送其他网段。由此可见,网桥会产生广播信息。网桥可隔离冲突域,如图 5-19 所示。

4.网桥的实现

网桥可以做成独立的设备,由专用硬件实现,也可以由计算机配置一定的软件实现。

1)硬件网桥:一台专用设备,可以直接连接网段。

2)软件网桥:在计算机中加装多块网卡并运行相应的软件而起到网桥作用,如在服务器中通过不同的网卡为各所连接网段中的客户机提供服务。

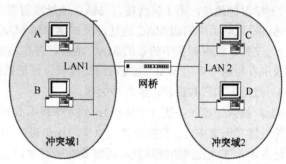

图 5-19 网桥隔离冲突域

5.5.2 交换机

1.交换技术的基本概念

传统的以太网基于共享信道方式,难以满足用户对带宽的要求。人们将交换技术应用到计算机网络中,实现多个用户设备接入,构成物理和逻辑上都为星型拓扑结构的网络,使接入站点独享带宽。

交换机由网桥发展而来,逻辑上是一个多端口网桥。交换机端口连接计算机或网段,当收到一个数据帧后,根据自己保存的 MAC 地址表来检查帧目的地址,将数据帧转发到相应目的地址的端口上。基于 MAC 地址进行数据帧转发,而非广播,是点对点的数据通信模式。这样,交换机在其内部将网络变为全连通结构,各端口独享传输介质带宽,可同时维护多个独立的、互不影响的通信进程,在多对端口间并发地交换数据帧,并允许全双工通信。它提供的总带宽为端口数目×端口带宽,是共享式网络带宽的数倍到数十倍,极大地提高了网络总体带宽。

交换机是交换式以太网的核心技术,交换机的引入将传统网络的"共享"传输介质技术改变为交换式的"独占"传输介质技术,从根本上改变了传统网络结构,解决了带宽瓶颈问题。交换式以太网是计算机网络技术发展到高速传输阶段而出现的一种新的网络应用形式。共享式和交换式局域网如图 5-20 所示。

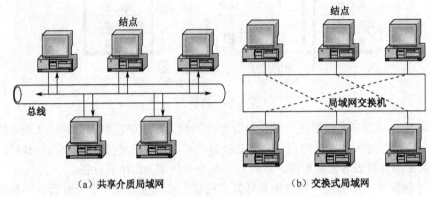

图 5-20 共享式局域网与交换式局域网

2. 交换机工作原理与过程

二层交换技术的发展已比较成熟,具体的工作过程如下。

1)学习源地址:用于构造端口-MAC 地址映射表表。当交换机从某个端口接收到一个数据帧时,通过读取帧头中的源 MAC 地址,就知道该源 MAC 地址的机器连接在哪个端口。

2)交换:读取帧头中的目的 MAC 地址,并在地址表中查找对应的端口;如端口-MAC 地址映射表中有与这个目的 MAC 地址对应的端口,则把数据帧直接转发到该端口上。

3)过滤本网段数据帧:隔离冲突域。

4)广播未知帧(寻找目的站点):如表中找不到相应的端口,则把数据帧广播到所有端口上,当目的机器发回响应时,交换机就可以学习这个目的 MAC 地址与哪个端口对应,将它们绑定存储到地址表中,下次传送数据时就不再需要对所有端口进行广播了。

5)更新端口-MAC 地址映射表:交换机为每一个表项设定了一个定时器(老化时间),若某 MAC 地址的数据帧在一定时间内(默认为 300s)不再出现,那么,交换机将自动把该 MAC 地址从地址表中删除,以适应网络拓扑的变化。当该 MAC 地址重新出现时,将会被当做新地址重新映射。而如果接收的数据帧源 MAC 地址在 MAC 地址表中有匹配项,则交换机将复位该地址的定时器。

6)交换机工作原理同网桥一样,也属于 OSI RM 中的第二层设备。

从交换机的工作原理与数据帧转发过程来看,其内部的"端口-MAC 地址映射表"是数据帧转发的依据,也是交换机技术实现的关键,如图 5-21 所示。

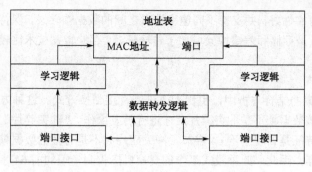

图 5-21 交换机数据转发逻辑结构图

3．交换机的硬件实现

交换机内部拥有一条高带宽的背板总线和内部交换矩阵。交换机的所有的端口都挂接在这条背板总线上，控制电路从端口收到数据帧后，就查找内存中的端口-MAC 地址映射表，以确定目的 MAC 地址网卡连接在哪个端口上，通过内部交换矩阵直接将数据帧传送到目的端口。由于交换机对多端口的数据同时进行交换，这就要求交换总线具有较高的带宽，如果交换机有 N 个端口，每个端口的带宽是 M，若交换机总线带宽超过 $N \times M$，那么该交换机就可以实现线速交换。

由于交换机将学习到的 MAC 地址存储在地址表中，因此需要有相应的内存，内存的大小直接影响地址表的大小，从而影响交换机的接入容量。

由于交换机的算法相对来说比较简单，硬件厂商已将其算法进行固化，生产出了专门用于处理数据帧转发的 ASIC 芯片，从而实现了基于硬件的线速度数据转发。交换机还具有信号中继放大作用，可用于扩展网络距离。

4．交换机的交换方式

交换机转发帧有三种基本方式：直通式、存储转发式、无碎片直通式，如图 5-22 所示。

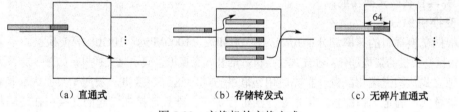

图 5-22 交换机的交换方式

（1）直通式

直通式是指交换机在接收到数据帧中最前面的目的地址字段（前 6 个字节，即 DA 字段）后，就开始查询端口-MAC 地址映射表，找出相应的输出端口，直接将数据帧转发到该端口。由于不对数据帧进行存储，延迟小、交换速度快，提供线速处理能力是这种交换方式的突出优点。但是，由于交换机在进行转发处理数据帧时并不是接收到一个完整的帧后再转发，因此数据帧未经过校验，造成出错帧仍然被转发到网络中，从而浪费了网络的带宽。另外，由于没有进行缓存，因此不能将具有不同速率的输入/输出端口直接接通，而且也容易丢失数据帧。直通转发技术适用于链路质量和工作环境比较好的网络。

（2）存储转发式

存储转发方式是应用最为广泛的方式。这种工作方式的交换机完整地接收整个数据帧并存储到缓冲区，对整个帧进行 CRC 差错检验，通过后才进行查表转发。如果 CRC 校验失败，即数据帧有错，则交换机丢弃该帧不进行转发。这种交换模式的优点是保证了数据帧的无差错传输，错误不会扩散到目的网段,可靠性好,并支持不同速率端口之间的数据帧转发,保持高速端口与低速端口间的协同工作。其缺点是存储和差错检验增加了传输延迟。存储转发技术比较适用于普通链路质量和干扰较多的网络。

(3) 无碎片直通式

它是以上两种方案的结合与折中,也称为改进的直接交换方式。这种方式的交换机接收数据帧时,经过检测判断该数据帧不是冲突碎片后才进行转发操作。"冲突碎片"是因为网络冲突而受损的数据帧碎片,其特征是长度小于 64 字节。冲突碎片并不是有效的数据帧,所以交换机不应该对其进行转发而应丢弃。因此,此种模式工作的交换机接收到一帧的前 64 字节后(说明此帧是完整数据帧),才进行转发操作,对小于 64 字节的帧不转发。这种模式的优点是交换速度比较快,性能介于存储转发式和直通式之间,降低了错误帧转发的概率。其缺点是不提供数据校验,对于长度大于 64 字节的错误帧仍会转发,转发延时大于直通转发式。

图 5-23 说明了三种转发模式对以太网帧的检测范围。

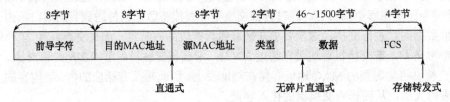

图 5-23　三种转发模式对帧的检测范围

(4) 自适应式

自适应式吸取了直通式和存储转发式的优点,这种交换机一般情况下工作在直通方式,工作速度很快。当检测到出错率高(如丢帧个数增加)时,自动切换到存储转发方式工作。一般低端交换机只拥有一种转发方式,或是存储转发方式,或是直通转发方式,只有中高端产品才兼具两种转发模式,并具有智能转换功能。

5. 交换机的分类

1) 根据交换端口的速率划分:10Mb/s、100Mb/s、1000Mb/s、10Gb/s 等交换机。

2) 根据交换机的架构划分:独立式交换机、堆叠式交换机、模块化交换机,如图 5-24 所示。

① 独立式:固定端口配置,扩充时用级联的方法。这种交换机一般属于桌面级交换机。

② 堆叠式:固定端口配置,用堆叠方法进行扩充。堆叠连接在一起的交换机在逻辑相当于一台单独的交换机,可统一管理。

③ 模块化:又称机箱式,是叠堆集成的进一步发展,由一台带有底板、电源的机箱和若干块多端口的接口卡组成。在模块化交换机中,为用户预留了不同数量的空余模块插槽,以方便用户扩充各种接口。模块式交换机不仅结构完整、紧凑,扩展和管理也很方便。

图 5-24　不同架构的交换机

3) 根据在网络中所处位置划分:核心层交换机、汇聚层交换机、接入层交换机,如图 5-25 所示。

4）根据交换机工作的协议层次划分：第二层（L2）交换机、第三层（L3）交换机。

5）根据是否支持网管功能划分：网管型交换机和非网管型交换机。

6．交换机的级联与堆叠

当单一交换机的端口数量不足以满足联网计算机数量的需求时，必须要有两个以上的交换机提供更多数量的端口，这就涉及交换机之间连接的问题。从根本上来讲，交换机之间的连接不外乎两种方式，一是堆叠，一是级联，但实现方法

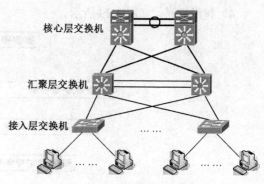

图 5-25　不同层次的交换机

有所不同。其主要差别在于：级联可通过一根双绞线或光纤在任何厂家的交换机之间实现；而堆叠是一种非标准化技术，只能在一个厂家的设备之间进行，且设备必须具有堆叠功能才可实现，需要专用的堆叠模块和堆叠线缆（这些设备可能需要单独购买）。交换机的级联在理论上是没有数量限制的，而堆叠对于各个厂家的设备而言，会标明最大堆叠个数。

（1）交换机的级联

1）利用直通线通过 UPLINK 端口级联上级交换机。如果交换机具有级联端口，那么可通过一条直通双绞线将一个交换机的级联端口接入上级交换机的普通端口。因为级联端口的带宽通常较宽，所以这种级联方式的性能较好，如图 5-26 所示。

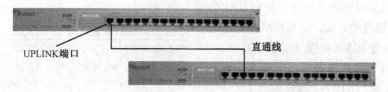

图 5-26　利用直通线通过 UPLINK 端口级联交换机

2）利用交叉线通过普通端口级联交换机。如果交换机没有专门提供 UPLINK 级联端口，那么可用一条交叉双绞线将两台交换机的普通端口连接起来。这种方式的性能稍差，因为下级交换机的有效总带宽实际上就相当于上级交换机的一个端口带宽，如图 5-27 所示。

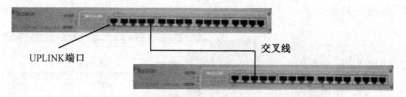

图 5-27　利用交叉线通过普通端口级联交换机

3）平行式级联，如图 5-28 所示。

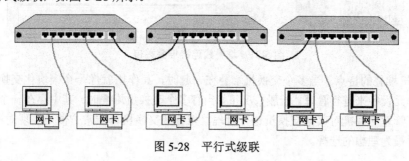

图 5-28　平行式级联

4）树形级联，如图 5-29 所示。

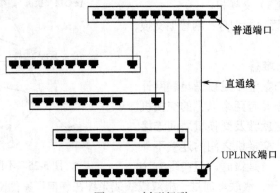

图 5-29　树形级联

交换机级联的优缺点如下。

优点：级联式结构有利于综合布线，是目前主流的连接技术之一；易理解，易安装，不同产品可以混用。

缺点：级联层数较多的时候，存在较大的收敛比，会出现一定的延时，解决方法是提高设备性能或是减少级联的层次。

（2）交换机的堆叠

堆叠技术虽然成本较高一些，但有其独特的技术优势。

1）交换机堆叠的方式。交换机堆叠是通过厂家提供的一条专用连接电缆（堆叠线），从一台交换机背板的"UP"堆叠端口直接连接到另一台交换机背板的"DOWN"堆叠端口（只有可堆叠交换机才具备这种端口），如图 5-30 所示。它是一种建立在芯片级上的连接，而不是一种设备间的连接，因而与级联相比有更高的带宽。一般交换机能够堆叠 4~9 台。使用推叠线连接堆叠端口的实物图如图 5-31 所示。

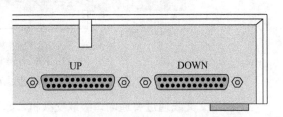

图 5-30　可堆叠交换机的 UP／DOWN 堆叠端口

图 5-31　堆叠线连接堆叠端口

2）交换机堆叠的特点。当多个交换机堆叠在一起时，其作用就像一个模块化交换机一样，可以当做一个单元设备来进行管理。一般情况下，当有多个交换机堆叠时，其中存在一个可管理交换机，可利用可管理交换机对其他交换机进行管理。堆叠式交换机可非常方便地实现对网络的扩充，是新建网络时最为理想的选择。

7. 交换机的选择

交换机是组成交换式以太网的核心设备，交换机的主要参数有转发方式、转发速率、管理功能、MAC 地址数量、端口数量等。

选择交换机时要考虑如下因素。

1）背板带宽：也称背板吞吐量或交换带宽，是交换机接口处理器或接口卡和数据总线间所能吞吐的最大数据量。背板带宽标志了交换机总的数据交换能力，单位为 Gb/s，一般的交换机的背板带宽从几吉位每秒到上百吉位每秒。一台交换机的背板带宽越高，处理数据的能力就越强，包转发率越高，但同时制造成本也会越高。

2）端口速率：交换机的端口速率一般有 10Mb/s、10/100Mb/s、100Mb/s、1000Mb/s，甚至 10Gb/s。

3）是否有网管功能：交换机的管理控制技术主要表现在交换机是否能够支持智能化管理技术，因为有了这种技术，网络管理员可以减轻网络管理的维护工作量。

4）是否支持模块化、是否支持 VLAN、是否有第三层路由功能等。

5）转发方式：不同的转发方式适用于不同的网络环境。

6）结构尺寸：在结构化综合布线系统中，常常使用机柜来对各种网络设备进行安装和统一管理。这时要求交换机在尺寸上必须和机柜相吻合，最好选择符合机架标准的 19in 机架式交换机。该类交换机符合统一的工业规范，可以方便地安装在机柜中，便于堆叠、级联、管理和维护。

7）MAC 地址数：不同交换机每个端口所能够支持的 MAC 地址数量不同。

5.6 网络层互连设备

网络层的互连设备是路由器，是各种互联网络也是 Internet 中最为重要的互连设备，为互联网络中传输的分组提供了路由。因为路由器工作在 OSI RM 的网络层，即所谓的第三层设备，如图 5-32 所示，所以能够跨越不同类型的物理网络，连接多个逻辑上分开的子网。所谓逻辑子网是指具有不同逻辑网络地址（如 IP 地址）的网络，一个逻辑子网可以是一个独立的物理网络，也可以是一个具有逻辑地址的虚拟网络（如一个 VLAN）。

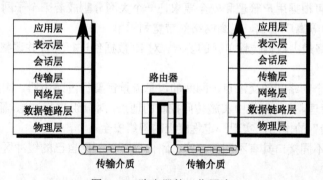

图 5-32 路由器的工作层次

在 TCP/IP 环境中，路由器利用网络层定义的 IP 网络地址来区分不同的网络，实现网络的互连和隔离，保持各个网络的独立性。由于是网络层的互连，路由器可连接不同类型的网络。各路由器形成了一个分布式协作的互连结构。数据报从一个路由器传送到下一个路由器上，直到数据报到达某个可以把它们直接交付给目的主机的路由器。路由器的位置如图 5-33 所示。

图 5-33　路由器的位置

由于历史的原因，许多 TCP/IP 的文献将网络层使用的路由器称为网关，要注意区分。

5.6.1　路由器的功能

路由器作为连接网络进行通信的中间系统，具有以下基本功能。

1）进行基于 IP 地址的寻径和数据转发：网络层互连要解决的问题是在不同的逻辑网络之间转发分组，为经过路由器的每个数据分组寻找一条最佳传输路径，将该数据分组有效地传送到目的站点。路由器根据路由表来转发数据包，并且可以在数据传输过程中对来自网络的数据流量及拥塞情况进行控制，均衡网络负载。

2）不同通信协议的转换，实现异种网络互连：路由器具有很强的互连异构网络的能力，支持多种异构子网协议，可对不同承载数据报的帧格式进行转换，所以可以连接采用不同二层技术的网络，如以太网、令牌环网、FDDI、FR、X.25 网络等。路由器在不同的接口之间进行协议转换，不同的接口可能封装不同的链路层协议。在入口上收到数据帧去掉帧的链路层封装后，将分组传给交网络层，网络层查路由表后转发前再进行出口链路层协议封装转发出去。

如果网络层协议相同，则路由器互连主要解决路由选择问题；如果网络层协议不同，则路由器还要解决网络层协议转换问题（如 IP 和 IPX 的转换），需要使用多协议路由器进行不同第三次协议之间的转换，较为复杂。

3）分割子网：可根据用户管理和安全要求把一个大网分割成若干个子网。合理地使用路由器分割网络，可有效地隔离广播域，提高网络的带宽利用率。

4）根据不同网络最大数据传输单元的要求，对 IP 数据包进行分片并调整大小，重新分组后进行传输。

5）路由器是多个网络间的交汇点，网间的信息流量都要经过路由器，因此可以在路由器上进行信息流的监控和管理，是一个集中实施访问控制的地点，对分组进行过滤，阻止非法的数据通过，起到"包过滤防火墙"的作用，实现一定程度上的网络安全。

6）速率适配：不同接口具有不同的速率，路由器可以利用自己的缓冲区队列等能力实现对不同速率网络的适配。

5.6.2　路由器组成结构

路由器的实质是一种用于网络互连的专用计算机，有自己的处理器、内存和外存，有多个连接不同网络的接口（所以也称路由器为"多穴主机"）。路由器有自己的操作系统和应用软件，能够运行路由协议生成路由表，实现对分组的路由。路由器可以是专用设备，也可以由安装两块以上网卡运行路由软件的计算机担任。

1. 路由器的硬件组成

路由器硬件组成与 PC 类似，如图 5-34 所示。

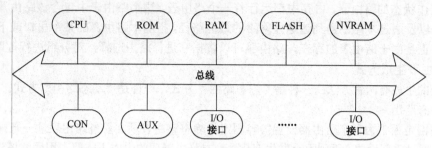

图 5-34　路由器的硬件结构图

（1）CPU

CPU 即中央处理单元，也称微处理器，负责执行路由器操作系统的指令，以及执行通过控制台和 Telnet 连接输入的用户命令。路由器的处理能力与 CPU 的处理能力直接相关。

（2）存储器

路由器不同于 PC，外存不采用硬盘，而采用 Flash 和 NVRAM（非易失性存储器），提高了可靠性。每个路由器都有不同类型的存储器芯片以存储不同的信息。

（3）路由器接口

路由器接口分为"网络接口"和"配置接口"。网络接口有两种：一种是与局域网的接口，如以太网接口；另一种是广域网接口，由于广域网的多样性，广域网接口有多种类型。路由器提供的配置接口有 Console 端口、AUX 端口和普通端口等。

2. 路由器的软件组成

路由器作为专用计算机有其特定的操作系统，存储在闪存中，开机后引导进入 RAM 中运行。路由器目前多采用命令行（CLI）方式操作，进行配置与管理，是用户与路由器交互的界面。路由器还必须具备一组路由协议软件，用于生成路由表。其功能逻辑结构如图 5-35 所示。

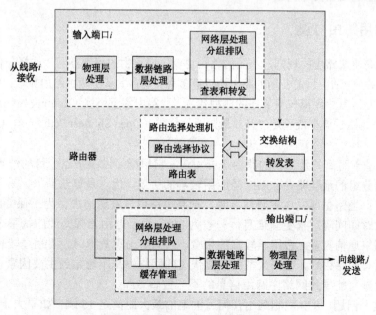

图 5-35　路由器的功能逻辑结构

5.6.3 路由表

处于工作状态的路由器,内存中都运行着一个路由表,这个路由表中包含该路由器所知的目的网络地址以及通过本路由器到达这些网络的最佳路径,指明本路由器的某个出口或下一跳路由器的地址。正是由于路由表的存在,路由器可以依据它进行路由选择,对分组进行逐跳转发。

1. 路由表生成方式

路由表的生成有两种方法:一种是"静态路由"方式,一种是"动态路由"方式。

(1)静态路由

静态路由是人工为各个路由器设置内容固定的静态路由表项。静态路由表项一旦配置生成,除非网络管理员重新设置,否则不会发生变化。静态路由表项的生成不需要占用网络资源。但由于不能自动适应网络拓扑和流量的变化,因此一般适用于网络规模很小、拓扑结构固定的网络。

(2)动态路由

通过运行动态路由协议可生成动态路由表项。动态路由协议通过路由器之间的通信,相互通告路由信息的变化,根据这些信息,路由器自动计算生成和更新自己的路由表项。一个好的动态路由协议能够自动调整路由表,及时地反映网络结构的变化,还能够进行拥塞控制、平衡网络流量控制,不需要网络管理员干预。大规模的网络都采用动态路由。因为动态路由会定期交换路由信息,所以要占用一定的网络带宽和路由器运算资源。

2. 路由表基本内容

路由器生成的路由表至少应当包含以下内容。

1)目的地址与子网掩码:用来标识经过本路由器的分组去往的目的网络号。

2)下一跳路由器地址:表示要将 IP 分组转送至去往目的网络的下一跳路由器某个端口的地址。

3)输出接口:分组从本路由器哪一个网络接口送出。

注意:路由器是根据目的网络号来转发 IP 数据包的,所以路由表中存放的是目的网络号,而不是目的主机号。这样做的优点是减小了路由表,可以加快查表转发速度并节省路由器的存储空间,同时路由表的更新速度也会加快。

5.6.4 常用路由协议

路由协议就是生成路由的规则,不同的路由协议生成路由的规则不同,选择最佳路径的路由算法是路由协议的关键所在。目前使用的路由协议有多种,基本上基于两种路由算法:"距离矢量算法"和"链路状态算法",其中距离矢量算法的典型代表是"路由信息协议(Routing Information Protocol,RIP)",链路状态算法的典型代表是"开放最短路径优先(Open Shortest Path First,OSPF)协议"。

1. RIP

RIP 是一种基于距离矢量算法的路由选择协议,它根据经过源结点到目的结点之间的路由器跳数来决定发送分组的最佳路径。RIP 是应用较早的协议,优点是算法简单,易于实现,但它也有很显著的缺点:当路由器发送更新信息时,把整个路由表发送出去。为了保持路由表的更新,路由器以固定的时间间隔广播更新信息,一般为 30s。由于路由器频繁地广播整个路由表,因而产生了大量的网络通信流量,占用了较多的带宽。当网络出现故障时,要经过较长的时间才能将此信息传送到所有的路由器,这在大型和变化快速的网络中是不稳定的主要因素,因为发送路由表刷新报文的时延可能导致网络中路由信息的不一致。

为了避免这一问题,RIP 限制到达任何目的地的最大距离是 15 跳,如果大于 15 跳,就被认为该路径是不可到达的。在实际中,16 跳被用来表示一个不可到达的目的地。这个数目限制了使用 RIP 的网络的规模。即使符合这个限制的中等规模的网络，RIP 的工作也可能会产生问题。

2. OSPF 协议

OSPF 协议是一种链路状态路由协议，它通过判断链路状态来确定发送数据包的最佳路径。每个运行 OSPF 协议的路由器都保存了其所在区域的一个链路状态数据库，只有当检测到链路状态发生变化时才传送路由信息，以更新每台路由器的路由表。每台路由器只发送与自身相连的链路状态信息，而不发送整个路由表。OSPF 协议用于更新链路状态的数据量很小，且发送并不频繁，大大减少了由此产生的网络通信量，适用于大规模网络。

5.6.5 路由器与交换机的区别

当一个数据包到达路由器时，路由器根据数据包的目的逻辑地址，查找路由表，如果存在一条到达目的网络的路由表项，路由器就将数据包转发。如果目的网络的路由表项不存在，路由器就将数据包丢弃，而不像交换机那样广播。路由器不转发广播信息，这样就把广播信息限制在各自的子网内部，即路由器可以隔离广播域，如图 5-36 所示。

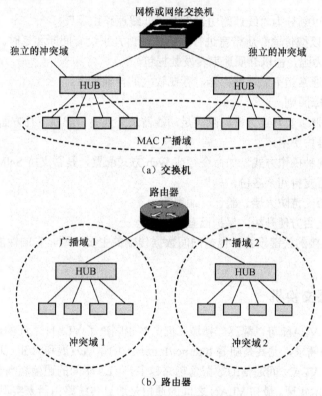

图 5-36 路由器与交换机的区别

这样，路由器既能够互连网络，又能够隔离广播域。而交换机只能够隔离冲突域，而不能够隔离广播域。

5.6.6 路由器性能指标

1. 路由器的分档

为了实现网络可管理性和可扩充性，当今的网络都采用分级体系结构，即分为骨干网和接入层。骨干网路由器的主要功能是提供最好的性能和扩展网络的能力,而在接入层的边缘路由器,其主要目的是提供对诸如安全、访问控制、通过服务分类提供不同的服务质量等。按照路由器的接口处理能力、吞吐量、提供的路由协议功能等,可以把路由器分成高、中、低三个档次,称为"骨干级路由器"、"企业级路由器"和"接入级路由器"。

1)骨干级路由器位于 WAN 骨干网,构成整个 IP 网络的核心。

2)企业级路由器适用于有分支机构的中小型企业,一般位于中小型企业路由中心位置上,互连企业网的各个分支机构,并作为企业网的出口,上行接入高端路由器。

3)接入级路由器主要针对小型分支机构,接口少,处理能力要求不高,适合作为远端分支路由器。

2. 路由器性能划分

衡量和评价一台路由器可从硬件和软件两个方面考虑。

1)硬件:处理器处理能力、接口数量和接口类型、缓存能力、内存可扩展性等。

2)软件:采用的操作系统、支持的链路层和网络层协议、配置界面的易操作性、易管理性、升级和维护成本等。

从路由器性能上可划分为"线速路由器"及"非线速路由器"。

线速路由器:可以按传输介质带宽进行通畅传输,几乎没有间断和延时。线速路由器的端口带宽大,数据转发能力强,能以介质速率转发数据包。

非线速路由器:通常指中低端路由器,存在较大的传输延迟。

3. 路由器的选择原则

选择合适的路由器以及互连方案,除满足功能需求外还要考虑以下几方面。

1)成本和运行维护费用。

2)管理方便:何种操作方式,如命令行或 Web 方式配置,是否支持 SNMP 网管。

3)可靠性:是否支持冗余备份。

4)安全性:是否支持防火墙、验证、加密等。

5)可扩展性:是否方便升级,保护已有投资。

路由器是网间连接的关键设备,也是网间数据传输的主要瓶颈。它的性能直接影响着网络互连的质量。

5.6.7 第三层交换机

在局域网中划分 VLAN 可以隔离广播域,但同时也隔离了 VLAN 之间的通信。但在实际中存在着跨 VLAN 通信的需求,尤其是随着 Internet/Intranet 的迅猛发展和 B/S(浏览器/服务器)计算模式的广泛应用,跨 VLAN 间通信的数据量越来越多。VLAN 间的通信相当于子网间的通信,必须借助于三层路由技术实现。最初 VLAN 之间的通信是通过传统路由器来实现的,如图 5-37 所示。

1. 传统路由技术的缺陷

传统路由器基于第三层地址转发,对经过的每个数据包都独立处理,都有一个对二层数据帧"拆封/封装"的过程,即使是同一源地址向同一目的地址发出的分组流,也要重复相同的过程,称为"报文到报文"转发(即"每次转发,每次路由"),如图 5-38 所示。这种工作方式导致路由器不可能具有很高的吞吐量。另外,路由器还要承担大量的其他工作,包括计算路由、维护路由表、协议转换、地址转换等,甚至充当防火墙实现数据包过滤功能。这些复杂的处理与强大的功能只能通过运行软件来实现,需要大量的 CPU 资源,因此使得路由器一方面价格昂贵,另一方面转发效率低下了,形成了 VLAN 间通信的瓶颈。与用硬件实现转发功能的二层交换机相比,路由器转发速率要慢一到两个数量级，使得网络整体性能下降了。改进传统的路由技术日益迫切。

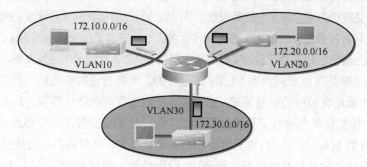

图 5-37 利用传统路由器实现 VLAN 间通信

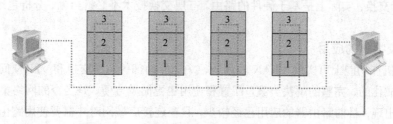

图 5-38 传统路由器"报文到报文"的转发

2. 三层交换机基本原理

第三层交换机又称路由交换机。简单地说，三层交换机是将二层交换和三层路由功能有机结合的一个整体，是一种利用二层交换功能实现第三层路由的机制，成为新一代的局域网路由和交换技术。

从传统路由技术的缺陷可看出，要想提高三层转发效率，必须改变"报文到报文"的重复转发模式。不在三层处理所有分组报文的方法称之为"流交换"。当发往某主机的数据帧通过三层交换机时，首先在第二层交换芯片中查找相应的目的 MAC 地址，如果查到，就进行第二层转发，否则拆封帧，将分组送至第三层路由模块，再取出目的 IP 地址进行路由，然后产生一个 IP 地址与 MAC 地址的映射表项，这样后面发往同一主机的数据流后续分组再次通过时，将根据此 MAC 地址直接由第二层芯片转发而不进入第三层再次路由，从而消除了重复进行路由选择而造成的网络延迟，大幅度提高了数据包转发效率。这个过程被称为"一次路由，多次交换"，如图 5-39 所示。由于仅仅在第一次路由过程中才需要第三层处理，绝大部分数据都通过第二层交换转发，因此第三层交换机的速度很快，接近于第二层交换机的速度。

设计三层交换机时通常使用下面技术。

1) 削减所处理的协议数目，常常只针对 IP，所以也称 IP 交换技术。
2) 只完成交换和路由功能，限制特殊服务。

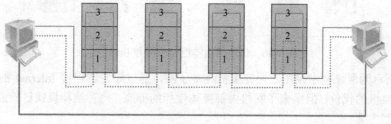

图 5-39 "一次路由，多次交换"模式

实线—报文流的第一个分组报文；虚线—流的后续分组报文

175

3）使用专用集成电路 ASIC 硬件来维护路由表，而不采用传统路由器运行软件来实现。因而和传统路由器相比，三层交换机的路由速度一般要快数十倍，远远超过路由器的处理速度，接近线速路由转发。另外，三层路由模块直接叠加在二层交换的高速背板总线上，突破了传统路由器的接口速率限制，但价格却降低很多。第三层交换技术及产品的实现归功于现代 ASIC 芯片技术的迅速发展。

4）由于三层交换是在以太网内部 VLAN 间进行的，因此传递的都是统一格式的以太网帧。IP 报文的第三层目的地址在帧中的位置固定，查找简单，地址位可被硬件提取，并由硬件完成路由计算。传统局域网二层交换机在进行交换操作前需要接收一定长度的数据进行相应的转发检测，以获取转发信息——目的 MAC 地址。将检测数据的长度适当增加，即可将二层交换技术扩展为三层交换技术。三层交换技术就是将检测数据扩展到 IP 分组头部，通过检测其中的 IP 地址查找对应的 MAC 地址进行交换，实际上是基于硬件的路由。三层交换技术不必拆封帧、分析包地址并重组帧，所以效率较高。

3．三层交换机的应用

三层交换机在功能上可实现 VLAN 的划分、VLAN 内部的二层交换和 VLAN 间路由的功能，形成了一个集成化的、完整的解决方案，配置和使用也更简单方便，是当今的网络集成技术。由于三层交换机的出现，目前路由器的应用已经较少，只在连接广域网时才需要使用路由器，也应用在安全控制（防火墙）、不同协议的异种网互连等情况（第三层交换机只适用于特定网络层协议）下。下面局域网典型应用的拓扑结构图说明了三层交换机和路由器的位置。

图 5-40 所示为采用传统路由器连接子网和 Internet 的情况。路由器会成为子网间通信的瓶颈。

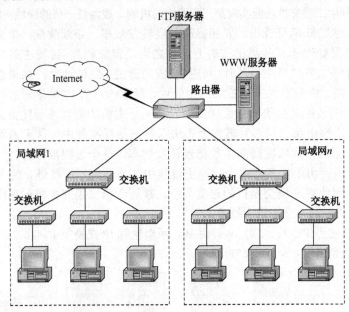

图 5-40　传统路由器连接子网和 Internet

图 5-41 所示为局域网中采用三层交换机连接子网，通过路由器连接 Internet 的情况。虽然多付出了三层交换机的代价，但换来了网络内部整体性能的提高，此种结构模式日趋成熟，是目前局域网组网的典型方案。

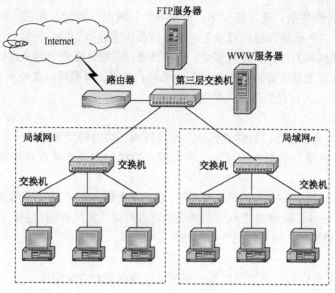

图 5-41　三层交换机的应用

5.7　高层互连设备

1．网关

中继器、网桥和路由器都属于通信子网范畴内的网间互连设备，工作在 1～3 层，它们与高层的应用系统无关。但实际网络中的应用并不都是基于同一协议的，传输层及以上各层协议不同的网络之间的互连属于高层互连，实现高层互连的设备是网关，如图 5-42 所示。网关的功能体现在 OSI RM 的高层，可以实现不同高层协议间的转换（因此网关也称"协议转换器"），以便在两个不同类型的网络系统之间实行高层应用的互操作，简化网络的管理。网关是最复杂的网络互连设备，用于网络不同应用系统（协议不同、技术不同、原理不同、用途不同等）之间的互连。

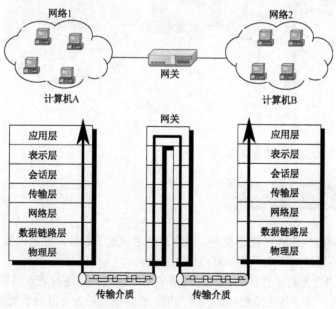

图 5-42　网关的工作层次

由于应用协议转换复杂，通常情况下，网关只能针对某一特定应用将一种协议转换到另一种协议，如电子邮件、文件传输和远程登录等，网关很难实现通用的协议转换，不存在针对所有应用的通用型网关。网关结构复杂，执行效率低，价格昂贵，一般只在两个体系结构完全不同的网络互连时才使用。网关实质上是在计算机上运行的一个转换软件。网关可以是一个专用设备，也可以用计算机作为硬件平台，由软件实现网关的功能。

2．网关的功能

网络的主要转换项目包括信息格式转换、地址转换、协议转换等。

1）格式转换：将信息的最大长度、文字代码、数据的表现形式等转换成适用于对方网络的格式。

2）地址转换：由于每个网络的地址构造不同，因而需要转换成对方网络所需要的地址格式。

3）协议转换：把各层使用的控制信息转换成对方网络所需的控制信息，由此可以进行信息的分割/组合、数据流量控制、错误检测等。

3．网关的类型

网关按其功能主要分为三种类型：协议网关、应用网关和安全网关。

（1）协议网关

协议网关通常用于在使用不同协议的网络间进行协议转换，这是网关最常见的功能。协议转换必须在数据链路层以上的所有协议层都运行，而且要对结点上使用这些协议层的进程透明。协议转换必须考虑两个协议之间的差异性，所以协议网关的功能十分复杂。

（2）应用网关

应用网关是在应用层连接两部分应用程序的网关，是在不同数据格式间翻译数据的系统。这类网关一般只适用于某种特定的应用系统的协议转换。用于网关转换的应用协议有 IP 电话网关、电子邮件、文件传输和远程登录等，如图 5-43 所示。

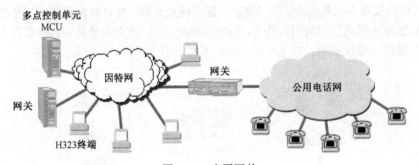

图 5-43 应用网关

（3）安全网关

安全网关就是防火墙，这将在第 7 章中介绍。

5.8 网络互连设备的选择

综上所述，不同层次的网络互连设备，根据其是否内置了软件，并且内置了哪些层次的软件，表现的网智能程度不同，应用于不同的网络层次互连。

网络互连设备的选择要视具体的网络互连需求而定。选择网络互连设备的层次越高，功能越强，智能化程度越高，能够互连差别越大的异构网，安全性也越好。但由于处理复杂，互连所付出的代价就会越大，效率也会越低，速度越慢。反之，低层次的网络互连，效率高、速度快、成本低，但联网的范围小，联网类型受到限制，安全性也差。网络互连的复杂程度取决于互联网络之间的帧、分组、报文和协议的差异程度。

选择互连设备的原则如下。

1）在满足服务功能的前提下，互连尽可能选在较低的层次上，以便降低互连设备成本和提高互连设备运行效率。

2）如果互连实现层是第 N 层，那么包括第 N 层在内的以上各功能层应完全相同，才能实现网络互连和互通；而包括第 $N-1$ 层在内的以下各功能层可以完全不同，以便容许连接更多的不同类型的独立子网。

（3）LAN-LAN 间互连层多选择在物理层和数据链路层，分别采用中继器和桥接器作为互连设备；LAN-WAN 间和 WAN-WAN 间互连层多选择在网络层，采用路由器作为互连设备；应用层网关仅用于一些特殊情况。

一般典型的网络结构是由一个主干网和若干个子网组成的。主干网和子网之间通常选用路由器进行连接。因为子网通常由网络管理部门分配不同的逻辑网络号作为网络层地址，只能采用配备了网络层协议的路由器在各子网间寻址和为分组进行路由选择。在子网的内部为了隔离冲突域，常常分为若干网段，一般采用网桥或交换机连接。因为一个子网的逻辑地址相同，子网内部的主机之间按网卡的物理地址（MAC 地址）在数据链路层寻址，网桥或交换机足以胜任，而且第二层寻址比第三层寻址减少了从逻辑地址到物理地址的解析过程，速度也要快得多。对于网段来说，若网线长度不够，可根据情况选择中继器连接，或用集线器、交换机分级连接，延长网络直径，但要注意距离的限制。当网络要和使用其他应用层协议的网络相连时，就要考虑采用网关进行互连。

只有把交换技术、路由技术、虚拟网技术有机结合起来才能充分发挥网络的效率，使网络实用、可靠、高效而易于管理，以最低的成本获得最高的效益。

5.9 以太网交换机和路由器配置技术

以太网交换机和路由器有多种厂家的产品，不同厂家的产品配置命令有所区别。这里以 Cisco 及其兼容系列产品为例介绍基本配置。

5.9.1 以太网交换机和路由器配置方式

以太网交换机和路由器配置方式一般有以下五种形式。
1）通过 Console 口本地配置。
2）通过 AUX 口连接 Modem，通过电话线与远方的终端相连进行远程配置。
3）通过局域网上的 TFTP 服务器下载配置文件进行配置。
4）通过 Telnet 远程登录进行远程配置。
5）通过局域网上的 SNMP 网管工作站进行配置。
五种方式的具体连接如图 5-44 所示。

这五种配置方式中，通过 Console 口的本地配置是最基本的配置方式，也是其他配置方式的基础，我们以 Console 口本地配置为例讲解。

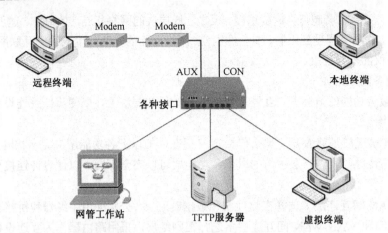

图 5-44　以太网交换机和路由器配置方式

1. Console 口本地配置的连接

此种方式使用专用的配置端口和专用的配置线，不占用网络带宽，因而也称为带外配置。

交换机和路由器一般都提供一个 Console 口，专门用于对交换机和路由器进行配置和管理。Console 口是一个串行口，将其与计算机的串口通过专用的配置电缆连接起来，即可实现对网络设备的配置。通过 Console 口连接并配置交换机或路由器，是配置和管理交换机或路由器必须经过的步骤，首次配置交换机或路由器只能采用这种方式。虽然除此之外还有其他若干种配置和管理交换机或路由器的方式，但是，这些方式必须通过 Console 口进行基本配置后才能进行。因为其他方式往往需要具有 IP 地址、域名、用户名、口令等基本参数后才可以实现正常连接，而新购买的交换机或路由器并不内置这些参数。所以通过 Console 口连接并配置交换机或路由器是最常用、最基本也是网络管理员必须掌握的管理和配置方式，如图 5-45 所示。

交换机或路由器本身不带输入/输出设备（如键盘、显示器），只有通过终端设备或计算机来实现对其操作系统的访问，从而对其进行配置和管理。

将交换机或路由器 Console 口和计算机串行口用配置线连接后，通过运行操作系统中的"超级终端"对网络设备进行配置。

2. 本地配置的界面

Windows 操作系统中有一个附件工具"超级终端"，可用来对网络设备进行配置，提供配置界面。打开超级终端，进入配置界面的步骤如下。

1）选择"开始"→"程序"→"附件"→"通讯"→"超级终端"选项，如图 5-46 所示。

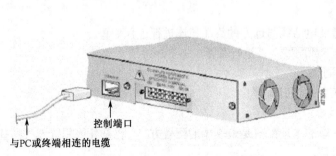

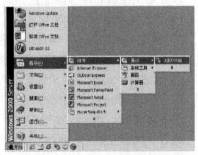

图 5-45　通过 Console 口本地配置　　　　图 5-46　调用"超级终端"工具

2）打开"连接描述"对话框，在"名称"文本框中键入新建超级终端连接项的名称，这主要是为了便于识别，没有什么特殊要求，单击"确定"按钮，如图 5-47 所示。

3）打开"连接到"对话框，在"连接时"使用下拉列表中选择与交换机相连的计算机串口，单击"确定"按钮，如图 5-48 所示。

图 5-47　"连接描述"对话框

图 5-48　选择计算机串口

4）在端口属性对话框选取默认值即可，单击"确定"按钮，如图 5-49 所示。

5）如果连接正常，就会进入交换机或路由器配置界面，称为 CLI 操作界面，即可通过命令行方式进行配置操作，如图 5-50 所示。

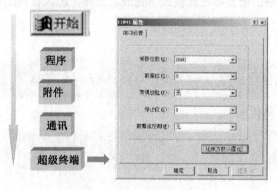

图 5-49　端口属性对话框

图 5-50　超级终端的 CLI 操作界面

5.9.2　以太网交换机基本配置

1．交换机的配置模式

Cisco 交换机和路由器采用的操作系统为 Cisco IOS（Internetworking Operating System，互连网络操作系统）。Cisco IOS 内置命令行解释器，通过配置命令实现对交换机的管理功能。命令行方式有多种配置模式，之所以采用多种配置模式是为了保护系统的安全性，采用分级保护方式，防止未经授权非法侵入。所有命令被分组，每组分属于不同配置模式，某个配置模式下只能执行所属的命令。在不同的模式下，CLI 界面的提示符给出不同的提示。

Cisco 交换机配置模式有以下几种。

（1）普通用户模式

交换机启动后直接进入该默认模式，该模式只具有一些有限的权限，包含少数几条命令，用于简单查看交换机运行状态和测试，如 show、ping、traceroute 等，但不能更改配置。

普通用户模式的提示符为 Switch>。

(2) 特权模式

特权模式有查看交换机或路由器的全部运行状态和统计信息的权限，并可进行文件管理、系统管理和更改配置文件等，还包括对交换机的升级等操作。

从普通用户模式进入到特权模式需输入 enable 命令，一般设置了口令保护。从特权模式退回普通用户模式用 exit 命令。特权模式是进入其他模式的入口。

1) 从用户模式进入特权模式的操作如下。

```
Switch>enable          （输入 enable 命令）
Password:              （在此输入口令）
Switch#                （特权模式提示符为#）
```

2) 从特权模式退出，返回用户模式的操作如下。

```
Switch#exit
Switch>
```

(3) 全局配置模式

在特权模式下输入 config terminal 命令即进入该模式。从全局配置模式退回特权模式输入 exit 或 end 命令或按 Ctrl+Z 组合键。全局模式下的配置命令是全局有效的，即对整个交换机起作用，如设置主机名、密码、创建 VLAN 等。一般常用的配置都在此模式下完成。另外，进入各种配置子模式也必须经过全局模式。

1) 从特权模式进入全局配置模式的操作如下。

```
Switch#config terminal        （输入 config terminal 命令）
Switch(config)#               （全局模式的提示符）
```

2) 从全局配置模式退出，返回特权模式的操作如下。

```
Switch(config)#exit
Switch#
```

(4) 接口子模式

该模式可对交换机的各种接口进行配置，如工作速度、单双工模式等。进入接口配置子模式，在全局配置模式下输入 interface 接口类型{插槽号，接口号}命令。存在多种接口子模式，进入每种接口子模式命令 interface 后面所跟的参数不同。

例如：

1) 进入快速以太网接口的 0 号插槽 1 号口的操作如下。

```
Switch(config)#interface  fastethernet 0/1
Switch(config-if)#             （接口配置子模式的提示符）
```

2) 从接口配置子模式退出，返回全局配置模式的操作如下。

```
Switch(config-if)#exit
 Switch(config)#
```

(5) VLAN 配置子模式

在该模式下可根据交换机接口进行虚拟局域网的划分。在全局配置模式下键入命令 vlan *vlan-id*，即可进入 VLAN 配置子模式。

1）在全局配置模式下创建 VLAN 10 的操作如下。

```
Switch(config)#vlan 10
Switch(config-vlan)#    （VLAN 配置子模式的提示符）
```

2）从 VLAN 配置子模式退出，返回全局配置模式的操作如下。

```
Switch(config-vlan)# exit
 Switch(config)#
```

（6）线路配置子模式

该模式下可为使用虚拟终端（vty）和 Console 口访问交换机设置参数，主要设置用户级登录密码。在全局配置模式下，执行 line vty 或 line console 命令，进入 Line 配置模式。

一般交换机支持多个虚拟终端。设置了密码的虚拟终端，就允许登录，没有设置密码的，则不能登录。如果对 0~4 条虚拟终端线路设置了登录密码，则交换机就允许同时有 5 个 Telnet 登录连接，可供管理员远程登录交换机进行配置。

具体各种配置模式间切换如图 5-51 所示（设交换机主机名为 Switch）。

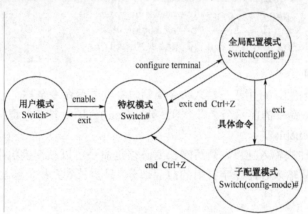

图 5-51　配置模式转换图

2. IOS 命令使用技巧

在交换机和路由器的配置和调试中，会用到大量的命令，有些命令很长，参数也很多，难以记忆。Cisco IOS 提供了一个功能强大的帮助命令"?"，它可以显示命令的简要解释，以及相关的参数，提供强有力的在线帮助。另外，Tab 键支持简写、历史命令重复使用、CLI 提示信息等帮助功能。

（1）帮助命令？的使用

1）查看当前模式下可用的命令。

```
Switch# ?
Exec commands:
  access-enable    Create a temporary Access-List entry
  access-template  Create a temporary Access-List entry
  archive          manage archive files
  cd               Change current directory
  clear            Reset functions
  clock            Manage the system clock
```

```
    configure          Enter configuration mode
    connect            Open a terminal connection
    copy               Copy from one file to another
    debug              Debugging functions (see also 'undebug')
    .
    .
```

2）查看以 S 开头的命令，交换机会给出所有以 S 开头的命令。

```
Switch(config)#s?
scheduler       service        shutdown    snmp    snmp-server
spanning-tree   stackmaker     system
```

3）查看命令 spanning-tree 后面的参数。

```
Switch(config)#spanning-tree ?
  backbonefast   Enable BackboneFast Feature
  etherchannel   Spanning tree etherchannel specific configuration
  extend         Spanning Tree 802.1t extensions
  loopguard      Spanning tree loopguard options
  mode           Spanning tree operating mode
  pathcost       Spanning tree pathcost options
```

（2）Tab 键的使用

Tab 键也称"补全键"，可用于在输入命令简写时补全显示命令全称。

例如，键入 enable 命令的前两个字母，即 Switch(config)#en，按 Tab 键，则补全为 enable 完整命令：Switch(config)#enable

使用命令简写可加快输入速度，简写的长度必须是命令可以被交换机唯一的识别。这样，在输入一个命令时可以只输入各命令字符串的前面部分，只要长到系统能够与其他命令关键字区分即可。

例如：

```
Switch#conf t
Switch(config)#en pass 123
```

（3）使用缓存区保持的历史命令

可以从命令历史缓存中调用已经使用过的命令重新使用，或进行修改，以减少重复输入工作。使用向上箭头，出现上一次执行的命令。一般默认命令历史保存最近用过的 10 条命令。可用 Switch# show history 命令查看。

（4）CLI 提示信息

1）% Ambiguous command: "show c"：用户没有输入足够的字符，交换机无法识别唯一的命令。可调出此命令，在发生歧义的字符后输入一个问号？寻求帮助，可用的关键字将被显示出来。

2）% Incomplete command：用户没有输入该命令的必需的关键字或者变量参数。

3）% Invalid input detected at '^' marker：用户输入命令有错误，符号"^"指明了产生错误的位置。

灵活运用？、Tab 键、历史命令和 CLI 提示信息及简写，可帮助记忆、加快输入速度和纠错。

3．交换机基本操作

（1）设置主机名

设置主机名后，可对交换机进行标识。这样，当进入配置界面后，可根据提示符识别当前交换机。

具体配置如下。

```
Switch#config term                        （进入全局配置模式）
Switch（config）#hostname  ZJWEU          （设置主机名为 ZJWEU）
ZJWEU（config）#end                       （提示符显示交换机主机名已生效）
```

（2）查看交换机的当前配置

使用 show running-config 命令查看当前运行的配置，其存储于 RAM。可随时用此命令查看所做的配置是否生效。

```
ZJWEU (config)# show running-config   （可简写为 sh run, 所有的命令都可简写）
```

显示当前配置：

```
version 12.1
no service pad
service timestamps debug uptime
service timestamps log uptime
no service password-encryption
!
hostname ZJWEU
```

（3）查看交换机的 MAC 地址-端口映射表

```
ZJWEU (config)# show mac-address-table
```

（4）查看交换表老化时间

```
ZJWEU #Show mac-address-table aging-time
```

（5）查看 IOS 版本

```
ZJWEU (config)#show version
```

（6）查看接口信息

若要查看某一接口的工作状态和配置信息，可使用 show interface 命令来实现，其用法如下。

```
show interface type mod/port
```

交换机的接口通常也称端口，由端口的类型、模块号和端口号共同进行标识。这里 mod/port 代表端口所在的模块（或插槽）类型和在该模块中的编号。以太网交换机接口类型通常可简写为 e（Ethernet，10Mb/s 以太网）、fa（Fast Ethernet，100Mb/s 快速以太网）、gi（GigabitEthernet，1000Mb/s 以太网）和 tengi（10Gb/s，万兆以太网）。在实际配置接口时，交换机接口的类型一定要写对。

例如，显示快速以太网 0 号插槽 1 号接口信息的命令为 show int fa0/1。

（7）配置接口描述信息

因为交换机有很多端口，难以记住各端口连接的是什么设备。为了方便管理，可为交换机的每个端口设置一段描述性的文字说明，对端口的功能和用途等进行说明，起备忘作用。可使用 description 命令来配置各接口的描述信息（最多 240 个字符）。

具体配置如下。

```
ZJWEU（config）#interface f0/1      （进入接口配置子模式）
ZJWEU（config-if）#description Department of Computer
（端口描述为 Department of Computer）
ZJWEU（config-if）#end       （返回到特权模式）
ZJWEU #show int f0/1（显示接口信息）
Gigabit Ethernet1/1 is down, line protocol is down （notconnect）
Hardware is Gigabit Ethernet Port, address is 000d.bc78.2d00 （bia000d.bc78.2）
Description: Department of Computer
```

（8）配置端口的速度和双工模式

交换机的端口速率默认设置为 auto，为自动协商模式，此时链路的两个端点将交流各自通信能力的信息，从而协商出一个双方都支持的最大速度和单工或双工通信模式。若链路一端的端口禁用了自动协商功能，则另一端无法确定单工或双工通信模式，此时使用命令需人为指定。

配置命令如下。

```
ZJWEU（config）#speed {10 | 100 | 1000 | auto | nonegotiate}
ZJWEU（config）#duplex {auto | full | half}
```

具体配置如下。

```
ZJWEU（config）#int f0/1         （进入 f0/1 接口配置子模式）
ZJWEU（config-if）#speed 100      （配置 f0/1 接口速率为 100Mb/s）
ZJWEU（config-if）#duplex full    （配置 f0/1 接口为全双工通信模式）
ZJWEU（config-if）#int f0/2       （进入 f0/2 接口配置子模式）
ZJWEU（config-if）#speed auto     （配置 f0/2 接口速率为自动协商模式）
```

（9）关闭或激活端口

交换机端口可用 shutdown 命令逻辑关闭，用 no shutdown 命令激活关闭的端口。有些配置必须关闭和重启端口才能生效。

具体配置命令如下。

```
ZJWEU（config）# interface f0/2
ZJWEU（config-if）# shutdown
ZJWEU（config-if）# no shutdown
```

（10）配置 VLAN

VLAN 的配置过程主要分为两步：① 创建 VLAN；② 将交换机的端口作为 VLAN 成员加入到某个 VLAN 中。默认情况下，交换机的所有端口均属于 VLAN 1，VLAN 1 是交换机默认创建的管理 VLAN。所以，对用户来说，VLAN 1 既不可创建，也不可删除。用户创建的 VLAN 都是 VLAN 1 下的子 VLAN。VLAN 编号的值最大可为 4096。

1）创建 VLAN。

① 在全局配置模式下创建 VLAN。

```
ZJWEU（config）# vlan 10
```

② 给 VLAN 命名（给 VLAN 命名是可选的，未命名的 VLAN 可使用其编号）

```
ZJWEU（config-vlan）#name vlan-name
```

2）将端口加入 VLAN

有两种将端口加入 VLAN 的方法：将单个端口加入 VLAN 和将一批端口加入 VLAN。
① 单个端口加入 VLAN。
进入接口配置子模式：

```
ZJWEU (config)# interface f0/1
```

将接口添加到某个 VLAN 10 中：

```
ZJWEU (config-if)# switchport access vlan 10
```

② 将接口从某个 VLAN 中删除。

```
ZJWEU (config-if)# no switchport access vlan 10
```

③ 多个端口同时加入 VLAN。也可以同时将多个端口添加到某个 VLAN 中（如把端口 f0/1～f0/10 一次性加入到 VLAN 10 中）。交换机支持使用 range 关键字，来指定一个端口范围，从而实现选择多个端口，并对这些端口进行统一的配置。

```
ZJWEU (config)# interface range f0/1 - 10
ZJWEU (config-if-range)# switchport access vlan 10
```

④ 验证 VLAN 的配置。
查看所有 VLAN 的摘要信息：

```
ZJWEU # show vlan brief
```

查看所有 VLAN 配置信息：

```
ZJWEU #show vlan
```

查看指定 VLAN 的信息：

```
ZJWEU # show vlan 10
```

⑤ 删除 VLAN。

```
ZJWEU (config)# no vlan 10
```

(11) 跨越多个交换机的 VLAN 应用
需要指定一个接口作为主干道 Trunk 口，使跨交换机相同 VLAN 之间能够通信。
例如，把 f0/24 口配成 Trunk 口，命令如下。

```
ZJWEU # configure terminal
ZJWEU (config)# interface f0/24
ZJWEU (config-if)# switchport mode trunk
```

5.9.3 路由器的基本配置

对于一个新投入使用的路由器，只有在对其进行一系列的正确配置之后才能正常工作。同交换机一样，可以用五种方式来配置路由器。这里也以 Console 口本地配置为例讲解。
通过 Console 口连接路由器进行本地配置的方法与配置交换机相同，也是通过"超级终端"进入 CLI 操作界面，通过命令行方式进行配置操作。Cisco 路由器 CLI 操作界面下使用 IOS 技巧也与交换机相同。

1. 路由器的配置模式

路由器的配置模式也有多种，适用于不同的配置场合。普通用户模式、特权模式和全局配置模式的概念与进入、退出转换方式与交换机相同，提示符也相同。路由器也包含多种子模式，用于配置路由器的特定应用。路由器各种配置模式间的转换关系和命令与交换机类似。

2. 路由器基本配置

这里结合一个实例，介绍路由器基本配置。网络拓扑图如图 5-52 所示。

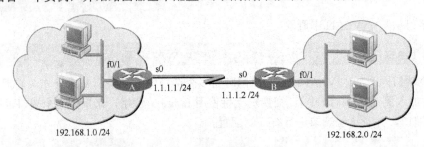

图 5-52　路由器配置实例

（1）路由器接口 IP 地址配置

配置路由器 IP 地址的基本原则：要使路由器在 IP 网络中正常工作，路由器接口的 IP 地址配置一般要要遵循如下规则。

1）路由器的物理网络端口通常要有一个 IP 地址。
2）相邻路由器的相邻端口 IP 地址必须在同一 IP 逻辑子网内。
3）同一路由器的不同端口的 IP 地址必须在不同 IP 逻辑子网段。

为端口配置 IP 地址的命令：进入相应接口配置子模式，输入 ip address *ip-address mask*。

这里，*ip-address* 为接口分配的 IP 地址，*mask* 为对应 IP 地址的子网掩码。

① 为路由器 A 配置 IP 地址。

```
Router(config)#                      （已进入全局配置模式）
Router(config)#hostname RouterA      （将路由器名称改为RouterA）
RouterA(config)#
RouterA(config)#int s0               （完整命令为interface serial0，进入接口配置子模式）
RouterA(config-if)#ip add 1.1.1.1 255.255.255.0
 （为路由器A的串口s0配置IP地址）
RouterA(config-if)#int f1/0          （进入接口f1/0配置子模式）
RouterA(config-if)#ip add 192.168.1.254 255.255.255.0
 （为路由器A的以太网口f1/0配置IP地址）
```

② 为路由器 B 配置 IP 地址。

```
Router(config)#                      （已进入全局配置模式）
Router(config)#hostname RouterB      （将路由器名称改为RouterB）
RouterB(config)#
RouterB(config)#int s0               （完整命令为interface serial0，进入接口配置子模式）
RouterB(config-if)#ip add 1.1.1.2 255.255.255.0
 （为路由器B的串口s0配置IP地址）
RouterB(config-if)#int f1/0          （进入接口f1/0配置子模式）
RouterB(config-if)#ip add 192.168.1.254 255.255.255.0
 （为路由器B的以太网口f1/0配置IP地址）
```

(2) 配置静态路由

在全局配置模式下，输入命令：Router (config) #ip route *network mask address*。

这里，*network mask* 为目的网络 IP 地址和子网掩码，*address* 为下一跳 IP 地址。

1) 为路由器 A 配置静态路由。

```
RouterA(config)#ip ro 192.168.2.0 255.255.255.0 1.1.1.2   (为路由器 A 设置
静态路由，去往目的网络 192.168.2.0 255.255.255.0 的分组，下一跳为路由器 B 串口 s0 的 IP 地
址 1.1.1.2)
```

2) 为路由器 B 配置静态路由。

```
RouterB(config)#ip ro 192.168.1.0 255.255.255.0 1.1.1.1   (为路由器 B 设置
静态路由，去往目的网络 192.168.1.0 255.255.255.0 的分组，下一跳为路由器 A 串口 s0 的 IP 地
址 1.1.1.1)
```

注意：静态路由是单向的，要想两个网络配置静态路由互通，必须双向设置。

用 show ip route 命令显示路由表信息，应能看到生成的静态路由表项。

两边网络的计算机互相应能 ping 通，路由生效。

(3) 配置 RIP 动态路由

① 为路由器 A 配置 RIP 动态路由。

```
RouterA(config)#router rip                (启用动态路由协议 RIP)
RouterA(config-router)#                   (进入路由协议配置子模式)
```

指定路由器 A 的 RIP 动态路由协议作用的网络。

```
RouterA(config-router)#network 192.168.1.0
RouterA(config-router)#network 1.1.1.0
```

② 为路由器 B 配置 RIP 动态路由。

```
RouterB(config)#router rip                (启用动态路由协议 RIP)
RouterB(config-router)#                   (进入路由协议配置子模式)
```

指定路由器 RouterB 的 RIP 动态路由协议作用的网络。

```
RouterB(config-router)#network 192.168.2.0
RouterB(config-router)#network 1.1.1.0
```

用 show ip route 命令显示路由表信息，应能看到生成的 RIP 动态路由表项。

两边网络的计算机互相应能 ping 通，路由生效。

(4) 配置 OSPF 单区域动态路由协议

1) 为路由器 A 配置 OSPF 单区域动态路由协议。

```
RouterA(config)#interface loopback 0            (进入逻辑环回接口子模式)
RouterA(config-if)#ip add 10.10.10.1 255.255.255.255
    (为环回接口配置 IP 地址，用做 Router ID，用于在 OSPF 通信中标识路由器)
RouterA(config-if)#exit
RouterA(config)#router ospf 1     (启用动态路由协议 OSPF 进程1)
RouterA(config-router)#           (进入路由协议配置模式)
```

指定路由器 RouterA 的 OSPF 动态路由协议作用的网络和所在区域 0。

```
RouterA(config-router)#network 1.1.1.0  0.0.0.255 area 0
RouterA(config-router)#network 192.168.1.0  0.0.0.255 area 0
```

2）为路由器 B 配置 OSPF 单区域动态路由协议。

```
RouterB(config)#interface  loopback  0
（进入逻辑环回接口子模式）
RouterB (config-if)#ip add  10.10.10.2  255.255.255.255
（为环回接口配置 IP 地址，用做 Router ID，用于在 OSPF 通信中标识路由器）
RouterB (config-if)#exit
RouterB (config)#router  ospf  1        （启用动态路由协议 OSPF 进程 1）
RouterB (config-router)#                （进入路由协议配置模式）
```

指定路由器 RouterB 的 OSPF 动态路由协议作用的网络和所在区域 0。

```
RouterB (config-router)#network 1.1.1.0  0.0.0.255 area 0
RouterB(config-router)#network 192.168.2.0  0.0.0.255 area 0
```

用 show ip route 命令显示路由表信息，应能看到生成的 OSPF 动态路由表项。
两边网络的计算机互相应能 ping 通，路由生效。

习　题

一、单选题

1. 以太网卡中可能不包括（　　）。
   A．发送和接收部件　　　　　　　　B．信号检测部件
   C．编码/译码器　　　　　　　　　　D．微处理器
2. 网卡的主要功能不包括（　　）。
   A．将计算机连接到通信介质上　　　B．进行电信号匹配
   C．实现数据传输　　　　　　　　　D．网络互连
3. 下列 MAC 地址正确的是（　　）。
   A．00-16-5B-4A-34-2H　　　　　　　B．192．168．1．55
   C．65-10-96-58-16　　　　　　　　 D．00-06-5B-4F-45-BA
4. 调制解调器中的"解调"功能是指（　　）。
   A．把数字数据转换成模拟信号　　　B．把模拟信号转换成数字数据
   C．直接接收模拟信号　　　　　　　D．直接接收数字数据
5. 下列问题中，能用中继器来解决的是（　　）。
   A．网络中有很多种类的不兼容设备　B．网络中太多的流量
   C．太低的数据传输速率　　　　　　D．网络覆盖范围不够
6. 网桥是在（　　）上实现不同网络的互连设备。
   A．数据链路层　　B．网络层　　　C．对话层　　　　D．物理层
7. 人们目前在局域网中多选择交换机而不选用集线器的原因是（　　）。
   A．交换机便宜　　　　　　　　　　B．交换机读取帧的速度比集线器快
   C．交换机隔离冲突域　　　　　　　D．交换机不转发广播
8. 主机上设置的默认网关所起的作用是（　　）。

A．将 IP 包发往目的主机　　　　B．IP 包发往外网的第一跳路由器入口
　　C．外来访问所经过的端口　　　　D．连接其他网络
9．将一个局域网连入 Internet，应选用的设备是（　　）。
　　A．路由器　　　B．中继器　　　C．网桥　　　D．网关
10．第三层交换即相当于交换机与（　　）合二为一。
　　A．交换机　　　B．网桥　　　　C．中继器　　　D．路由器
11．人们所说的高层互连是指（　　）及其以上各层协议不同的网络之间的互连。
　　A．网络层　　　B．表示层　　　C．数据链路层　　　D．传输层
12．能完成 VLAN 之间数据传递的设备是（　　）。
　　A．中继器　　　B．集线器　　　C．网桥　　　D．三层交换机

二、多选题

1．可以用来对以太网进行分段的设备有（　　）。
　　A．网桥　　　B．交换机　　　C．路由器　　　D．集线器
2．使用网桥进行网段划分的目的有（　　）。
　　A．增加更多的广播域　　　　B．分割冲突域
　　C．为用户增加更多可用的带宽　　　D．允许用户发送更多的广播
3．如果用户要联网的计算机数量比单台交换机的端口数多，可采用（　　）方法解决。
　　A．级联　　　　　　　　　B．堆叠
　　C．选用模块化交换机　　　D．以上都可以

三、简答题

1．网络互连主要有哪几种形式？目前常用的网络之间的互连设备有哪些？
2．集线器与交换机的区别是什么？
3．用路由器连接起来的网络和用网桥连接起来的网络本质区别是什么？
4．分析静态、动态路由协议的优缺点。
5．网桥与路由器的数据转发有什么区别？
6．路由器是怎么完成路径选择的？有哪两种常用的路径选择算法？
7．将多个局域网互连为一个逻辑子网，应选择什么互连设备？如果互连多个逻辑子网，应使用什么互连设备？
8．解释局域网中的故障域、冲突域和广播域的概念。可以采用什么技术加以解决？
9．交换机常用的交换方式有哪几种？它们各有什么特点？
10．与传统以太网相比，VLAN 主要有哪些优点？
11．路由表中包含了哪些关键信息？它们各起什么作用？

实训四　VLAN 的配置

一、实训目的

1）基于端口的 VLAN 划分，同一 VLAN 之间通信和不同 VLAN 之间通信的验证。
2）在交换机上创建交换机间的主干道，实现跨交换机的多 VLAN 帧传输。

二、实训环境

1）Cisco 交换机两台、网线若干、微机若干台、专用配置电缆一条。

2）实验拓扑图如图 5-53 所示。

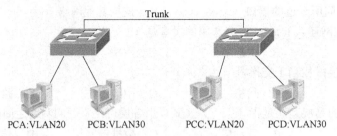

图 5-53 实验拓扑图

三、实训内容

1）在两台交换机上分别创建两个 VLAN，即 VLAN 10 和 VLAN 20，并为其分配静态成员（端口）。

2）创建两台交换机上的主干道，测试主干道的工作情况。

3）所有的微机 IP 地址都设置为同一网段。配置好后，在系统视图下用"sh vlan"命令查看各 VLAN 的设置，并测试相同 VLAN 和不同 VLAN 间计算机通信的情况。

四、实训步骤

具体配置步骤如下。

1）创建第一个 VLAN，命令如下。

```
SOPwitch#conf t            （完整命令是 configure terminal，进入全局配置模式）
Switch(config)#vlan 10     （创建编号为 10 的 VLAN，若此 VLAN 号不存在，则进行创建；
                            若此 VLAN 号已创建，则进入此 VLAN 配置子模式）
Switch(config-vlan)#       （已进入 VLAN 配置子模式）
Switch(config-vlan)#exit   （退出 VLAN 配置子模式）
Switch(config)#
```

2）为 VLAN 分配端口，命令如下。

```
Switch(config)#int f0/1                      （进入快速以太网接口 f0/1 的接口配置子模式）
Switch(config-if)# switchport mode access    （将该端口设置为访问端口工作模式，即接
                                              计算机的端口）
Switch(config-if)#switchport access vlan 10  （将该端口划入 VLAN 10，成为其成员）
Switch(config-if)#end                        （退出端口配置子模式，返回特权模式）
Switch#sh vlan     （完整命令是 show vlan，显示当前各 VLAN 成员端口分配情况）
```

显示：

```
VLAN Name                    Status    Ports
---- ------------------------ --------- -------------------------------
1    default                  active    Fa0/2 ,Fa0/3 ,Fa0/4 ,Fa0/5
                                        Fa0/6 ,Fa0/7 ,Fa0/8 ,Fa0/9
                                        Fa0/10,Fa0/11,Fa0/12,Fa0/13
                                        Fa0/14,Fa0/15,Fa0/16,Fa0/17
                                        Fa0/18,Fa0/19,Fa0/20,Fa0/21
                                        Fa0/22,Fa0/23,Fa0/24,Gi0/25
                                        Gi0/26,Gi0/27,Gi0/28
10   VLAN0010                 active    Fa0/1
```

可见端口 fa0/1（fastethernet 0/1）已成为 VLAN 10 的成员。
3）将某端口移出 VLAN（即取消其作为 VLAN 的成员），命令如下。

```
Switch(config)#int f0/1         （进入快速以太网接口 0/1 的接口配置子模式）
Switch(config-if)#no switchport access vlan(将该端口移出 VLAN 10)
```

用 Switch#sh vlan 命令可看到端口 f0/1 已不在 VLAN 10 中。
4）将某一范围内的多个连续端口一次性分配给一个 VLAN，命令如下。

```
Switch#conf t
Switch(config)#intrangef0/5-7         （指定端口范围为 f0/5 到 f0/7）
Switch(config-if-range)#switchport mode access  (将该端口设置为访问端口工作模式，
                                                即接计算机的端口)
Switch(config-if-range)#switchport access vlan 10  (将该范围端口划入 VLAN
                                                    10，成为其成员)
Switch(config-if-range)#end           (退出端口配置子模式，返回特权模式)
Switch#sh run         （显示当前配置内容，完整命令是 show running-config）
```

其中如下内容为 VLAN 10 及其成员的配置信息。

```
vlan 10
!
ip routing algorithm CRC32_UPPER
interface FastEthernet 0/1
 speed 10
 duplex half
 switchport access vlan 10
!
interface FastEthernet 0/5
 switchport access vlan 10
!
interface FastEthernet 0/6
 switchport access vlan 10
!
interface FastEthernet 0/7
 switchport access vlan 10
```

或用显示 VLAN 命令查看当前 VLAN 的配置信息。

```
Switch#sh vlan
VLAN  Name                    Status     Ports
----  ----------------------  ---------  -------------------------------
1     default                 active     Fa0/2 ,Fa0/3 ,Fa0/4 , Fa0/8 ,Fa0/9
Fa0/10,Fa0/11,Fa0/12,Fa0/13
Fa0/14,Fa0/15,Fa0/16,Fa0/17
Fa0/18,Fa0/19,Fa0/20,Fa0/21

Fa0/22,Fa0/23,Fa0/24,Gi0/25
                                         Gi0/26,Gi0/27,Gi0/28
10    VLAN0010                active     Fa0/1, Fa0/5,Fa0/6 ,Fa0/7 ,
```

可看到 VLAN 10 的各端口成员。
5）创建编号为 20 的 VLAN，命令入下。

```
Switch(config)#vlan 20              (创建编号为 20 的 VLAN,若此 VLAN 号不存在,则进行创建;
                                     若此 VLAN 号已创建,则进入此 VLAN 配置子模式)
Switch(config-vlan)#                (已进入 VLAN 配置子模式)
Switch(config-vlan)#exit            (退出 VLAN 配置子模式)
Switch(config)#
```

6)为 VLAN 20 分配端口,命令入下。

```
Switch(config)#int  range  f  0/15-20         (指定端口范围为 f 0/15 到 f 0/20)
Switch(config-if-range)#switchport  mode  access    (将该端口设置为访问端口工作
                                                     模式,即接计算机的端口)
Switch(config-if-range)#switchport  access  vlan  20    (将该范围端口划入
                                                         VLAN 20,成为其成员)
Switch(config-if-range)#end        (退出端口配置子模式,返回特权模式)
Switch#sh  run                     (显示当前配置内容,其中包含 VLAN 信息)
```

注意:
① 将所有的微机 IP 地址都设置在同一网段。
② 查看各工作站计算机 IP 地址时使用 ipconfig /all 命令。
测试:
将工作站 PCA、PCB 接入交换机上的同一 VLAN 端口,测试其连通性。在同一 VLAN 的计算机之间相互使用 ping 命令,测试连通性,相互之间能够连通。

再将工作站 PCA、PCB 接入交换机上的不同 VLAN 端口,测试其连通性。在不同 VLAN 的计算机之间相互使用 ping 命令,测试连通性,相互之间不能够连通。

说明:本实验证明各计算机虽然物理上连接在同一设备上,但逻辑上已隔离为两个 VLAN,进行了信息隔离。

7)删除 VLAN,命令如下。

```
Switch#conf t                      (进入全局配置模式)
Switch(config)#no  vlan  10        (删除 VLAN 10)
Switch(config-if)#end              (返回特权模式)
```

查看当前 VLAN 信息:

```
Switch#sh  vlan
```

可看到 VLAN 10 已不存在。

8)跨交换机的 VLAN 配置。在两个交换机上各自创建两个 VLAN,即 VLAN 10 和 VLAN 20,并分配成员接口,保留第 24 端口,不划入 VLAN 10 和 VLAN 20。按图 5-53 连接工作站和交换机,用各自的第 24 端口连接,并将第 24 端口设置成为 Trunk 接口。

配置各交换机 Trunk 接口,命令如下。

```
Switch(config)#int  f0/24
Switch(config-if)# Switchport mode trunk
```

配置 Trunk 端口中允许通过的 VLAN 帧:

```
Switch(config-if)#switchport trunk allowed vlan all   (允许所有 VLAN 帧通过)
```

若不允许 VLAN 20 的数据帧通过,则:

```
Switch(config-if)#switchport trunk allowed vlan remove 20
```

检查交换机上的主干道相关信息：

```
Switch(config) #show int e0/24
```

用 ping 命令测试跨交换机的 VLAN 间的连通性。

跨交换机同一 VLAN 的计算机之间相互 ping 对方 IP 地址，相互之间能 ping 通；不同 VLAN 的计算机之间相互 ping 对方的 IP 地址，相互之间不能 ping 通。

五、实训总结

写出实训结论。

实训五　静态路由配置

一、实训目的

1）路由器配置环境的搭建、路由器基本配置及测试。
2）路由器主机名的设置。
3）路由器接口的配置。
4）静态路由配置。
5）显示路由器端口和路由表的配置信息。

二、实训环境

1）路由器两台、网线若干、微机若干、专用配置电缆两条。
2）实验拓扑图如图 5-54 所示。

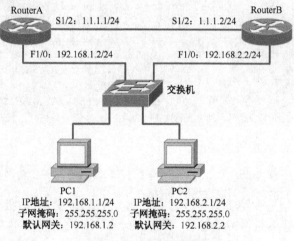

图 5-54　静态路由配置

说明：

① 两台路由器各自的串口 S1/2 用串口线相连，模拟一个广域网。

② 两台路由器各自的快速以太网口 F1/0 分别连接一个局域网（PC1 和 PC2 各模拟一个局域网）。

③ 交换机在此处仅起到一个转接作用，使其用直通双绞线连接即可。

三、实训内容

1）按图 5-54 连接路由器和各局域网。路由器之间通过串口电缆相连，计算机通过交换机以太网口再接入路由器。

2）按图 5-54 配置路由器和工作站各参数。

四、实训步骤

具体配置步骤如下。

1）配置路由器 RouterA，命令如下。

```
Router>                  （普通用户模式）
Router>enable            （进入特权模式，特权模式支持调试和测试命令，支持对路由器的详细检
                          查、对配置文件的操作，并且可以由此进入全局配置模式）
Router#                  （已进入特权模式，注意提示符的变化）
Router#conf t            （完整命令是 configure terminal，进入全局配置模式，这种模式提
                          供了针对路由器全局有效的配置命令，是进入各种特定配置模式的入口）
```

① 为路由器 RouterA 设置主机名。

```
Router(config)#                   （已进入全局配置模式）
Router(config)#host RouterA       （完整的命令为 hostname RouterA，将路由器默认名称改为
                                   RouterA，提倡为路由器重命名以便于区分不同的路由器）
RouterA(config)#                  （提示符显示主机名已生效）
```

② 配置路由器 RouterA 接口 IP 地址。

```
RouterA(config)#int s1/2          （完整命令为 interface serial1/2，进入接口配置模式，
                                   这里进入串口 serial1/2 的接口配置子模式）
RouterA(config-if)#ip add 1.1.1.1 255.255.255.0
                                  （完整命令为 ip address
 1.1.1.1 255.255.255.0，为路由器 RouterA 的串口 serial1/2 配置 IP 地址）
RouterA(config-if)#show int s1/2  （完整命令为 show interface serial1/2，查
                                   看接口 serial1/2 的配置情况）
RouterA(config-if)#int f1/0       （完整命令为 interface fastethernet1/0，
                                   入接口配置子模式，这里进入快速以太网接口 f1/0
                                   的接口配置模式）
RouterA(config-if)#ip add 192.168.1.254 255.255.255.0
 （为路由器 RouterA 的以太网口 f1/0 配置 IP 地址）
```

③ 配置路由器 RouterA 的静态路由。

```
RouterA(config-if)#exit           （退回全局配置模式。逐层地返回可用 exit 命令，一次性地返
回特权模式可用 end 命令或按 Ctrl+Z 组合键）
RouterA(config)#ip route 192.168.2.0 255.255.255.0 1.1.1.2
 （设置静态路由，去往目的网络 192.168.2.0 255.255.255.0 的分组，下一跳为路由器
 RouterB，其串口 serial1/2 的 IP 地址为 1.1.1.2）
```

④ 检查路由器 RouterA 的路由配置。

设置静态路由后，用 RouterA(config)#show ip route 来显示路由表内容，其中可看到
S 192.168.2.0/24[1/0] via 1.1.1.2，说明已生成路由表项。

⑤ 查看路由器当前配置信息。

```
RouterA(config)#show run          （show running-config，显示当前配置内容）
```

2）配置路由器 RouterB，命令如下。

```
Router>                    （普通用户模式）
Router >enable             （进入特权模式，特权模式支持调试和测试命令，支持对路由器的详细检
                            查、对配置文件的操作，并且可以由此进入全局配置模式）
Router#                    （已进入特权模式，注意提示符的变化）
Router#conf t              （完整命令是 configure terminal，进入全局配置模式，这种模式提
                            供了针对路由器全局有效的配置命令，是进入各种特定配置模式的入口）
```

① 为路由器 RouterB 设置主机名。

```
Router (config)#                （已进入全局配置模式）
Router (config)#host RouterB    （完整的命令为 hostname RouterB，将路由器默认名称改为
                                 RouterB，提倡为路由器重命名以便于区分不同的路由器）
RouterB (config)#               （提示符显示主机名已生效）
```

② 配置路由器 RouterB 接口 IP 地址。

```
RouterB (config)#int s1/2       （完整命令为 interface serial1/2，进入接口配置模
                                 式，这里进入串口 serial1/2 的接口配置子模式）
RouterB (config-if)#ip add 1.1.1.2 255.255.255.0
 （完整命令为 ip address 1.1.1.2 255.255.255.0，为路由器 RouterB 的串口 serial1/2
配置 IP 地址）
RouterB (config-if)#show int s1/2  （完整命令为 show interface serial1/2，
                                    查看接口 serial1/2 的配置情况）
RouterB (config-if)#int f1/0       （完整命令为 interface fastethernet1/0，进入
                                    接口配置子模式，这里进入快速以太网接口 f1/0 的接
                                    口配置模式）
RouterB (config-if)#ip add 192.168.2.254 255.255.255.0
 （为路由器 RouterB 的以太网口 f1/0 配置 IP 地址）
```

③ 配置路由器 RouterB 的静态路由。

```
RouterB (config-if)#exit      （退回全局配置模式。逐层地返回可用 exit 命令，一次性地
返回特权模式可用 end 命令或按 Ctrl+Z 组合键）
RouterB (config)#ip route 192.168.1.0 255.255.255.0 1.1.1.1
 （设置静态路由，去往目的网络 192.168.1.0 255.255.255.0 的分组，下一跳为路由器 RouterA，
其串口 serial1/2 的 IP 地址为 1.1.1.1）
```

④ 检查路由器 RouterB 的路由配置。

设置静态路由后，用"RouterB (config)#show ip route"命令显示路由表内容，其中可看到 S 192.168.1.0/24[1/0] via 1.1.1.1，说明已生成路由表项。

⑤ 查看路由器当前配置信息。

```
RouterB (config)#show run      （show running-config，显示当前配置内容）
```

⑥ 重启路由器串口。路由器的串口配置后必须关闭再次重启才能生效（只在一台路由器中执行下面命令即可）。

```
RouterA(config)#int s1/2         （必须进入该串口模式）
RouterA(config-if)#shut          （shutdown）
RouterA(config-if)#no shut
```

3）配置工作站计算机 IP 地址参数。

① PC1 的 IP 地址设为 192.168.1.1，子网掩码设为 255.255.255.0，默认网关设为 192.168.1.254

（各计算机的默认网关为其所在局域网连接的路由器端口 IP 地址）。

② PC2 的 IP 地址设为 192.168.2.1，子网掩码设为 255.255.255.0，默认网关设为 192.168.2.254。

4）测试各工作站之间的连通性。从任意一台计算机 ping 链路上各以太网口、同步串口（广域网口）均应能 ping 通，从任意一台计算机 ping 其他计算机也应能 ping 通，说明在路由器上设置的静态路由表生效了，起到了路由的功能。

也可在源主机上用路由跟踪命令跟踪到达目的主机的路由，命令如下。

PC1 上命令：C:\>tracert 192.168.2.1。

PC2 上命令：C:\>tracert 192.168.1.1。

五、实训总结

写出实训结论。

实训六　RIP 动态路由协议的配置

一、实训目的

掌握 RIP 动态路由协议的配置、诊断方法。

二、实训环境

1）路由器两台、网线若干、微机若干、专用配置电缆两条。

2）实验拓扑图同图 5-54。

三、实训内容

如果做完静态路由配置实训继续做本实训，则经过静态路由配置后，目前路由器中已经存在静态路由表并且已生效。为了不影响下面要进行的动态路由协议配置的验证，需要将前面设置过的静态路由删掉（其他配置可不变），然后进行动态路由协议配置。

四、实训步骤

具体配置步骤如下。

1）删除静态路由配置，命令如下。

```
RouterA(config)#no ip ro 192.168.2.0 255.255.255.0 1.1.1.2
```

用 show run 或 show ip ro 命令查看静态设置的路由项，确定路由项已经不存在。

2）配置路由器 RouterA 的 RIP，命令如下。

```
RouterA(config)#router rip              （启用 RIP）
RouterA(config-router)#                 （进入路由协议配置子模式）
```

指定路由器 RouterA 的 RIP 作用的网络：

```
RouterA(config-router)#network 192.168.1.0
RouterA(config-router)#network 1.1.1.0
```

3）配置路由器 RouterB 的 RIP，命令如下。

删除路由器 RouterB 上的静态路由配置：

```
RouterB(config)#no ip ro 192.168.1.0 255.255.255.0 1.1.1.1
RouterB(config)#router rip              （启用 RIP）
RouterB(config-router)#                 （进入路由协议配置子模式）
```

指定路由器 RouterB 的 RIP 作用的网络：

```
RouterB(config-router)#network 192.168.2.0
RouterB(config-router)#network 1.1.1.0
```

动态路由协议配置后，路由器的串口必须关闭再次重启才能生效（只在一台路由器中执行下面命令即可）。

```
RouterA(config)#int s1/2
RouterA(config-if)#shut            (shutdown)
RouterA(config-if)#no shut
```

4）测试各工作站之间的连通性。当以上动态路由协议配置完成后，可进行测试。从任意一台计算机 ping 链路上各以太网口、同步串口（广域网口）均应能 ping 通，从任意一台计算机 ping 其他计算机也应能 ping 通，说明路由器动态路由协议自动生成了路由表，起到了路由的功能。也可用路由跟踪命令 tracert 跟踪到达目的主机的路由来证实。

5）检查路由器 RouterA 和 RouterB 的路由表。在各路由器用"show ip ro"命令，可看到 RIP 生成的路由表项（行首有 R 标记）。

五、实训总结

写出实训结论。

实训七　单区域 OSPF 动态路由协议的配置

一、实训目的

掌握单区域 OSPF 动态路由协议的配置、诊断方法。

二、实训环境

1）路由器两台、网线若干、微机若干、专用配置电缆两条。

2）实验拓扑图同图 5-54。

三、实训内容

如果做完 RIP 动态路由协议配置实训继续做本实训，则经过 RIP 路由协议配置后，目前路由器中已经存在 RIP 生成的路由表。为了不影响下面要进行的单区域 OSPF 动态路由协议配置的验证，需要先将前面 RIP 生成的路由删除（其他配置可不变），然后进行单区域 OSPF 动态路由协议配置。

四、实训步骤

具体配置步骤如下。

1）删除路由器的 RIP 路由配置，命令如下。

```
RouterA(config)#no router rip
```

2）配置路由器 RouterA 的单区域 OSPF 动态路由，命令如下。

```
RouterA(config)#interface loopback 0         (进入逻辑 4 环回接口子模式)
RouterA(config-if)#ip add 10.10.10.1 255.255.255.255 (为环回接口配置 IP 地址，
                                             用做 Router ID，用于在 OSPF 通信中标识路由器)
RouterA(config-if)#exit
RouterA(config)#router ospf 1       (启用动态路由协议 OSPF 进程 1)
RouterA(config-router)#             (进入路由协议配置子模式)
```

指定路由器 RouterA 的 OSPF 协议作用的网络和所在区域（设为区域 0）：

```
RouterA(config-router)#network 1.1.1.0  0.0.0.255 area 0
RouterA(config-router)#network 192.168.1.0  0.0.0.255 area 0
```

3）配置路由器 RouterB 的单区域 OSPF 动态路由，命令如下。

```
RouterB(config)#interface loopback 0             （进入逻辑环回接口子模式）
RouterB (config-if)#ip add 10.10.10.2  255.255.255.255（为环回接口配置 IP 地
                                        址，用做 Router ID，用于在 OSPF 通信中标识路由器）
RouterB (config-if)#exit
RouterB (config)#router ospf 1     （启用 OSPF 进程 1）
RouterB (config-router)#             （进入路由协议配置子模式）
```

指定路由器 RouterB 的 OSPF 动态路由协议作用的网络和所在区域（设为区域 0）：

```
RouterB (config-router)#network 1.1.1.0  0.0.0.255 area 0
RouterB(config-router)#network 192.168.2.0  0.0.0.255 area 0
```

动态路由协议配置后，路由器的串口必须关闭再次重启才能生效（只在一台路由器中执行下面命令即可）。

```
RouterA(config)#int s1/2
RouterA(config-if)#shut            （shutdown）
RouterA(config-if)#no shut
```

4）测试各工作站之间的连通性。

当以上动态路由协议配置完成后，可进行测试。从任意一台计算机 ping 链路上各以太网口、同步串口（广域网口）均应能 ping 通，从任意一台计算机 ping 其他计算机也应能 ping 通，说明路由器动态路由协议自动生成了路由表，起到了路由的功能。也可用路由跟踪命令跟踪到达目的主机的路由来证实。

5）检查路由器 RouterA 和 RouterB 的路由表。在各路由器用 show ip ro，可看到 OSPF 协议生成的路由表项（行首有 O 标记）。

五、实训总结

写出实训总结。

第 6 章　TCP/IP 协议及 Internet 技术

【内容提要】

本章介绍 Internet 的基本概念与 TCP/IP 协议簇的关系，TCP/IP 各层常用协议的功能和基本实现方法，常用服务，Intranet/Extranet、IPv6、Internet 接入等。

【学习要求】

要求理解并掌握 IPv4 地址格式与分类，子网划分和掩码，TCP/IP 各层常用协议的功能和适用场合，Internet 常用服务；掌握网络基本测试工具的使用。

了解 IPv6、Intranet/Extranet、Internet 接入等基本概念。

6.1　Internet 概述

1. 基本概念

Internet 是一个建立在众多网络互连基础上的世界上最大、覆盖面最广、开放性的、具有全球性影响力的计算机互连网络。其重要性已广为人们所知，与当前人们的工作、学习、交流、生活等各个方面密切相关，是不可或缺的部分。

Internet 采用的体系结构为 TCP/IP 协议，它的跨平台性是其成为 Internet 标准的主要原因。Internet 能发展到今天的规模，得益于 TCP/IP 协议的设计思想。反之，Internet 的成功与迅速发展又进一步扩大了 TCP/IP 协议的影响力。TCP/IP 协议得天独厚的互联网背景，使其成为网络界乃至 IT 领域事实上的工业标准。通过 TCP/IP 协议，不同操作系统、不同架构的多种类型网络之间均可以进行通信，是目前异构网间进行互连唯一可行的协议体系，是人们关注的重点。

Internet 是历史上发展最快的一种技术。以商业化后达到 5000 万用户为例，电视花费了 13 年，收音机花费了 38 年，电话则更长。Internet 从商业化到达到 5000 万用户只花费了 4 年时间。人们公认 Internet 是自印刷术以来人类信息传播方面最伟大的变革，是人类发展史上的里程碑，其深远影响不可估量，人类因它而进入了一个崭新的信息世界。

（1）Internet 发展

1）Internet 的定义：Internet 的含义是"互联网"，"inter" 的中文含义是"交互的"，所以 Internet 只代表一般的网络互连。而 Internet（大写的 I，译为"因特网"）指特定的、世界范围的因特网。

从网络技术角度看，Internet 是一个通过 TCP/IP 协议连接各国家、各地区、各机构计算机网络的数据通信网，它将数以百万、千万计的计算机网络和数以亿计的主机互连在一起，覆盖全球，是一个"计算机网络的网络"。从信息资源角度看，Internet 是一个集各领域信息资源为一体，供网上用户共享的信息资源网，是当今全球最大的数据资源库。

2）Internet 的历史与演进：Internet 起源于美国 1969 年开始研究开发的 ARPANET，其目的是建立分布式、存活力极强的全国性通信网络。Internet 从 20 世纪 60 年代末诞生以来，经历了试验研究、学术性研究和商业化网络几个阶段。

20 世纪 60 年代末到 70 年代，属于试验研究阶段，此时以 ARPANET 为主干网。

20 世纪 80 年代，因特网在教育科研领域进入广泛使用的实用阶段。

20 世纪 90 年代后，因特网向社会开放，从最初的教育科研网络逐步发展成为商业网络。

（2）Internet 的服务

网络只是一个平台，重要的是在其上搭建的服务，即实现的各种应用。Internet 是一个庞大的互连系统，通过全球的信息资源，向人们提供了包罗万象、瞬息万变的信息。由于 Internet 本身的开放性、广泛性和自发性，信息源源不断地加入进来，可以说，Internet 中的信息资源是近乎无限的。

Internet 的服务主要如下。万维网（World Wide Web，WWW）服务；电子邮件（Electronic mail，E-mail）服务；文件传输协议（File Transfer Protocol，FTP）服务；远程登录 Telnet 服务；电子公告板服务；域名解析（Domain Name System，DNS）服务等。随着网络应用的发展，还会不断提供新的服务。

2．Internet 的组成部分

从技术角度来看，Internet 包括了各种计算机网络，从局域网、城域网到广域网。这些网络中包含大量的主机（Internet 将拥有 IP 地址的设备一概称为"主机"），可以分为服务器、客户机与路由器。

1）服务器：信息资源与服务的提供者，它们一般是性能较高、存储容量较大的计算机，是信息资源与服务的载体。

2）客户机：信息资源与服务使用者的用户终端。作为用户与网络的接口，可以是普通的微型机，也可以是便携设备。

3）路由器：Internet 中最重要的设备之一，它负责将 Internet 中的各个子网连接起来，实现 IP 分组的路由和存储转发。

3．TCP/IP 协议体系结构

TCP/IP 协议以其简洁、高效、可靠、实用的特点，确立了在当代网络中的地位。TCP/IP 是整个因特网协议簇（包含近百个协议）的总称，TCP 和 IP 是其中两个最重要的协议，因此因特网协议簇以 TCP/IP 命名。人们将 TCP/IP 协议体系与 OSI RM 对照，大致将其分为四层，分别为网络接口层、网际层、传输层、应用层，如图 6-1 所示。

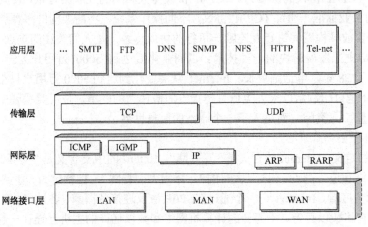

图 6-1　TCP/IP 协议体系结构

6.2 网络接口层

1. 基本概念

网络接口层有时也翻译成主机-网络层，是 TCP/IP 参考模型的最低层。

由于 TCP/IP 协议的设计思想是互联各种业已存在的异构网络而非新建网络，包容而不是改造众多已有的网络，因此在 TCP/IP 参考模型中并没有对作为网络底层的物理层和数据链路层做出定义（这由各种已有的网络各自决定，即网络接口层实际上并不是 TCP/IP 协议簇中的一部分），而只是将连接各种网络的最低层命名为网络接口层。它支持现有的各种底层网络技术和标准，实现与各种物理网络接口的通信，负责接收来自网际层的 IP 分组并将 IP 分组通过底层物理网络数据帧封装后发送到不同网络，或者从底层物理网络接收数据帧，拆封 IP 分组，交给网际层传输。网络接口层允许网络或主机使用多种现成的与流行的协议接入 Internet，从这种意义上讲，TCP/IP 协议可以运行在任何网络上。实际上，在 TCP/IP 参考模型的网络接口层中，包括各种现有物理网络采用的协议，主要分为局域网和广域网两大类，如局域网的 IEEE 802 系列协议，广域网的 PPP、X.25、帧中继等。当某种物理网络被用做承载 IP 数据包传输的通道时，就可以认为其是这一层的内容。这体现了 TCP/IP 协议的包容性与适应性，使 Internet 融入更多、更新的技术，为互连各种异构网络奠定了基础。网络接口层的作用如图 6-2 所示。

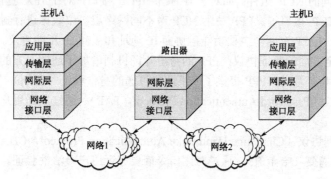

图 6-2　网络接口层作用

2. 点到点协议

网络接口层可以采用多种协议，这里只以常用的点到点协议（Point to Point Protocal，PPP）举例，其他网络接口层协议可参考具体内容。

（1）PPP 的功能与特点

一般情况下，各物理网络可以使用自己的物理层和数据链路层协议作为网络接口层与 Internet 相连。在目前点到点连接的串行线路中，使用最多的是 PPP。PPP 由 IETF 开发，是 Internet 的正式标准，是一个工作于数据链路层的广域网协议，为在点到点链路上封装和传输各种网络层协议数据包提供了一个标准方法，成为各种主机和路由器之间通过拨号或专线方式建立点到点连接的首选方案。

PPP 之所以成为目前使用最广泛的广域网协议，是因为它具有以下特性。

1）能够控制数据链路的建立、配置和测试数据链路，进行帧的差错校验。

2）支持动态地址协商，能够分配网络层的地址（如 IP 地址），这对没有固定 IP 地址的接入用户十分方便，还能够对数据压缩等进行协商。

3）提供网络层控制协议（如 IPCP、IPXCP），允许承载多种网络层协议的数据包，如 IP 分组、

IPX/SPX 分组、AppleTalk 分组等。

4) 提供可选的身份验证协议 CHAP、PAP，更好地保证了网络的接入安全性。

5) PPP 同时支持异步/同步通信，不仅适用于拨号用户，还适用于租用点到点专线连接的路由器间通信。

6) 支持多链路捆绑以增加链路带宽。

(2) PPP 组成

PPP 实际上是一个协议簇，由三部分子协议构成，如图 6-3 所示。

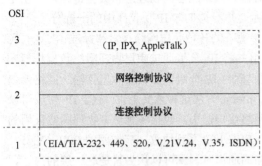

图 6-3 PPP 的层次结构

1) 链路控制协议（Link Control Protocol，LCP）：用于为用户发起呼叫以建立链路，在建立链路时协商参数选择；通信过程中随时测试线路，当线路空闲时释放链路等。

2) 网络控制协议（Network Control Protocol，NCP）：当 LCP 将链路激活后，PPP 根据用户不同的需要，配置网络层协议所需的环境。PPP 使用 NCP 来为上层提供服务接口。针对网络层不同的协议类型，会使用不同的 NCP 组件。如对于 IP 提供 IPCP 接口，对于 IPX 提供 IPXCP 接口，对于 AppleTalk 提供 ATCP 接口等。PPP 使用 NCP 对不同网络层协议数据进行封装，目前使用最多的是支持 IP 的 IPCP。IPCP 有两个主要功能：协商 IP 地址和协商 IP 压缩协议。

3) 用于网络安全方面的验证协议：PPP 的身份验证机制增加了通信双方的安全性，这在远程接入的身份识别方面具有意义。PPP 提供了以下两种可选的身份验证（鉴别）方法。

① 口令验证协议（Password Authentication Protocol，PAP）：通过发送用户名和口令（明文传输）验证用户身份。

② 挑战握手验证协议（Challenge Handshake Authentication Protocol，CHAP）：发送用户名和挑战报文及返回口令摘要（哈希值），通过对比口令摘要进行用户合法性验证。

(3) PPP 帧格式

PPP 的帧格式如图 6-4 所示，其中：

1) 帧边界标志字段（F）：长度一个字节，用字符 01111110（0x7E）表示一个 PPP 帧的开始和结束。

2) 地址字段（A）：长度一个字节，内容为广播地址 11111111（0xFF）。因为是点到点连接的，所以广播地址表明对端可为任何地址。

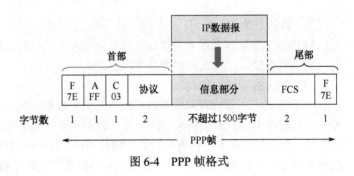

图 6-4 PPP 帧格式

3) 控制字段（C）：长度为一个字节，值固定为 00000011（0x 03）。

4) 协议字段：长度为两个字节，协议字段取值不同时，表示其后的信息字段内容为不同协议的报文，例如：

0x C021——表示信息字段为 PPP 链路层控制数据；

0x 8021——表示信息字段为网络控制数据；

0x C023——表示信息字段是安全性认证；

0x C223——表示信息字段是安全性认证；

0x 0021——表示信息字段为 IP 数据报。

协议字段的采用实现了 PPP 的分层结构。这样 PPP 就可以通过一个统一的帧格式，将多种协议直接封装在 PPP 帧中传递，如图 6-5 所示。

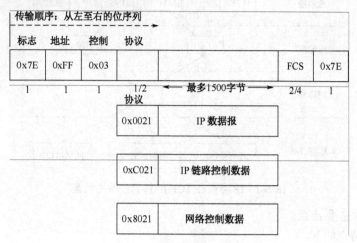

图 6-5 PPP 的协议字段

（4）PPP 的工作状态

1）链路建立阶段：由通信的发起方发送 LCP 帧来配置和检测数据链路，主要用于协商选择将要采用的 PPP 参数，包括身份验证、压缩、回叫、多链路等。

2）接入认证（鉴别）阶段：在链路建立之后，根据用户对安全性的要求，这一阶段是可选的，如果用户选择了验证协议，则验证的过程将在这个阶段进行。

3）网络层协议配置协调阶段：通信的发起方发送 NCP 帧以选择并配置网络层协议，如 IP、IPX 等。配置完成后，通信双方可以发送各自的网络层协议数据包。

4）链路终止（静止）阶段：链路控制协议用交换链路终止报文的方法终止链路。引起链路终止的原因有多种，如载波丢失、验证失败、链路质量失败、空闲周期定时器期满或管理员关闭链路等。

其状态转换图如图 6-6 所示。

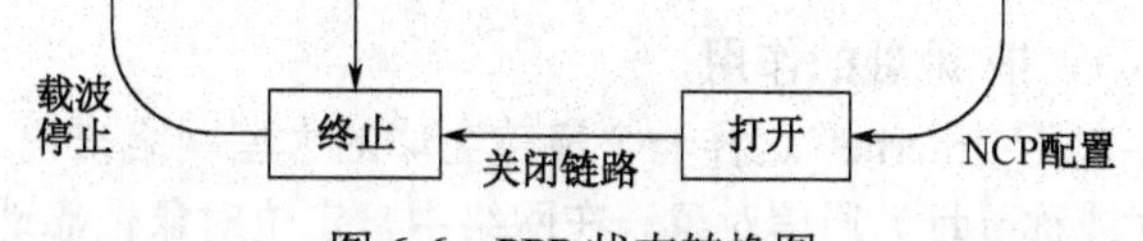

图 6-6 PPP 状态转换图

6.3 网际协议

6.3.1 网际层的功能

1. 网际层的位置与功能

网际层是 TCP/IP 参考模型中最重要的一层，是网络互连通信的基础，如图 6-7 所示。其主要功能是负责在互联网上以无连接的数据报分组方式传输用户数据，将各分组独立地路由到目的站点，提供了在互连的网络上数据传输的机制。IP 协议能够将底层不同的网络技术在网际层统一在

IP 之下,以统一格式的 IP 分组传输方式提供了对异构网络互连通信的支持,向高层屏蔽了底层各种物理网络的差异而形成了一个大的虚拟网络,因而是 TCP/IP 协议簇的核心协议,其他协议都依赖于它。与 OSI RM 的网络层功能类似,分组的存储转发与路径选择是网际层的主要工作。

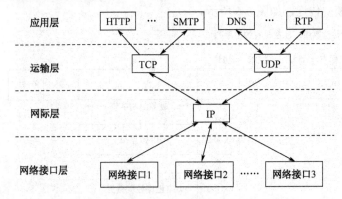

图 6-7 IP 协议在 TCP/IP 协议栈中的位置

2．网际层的主要特点

网际层主要特点如下。

1) 为每一个 IP 数据报独立地选择路由,是一种随机路由策略。

2) 由于提供的是无连接服务,因此,分组到达目的站点的顺序可能与发送站的发送顺序不一致,所以,必须由端系统的高层协议负责对接收到的分组进行排序。

3) 为了达到最高的传输效率,网际层采用无连接的、"尽力而为"的服务机制,不提供可靠性保证,对传输的分组不做确认,以便尽快将数据报传往目的地。因此,网际层不保证分组的可靠交付(可能有分组丢失)。通信可靠性的问题由运行在端系统的传输层通过确认、重传解决,而不由通信子网解决。

网际层采用数据报方式分组交换的优点体现在:简化网际层协议的实现,使得通信子网的实现简单;灵活、高效,可适应各种现实和未来应用的实现。

因特网能够发展到今天这样的规模,充分说明了在网络层采用数据报服务是非常成功的。这也符合现代网络的思想:网络的传输机制应尽可能简单、高效,而将更多的智能处理放到网络两端的系统解决。

6.3.2 IP 地址

1．IP 地址的作用

对于 Internet 这样一个覆盖全球的大型网络来说,实现通信的一个重要前提条件就是如何定位(或称寻址)通信对象。在网络中,定位对象依靠地址,所以 Internet 实现各种网络互连首先要解决的就是互连后的网络地址统一问题。为此,Internet 采用了一种通用的地址格式,为全网的每个网络的每台主机都分配一个 Internet 地址,称为"IP 地址"。IP 的一项重要功能就是整个 Internet 中的主机(或结点)使用统一的 IP 地址。IP 地址是 Internet 中每个主机(或结点)身份的标识。

网络中不同层次有不同的地址标识。在网络的第二层——数据链路层,即在局域网内使用 MAC 地址已经可以实现网内的通信,为什么还要定义 IP 地址呢?

网络中单纯使用物理地址寻址存在如下问题。

1) 每种物理网络都有各自的技术特点,物理地址是物理网络技术的一种具体体现,编址方案和格式各不相同,存在不一致性和不唯一性,在互连后的全网统一物理地址的表示方法是不现实的。

2）物理地址被固化在网络设备中，通常不能被修改和重新分配。

3）物理地址属于非层次化的地址（平面地址），它只能标识单个的设备，不能标识该设备处于哪一个网络，即不含位置信息，寻址能力有限，不便于在一个互连后大的网络中分级寻址。因此，物理地址只能局部使用，不能全局使用。

针对网络互连后更大范围内的寻址问题，Internet 网际层采用与硬件无关的、层次结构化的逻辑地址——IP 地址编址方案来解决。

2．IP 地址的特点

Internet 对各种物理网络地址的"统一"通过 IP 地址在第三层（网际层）完成。IP 地址是一种通用格式的逻辑地址，无论其下层的物理网络地址是何种类型，都可以被统一到一致的 IP 地址形式上。因此，IP 地址屏蔽了下层各种物理网络的地址差异，如图 6-8 所示。这样，在网络层和以上的高层讨论问题时，就能够使用统一的、抽象的 IP 地址研究各主机或路由器之间的通信。

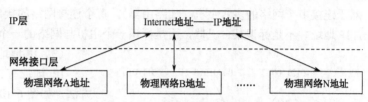

图 6-8 用 IP 地址屏蔽不同物理网络的物理地址

所谓逻辑地址，是相对于数据链路层的物理地址（即硬件地址）而言的。物理地址（如 MAC 地址）是第二层地址，被固化在网卡的硬件中，只要主机或设备的网卡不变，其 MAC 地址就是不变的，即使其从一个网络被移到另一个网络。也就是说，MAC 地址是一种"平面化"的地址，其不能提供关于主机所在网络的信息。而逻辑的 IP 地址则是第三层地址，是面向整个 Internet 的，该地址是随着设备所处网络位置的不同而变化的，即设备从一个网络被移到另一个网络时，其 IP 地址也需相应地改变。也就是说，IP 地址是一种结构化的地址，其可以提供主机所在网络的信息。至于如何由逻辑的 IP 地址找到对应的 MAC 地址，只要有一种映射方法即可实现，这由 IP 的辅助协议（地址解析协议）解决。

3．IP 地址编址方案

（1）IP 地址结构

IP 实际应用中有两个版本：IPv4 和 IPv6。目前广泛使用的仍是 IPv4，它已经运行了几十年。IPv4 地址由 32 位二进制数组成，包括两个部分，即"网络地址"和"主机地址"，网络地址中还包含地址类别标识。网络地址又称网络标识（Net-ID）或网络号，主机地址又称主机标识（Host-ID）或主机号。IP 地址的构成格式如下。

IP 地址＝网络标识（Net-ID）＋主机标识（Host-ID）

可见，IP 地址并不仅仅是一个计算机的标识，而指明了连接到某个特定网络中的某台计算机，是一种层次结构化的地址。

IP 地址的层次结构如图 6-9 所示。

（2）层次化 IP 地址的优点

1）IP 地址由 Internet 地址管理机构——网络信息中心（NIC）管理，NIC 管理的仅是 IP 地址中的 Net-ID 字段。当某个单位

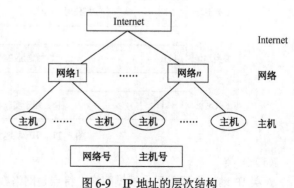

图 6-9 IP 地址的层次结构

向 NIC 申请 IP 地址时，实际上只是得到了一个网络号码，而各网络的主机号则由得到该网络号码的单位自行分配，只要做到在该单位管辖的范围内无重复的主机号码即可。这样的分级地址管理机制简化和方便了 IP 地址的管理。

2）IP 地址的层次化结构适应 Internet 的特点，方便进行分级寻址。路由器仅根据目的主机网络号来转发分组（而不考虑目的主机号），这样就可以使路由表中只需存储网络号的信息，而不存储众多的主机 IP 地址，路由表条目数量大幅度减少，既减小了路由表所占的存储空间，又减少了路由器查找转发表所花费的时间，加快了 IP 分组的转发速度。分组转发时先基于目的主机网络号进行路由定位网络，把该 IP 分组传送到目的网络，再按主机号定位网络中的主机，对主机的寻址是其所在网络内部完成的。

对于连接多个网络的多穴主机（如路由器），每个连接网络的接口都有一个该网络的 IP 地址。可见，IP 地址并不是标识某台机器，而是标识一个主机与网络的一个连接。

（3）IP 地址的两种表示方法

IP 地址有二进制与点分十进制两种表示方法，如图 6-10 所示。

1）二进制表示：32 位二进制数表示的 IP 地址是面向机器的。

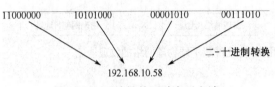

图 6-10 IP 地址的两种表示方法

2）点分十进制表示：为方便人们阅读和从键盘上输入，可把每 8 位二进制数字作为一段转换成一个十进制数字，并用小数点隔开，称为"点分十进制"表示法，形成了 w.x.y.z 格式，用此种方法表示的 IP 地址，其十进制数值为 0.0.0.0～255.255.255.255。

4．IPv4 的地址类别

最初 IPv4 考虑网络地址时采用了有类分址方法，以对应不同规模的网络。用 IP 地址的网络地址部分起始几位来标识地址的类别，称为"类别前缀"。IPv4 将 IP 地址分为 A、B、C、D、E 五类，如图 6-11 所示。

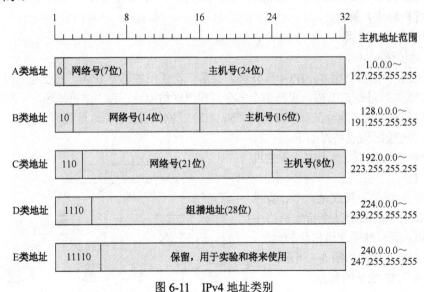

图 6-11 IPv4 地址类别

（1）A 类

A 类 IP 地址主要用于大规模网络，特点是网络数少，网内主机多，与之对应的网络号部分位数少（7位），主机号部分位数多（24位）。

1）类别前缀为 0。
2）地址范围（注意，网络地址和主机地址不能全部为 0 或全部为 1）如下。
二进制表示：00000001.00000000.00000000.00000001～01111111.11111111.11111111.11111110。
十进制表示：1.0.0.1～126.255.255．254。
3）网络数量：只有 126 个（A 类 IP 地址的首字节值为 1～126，127 保留）。
4）每个网络的主机数量：$2^{24}-2=16777214$。

（2）B 类
B 类 IP 地址主要用于中等规模的网络，特点是网络数和主机数大致相同。
1）两位类别前缀为 10。
2）地址范围（注意，主机地址不能全部为 0 或全部为 1）如下。
二进制表示：10000000.00000000.00000000.00000001～10111111.11111111.11111111.11111110。
十进制表示：128.0.0.1～191.255.255．254。
3）网络数量： $2^{14}=16384$（B 类 IP 地址的首字节值为 128～191）。
4）每个网络的主机数量：$2^{16}-2=65534$。

（3）C 类
C 类 IP 地址主要用于小型局域网络，特点是网络数多，主机数少。
1）三位类别前缀为 110。
2）地址范围（注意，主机地址不能全部为 0 或全部为 1）。
二进制表示：11000000.00000000.00000000.00000001～11011111.11111111.11111111.11111110。
十进制表示：192.0.0.1～223.255.255．254。
3）网络数量： $2^{21}=2097152$（C 类 IP 地址的首字节值为 192～223）。
4）每个网络的主机数量：$2^{8}-2=254$。

（4）D 类
D 类 IP 地址前 4 位（类别前缀）为 1110。D 类 IP 地址用于标识网络中一组设备，当引用该地址时，属于该组的所有设备均被包含在其中，因而称为多播（或称组播）地址，用于一对多的（点对多点）通信。

组播和广播都属于点对多点通信，但是它们是不同的。组播的目标是一组主机而非所有，而广播的目标是所有主机。在很多网络应用中要用到组播地址，例如，路由器之间传递的路由信息、网络电视、视频会议、协同计算和团体广播等，这些应用都是向一组主机发送信息。D 类 IP 地址的首字节值为 224～239。

（5）E 类
E 类 IP 地址前 5 位类别前缀为 11110，是一种实验地址，它保留给进一步开发和研究使用。E 类 IP 地址的首字节值为 240～254。

当前，在 TCP/IP 网络中常用的是前四类地址。

5．特殊 IP 地址

特殊 IP 地址也称保留 IP 地址，因其具有特定的含义与用途，不能再分配给任何主机使用。特殊 IP 地址有以下几种。

（1）网络地址
其特征是主机地址部分全为 0。IP 地址中主机地址部分全 0 的是该网络的起始地址，用来标识该网络本身。例如，主机地址 135.118.30.18 表示其所在一个 B 类网络，其网络地址为

135.118.0.0；而主机 212.121.33.136 表示其所在一个 C 类网络，其网络地址为 212.121.33.0。这样，IP 地址既可用来指定单个主机，也可用来指定一个网络。网络地址常用在路由表中，用于寻址网络。

（2）广播地址

其分为直接广播地址和有限广播地址（能否执行广播，还要依赖于支撑的物理网络是否具有广播的功能）。

1）直接广播地址：网络地址部分为某个网络号，主机地址部分为全 1，用于向某个特定网络的所有主机广播。例如，主机 212.121.33.136 所在网络的广播地址为 212.121.33.255。直接广播地址即本网络的最后一个地址。直接广播地址只能用做分组中的目的地址，而不能作为源地址使用。

2）有限广播地址：也称本地广播地址，其网络号和主机号全为 1（32 位 IP 地址全为 1，十进制表示为 255.255.255.255）。有限广播地址表示仅在本网络内部进行广播发送，即在本地网络中可将任意数据报文广播到所有主机。这类广播地址不能跨越路由器广播到其他网络，路由器阻挡广播分组通过。

（3）全 0 地址

网络号和主机号全为"0"的 IP 地址常用于在主机和路由器中指定默认路由，代表任一网络。

（4）环回测试地址

网络号为 127 的 IP 地址（127.any.any.any）都称为环回测试地址，最常见的表示形式为 127.0.0.1。TCP/IP 协议规定：当任何程序用环回地址作为目的地址时，计算机上的协议软件不会把该数据报向网络中发送，而是将返回结果环回给发送程序，可用来对本机网络协议配置情况、网卡、端口状态进行测试。

6．私有 IP 地址

Internet 分别从 A、B、C 三类地址中各抽取了一段地址留给用户作为私有网络 IP 地址来使用，编码范围（采用 RFC 1918 的规定）如下。

A 类：10.0.0.0～10.255.255.255（网络数 1 个）。

B 类：172.16.0.0～172.31.255.255（网络数 16 个）。

C 类：192.168.0.0～192.168.255.255（网络数 256 个）。

私有 IP 地址无需申请即可直接使用。但这些 IP 地址只能用于某个机构局域网的内部通信，不能和 Internet 中的其他主机直接通信。可以通过地址转换（NAT）技术将私有 IP 地址转换为公有 IP 地址，再连接到 Internet。这样节省了大量的 IP 地址，在一段时期内缓解了 IP 地址不足的问题，也隐藏了私有网络的 IP 地址，提高了私有网络的安全性。

7．子网划分与子网掩码

在 TCP/IP 网络中，把具有相同网络地址的网络称为一个"子网"，各子网之间通过路由器相互连接实现跨网通信。子网划分就是把一个大的网络分割开来而形成多个较小的网络。

（1）划分子网的原因

划分子网的原因主要有以下三个。

1）充分利用 IP 地址，减少地址空间浪费。当初按类别设计的 IP 地址不够合理，A 类和 B 类 IP 地址过多，IP 地址在使用时有很大的浪费。例如，某个组织机构申请到了一个 B 类网络号，B 类网络可容纳 6 万 5 千多台机器，但该单位也许只有 1 万台主机，于是这个 B 类地址中的其余 5 万 5 千多个主机号就浪费了，因为其他单位的主机无法使用这些号码。另外，过多的主机在单一网络中难以有效工作。可见，有类 IP 地址分配方案有很大的局限性。为了更有效地使用地址空间，有必要把可用地址分配给多个较小的网络，方法是将一个网络划分为多个子网。这可理解为是对最初基本编址方法的改进。

2)易于管理。当一个网络被划分为多个子网后,每个子网的用户、计算机及其子网资源可以让不同子网的管理员进行管理,使网络变得更易于控制,减轻了大型网络的管理负担,且网络出现故障时容易隔离和定位。

3)隔离广播域,提高网络性能。在网络中,许多应用是借助于广播实现的(如 ARP、DHCP 等)。当网络的主机过多时,网络中的广播数据量很大。这不仅造成相互间的干扰、形成信道带宽瓶颈,也是不安全的因素。如果将一个大的网络划分为若干个规模较小的子网,并通过路由器将其连接起来,就可以减小广播域的范围。广播只在各自的子网中进行,这样既隔离了冲突域也隔离了广播域。

另外,使用路由器的隔离作用还可以将网络内外分界,通过对流经网间的数据包进行过滤(起到防火墙作用),限制某些外部网络用户的数据对内部网络的访问,提高内部子网的安全性。

(2)划分子网的方法

对于标准的 A、B、C 类 IP 地址来说,它们具有网络号和主机号两部分,属于两级编址结构。划分子网的思路是从标准 IP 地址的主机标识高位部分"借"若干位(2 位以上)用做本网的子网号,起到区分不同子网的作用,剩余的主机位作为相应子网的主机标识部分,即把主机地址部分再划分为子网地址和主机地址。这种在原来 IP 地址结构的基础上增加一级结构的方法称为子网划分,是一种更为灵活的编址方案,将 IP 地址划分为"网络、子网、主机"三部分,形成了三级寻址的格局。这种三级寻址方式需要子网掩码的支持。

子网划分前后 IP 地址结构如图 6-12 所示。

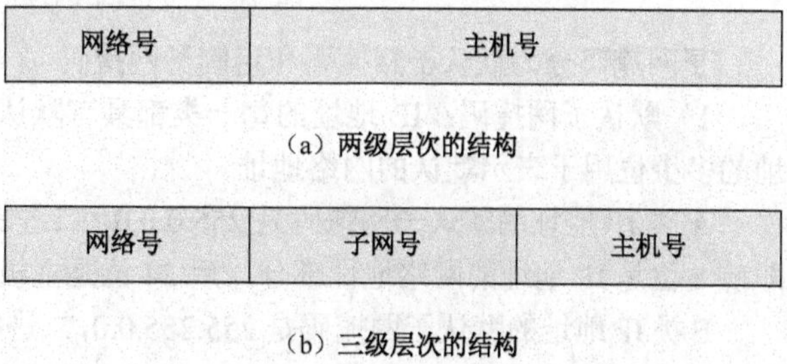

(3)子网掩码的作用与类型

进行子网划分,其中子网号位数和主机号位数由网络管理员根据需要分配。因此,带来的一个重要问题就是主机或路由设备如何区分一个给定的 IP 地址是否已被进行了子网划分,是如何划分的,从而能正确地从中分离出有效的网络标识(包括子网络号的信息)。仅从一个 IP 地址已无法判断源主机或目的主机所连接的网络是否进行了子网的划分,子网号是多少位。如何识别不同的子网,需要借助于"子网掩码"来分离网络号和主机号。

子网掩码也是一个 32 位二进制数,与 IP 地址的 32 位二进制数等长。通过子网掩码区分出一个 IP 地址的网络地址和主机地址的方法如下:子网掩码中对应网络地址(含子网地址)的部分全为 1,对应主机地址的部分全为 0。子网掩码通常与 IP 地址配对出现,其功能是告知主机或路由设备,IP 地址中的哪一部分代表网络号,哪一部分代表主机号,如图 6-13 所示。

这样,如果知道一个主机的 IP 地址和它的子网掩码,只要将二者按位进行"与"运算即可,如图 6-14 所示。"与"运算是一种逻辑乘运算,在运算过程中,只有网络号部分得到保留,而主机号部分"与"运算后全部为 0,所以得到的结果就是这个主机所在的网络号,因此子网掩码又称"子网屏蔽码"。子网划分一般由本地网络管理员通过设置子网掩码实现,子网掩码是整个子网的一个重要属性。

网络号	主机号

(a)两级层次的结构

网络号	子网号	主机号

(b)三级层次的结构

图 6-12 划分子网前后的 IP 地址结构

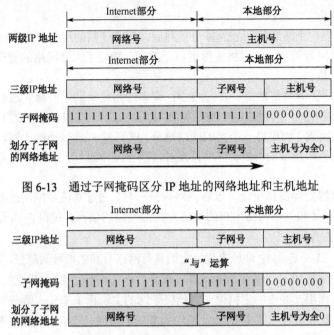

图 6-13 通过子网掩码区分 IP 地址的网络地址和主机地址

图 6-14 利用子网掩码计算网络地址

子网掩码分为默认子网掩码和定制子网掩码。

1）默认子网掩码：IP 地址的每一类都具有默认的子网掩码，它标识了每个地址类别中 IP 地址的多少位用于表示默认的网络地址。

A 类 IP 地址的默认子网掩码是 255.0.0.0，二进制表示 11111111 00000000 00000000 00000000，即前 8 位是 IP 地址的网络地址部分，后 24 位是主机地址部分。

B 类 IP 地址的默认子网掩码是 255.255.0.0，二进制表示 11111111 11111111 00000000 00000000，即前 16 位是 IP 地址的网络地址部分，后 16 位是主机地址部分。

C 类 IP 地址的默认子网掩码是 255.255.255.0，二进制表示 11111111 11111111 11111111 00000000，即前 24 位是 IP 地址的网络地址部分，后 8 位是主机地址部分。

2）定制子网掩码：把所有对应网络位和子网位部分用 1 来标识，对应主机位部分用 0 来标识，即通过子网掩码屏蔽掉 IP 地址中的主机位，保留网络 ID 和子网号。例如，对一个 B 类网络 172.25.0.0，若将第 3 个字节原主机位的高 3 位用于子网号，而将剩下的位用于主机号，则子网掩码为 255.255.224.0（11111111 11111111 11100000 00000000）。

子网掩码的表示方法有两种：一种是"点分十进制"法，另一种是"网络前缀标记法"。由于网络号是从 IP 地址高字节以连续方式选取的，即从左到右连续地取若干位作为网络号，因此，为了表达方便，可用简便的网络前缀表示法来表示子网掩码中对应的网络地址，它定义了网络号的位数。例如，对于一个用子网掩码 255.255.224.0 划分了子网的 B 类网络 172.25.0.0，可表示为 172.25.0.0/19。

进行子网划分后，仅仅通过 IP 地址首字节来判定地址的类别，进而根据标准的子网掩码计算出网络号已没有意义，IP 地址和子网掩码必须同时使用才能说明网络地址。在 IP 协议中，主机或路由器的每个网络接口都要分配一个地址，对应每个地址有相应的子网掩码。属于同一个网络的 IP 地址的子网掩码应该是一样的，以保证通过掩码计算后的子网地址是相同的。

子网掩码除了用于划分子网外，还有以下两个重要用途。

1）用于区分通信的源/目的计算机是否处于同一逻辑子网。

在 TCP/IP 网络中，IP 寻址是分级实现的，即先定位网络，再定位网络中的主机。IP 分组被发送前，首先要判断 IP 分组的源、目的地址是否属于同一网络，即网络号是否相同。子网掩码是用来判断任意两台计算机的 IP 地址是否属于同一子网络的依据，以决定采用两哪种处理方法，即所谓"直接交付（直接寻址）"和"间接交付（间接寻址）"，如图 6-15 所示。

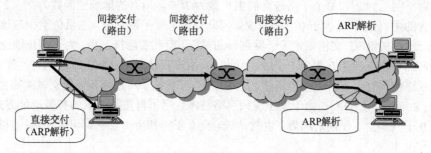

图 6-15　IP 分组的直接交付与间接交付

直接交付：若待发送 IP 分组的源、目的地址在同一子网内，则两台机器之间的 IP 分组传递不必通过路由器转发。发送方通过地址解析协议解析出目的 IP 地址所对应的 MAC 地址，然后把 IP 分组封装在数据帧中，在数据链路层按 MAC 地址把帧直接发送到目的结点。

间接交付：若待发送的 IP 分组源、目的地址不在同一子网内，则 IP 分组将被发送到与该子网直接相连的路由器（即所谓的默认网关，这是去往目的主机的第一跳，需要明确地告诉子网内每一个站点，通常在各站点的 IP 参数中设置），经过路由器逐跳地转发送往目的子网。当 IP 分组到达某个与目的子网直连的路由器时，由该路由器启动 ARP，解析出目的 IP 地址所对应的 MAC 地址，把它们投递到目的主机。

2）从 IP 地址中分离出子网地址，供路由器选择路由。

在数据途经路由器的逐跳转发过程中，路由器必须从 IP 数据报的目的 IP 地址中分离出目的网络地址，才能确定下一站的位置。为了分离网络地址，就需要使用子网掩码。

由此可见，网络掩码不仅可以将一个网段划分为多个子网段，便于网络管理，还有利于网络设备区分本网段地址和非本网段的地址。

需要注意的是，子网的划分并不属于 Internet 机构管理，而由管理本地 IP 地址的部门负责，属于本单位内部的责任。本地路由器知道子网的存在，当外面的分组进入到本单位网络范围后，本单位的路由器再根据子网号进行路由，最后找到目的主机。若本单位按照主机所在的地理位置划分子网，那么在网络管理方面就会方便得多。

（4）划分子网的步骤与规则

在划分子网之前，网络管理员需要首先确定所需的子网个数和每个子网容纳的最大主机数目，有了这些信息后，就可以确定每个子网的子网号范围、主机号范围和子网掩码。划分子网时，子网的数目以及子网内容纳主机的最大数目要兼顾。

具体步骤如下。

1）根据需要待划分的子网数量，确定需要多少位子网号来标识网络中的每一个子网。
2）确定需要多少位主机号来标识每一个子网中的主机。
3）兼顾上面两点来定义一个符合子网划分要求的子网掩码。
4）确定标识每一个子网的网络地址。
5）确定每一个子网所使用的主机地址范围。

RFC 950 规定，禁止使用全 0 和全 1 的子网，即子网号不能全 0 和全 1。全 0 子网会给早期的路由选择协议带来问题，全 1 子网与所有子网的直接广播地址冲突。这样，就不可能只用一位进行子网的划分，至少要从原主机位的高位借两位来划分子网，因此，第一个可以合法使用的子网掩码段是 192（11000000）。

RFC 950 规定也不可以只有一位用于主机标识。假设从主机位借了 X 位作为子网位，还剩下 Y 位主机位，则子网数为 2^X，每个子网包含的主机数为 2^Y-2，所有的地址空间数为 $2^X(2^Y-2)$。因为每个子网包含的主机数 2^Y-2 大于 0 才有意义，因此无论怎样子网划分，主机位至少应该保留 2 位。

虽然 Internet 的 RFC 文档规定了子网划分的原则，但在实际情况中，为了避免地址资源浪费，很多厂商的产品可以支持全 0 和全 1 子网，因此，当用户要使用全 0 或全 1 子网时，首先要确认网络中的主机或路由器是否支持这两种网络。此外，对于可变长子网划分和无类别域间路由（CIassiess Inter-Domain Routing，CIDR），由于属于现代网络技术，已不再按照传统的有类地址方式工作，因而不存在全 0 子网和全 1 子网的问题，也就是说，全 0 子网和全 1 子网都可以使用；但其主机号仍不能用全 0 和全 1。

（5）子网掩码应用举例

【例 6-1】 利用默认子网掩码计算网络地址。

有一个 C 类 IP 地址为 192.100.100.100，其默认的子网掩码为 255.255.255.0，求其网络号。

解：它的网络号可按如下步骤得到。

1）将 IP 地址 192.100.100.100 转换为二进制，11000000 011010100 011010100 011010100。

2）将子网掩码 255.255.255.0 转换为二进制，11111111 11111111 11111111 00000000。

3）将两个二进制数"与"运算后，得出的结果即为网络部分。

```
    11000000  011010100  011010100  011010100
 与 11111111  11111111   11111111   00000000
    11000000  011010100  011010100  00000000
```

结果为 192．100.100.0，即网络号为 192．100.100.0。

【例 6-2】 遵照 RFC 950 的规定划分子网。

已知 IP 地址为 202.38.152.200，默认子网掩码为 255.255.255.240，求网络中子网的地址并解析网络中的子网数和子网中的主机数。

解：1）根据给定的 IP 地址值知其为 C 类网络，因此主机地址为 8 位，其地址为 200，二进制表示为 11001000。与主机号对应的子网掩码为 240，其二进制表示为 11110000。与对应的主机位进行"与"运算后其值为 11000000，即十进制数为 192，因此网络中的子网地址为 192。

2）子网掩码 240 的二进制 11110000 中有 4 个 1，用于子网标识，因此其子网数为 $2^4-2=14$（舍去全 0 和全 1），即可提供 14 个子网。

3）子网掩码 240 的二进制 11110000 中有 4 个 0，用来标识主机，因此其主机数为 $2^4-2=14$（舍去全 0 和全 1），即每个子网可提供 14 个主机地址。

【例 6-3】 使用全 0 和全 1 划分的子网。

现给定一个 C 类 IP 地址 210.41.237.X（此处 X 代表 1~254）。如果从主机标识部分借 2 位用于划分子网，则可用的子网有几个？

解：1）确定各子网 IP 地址。

该网络 IP 地址为 11010010.00101001.11101101.XXXXXXXX。

将 IP 地址的主机部分中（8 位）XXXXXXXX 拿出前 2 位作为子网号，因此用做主机的位数就只有剩下的 6 位。

主机地址范围（主机地址不能使用全0和全1）如下。

00XXXXXX：00000001～00111110（1～62）。

01XXXXXX：01000001～01111110（65～126）。

10XXXXXX：10000001～10111110（129～190）。

11XXXXXX：11000001～11111110（193～254）。

2）确定子网掩码。由于将原来IP地址中主机号的前两位用做网络号，因此，为了让计算机知道这两位是网络号，需要将相应的子网掩码中对应的两位设置为1。

IP地址：   11010010.00101001.11101101．XXXXXXXX。

子网掩码：11111111.11111111.11111111.11000000。

最后得到的子网掩码即为255.255.255.192。

3）子网划分的结果。

第一个子网如下。

子网号：00。

子网内主机IP地址：210.41.237.（1～62）。

子网掩码：255.255.255.192。

第二个子网如下。

子网号：01。

子网内主机IP地址：210.41.237.（65～126）。

子网掩码：255.255.255.192。

第三个子网如下。

子网号：10。

子网内主机IP地址：210.41.237.（129～190）。

子网掩码：255.255.255.192。

第四个子网如下。

子网号：11。

子网内主机IP地址：210.41.237.（193～254）。

子网掩码：255.255.255.192。

4）得到的子网如下。

11010010.00101001.11101101.00000001～00111110：对应子网号为210.41.237.0/26。

11010010.00101001.11101101.01000001～01111110：对应子网号为210.41.237.64/26。

11010010.00101001.11101101.10000001～10111110：对应子网号为210.41.237.128/26。

11010010.00101001.11101101.11000001～11111110：对应子网号为210.41.237.192/26。

注意：IP 地址/子网掩码对——210.41.237.64/255.255.255.192 也可用网络前缀表示，即210.41.237.64/26，斜线后数字表明子网掩码中1的个数。

检查子网地址是否正确的简便方法：检查它们是否为第一个非0子网地址的倍数。例如，例6-2中192是64的倍数。

注意：划分子网后，各个网络的网络号已不同，此时处于不同子网。因此，各子网间的通信需要三层以上的网间设备来连接，如路由器、三层交换机、网关等。

8．CIDR

（1）CIDR技术产生的原因

CIDR技术产生的原因有两个：支持可变长子网掩码（Variable Length Subnet Mask，VLSM），

划分不同规模的子网更加灵活,进一步提高 IP 地址资源的利用率;支持路由聚合,减少 Internet 主干路由器中路由表条目。

1)VLSM 技术。虽然划分子网在一定程度上提高了 IP 地址资源的利用率,但仍存在着很大的局限性。例如,对同一个网络划分子网,子网号的长度是相同的,即各子网所容纳的主机数量是相同的。如果不同子网中的主机数量不同,则定长子网掩码划分子网还是会造成较大的地址浪费。

为了解决这个问题,1987 年,在 RFC 1009 中指明在对一个网络进行子网划分时可以同时使用几个不同长度的子网掩码,即通过 VLSM 形成不同规模的子网,进一步提高 IP 地址资源的利用率。VLSM 技术对高效分配 IP 地址(较少浪费)以及减少路由表大小都起到了非常重要的作用。

2)路由聚合技术。在 VLSM 的基础上,人们又研究出无分类编址方法,即 CIDR。其基本思想如下:将 IP 地址以可变大小块的方式进行分配,而不管它们所属类别,取而代之的是允许以可变长掩码(CIDR 不再使用子网概念,所以不再称之为"子网掩码",而称之为"掩码")分界的方式分配网络数,这就是所谓"无类别"。

(2)CIDR 的主要特点

1)采用 CIDR 技术的 IP 地址由两部分组成:一部分是可变长度的网络前缀——相当于原来的网络号,另一部分是主机号。这样,IP 地址从三级编址又回到了两级编址:

IP 地址=<网络前缀><主机号>

2)在 CIDR 中,采用斜线记法来表示在 IP 地址中网络前缀所占的比特数。例如,129.222.122.34/20 表示在该 IP 地址中前 20 位是网络前缀,后面的 12 位为主机号。

3)网络前缀相同的连续的 IP 地址组成"CIDR 地址块"。一个 CIDR 地址块是由该地址块起始 IP 地址(即地址块中最小的 IP 地址)和地址块中的地址个数来定义的。例如,CIDR 斜线记法表示的地址块 129.222.64.0/20,其起始 IP 地址为 129.222.64.1,共有 $2^{12}-2$ 个主机地址。

CIDR 技术可以把若干个连续的 C 类 IP 地址块聚合起来分配给一个网络,这样可在路由表中把多个网络表项浓缩成一个表项,这是一种将大块的地址空间合并为少量路由信息的策略。这意味着如果采用这种技术进行地址分配,那么一个组织所分配的地址可以是连续的地址块。这种地址的聚合常称为"路由聚合"。在路由表中使用 CIDR 地址块来标识目的网络,可以大大减少路由表的记录数量,提高路由器查表速度,进而提高分组的转发速率。

说明:仅 C 类网络可以聚合,若一个单位拥有 1000 台主机,则不再为其分配一个 B 类网络,而是为其分配四个连续的 C 类网络。把若干小的网络组合成一个大的网络,称为"超网"。

按 CIDR 策略分配的 C 类网络地址必须是连续的,即 C 类网络地址的高位是相同的。

(3)IP 超网划分示例

一个单位拥有 1000 台主机,为其分配四个 C 类网络。表 6-1 表示四个连续的 C 类网络地址。

表 6-1 四个连续的 C 类网络地址

点分十进制表示的 C 类网络地址	点分二进制表示的 C 类网络地址
202.112.144.0	11001010.01110000.10010000.00000000
202.112.145.0	11001010.01110000.10010001.00000000
202.112.146.0	11001010.01110000.10010010.00000000
202.112.147.0	11001010.01110000.10010011.00000000

利用 CIDR 技术,聚合这四个 C 类网络地址。

1）网络地址：202.112.144.0。
2）超网掩码：255.255.252.0，或表示为 202.112.144.0/22（网络前缀）。

这样，路由器中的路由条目将不再是四条，而是一条。

6.3.3 IP 的数据报格式

首先，应该明确实现 IP 路由的一个重要概念：IP 路由的实现是由端系统和中间系统配合完成的。其中，端系统运行可被路由的承载协议，遵照 IP 格式封装待传输的数据形成 IP 分组，提交中间系统转发。中间系统（转接结点，如路由器）运行路由协议（Routing Protocol），生成路由表并据此转发 IP 分组。

1．IP 数据报格式

IP 数据报格式是一种"被路由协议"的格式，包含了能够被中间交换结点进行路由转发的信息。这种统一的 IP 报文格式是实现异构网互相通信最关键的技术。只有掌握了 IP 的主要内容，才能理解 Internet 是怎样工作的。

一个 IP 数据报由首部（报头）和数据（报文）两部分组成。

1）报文部分：来自传输层的报文数据。
2）报头部分：也称首部，是网络层加入的传输控制信息，供中间系统据此处理和转发分组。IP 的首部由固定部分和可变部分组成。其中，固定部分 20 个字节，可变部分最长 40 个字节，用于放置附加的控制信息。IP 数据报的格式如图 6-16 所示。

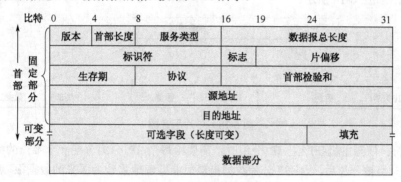

图 6-16 IP 数据报的格式

2．报头各字段信息含义

1）版本号：占 4 比特，指明数据报版本，不同版本的协议格式或语义有所不同，通信双方的 IP 版本必须一致。现在常用的是 IPv4，逐渐要过渡到 IPv6。

2）首部长度：占 4 比特。因为首部长度可变，因此需要注明。首部长度以 32 位 4 字节为一个计数单位，最小为 5，即 20 个字节（首部固定部分）。最大值为 15，因此 IP 的首部长度的最大值是 60 字节，即可选字段最多只能为 40 字节。当可选字段长度不是 4 字节的整数倍时，用 0 加以填充，从而保证首部后面的数据部分始终在 4 字节的整数倍时开始。

3）服务类型：用于区分不同业务的分组可靠性、优先级、延迟和吞吐率的参数，指明转发过程中中间系统对该数据报的处理方式。服务类型在 IPv4 中实际上没有实现。

4）数据报总长度：占 16 比特，是头部和数据部分之和的长度。数据报的最大长度为 $2^{16}-1$ 字节，即 65535 字节。由于普遍使用的以太网数据帧的长度为 1500 字节，所以实际上使用的数据报长度很少超过 1500 字节。当 IP 数据报长度超过途经网络所容许的最大传输单元（Maximum Transfer

Unit，MTU）时，就必须将数据报进行分片，然后才能在网络中传输。分片后，数据报总长度指分片后每片的头部长度与数据长度的总和。

"分片"：各种物理网络都有各自物理帧大小的规定，这个限值被称为MTU。与路由器连接的各个网络的MTU可能不同，IP数据报的长度只有小于或等于所经过网络的MTU时，才能被这个网络的MTU封装后承载进行传输。

当IP数据报的尺寸大于将发往的下一个网络MTU值时，路由器将IP数据报分成若干较小的部分，每个分片由报头区和数据区两部分构成（一个较小尺寸的IP分组），每个分片经过独立的路由选择等处理过程，最终到达目的主机，由目的主机重组成原来的分组，如图6-17所示。

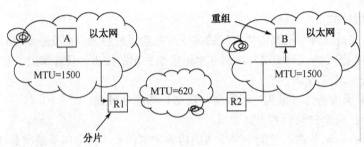

图6-17 分片与重组

分片示意图如图6-18所示。

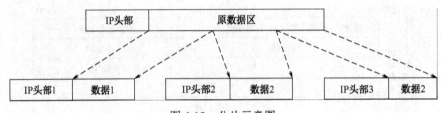

图6-18 分片示意图

5）标识符：信源主机在产生IP分组时，需要给每个IP分组分配一个唯一的标识符，占16比特。当一个分组被分片后，为使各分片数据报最后能准确地重装为原来的数据报，所有属于同一分组的分片被赋予相同的标识符。当分组分片时，这个标识符就被复制到所有分片的标识字段中，目的主机据此判断接收的分片属于哪个分组，相同标识的分片最后能够重装成原来的分组。

6）标志：占3比特，包括三个标志位，第一个标志位保留未用，目前只有后两个比特有意义。标志字段的最低位是MF（More Fragment），MF=1表示后面"还有分片"，MF=0表示这是最后一个分片。标志字段中间的一位是禁止分片标志DF（Don't Fragment），当DF=0时才允许路由器分片，DF=1时不允许路由器分片。这时如果数据报要经过一个MTU较小的网络，就会被路由器丢弃，并向源主机发回一个ICMP通知报文，由源主机生成较小的分组进行传递。标志字段如图6-19所示。

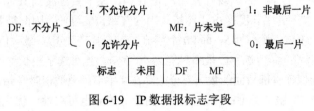

图6-19 IP数据报标志字段

7）片偏移：指明该分片处于初始IP分组数据区的位置，占13比特，以8字节为一个偏移单位。

"片"的重组过程：所有的片重组操作都在目的主机上进行。路由器不对分片进行重组，也不可能对分片进行重组（因为每个分片后的分组都是各自路由的，可能经过不同的路径）。当目的主机收到 MF=1 的分片时，首先将其进行缓存；等到收到 MF=0 的分片时，对相同标识符的分片进行重组。重组的过程如下。

① 检查是否收到全部分片，若是，则按照各片的偏移值重新组装成原 IP 分组，提交给高层软件；否则将等待，直到收到该分组的全部分片。

② 在重组过程中，若某一个分片丢失，则整个数据报将无法重组。为了防止无限等待，在接收端设置重组定时器；当接收到第一片时启动该定时器，如果在指定的时间内未能完成分片重组，将放弃整个重组过程、释放资源，并产生一个超时错误，报告给信源机。

8）生存期（TTL）：为避免路由出错出现路由死循环，每个数据报都设定了一个生存期，其长短为它最多能经过的路由器个数。每经过一个路由器，TTL 值减 1，当 TTL 值减为 0 时，数据报就被路由器丢弃，并发送 ICMP 消息通知源主机。每个路由器都查看 TTL 值，决定是继续转发还是丢弃。该字段 8 比特，所以最大值可为 255，各操作系统对 TTL 的取值不同。如 Linux 的默认 TTL 值为 64，Windows XP 的默认 TTL 值为 128。

9）协议：占 8 比特，指出数据区中承载的数据所采用的高层协议，以便目的主机的网际层知道应将此数据报上交给哪个进程，如 TCP、UDP 或 ICMP 等，如图 6-20 所示。

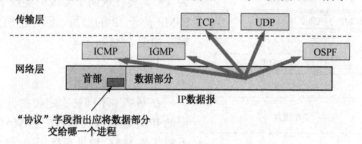

图 6-20　协议字段的作用

协议类型的编码是预定义的，如 TCP = 6，UDP = 17，ICMP = 1，OSPF = 89 等，如图 6-21 所示。

10）首部校验和：对 IP 分组头的校验序列，用来保护 IP 分组头的完整性。在数据报传输过程中 IP 分组头中的某些字段（如生存期，与分段有关的字段）会发生改变，所以校验和

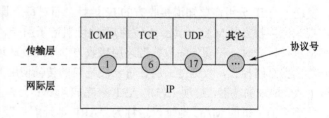

图 6-21　协议号标识上层协议

要在每一个经过的路由器中重新计算。校验和只检验数据报的头部，不包括数据部分。因为 IP 分组首部包含了传输过程中的控制信息，是保证正确传输的依据，如果校验出错，便将此数据报丢弃，由 ICMP 通知源主机重传该分组。

首部校验和的算法：对分组头按照 16 比特整数序列，对每个整数分别计算其二进制反码，然后相加，再对结果取反，即得首部校验和。

11）源地址：此字段由发送端主机填写自己的 IP 地址。

12）目标地址：此字段填写目的主机的 IP 地址，网络中的中间系统路由器正是根据此地址对 IP 分组进行路由的。在 IP 分组的传输过程中，源地址和目的地址这两个字段保持不变。

13）可选字段（长度可变）：这是一个可变长部分，包含发送方想要附加的控制信息，提供扩

展余地。该字段主要用于网络控制和测试，以支持排错、测量及安全等措施，内容很丰富。根据选项内容的不同，该字段的长短是可变的，从 1 个字节到 40 个字节不等。增加首部的可变部分是为了增加 IP 数据报的功能，但这同时也使得 IP 数据报的首部长度不固定，IP 选项需要由通路上的每一个路由器来处理，会增加路由器负担和延迟。

14）填充：若选项字段不为 4 字节的整倍数，则需要填充补齐 32 位的边界，因为首部校验和是以 16 比特为单位进行的。

15）数据部分：以字节为单位的用户数据，和 IP 分组头加在一起长度不超过 65535 字节。

6.3.4 网际层的其他协议

TCP/IP 的网际层协议是以 IP 为主的一组协议，与 IP 配合使用的还有四个辅助性协议：地址解析协议（Address Resolution Protocol，ARP）；逆向地址解析协议（Reverse Address Resdution Protocol，RARP）；Internet 控制报文协议（Internet Control Message Protocol，ICMP）；Internet 组管理协议（Internet Group Management Protocol，IGMP）。

在网际层中，ARP 和 RARP 位于 IP 下面，因为 IP 需要在这两个协议的支持下工作。ICMP 和 IGMP 位于 IP 的上面，因为它们要通过 IP 分组传输，如图 6-22 所示。

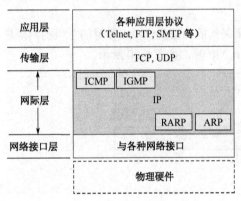

图 6-22 网际层的协议

1. ARP

（1）ARP 的作用

在网络中不同层次定位主机有两种地址：网际层的 IP 地址和数据链路层的 MAC 地址。IP 地址并不能代替 MAC 地址直接用来通信，因为它只是在互连后的网络使用的逻辑地址。对网络层的 IP 来讲，发送一个 IP 分组需要知道接收方的 IP 地址，而对每个具体网络的数据链路层来讲，发送一个帧需要知道接收方的 MAC 地址，因为物理地址对应于网卡。在 IP 将 IP 分组交给数据链路层封装到帧里进行传送时，需要告知数据链路层接收方的 MAC 地址。在 IP 分组从源端到目的地通过互联网络的整个路径上，数据链路层在每一段链路的传输使用的都是 MAC 地址，即需要完成 IP 地址到 MAC 地址的映射，这项工作由 ARP 来完成。ARP 允许主机在只知道目的主机 IP 地址的情况下，找到目的主机的 MAC 地址，这称为"ARP 地址解析"。如果没有 ARP 实现 IP 地址到 MAC 地址的解析，逻辑的 IP 地址则没有意义，如图 6-23 所示。

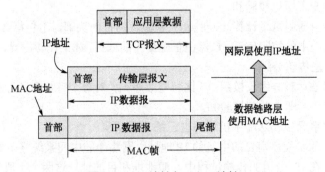

图 6-23 IP 地址与 MAC 地址

（2）ARP 的实现方式

在一个网络上可能经常会有计算机加入或离开，更换计算机的网卡也会使其物理地址改变。可见，网络中通信的计算机应能够动态地获得 IP 地址到物理地址的对应关系。ARP 采用"动态映射"的机制很好地解决了这些问题。

网络中每台主机在内存中都为自己建立一个 ARP 高速缓存，保存已知 IP 地址与 MAC 地址的映射表。当源主机要向本局域网上的目的主机发送 IP 数据报时，首先到 ARP 高速缓存中查看有无该目的主机的 IP 地址对应的 MAC 地址，如有，则可将该数据报直接交给数据链路层封装到数据帧中发送。

如果 ARP 高速缓存没有某个目的 IP 地址与 MAC 地址的映射表项，则源主机就自动启动 ARP 进程，按以下步骤解析出目的主机的 MAC 地址。

1）ARP 进程在本局域网内以广播方式（也只能以广播方式，因为目的地址还未知）发送一个 ARP 请求报文，报文中包含了目的主机的 IP 地址。

2）本网络中的每台主机均能接收到该广播报文，各主机将该目的 IP 地址与自己的 IP 地址比较，如果相同，那么该主机向源主机发回 ARP 响应报文应答，应答报文中包含了本主机的 MAC 地址；对于那些 IP 地址不符的主机，对此不予理会。

3）源主机收到目的主机的 ARP 响应报文后就在其 ARP 高速缓存中写入目的主机的 IP 地址与 MAC 地址的映射，即可将该 IP 数据报交给数据链路层封装到包含目的 MAC 地址的数据帧中发送。

调用 ARP 进程来解析某个主机或路由器的 MAC 地址是由计算机软件自动进行的，对用户透明。这样，ARP 就隐藏了物理寻址的细节，允许高层协议软件使用逻辑的 IP 地址进行通信。

ARP 的其他改进技术如下。

1）在大多数情况下通信是双向的，当主机 A 向主机 B 发送数据报时，很可能不久后主机 B 也要向主机 A 发送数据报，主机 B 也需要知道主机 A 的 MAC 地址。为了减少网络上的地址解析通信流量，主机 A 在发送其 ARP 请求时，就将自己的 IP 地址与 MAC 地址映射写入 ARP 请求分组。当主机 B 收到主机 A 的 ARP 请求分组时，就将主机 A 的这一地址映射写入自己的 ARP 高速缓存，这样主机 B 向主机 A 发送数据报时就不必解析了，减少了网络流量和资源浪费。

2）ARP 请求是广播发送的，所有主机都会收到该请求。它们也可将该主机的 IP 地址与 MAC 地址的映射关系存入各自的高速缓存以备使用。

3）主机启动加入网络时可以主动广播自己的 IP 地址与 MAC 地址的映射关系，以通知其他主机。

4）各主机利用计时器超时定期刷新缓存，保证 ARP 映射表项的"新鲜"。Windows 默认这个时间为 300s（5min）。

由上分析可见：ARP 是通过静态映射与动态映射相结合的方法实现的。

（3）分组的直接交付和间接交付

ARP 请求报文只能在本网络广播，不能通过路由器或网关（路由器或网关不支持广播），也就是说，利用 ARP 只能获得同一网络主机的 MAC 地址，实现数据的本网直接交付。

那么如何将 IP 分组发送给不同网络的主机呢？解决的方法如下：将 IP 分组交给位于本网络出口的"默认网关"（默认的第一跳路由器，它与外部网络相连）转发进行间接交付，此时就要求先通过 ARP 获取默认网关的 MAC 地址。默认网关属于多穴主机，其中一个端口与本网络相连，对网络中每台主机而言，默认网关是其中一个网络环境配置参数（即连接在同一个网络中的某个路由器端口的 IP 地址），网络中各主机都是预先配置的，因而源主机通过 ARP 能够获取默认网关的 MAC 地址。

主机如何判断目的主机与自己是否在同一网络，以决定直接交付还是间接交付呢？这首先要将目的 IP 地址与子网掩码进行"与"运算得出网络号，然后与自己的网络号比较，如果两者相同，那么认为目的主机与自己在同一网段，否则不在同一网段，然后决定进行直接交付或间接交付，如图 6-24 所示。

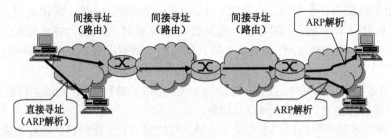

图 6-24　直接交付与间接交付

在路由器转发 IP 分组从源地址到目的地址的路径上，每一跳经数据链路层的传输都要知道下一跳路由器的 MAC 地址，需要路由器借助 ARP 完成 IP 地址到 MAC 地址的映射。进行分组转发的最后一跳，与目的网络是直连的，其负责启动 ARP 广播解析出目的主机的 MAC 地址，完成分组的最终交付。ARP 和 IP 路由如图 6-25 所示。

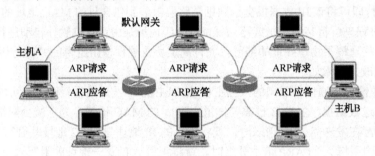

图 6-25　ARP 和 IP 路由

2．RARP

（1）RARP 的作用

在某些网络应用中还会用到 RARP。RARP 的作用是使只知道自己物理地址的主机能够得到其对应的 IP 地址，这种主机往往是无盘工作站。"无盘工作站"意指没有硬盘的工作站，是基于服务器网络的一种结构，无盘工作站利用网卡上的启动芯片 BOOTROM 与服务器连接，使用服务器的硬盘空间进行资源共享。当具有本地磁盘的系统引导时，一般从本地磁盘上的配置文件中读取 IP 地址。但对于无盘工作站，则必须采用其他方法来获得 IP 地址。无盘工作站运行其网卡 BOOTROM 中的文件传送请求代码，即可用下载的方法从局域网上的服务器中得到包含 TCP/IP 通信协议的操作系统和其 IP 地址。

（2）RARP 的实现过程

为了使 RARP 工作在局域网上，至少要有一个主机充当 RARP 服务器。无盘工作站先向局域网广播 RARP 请求报文，并在此报文中声明自己的 MAC 地址。RARP 服务器中存储了一个事先建立的各无盘工作站 MAC 地址和 IP 地址的映射表，当收到 RARP 请求报文后，RARP 服务器就从这映射表查出该无盘工作站的 IP 地址，然后写入 RARP 响应报文发回给无盘工作站，无盘工作站用这样的方法获得自己的 IP 地址并进行通信，如图 6-26 所示。

3. ICMP

(1) ICMP 协议的功能

由于 IP 提供的是一种无连接的数据报分组交换方式，IP 网络本身不进行差错检验，因而网际层的传输服务无可靠性保证，IP 数据报方式的传送存在着分组丢失的可能性。在一个不保证可靠的网络中如果没有一种报错机制，可能会导致严重的后果。为了使互联网能报告出现的差错，在网际层加入了一种特殊用途的信息机制，即 ICMP。ICMP 最初的设计目的主要是为 IP 提供差错报告，由路由器或信宿以一

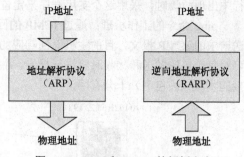

图 6-26　ARP 和 RARP 的解析方向

对一的方式向信源反馈各种出错的原因。随着网络的发展，对网络的检测和控制功能也逐渐被引入到 ICMP 中，使得 ICMP 不仅用于传输差错报告，还能大量用于传输查询和控制报文。当网络管理员需要对某些网络问题进行判断时，可以使用 ICMP 提供的查询报文获取信息，查询报文总是以请求/响应的方式成对出现。ICMP 为路由器和主机提供了正常情况以外的通信，可以认为是对 IP 不可靠性的一种弥补，用于辅助 IP 更好的工作。因为 ICMP 消息是封装在 IP 数据报中传输，并非独立于 IP 而存在的，所以被认为是网际层的一部分。ICMP 报文的封装如图 6-27 所示。

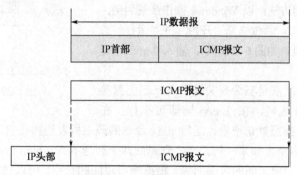

图 6-27　ICMP 报文的封装

(2) ICMP 报文类型

ICMP 报文类型有差错报文、控制报文和查询报文三大类，各类又可分几小类，共有 11 种报文，用于传递出错、查询和控制信息，包括目标不可到达、分组生命期终止、源抑制、参数问题、路由重定向、请求/响应、时间戳、地址掩码等。当 IP 数据报在传输过程中发生错误时，主机或者路由器的 ICMP 模块被触发而启动，产生并发送一个 ICMP 报文，通报相关信息。ICMP 报文的接收者可根据报文类型采取相应的措施。

需要说明的是，ICMP 的作用并非使 IP 变成一个可靠的协议，而只负责特殊情况时报告错误和提供反馈信息，而不负责纠错，差错处理仍需要由端系统的高层协议完成。

(3) ICMP 的典型应用

操作系统中提供的许多网络测试诊断命令都是基于 ICMP 实现的，如 ping、Tracert 命令等。这些工具在网络维护中经常使用。

1) ping 命令测试工具。

① ping 命令的功能与工作机理：网络操作系统一般都提供 ping 命令，是一个用于网络测试的工具软件。

ping 命令的功能：用于测试网络的连通性、目的主机的可达性和名称解析等问题。当网络运

行中出现故障时，采用这个实用程序来定位故障点是非常有效的。

ping 命令的工作机理：通过 ICMP 的回送请求/响应报文对实现，即源主机向目的主机发送回送请求的 ICMP 报文，目的主机返回响应的 ICMP 报文，如图 6-28 所示。这样，ping 工具软件即可对每个包的发送和接收时间进行报告，并报告包的丢失率，这对确定网络是否正确连接及网络连接的状况（丢包率）十分有用。

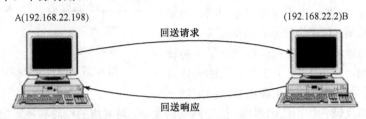

图 6-28 回送请求/回送响应 ICMP 报文对

如果 ping 运行正确，一般就可以排除 IP 及其参数配置、网卡及其配置、网线、路由等问题，从而减小了故障排查的范围。如果执行 ping 命令成功而网络仍无法使用，那么问题出现在网络系统的高层软件配置方面，ping 命令成功只能保证当前主机与目的主机间存在一条数据通路。

② ping 命令的使用方法：以 Windows 操作系统为例，首先需要打开命令行窗口，通过选择"开始"→"运行"选项，打开"运行"对话框，如图 6-29 所示，输入"cmd"，即可打开命令行窗口。

图 6-29 "运行"对话框

ping 命令的最基本用法是在命令关键字 ping 后面直接加上目的 IP 地址或者域名，按 Enter 键即可执行。在 Windows 操作系统下，按照默认设置，运行 ping 命令的源主机发送四个 ICMP 回送请求包到目的 IP 地址，每个包 32 个字节，如果一切正常，则返回四个回送响应。ping 命令以毫秒为单位显示发送回送请求到返回回送响应之间的时间间隔。根据响应时间的长短，可以估算网络速度的快慢，结合返回响应包的 TTL 值甚至可以推算经过的路由器个数和对方操作系统类型。

ping 通的情况如图 6-30 所示。

这是网络通信正常时的窗口，表明在源主机和目的主机之间的通信链路是正常的。

③ ping 命令的参数：ping 命令有很多参数，指明 ping 命令的执行方式，可用 ping -? 查看，如图 6-31 所示。

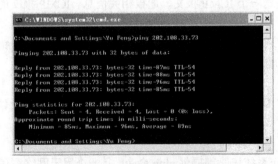

图 6-30 ping 命令的执行结果

图 6-31 ping 命令的参数

这里只介绍常用的几个参数，其余的可参考其他资料。

-t：连续发送请求数据包，直到按 Ctrl+C 组合键人为中断退出。按 Ctrl+Break 组合键可以查看统计信息并继续运行。

-n：-n 后的 count 是一个整数，用来指定发送请求包的个数，这对衡量网络速度很有帮助，能够测试发送数据包的返回平均时间，以及时间的快慢程度。无此参数时默认为 4。

-l size：定义请求包大小，size 是一个整数。在默认的情况下 Windows 的 ping 发送的数据包大小为 32 个字节，但也可以用 size 指定大小，最大只能发送 65500 字节的请求/响应包。

-i TTL：指定 TTL 值，此参数用于帮助检查网络运转情况。

-r count：记录发出和返回数据包的路由。数据包是通过一系列的路由器逐跳转发到达目的主机的，通过此参数可以探测经过的路由器个数，不过限制为 9 个，即只能跟踪到 9 个路由器，如果想探测更多，可以通过 Tracert 命令实现。

④ ping 命令的出错提示信息：如果 ping 命令运行不成功，则源/目的主机两者之间存在连通性故障。ping 命令出错提示信息通常分为三种。

a．Request timed out（请求超时）：在指定的超时时间内没有收到回送请求报文的响应。原因有路由器关闭、目的主机关闭、没有路由、返回到主机或响应的等待时间大于指定的超时时间等。还有一种情况是对方装有防火墙，为了防止被 ping 命令探测信息，拒绝接收发给它的回送请求包而不响应造成请求超时。

b．Destination net unreachable（目的网络不可达）：没有到目的地的路由。原因通常是"Reply from"中列出的路由器路由错误。

c．Unknown host（未知主机）：这种出错信息的意思是该远程主机的名称不能被域名服务器转换成 IP 地址。故障原因可能是域名服务器有故障，其名称不正确，或者系统与远程主机之间的通信线路有故障。

2）Tracert 命令。

① Tracert 命令功能：Windows 下的 Tracert 是路由跟踪实用程序，作用是由近及远地显示主机发出的 IP 数据报到达目的主机沿途所经过的所有路由器，并显示每台路由器响应时间。Linux 下的路由跟踪命令为 traceroute。

② Tracert 命令工作原理：Tracert 命令用 IP 生存期字段和 ICMP 报错消息来确定从一个主机到网络上其他主机的路由。Tracert 依次向目的主机发送 TTL 值为 1、2、3、4…的 ICMP 回送请求报文，当 TTL 值被减为零时，中间的路由器将分别

图 6-32　Tracert 命令执行结果

返回生命期终止的 ICMP 报文，从而使源主机得到数据报到达目的主机所经过的路由器。

③ Tracert 命令格式如下。

　　　　　tracert　[参数] [IP 地址或域名]

例如，tracert www.sina.com.cn

④ Tracert 命令执行结果如图 6-32 所示。

该图说明了从源主机到目的主机的路由跳数。其中每跳有三个响应时间，是因为 Tracert 向途中每个路由器连续发三个 ICMP 回送请求包，以获得平均响应时间。

注意：某些中间结点返回 Request timed out 信息且响应时间为三个*号，原因是这些路由器出于安全考虑对 ICMP 请求包不予回应。

⑤ Tracert 命令的参数：Tracert 命令参数用来指明 Tracert 命令的执行方式，可用 tracert -? 查看。具

体使用可参考其他文献，这里不再解释。

4．IGMP

（1）组播和 IGMP 功能

IP 只负责网络中点到点的数据报传输（单播方式），而网络中许多应用（如视频会议、远程游戏、路由器间通信、网络管理等）要通过点到多点的组播数据包传输来实现，这就要借助 IGMP 来完成。IGMP 主要负责报告接收组播信息的多播组（也称组播组）之间的关系，用于告诉每个组播路由器获知各多播组主机所在的网络，以便支持组播发送。组播传送需要特殊的路由配置，如图 6-33 所示。

一个多播组的成员可以在单一物理网络中，也可以在整个 Internet 中。每个多播组分配一个 D 类多播地址标识，每台成员机器可以根据是否接收组播信息动态地加入或退出一个多播组。多播地址只能表示一个多播组目的地址，而不能用于源地址（源地址总是为单播地址）。

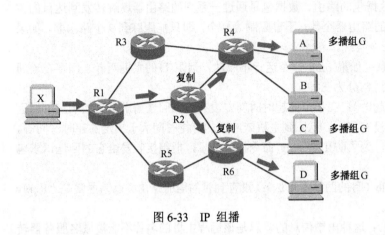

图 6-33　IP 组播

（2）组播的优点

组播可明显地减少网络中资源的消耗，既可减少服务器负担，又可消除流量冗余，是优化带宽的重要手段。单播与组播实现点到多点，传输的比较如图 6-34 所示。

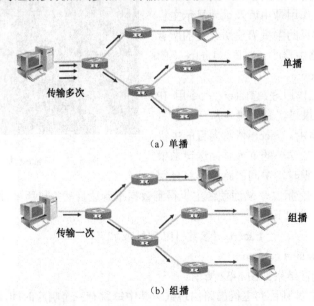

图 6-34　单播与组播实现点到多点传输的比较

所有接收 IP 组播的机器都需要 IGMP，组播路由器和实现组播的主机用 IGMP 来进行组成员信息的通信。主机使用 IGMP 消息通告本地组播路由器接收组播流量的组成员地址。

（3）IGMP 工作原理

IGMP 的工作原理较为复杂，在此不做详细介绍。IGMP 大致可分为以下两个阶段。

第一阶段：当某个组成员主机动态地加入多播组时，该主机应向多播组的多播地址发送一个 IGMP 报文，声明自己要成为该组成员。本地多播路由器接收到 IGMP 报文后，将组成员关系转发给 Internet 中其他多播路由器，建立组播路由。

第二阶段：因为组成员关系是动态的，因此本地多播路由器要周期性地探询本地网络中的主机，以便知道这些主机是否仍然是组的成员，进而维持或解除主机的组成员关系——在经过几次探询后若没有主机响应，就不再把该组的成员关系向其他多播路由器转发，组播路由撤销。

6.4 传输层协议

6.4.1 传输层协议概述

1. 传输层协议的功能与运行位置

传输层在分组交换通信子网提供的点到点数据传输基础上，实现端系统进程到进程的通信。所以，传输层只运行在作为信源/信宿的端系统主机中，在通信子网内的各个交换结点中没有传输层。传输层利用网络层提供的服务向其上层用户——应用层，提供符合应用需求的、开销合理的通信服务，使高层应用在相互通信时不必关心通信子网实现的细节，屏蔽了低层网络通信的实现方式。传输层的端到端通信如图 6-36 所示。

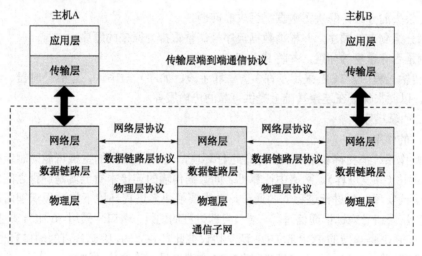

图 6-36 传输层的端到端通信

2. 传输层的两个协议

对应高层不同应用的需求，TCP/IP 的传输层定义了以下两个并列的协议：传输控制协议（Transport Control Protocol，TCP）和用户数据报协议（User Datagram Protocol，UDP）。

这两个协议分别提供保证可靠的面向连接的数据传输服务和不保证可靠的无连接数据传输服务。

6.4.2 TCP

1. TCP 的特点

由于 IP 无确认机制，所以不能保证传送的 IP 数据报一定可以到达对方（可能中途丢失），不保证数据包的顺序和重复接收。数据传输可靠性的问题交给了运行在通信子网之外的端系统中的传输层中的 TCP 来解决。传输层协议和网络层协议的作用范围如图 6-37 所示。

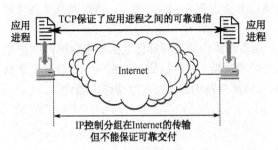

图 6-37　传输层协议和网络层协议的作用范围

这一特点由 Internet 的设计思想所决定。Internet 认为，计算机通信是在计算机上运行的进程之间的通信，因而是一种智能的通信，所以实现可靠通信最终应当是计算机进程间的通信可靠。因此，通信子网中的 IP 没有必要提供可靠服务，这样做可以使网络简单、实现容易、灵活性好、成本低、适应各种应用，更多需要智能的工作留给端系统计算机去解决。

2．TCP 保证可靠性的机制

传输层的 TCP 在 IP 的基础上，通过建立连接进行进程间可靠性通信。所谓的可靠性通信是指数据无误、无丢失、无失序、无重复到达的通信。

TCP 采用的最基本的可靠性技术有三种，它们是差错控制、流量控制和拥塞控制，用来保证数据传输可靠。

TCP 是一种面向连接的协议，利用"带确认的重传"机制从以下三个方面解决了 IP 分组传输不可靠的问题。

1）重传丢失的分组，解决了数据报丢失的问题。
2）检测分组到来的顺序，并根据数据流序号调整重排为原来的顺序。
3）检测是否有重复的分组，并将其丢弃。

在数据传输过程中，TCP 采用了许多方法和手段，如序号与确认、超时计时器、流量控制、拥塞控制等，以此来保证在连接基础上提供可靠的传输服务。

3．端口和套接字

（1）端口的作用

当前的操作系统都支持多用户和多进程运行环境，收/发数据报的主机可能同时运行着若干个不同的应用进程（并发进程）。网络中计算机之间数据传输的连接本质上就是进程之间的连接，进程是真正通信的实体。要进行进程间的通信，首先要解决多进程环境下的进程识别问题。TCP/IP 传输层通过协议端口号来标识通信进程，端口号即进程的地址。端口号采用 16 比特编址，值为 0～65535。由于 TCP/IP 传输层的 TCP 和 UDP 两个协议彼此是独立的，因此各自的端口号也相互独立，即各自独立拥有 2^{16} 个端口，分别能够提供 65535 个端口号标识通信的进程。

网络环境中一个完整的进程通信标识需要一个"五元组"来表示，即本地 IP 地址、目的 IP 地址、协议、本地进程端口号、目的进程端口号。每种应用层协议都具有与传输层的连接端口，当数据流从某一个发送端的应用进程发送到远程主机的某一个接收进程时，传输层根据端口号，就能够判断出数据想要访问目的主机的哪一个应用进程，从而将数据传递到相应的应用层协议进程。应用层中的各种服务守候进程不断地检测分配给它们的端口，以便发现是否有

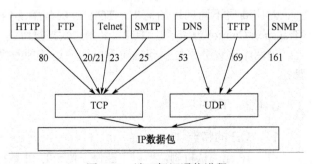

图 6-38　端口标识通信进程

某个应用进程要与它连接通信。端口标识通信进程如图 6-38 所示。

(2) 端口的类型

端口根据其对应的协议或应用不同,被分配了不同的编号。目前,有以下三种类型的端口。

1) 保留端口。保留端口号数值为 0~1023,都被分配给了已知的应用协议,对应网上常用的服务,形成了标准。例如,80 端口分配给 WWW 服务(使用超文本传输协议),21 端口分配给 FTP 服务,25 端口分配给 SMTP 服务,53 端口分配给 DNS 服务等。在各种网络中调用这些端口号就意味着使用它们所代表的应用,所以称为"众知端口(Well-Known Port)"。由于这些端口已代表了固定的应用,所以不能再动态地分配给其他应用程序(被保留),如表 6-2 所示。

表 6-2 常用的保留端口号

	端 口 号	应 用 协 议
TCP 保留端口举例	80	超文本传输协议(HTTP)
	21	文件传输协议(FTP)
	25	简单邮件传输协议(SMTP)
	23	远程虚拟终端协议(Telnet)
	53	域名系统(DNS)
UDP 保留端口举例	7	回送(ECHO)
	69	简单文件传输协议(TFTP)
	161	简单网络管理协议(SNMP)
	520	RIP
	53	域名系统(DNS)

2) 动态端口(Dynamic Port)。动态端口号的值为 1024~65535。这一类的端口没有固定的使用者,可以被动态地分配给请求通信的客户端进程使用。也就是说,在使用客户端应用进程访问网络时,客户机操作系统可以随机地分配一个动态端口号给客户端应用进程与传输层交换数据,并且使用这个临时的端口与网络上远程主机进程通信。通信完成后,客户端系统释放所占用的端口号,以便其他客户端进程使用。因而,动态端口也称临时端口或随机端口。

3) 注册端口(Registered Port)。还有一类比较特殊的端口称为"注册端口",它也是为某个应用服务的端口,但是它所代表的不是已经形成标准的应用层协议,而是某个软件厂商开发的应用程序注册使用的端口号,如 QQ 的服务器采用 8000 端口,用户根据需要可以在 IANA 注册以防止重复。注册端口号的值为 1024~49151,它们松散地绑定了一些服务,用来标识已被第三方注册了的、被命名的服务。理论上,客户端不应为进程分配这些端口号,但实际上这些端口也经常用于动态地标识客户端其他进程,如许多系统通常从 1024 起随机分配动态端口。

(3) 套接字

当多主机多进程的网络环境通信时,为了能够正确地寻址主机进而寻址进程,必须把端口号和主机的 IP 地址结合起来使用,称为"套接字(Scoket)",即套接字=IP 地址+端口号。通信双方可用一个套接字在全网范围内唯一标识一个连接。

4. TCP 报文段的格式

应用层交给 TCP 传送的数据单位是"报文段",TCP 报文段再封装到 IP 分组中传送。TCP 报文段格式如图 6-39 所示。

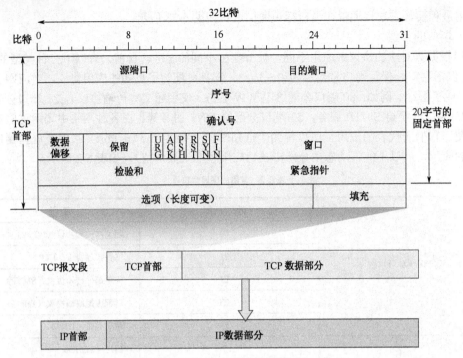

图 6-39 TCP 报文段的格式

TCP 报头由 20 字节长的固定部分和最多 40 字节的选项部分组成，它包含如下字段，用以提供进程间通信的控制信息。

1）源端口和目的端口：各占 2 字节，各提供 $2^{16}=65536$ 个端口。端口是传输层与应用层的服务接口，用于在进程间寻址。两个已建立连接的结点之间在一个网络会话上可以在给定的时间内有多个进程的连接进行通信。"源端口"字段填写发送端进程端口号，"目的端口"字段填写接收端进程端口号。

2）序号：占 4 字节。为了保证可靠性，TCP 连接中传送的数据流中的每一个字节都编有一个 32 位序号，由发送方填写。TCP 不是按传送的报文段来编号的，而是将所要传送的整个报文（可能包括多个报文段）看做一个个字节组成的数据流，然后对每一个字节分别编写一个序号，所以 TCP 被称为是"面向字节流的"。"序号"字段的值指的是本报文段所发送的数据第一个字节的序号。序号的作用是发现丢失的 TCP 报文、识别重复报文，当数据经过不同的网络路径到达时，对报文进行正确排序。序号的值到达最大值 $2^{32}-1$（约 43 亿）后又从 0 开始循环使用。当建立一个新的连接时，"序号"字段包含由这个主机选择的该连接的初始顺序号。

3）确认号：4 个字节，由接收方填写。接收方在检验了接收到的 TCP 报文段序号之后，将发回确认号，表示该报文段已经收到。如果发送方没有收到确认号，则将重传该报文段。确认号是期望收到对方发送的下一个顺序号（已经收到的数据的最高序号加 1）。只有控制字段中的 ACK 标志为 1 时确认序号字段才有效。TCP 为应用层提供全双工服务，这意味着数据能在两个方向上独立地进行传输。因此，连接的每一端必须保持每个方向上的传输数据顺序号和确认号。当通信双方采用全双工方式通信时，进行通信的每一方都不必专门发送确认报文段，可以在传送数据的同时进行确认，这种方式称为"捎带应答"机制。

4）偏移量（报头长度）：占 4 比特，指示的是 TCP 报文段的数据起始处距离 TCP 报文段的起始处有多远，它实际上指明数据从哪里开始，反映了 TCP 报文段首部的长度。需要这个值的原因是后面"选项"字段的长度是可变的。偏移量以 32 位，即 4 字节为计算单位，因此 4 位的偏移量值（最大15）指明TCP最多有60字节的首部。当没有"选项"字段时，正常的TCP首部长度是20字节。

5）保留：占6位，保留为今后使用，但目前置为0。

6）控制字段：在这个域的内容较为丰富，共有六位，用来标识各种控制信息。它们中的多个位可同时置为1。各位依次如下。

① 紧急比特URG——当URG=1时，表明紧急指针字段有效。它表明此报文段中有紧急数据，应尽快传送（相当于高优先级的数据），而不是按原来的排队顺序传送。URG=0则忽略紧急指针值。所谓"紧急数据"是TCP用户认为很重要的数据，如键盘中断（Ctrl_C）等控制信号。当TCP段中的URG标志置为1时，紧急指针表示距离发送顺序号的偏移值，在这个字节之前的数据都是紧急数据。紧急数据由上层用户使用，TCP只是尽快地把它交给上层协议，以保证接收者优先处理。它实际上是一种中断机制。

② 确认比特ACK——只有当ACK=1时确认号字段才有效；当ACK=0时，确认号无效。

③ 推送比特PSH——接收端TCP进程收到推送比特为1的报文段（无论数据多少），就尽快地交付给接收应用进程，而不再等到整个缓存都充满后再向上交付。例如，输入完一个命令后按Enter键，就会形成一个推送比特为1的报文段，接收端将及时处理这个命令。

④ 复位比特RST——当RST=1时，表明TCP连接中出现严重差错，一般情况下，如果TCP收到的一个报文明显不属于该主机上的任何一个连接，则向源端发送一个复位报文，必须释放连接，然后再重新建立传输连接。

⑤ 同步比特SYN——同步比特SYN置为1，表示这是一个连接请求报文或连接响应报文，在TCP建立连接过程中使用。

⑥ 终止比特FIN——用来释放一个连接。当FIN=1时，表明此报文段的发送端的数据已发送完毕，并要求释放本方传输连接。

7）窗口：占2字节。"窗口"字段用来进行流量控制，控制对方发送的数据量。窗口是发送方收到接收方确认之前能够传输的最大字节数。TCP连接的接收方根据所设的缓存空间大小确定自己的接收窗口大小，然后通知发送方以确定对方的发送窗口的上限。窗口通告值增加时，发送方可扩大其发送窗口的大小，增加数据发送量；窗口通告值减少时，发送方应降低其发送窗口的大小，减少数据发送量。

8）校验和：2字节，是TCP提供的一种检错机制。校验和是一个16位的循环冗余校验，其校验的范围不仅包含TCP报文自身（报文头和数据部分），还增加了一些额外的信息内容。这些额外的信息是一个12字节的被称为"伪首部"的部分。伪首部并不是TCP数据报文中的内容，仅在计算TCP校验和时，临时将其他加上一起计算。TCP伪首部的信息取自承载该TCP报文段的IP分组首部，包括该分组的源地址、目的地址、TCP类型（值为6）和TCP报文的总长度，还有一个字节的保留域。TCP报文段的发送端和接收端在计算校验和时都会加上伪首部信息，但在发送TCP报文时，并不发送伪首部的内容，即伪首部仅为检验和计算而构造。若接收端验证校验和是正确的，则说明数据到达了正确主机上正确协议的正确端口，这可以避免报文被错误地路由。这是一个强制性的字段，是由发送端计算和写入，并由接收端进行验证的。TCP校验和的内容如图6-40所示。

校验和的计算和检验算法：将所有位划分为每16比特一段的整数序列（若字节总数不是偶数，则增加全0的字节填充），然后所有的16比特段使用反码算术运算相加，得到的结果取反即是校验和。

9）紧急指针：占16比特。仅当URG标志位置为1时紧急指针才有效。紧急指针是一个正的偏移量，和"序号"字段中的值相加指出在本报文段中的紧急数据最后一个字节的序号。这个字段向接收者提示所到达的是重要数据,是发送紧急数据的一种方式。

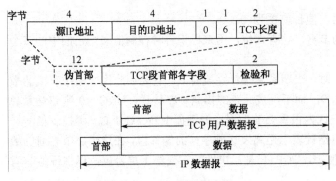

图 6-40 TCP 校验和内容

10)选项(长度可变):TCP 报文段中的这个字段可以包含一些与传输有关的额外信息和标志。

11)填充:"填充"字段用于当选项数据不足时段头进行填充以达到所需的段头长度,因为 TCP 报文段的长度必须是 32 的倍数,这是校验的需要。

在 TCP 报文段中实际携带的数据称为数据负载,它由从发送方传送到接收方的应用层原始数据组成。一个 TCP 报文段中可以没有数据部分,如当建立连接和终止连接时,双方交换的报文段仅有 TCP 首部。如果一方没有数据要发送,也可以使用没有任何数据的首部来确认收到的数据。

5. TCP 的主要功能

TCP 是一种面向连接的传输协议,这意味着在该协议准备发送数据前,通信结点进程之间必须建立一个逻辑连接。由于下层网际层 IP 不保证可靠,所以设置传输层 TCP 的意图是通过它弥补应用层某些应用可靠性的要求和网络层所能提供的通信服务质量之间的差异,实现可靠的数据传输服务。TCP 位于 IP 的上层,通过提供校验和、流控制及序列信息弥补 IP 可靠性方面的缺陷。

确认和重传是 TCP 实现可靠服务的保障机制:由接收方对正确接收到的报文发回确认信息 ACK,使发送方确信它发送的报文已经到达目的地。由于 IP 的不可靠性,发送方发送的报文和接收方发回的确认报文都有可能丢失,TCP 使用定时器来辅助其完成工作。发送端发送一个报文段后立刻启动一个定时器,如果在定时器超时前该数据段被确认,则关闭该定时器;如果在确认到达之前定时器超时,则认为前面的报文段传送失败,重传这部分数据(发送方为每一个发出的报文段都缓存一个备份),并且该定时器重新开始计时,直至收到接收方的确认,以此保证传输的可靠性。当然,确认和重传过程增加了运行的复杂性、协议的开销及传输延迟,TCP 是以牺牲传输效率为代价换取的高可靠性。可靠性和有效性始终是一对矛盾。

6. TCP 的流量和拥塞控制机制

当发送方发送的数据量过大时,TCP 的接收方要通知发送进程放慢发送数据,这称为流量控制,以使接收方与发送方保持同步。两端系统进程间的流量控制和链路层两个相邻结点间的流量控制类似,都要防止发送方发送的数据速率过快而超过接收方的能力,采用的方法都基于滑动窗口的原理。但是链路层常采用固定窗口大小,而传输层则采用可变窗口大小并使用动态缓冲分配。在 TCP 报文段首部的"窗口"字段写入的数值(由接收方写入)就是当前设定的接收窗口的大小。这种由接收端控制发送端的做法,在计算机网络中经常使用。

实际上实现流量控制并不仅仅为了使得接收方来得及接收而已,还有控制网络拥塞的作用。例如,接收端正处于较空闲的状态,而整个网络或局部的负载却很大,这时如果发方仍然按照收方的要求发送数据就会加重网络负荷,由此会引起报文段的时延增大,使得源端不能及时地收到确认,因此会重发更多的报文段,更加剧了网络的阻塞,形成了恶性循环。为了避免发生这种情况,源端应该及时调整发送速率。TCP 的拥塞控制也是通过限制发放向网络注入报文的速率而实现的。

因此,源端在确定发送数据的速率时,既要考虑到收方的接收能力,又要从全局考虑网络当前的负载情况,不要使网络发生拥塞。因此,对于每一个 TCP 连接,发送窗口大小应该考虑以下两点。

1）通知窗口：这是接收方根据自己的接收缓存大小而确定的接收窗口的大小，即 TCP 报头中"窗口"字段的值，由接收方写入，是来自接收端的流量控制。

2）拥塞窗口：这是发送方根据自己所感知到的网络拥塞程度而得出的窗口值，也就是发送方自己的流量控制。发送方以报文的丢失率作为拥塞的测量，TCP 假设大多数的报文丢失都是由于网络拥塞造成的，一旦报文发生丢失，TCP 就开始进行拥塞控制。

显然，为实现流量控制，发送方应当选择通知窗口和拥塞窗口当中较小的一个：当通知窗口小于拥塞窗口时，是接收端的接收能力限制发送窗口的最大值。但当拥塞窗口小于通知窗口时，网络的拥塞限制发送窗口的最大值。

进行拥塞控制时，Internet 标准推荐使用三种技术，即慢启动、加速递减和拥塞避免。相关内容可参考有关文献，本书不再详述。

7. TCP 的传输连接管理

TCP 连接的建立和释放是每一次通信必不可少的过程。这种连接是一种逻辑上的连接，即双方进程相互确认对方的存在并处在活动状态，为两个进程之间的通信协商一些参数并预留资源（如缓冲区等），在数据传输结束后要释放连接，即释放资源并且断开双方进程的联系。

TCP 连接包括建立连接、数据传输和释放连接三个过程。

（1）TCP 建立连接

TCP 使用三次握手机制来建立连接。建立连接的双方都发送自己所选择的初始序号，并把收到的对方初始序号作为相应的确认序号，向对方发送确认，这就是 TCP 协议的"三次握手"。实际上，TCP 建立连接的过程就是一个通信双方序号同步的过程，使得确认和重传这一可靠性服务保障机制得到初始化，如图 6-41 所示。

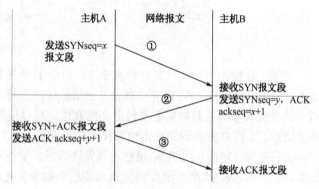

图 6-41 三次握手的报文序列

1）第一次握手：源主机发送一个带有本次连接初始序号的请求。

源主机 A 的 TCP 向主机 B 发出连接请求报文，其首部中的 SYN（同步）标志位此时置为 1，表示想与目的主机 B 建立连接以进行通信，并发送一个随机选择的本次连接同步序列号 x（如 SEQ=100）进行同步，表明在后面传送数据时的第一个数据字节的序号是 $x+1$（即 101）。连接请求报文只有报头而没有数据部分。

2）第二次握手：目的主机 B 收到连接请求报文段后，如果同意连接，则发回一个带有同步序号和对源端主机连接序号的确认。在确认报文中应将 ACK 位和 SYN 位置为 1，确认号应为 $x+1$=101，同时也随机为自己选择一个序号 y。

3）第三次握手：源主机 A 收到目的主机 B 含有对初始序号的应答后，再向目的主机 B 发送一个带有对二次握手连接序号的确认，其 ACK 位置为 1，确认号为 $y+1$，而自己的序号为 $x+1$（TCP 的标准规定，SYN 置为 1 的报文段要消耗掉一个序号）。

三次握手协议可以完成两个重要功能：它确保连接双方做好传输准备，并使双方协商初始顺序号。每个报文段都包括了序号和确认号，这使得通信双方仅用三个握手报文就能协商好各自数据流的初始序号，即数据的起始同步点。一般来说，连接序号在 $2^{32}-1$ 范围内是随机的，因此每个连接都将具有不同的连接序号。

(2) 传输数据

连接建立完成后,上层应用程序传输数据流给 TCP,TCP 接收到字节流并且把它们分解成段。假如数据流包含多段,则每一段都被分配一个序列号。在目的主机端,使用这个序列号把接收到的段重新排序成原来的数据流。

(3) 释放连接

TCP 断开连接采用四次"握手"的方法,如图 6-42 所示。

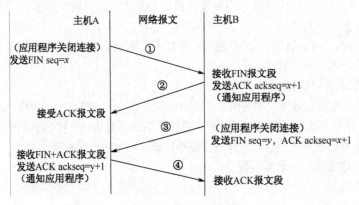

图 6-42　TCP 连接的释放

在数据传输结束后,TCP 需释放连接。由于 TCP 连接是全双工的,因此一个连接的关闭必须由通信双方共同完成。在 TCP 中规定,通信的任一方都可以主动发出释放连接的请求。如图 6-42 所示的主机 A 不再有数据需要发送给主机 B 时,可以使用终止比特 FIN=1 的报文向对方发送关闭连接请求。主机 B 在收到终止比特 FIN=1 的报文后,马上回应确认数据报(ACK=1),同时关闭该方向上的连接。这时,主机 A 虽然不再发送数据,但并不排斥在这个连接上继续接收来自主机 B 数据,这种情况称为"半关闭"。当主机 B 也没有数据发送时,也向主机 A 发送一个终止比特 FIN=1 的报文请求关闭连接,主机 A 回应确认数据报(ACK=1),同时关闭该方向上的连接,至此整个 TCP 连接才完全关闭,即 TCP 连接被释放。因此,一个典型的释放连接过程需要每个终端提供一对 FIN 和 ACK。当连接在两个方向上都关闭以后,TCP 软件便将该连接的所有记录删除。通信双方也可以同时提出关闭连接的请求,这时图 6-42 的②和③合为一个步骤。

6.4.3　UDP

1. UDP 的特点

在传输层与 TCP 并列的另一个协议是 UDP。与 TCP 不同,UDP 不采用复杂的传输控制机制,它提供的是一种无连接的数据报方式服务,对等的 UDP 实体在传输数据时不建立端到端的连接,因而不具有确认、重传等机制,所以不保证数据的可靠传输,只是简单地向网络中发送数据或从网络中接收数据,存在分组的丢失、重复、错序的可能性,可靠性和差错控制问题必须依靠其上层——使用 UDP 的应用程序来处理这些问题。

UDP 最大的优点是协议简单、开销小、效率高、具有良好的实时性。使用 UDP 的应用一般容忍数据丢失,或者它们自己具有一些恢复丢失数据的机制。

2. UDP 数据报的格式

由于 UDP 不提供可靠性保证机制,因此,其报头中只包含少量的控制信息。与 TCP 的首部比较,UDP 的首部可以说是相当简单的,仅包含四个字段,如图 6-44 所示。

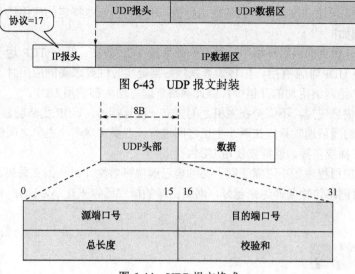

图 6-43 UDP 报文封装

图 6-44 UDP 报文格式

UDP 报文头包含的四个字段如下。

1）源端口号：标识源结点的发送进程。

2）目的端口号：作为端到端进程间的传输协议，UDP 为来自上层的数据增加端口号（标明目的应用进程），提供了进程间的通信能力。

3）总长度：指明 UDP 报文的长度。

4）校验和：校验和的使用方法和 TCP 相同，用于对接收到的 UDP 报文进行校验。发送端的 UDP 校验和的运算步骤如下。

① 将伪首部填加到 UDP 用户数据报上。把校验和字段置为零。

② 所有的位划分为每 16 比特一段。若字节总数不是偶数，则增加全 0 的填充字节。

③ 所有的 16 比特段使用反码算术运算相加，把得到的结果取反后插入检验和字段。

④ 去掉伪首部和填充字节，把 UDP 用户数据报交付给网际层进行封装。

接收端的校验和计算如下。

① 将伪首部加到 UDP 用户数据报。若需要，增加填充字节。

② 所有的位划分为每 16 比特一段，把所有的 16 比特段使用反码运算相加。

③ 得到的结果取反。若是全 0，则去掉伪首部和任何增加的填充并接收这个 UDP 数据报。若得到的结果非 0，则说明接收端检测到校验和有差错，就丢弃这个 UDP 数据报。

UDP 校验和的内容如图 6-45 所示。

UDP 同 IP 一样提供无连接的数据报文传输。相对于 IP，它唯一增加的功能是提供进程端口号，对提高 IP 的可靠性没有任何贡献。虽然 UDP 服务是不可靠、

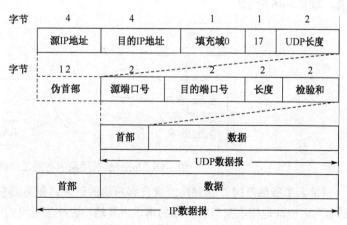

图 6-45 UDP 校验和内容

不保证顺序交付的，但这并没有减少它的使用价值。相反，在一些特定的应用场合它表现出了传输效率高的优势，例如：

① 在传输条件优良的网络环境中，其工作效率较 TCP 要高，具有 TCP 达不到的速度优势。这使得有些情况下 UDP 非常有用，如传输音视频数据等实时性要求高的应用时。

② 由于 UDP 给网络附加的开销少，因此网络管理方面大都使用 UDP。

③ 当发送的信息较短，不值得在主机之间建立一次连接时，UDP 优势明显。

④ 面向连接的通信通常只能在两个主机之间进行，若要实现多个主机之间的一对多或多对多的数据传输，即广播或多播，就需要使用 UDP。

基于 UDP 的应用程序在不可靠子网上必须自己解决可靠性（诸如报文丢失、重复、失序和流控等）问题。随着网络传输条件越来越好，网络出错的概率已越来越小，UDP 将表现出更多的应用价值。

6.5 应用层协议

6.5.1 应用层功能与工作模式

1. 应用层的功能

Internet 的发展之所以如此迅猛并得到迅速普及，最重要的原因是它提供了众多受人们欢迎的网络应用，应用是计算机网络存在的根本理由。

应用层是 TCP/IP 参考模型的最高层，是用户应用程序与网络的接口，应用进程通过应用层协议为用户提供最终服务。所谓应用进程是指为用户解决某一类应用问题时在网络环境中相互通信的进程。应用层协议是规定应用进程在通信时所遵循的协议，定义了运行在不同端系统上应用进程之间如何交换信息的。TCP/IP 的应用层将 OSI RM 中会话层、表示层和应用层的功能都包含在这一层之中。

2. 应用层的工作模式

Internet 所提供的应用服务均采用客户机/服务器（Client/Server）模式，这种模式描述了两个进程间的服务与被服务关系。采用客户机/服务器模式的应用系统由两部分组成，即客户端和服务器端，如图 6-46 所示。

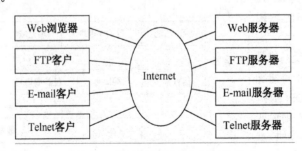

图 6-46　Internet 应用层服务的工作模式

通常为了能够及时收到并响应来自客户端的请求，服务器软件始终处于运行状态（称为"守候进程"），被动地接收来自客户端的请求。显然，这种应用模式中客户端处于主动地位，只有用户有服务需求的时候才会运行，主动发起与服务器端的会话，如图 6-47 所示。

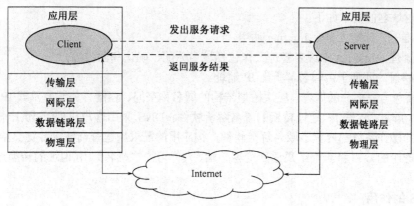

图 6-47 Internet 服务的客户机/服务器模式

6.5.2 域名系统

1. 基本概念

要想通过 Internet 互相通信，必须知道对方的地址。IP 地址很好地解决了 Internet 网络互连后的统一寻址问题，使得各主机间可以按 IP 地址通信。虽然 32 位二进制数的 IP 地址对计算机来说十分有效，但对用户来说，使用和记忆都不方便，也不能反映出主机的从属机构或地理位置信息。为此，Internet 面向用户引入了一套域名系统，即 DNS，采用具有一定意义的英文单词缩写构成，代替不易记忆的 IP 地址，这就是广泛使用的"域名"。它是一种更高层次的地址形式，是面向用户的替代名称。显然，记忆中国中央电视台的域名地址——www.cctv.com，要比记忆其一串数字形式的 IP 地址容易得多。用户可以等价地使用域名或 IP 地址，二者使 Internet 地址的两种不同的表示方法。

在浏览器中使用域名地址如图 6-48 所示。

DNS 是一种组织成层次结构的名称系统，为 Internet 上的计算机提供字符型域名到 IP 地址的映射服务以实现域名解析，用来通过用户友好的名称定位计算机和服务。

域名系统为了反映主机与其所在网络之间的逻辑关系，以方便记忆和寻址定位，采用了

图 6-48 在浏览器中使用域名地址

层次化的基于"域"的命名机制，每一层由一个子域名组成，书写中子域名间用"."分隔，形成层次字段，其格式如下：

机器名.网络名.机构名.顶级域名

域名按照规定的格式可以用多种字母、数字、符号写成（不区分大小写字母），便于用户记忆。例如，www.tsinghua.edu.cn 是中国教育网清华大学的网站服务器，其中 tsinghua.edu.cn 部分从右到左表示一个从大到小的域，www 是网站服务器的主机头名。而 www.pku.edu.cn 是北京大学的网站服务器。DNS 与 Internet 的逻辑结构相对应，如图 6-49 所示，从域名中可以看出其逻辑位置，子域共享其父域的名称空间，体现了一种隶属关系，从而便于理解和记忆，更符合人们的日常习惯。但域名只是个逻辑上的概念，并不反映计算机所在的物理位置。

图 6-49 域名的逻辑结构

Internet 对域名的要求如下：
1) 全局唯一，即能在整个 Internet 通用。
2) 便于管理，Internet 中域名管理工作包括域名分配、确认和回收等。
3) 便于映射，即便于由域名解析出 IP 地址。

DNS 主要包含三部分的内容：层次树型结构的域名称空间、存储有关域名及其 IP 地址信息的名称服务器、实现域名与 IP 地址转换的域名解析软件。DNS 采用客户机/服务器工作模式，运行 TCP/IP 协议的操作系统都内置了域名解析软件，按应用的需求构建查询请求并提交给名称服务器（这对用户是透明的），并将查询结果返回给客户端，人们习惯将域名到 IP 地址的转换过程称为"域名解析"。

2．DNS 的作用

面向用户的字符型主机名称虽然给计算机用户在使用时带来了方便，但网络中的主机却只能识别二进制形式的 IP 地址，并不识别具有人性化的字符型域名，因此必须要有一种机制将计算机的符号名称转换成对应的 IP 地址，否则字符型的域名将没有意义。DNS 的作用就是完成这种解析。

当用户使用 IP 地址标识目的主机时，源主机可直接与之进行通信。而使用域名标识目的主机时，源主机需先将域名送往域名服务器，通过服务器将域名解析成相应的 IP 地址，传回源主机，然后才能使用该 IP 地址与目的主机通信，如图 6-50 所示。

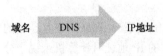

图 6-50 DNS 的作用

DNS 是 Internet 中的一个重要基础服务，是使用域名进行网络访问的前提，许多应用都要借助于这一服务，如万维网、文件传输和电子邮件等。

3．DNS 的层次结构

DNS 与 Internet 的逻辑结构相对应，采用层次型域名机制，实行分级的域名管理，每个域分别由不同的组织负责管理。每个组织都可以将它的域再分成一定数目的子域并将这些子域委托给下级组织进行管理。分级的域名管理比对所有机器名进行集中管理有很大的灵活性，其优点如下。

1) 由于域名的唯一性要求，采用集中式管理域名潜在的冲突可能性将随网络的扩大而增加。而层次命名方案由于其子域的可扩展性，每级的范围可划分成足够小以便分级管理，不容易出现重名的现象，只要保证同层名称不冲突即可。

2) 在增加新域名时，集中式管理需要每新增一台机器就要到中心管理机构进行注册，庞大的互联网中管理工作的负担巨大；集中管理的域名数据库庞大，查询效率必然很低。

3) 考虑到域名和 IP 地址的关联经常变动，要正确维护每个网点的整个域名将导致数据库开销太高，并且会随着网点的数目增加而增加。另外，集中式的域名数据库位于单个网点，通向该网点的解析流量巨大，从而成为网络的瓶颈。分级式的域名管理将下一级的域名分散到各管理网点，不同的域的域名服务器分别存放和管理本域中的主机名和 IP 地址映射关系。本域的用户在域名解析时仅在解析不属于本地域的域名时才向上级域名服务器或根域服务器发出请求。这不仅减轻了单个域名服务器的负载，也减少了由于域名解析请求带来的网络流量。DNS 的分级管理层次结构如图 6-51 所示。

4．域名空间的划分

DNS 按层次结构将名称空间划分为若干级域名，逐级授权，分层管理。如果用户想拥有自己的合法域名，必须向有关的网络管理机构申请。

TCP/IP 协议及 Internet 技术　第 6 章

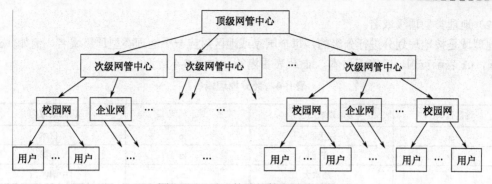

图 6-51　DNS 的分级管理层次结构

DNS 将整个 Internet 视为一个域名空间，是一个倒挂的树形结构。DNS 在根域（根是唯一的，不需要名称，以"."表示；Internet 根域中有专门的根域 DNS 服务器）下面把整个 Internet 划分成多个域作为最高层域，称为"顶级域（Top Level Domain，TLD）"，有专门的机构对其进行命名和管理，为每个顶级域规定了国际通用的域名，如图 6-52 所示。目前，Internet 有 200 多个顶级域，主要分为两类：一类按照组织机构的性质划分，称为"机构域"（或"组织域"）；另一类按照地理区域划分，称为"地理域"。

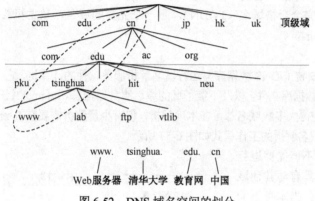

图 6-52　DNS 域名空间的划分

（1）组织类型通用顶级域名

最早的组织类型通用顶级域名共七个，后来由于 Internet 用户的急剧增加，1997 年又增加了七个通用组织类型顶级域名，如表 6-3 所示。

表 6-3　组织类型通用顶级域名

最早的七个通用顶级域名		后增的七个通用顶级域名	
域　　名	含　　义	域　　名	含　　义
com	商业机构	firm	商业公司
edu	教育机构	shop	商品销售企业
gov	政府部门	web	与 WWW 相关的单位
mil	军事机构	arts	文化和娱乐单位
org	非赢利性组织	rec	消遣和娱乐单位
net	网络组织	info	提供信息服务的单位
int	国际组织	nom	个人

239

（2）地理类型顶级域名

地理域是按地理划分进行分级的，每个国家或地区对应一个地理类型顶级域名，例如，cn 表示中国，uk 表示英国，jp 表示日本，hk 代表香港等，如表 6-4 所示。

表 6-4 部分地理域名

地区代码	国家或地区	地区代码	国家或地区
au	澳大利亚	jp	日本
br	巴西	kr	韩国
ca	加拿大	mo	中国澳门
cn	中国	ru	俄罗斯
fr	法国	sg	新加坡
de	德国	tw	中国台湾
hk	中国香港	uk	英国

每个顶级域又分成许多二级子域，二级子域又可进一步分成三级子域，等等。在层次化的域名空间结构中，一个域名有"相对域名"和"绝对域名"两种表示方法。

相对域名：在某一级的域名的下属域名，如 tsinghua 是 edu 下属的一个相对域名。

绝对域名：也称完全合格域名（FQDN），是一个完整的域名，从主机头名一直写到根域名，如 www.tsinghua.edu.cn。

5．域名服务器

域名服务器就是安装了 DNS 数据库与运行域名解析服务软件的计算机。它负责管理、存放当前域的主机名和 IP 地址的数据库文件，以及下级子域的域名服务器信息。Internet 中几乎在每一子域下都设有域名服务器，这样使得大多数域名都可在本地解析，仅有少量解析需要在 Internet 中查询实现，从而使得系统高效运行。域名解析的工作模式如图 6-53 所示。

每个域名服务器不但能够进行域名解析，而且必须具有与其他域名服务器连接的能力。当本身不能对某个域名解析时，可以将解析请求发送到其他域名服务器。域名解析需要借助于一组既相互独立又相互协作的域名服务器完成。

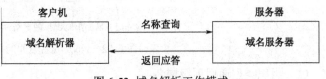

图 6-53 域名解析工作模式

所有域名服务器数据库文件中的主机和 IP 地址集合组成一个有效的、可靠的、分布式域名——地址映射系统。因此，Internet 使用的是一种基于分布式数据库的域名系统，其树形逻辑结构是域名解析算法赖以实现的基础。

6．域名解析过程

域名解析至少需要两个已知条件：对于客户端，至少知道一个本地域名服务器的 IP 地址；对于域名服务器，至少知道根服务器的 IP 地址。

DNS 域名解析的工作过程如下。

1）用户在客户机使用应用程序时，首先给出通信的目的主机域名。应用程序在真正开始通信之前，必须首先解析出对方的 IP 地址，通过调用本地一个称为解析器的软件，先在客户机本地缓存中查找相应的域名和 IP 地址的映射。

2）如果找不到，客户机的域名解析软件就会构造一个域名解析请求，发往本地 DNS 服务器。

在客户机的 IP 参数设置中，包含本地 DNS 服务器的 IP 地址。

3）本地 DNS 服务器收到解析请求后，先查询本地 DNS 数据库，如果有该记录项，就直接把查询的结果返回给客户机。

4）如果本地 DNS 数据库中没有该记录，则本地 DNS 服务器直接把请求发送给根 DNS 服务器，然后根 DNS 服务器返回给本地 DNS 服务器一个待要查询域（根的某个子域）的 DNS 服务器地址。

5）本地 DNS 服务器再向待查询域的 DNS 服务器发送请求，然后接收请求的服务器查询自己的本地 DNS 数据库，如果没有该纪录，则返回相关的下级的 DNS 服务器。

6）重复第 5）步，直到在一个 DNS 服务器中找到正确的记录，返回给本地 DNS 服务器。

7）本地 DNS 服务器把查找到的结果返回给客户机，同时将结果保存到自己的缓存中，以备下次使用。

8）一旦解析器从本地缓冲或 DNS 服务器响应报文中获得目的主机的 IP 地址，交给调用者应用程序，应用程序就可以开始正式的通信过程。

图 6-54 所示为一个域名解析的过程。

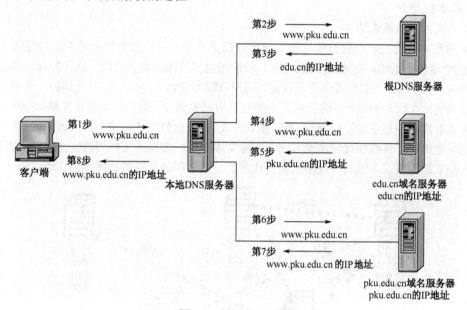

图 6-54 域名解析过程

7．域名解析方式

域名解析的方式有以下两种。

1）递归解析：要求域名服务器一次性完成所需的域名解析。查询者只向一个域名服务器提出查询请求，该 DNS 服务器即承担了此后的全部查询工作。当该服务器没有相关信息时，该服务器将作为客户端向其他域名服务器请求解析，直至获得明确的答复（所请求的结果或错误指示），然后把结果返回给解析请求者。

2）迭代解析：迭代解析也称反复解析。这种解析每次请求一个域名服务器，当被请求的服务器不能获得查询答案时，则返回另一个可用的域名服务器地址给解析请求者，让解析请求者自己去向该域名服务器做进一步的解析请求，如此反复直到获得解析结果。

递归解析和迭代解析二者的区别在于，前者将复杂性和负担交给服务器软件，后者将复杂性和负担交给请求域名服务的主机解析软件。在实际应用中，一般客户机解析采用递归解析，本地域名服务器使用迭代解析。

8. 域名解析效率的优化

为了提高域名解析效率，DNS 解析中还采用了如下辅助方法。

1) 各主机设置高速缓冲区，存放最近解析过的域名与 IP 地址映射关系，域名解析查询从客户机本地开始。

2) 本地域名服务器设置高速缓冲区，存放最近解析过的域名与 IP 地址映射关系，尽量减少向其他域名服务器迭代解析的复杂过程，缩短响应时间。

为了保证这两种缓冲区中域名和 IP 地址映射关系的新鲜性和有效性，为缓冲区中每一映射项设置了最大生存周期（计时器），超时则删除该记录项。

为了提高性能，解析器首先采用 UDP 向服务器发送查询请求，当接收不到返回的数据时，才采用 TCP。

6.5.3 万维网

1. 基本概念

（1）万维网基本概念服务

万维网基本概念是一个融合信息检索技术与超文本技术而形成的使用简单、功能强大、基于 Internet 的全球信息系统。它通过"超链接"，将遍布世界各地的硬件资源、软件资源、数据资源连成一个网络，以"网页"的形式供用户查询，用户可以方便地实现从一个网页到另一个网页、或从一个网站到另一个网站的跳转。它提供了一种搜寻信息的途径，用户只需进行简单的操作，就能以统一的方式非常方便地获取不同地点、不同存取方式、不同检索方式以及不同表达形式的信息资源。超链接同时也改变了传统的线性浏览方法，在超文本环境中实现了文档间的快速跳转、高效浏览，这符合人们的思维模式，因而一经出现即迅速普及，万维网的超链接如图 6-55 所示。

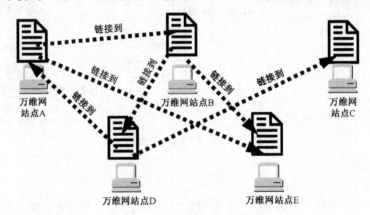

图 6-55　万维网的超链接

万维网的出现被认为是 Internet 发展史上一个革命性的里程碑，极大地推动了 Internet 的发展。其最大贡献在于使 Internet 真正成为交互式的，是 Internet 中最流行的信息发布和查询方式。Web 的普遍使用，使得浏览器、服务器、超链接等概念非常容易被人理解。正是由于万维网的易用性，使 Internet 从仅由少数计算机专家使用变为普通百姓也能使用的信息资源。Web 屏蔽了网络内部的复杂性，为用户提供了一个友好的使用界面。万维网技术为 Internet 的普及扫除了技术障碍，已成为 Internet 最有价值的服务。

2. 超文本标记语言

万维网是由数量巨大且遍布全球的 Web 网页组成的。Web 网页是一种由超文本标记语言（Hyper

Text Markup Language,HTML)编写而成的结构化文本,HTML 是万维网网页制作的标准语言,其最大特点是简单,它运用一些标记(在网页中称为"标签")来描述网页的文档结构、超链接、网页中各种对象的显示格式,以使客户端浏览器对网页内容进行解释输出。当浏览器从服务器读取到某个 HTML 网页后,则按照标准规定,会进行排版并正确显示所读取的页面。万维网浏览器、网页编辑器和转换器等软件都按照统一的 HTML 协议标准为基础处理页面,为用户提供界面一致的信息浏览系统。HTML 文档如图 6-56 所示。

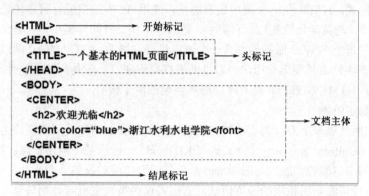

图 6-56　HTML 文档(网页)

由于当前 Web 上的信息已不只限于文本内容,还包含了语音、图形、图像、动画、视频等多种媒体信息,早期定名为超文本标记语言已不太准确,目前应理解为超媒体标记语言。

3.万维网的基本结构和工作方式

万维网系统采用客户机/服务器模式,如图 6-57 所示,整个系统由三部分组成:Web 服务器、浏览器和通信协议。

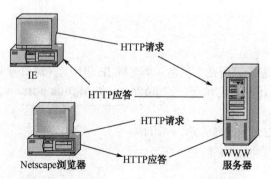

图 6-57　万维网的客户机/服务器工作模式

1）Web 服务器：负责对发布的信息按照超文本的方式进行组织，并形成存储在服务器上的网页文档。当客户机提出访问请求时，服务器负责向用户发送该网页文档。

2）浏览器：一个客户端程序，用于接收用户命令、将用户的请求发给 WWW 服务器、接收服务器送回的 Web 页面（下载页面）并将其按照 HTML 的标记进行解释，以指定的格式显示，供用户浏览。

3）客户端进程与 Web 服务器端进程之间的交互采用 HTTP，其规定了客户方请求报文与服务器方响应报文的格式。HTTP 是一个应用层的协议，使用 TCP 连接进行可靠传输，是万维网能正常运行的基础保障。与其他协议相比，它简单、通信速率快，时间开销少，并且允许传输多种类型的数据。万维网的每个 WWW 服务器都有一个服务进程，通常为 TCP 的 80 端口，监听客户端的 TCP 连接请求。在客户端需要运行用户与万维网的接口程序，一般是浏览器软件。

由上述可见：HTML 和 HTTP 是万维网服务实现的两个核心。

4．统一资源定位器

Internet 中的网站成千上万，为了能够方便地找到所需要的网站及所需要的信息资源，采用了统一资源定位器（Uniform Resource Locator，URL）来唯一标识某个网络资源。可以将 URL 想象为一个文件名在网络范围的扩展，是对 Internet 上任何可访问对象的一个指针。称其"统一"，是因为 URL 标识各种资源采用相同的基本语法，它由协议类型、主机名、端口号、路径和文件名五部分组成，用来说明如何访问文档、文档在哪里、文档名称是什么。在浏览器中通过 URL 可以查找和定位网页、传输文件、实现远程登录、查看本地文件，甚至发送电子邮件等，如图 6-58 所示。

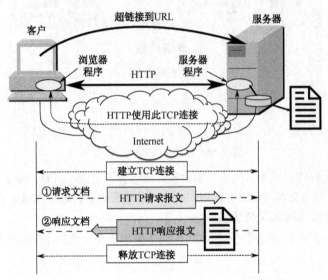

图 6-58　URL

URL 格式如下。

应用协议类型://信息资源所在主机名（域名或 IP 地址）:<端口号>/路径名/.../文件名

如图 6-59 所示，其相关内容解释如下。

1）访问方法：指 URL 访问资源的方式，即采用的应用协议类型，可以是 HTTP、FTP 等。

2）服务器地址：被访问资源所在的

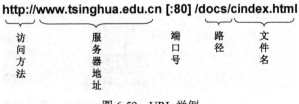

图 6-59　URL 举例

主机的域名或 IP 地址。

3）端口号：建立连接的端口号，代表主机上提供的某种服务，若采用标准的众知端口号，则可以省略。

4）路径：文档在主机上的相对存储位置。

5）文件名：具体访问的文档名称。

从 FTP 服务器下载文档，可使用 URL：ftp://ftp.pku.edu.cn/pub/Linux/readme.txt。

每一个提供资源的网站在 Internet 上都有唯一的地址，称为"网址"。其地址格式符合 URL 的约定。

6.5.4 文件传输服务

FTP 是 TCP/IP 体系结构中提供上传和下载文件服务的协议。从远程计算机复制文件到本地计算机，称为"下载"；将文件从本地计算机复制到远程计算机，称为"上传"。Internet 上有许多 FTP 站点提供文件传输服务，FTP 使用传输层的 TCP 进行可靠传输，按客户机/服务器模式工作，如图 6-60 所示。

FTP 服务器是一种存储大量文件和数据的主机，目前大多数提供公开资源的 FTP 服务器都支持匿名访问，用户可以随时访问这些服务器而不需要预先向服务器申请账号。为了保证 FTP 服务器的安全性，几乎所有的 FTP 匿名服务都只允许用户下载文件，不允许用户上传文件。

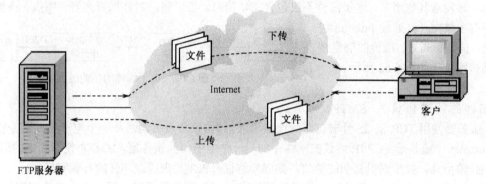

图 6-60　FTP 服务工作模式

FTP 不是针对某种具体操作系统或某类具体文件而设计的文件传输协议。计算机网络中各计算机都有自己的文件管理系统，由于各种机器的字长、字符集、编码等存在着差异，文件的组织和数据表示又因机器而各不相同，这就给数据、文件在计算机之间的传送带来了不便，有必要在全网范围内建立一个公用的文件传送规则，即文件传输协议。FTP 通过一些规程，完成了文件传输的任务，它屏蔽了计算机系统的细节。因此 FTP 比较简单、容易使用，可以在异构网中任意计算机间传送任意格式的文件。

在 TCP/IP 中，FTP 非常独特，它在客户机和服务器之间使用了两个 TCP 连接。服务器主进程打开端口号 21，等待客户进程的连接请求。当收到客户进程的连接请求时，建立起"控制连接"，主要用于传输 FTP 命令及服务器的回送信息，在整个会话期间，此连接一直保持。当控制连接接收到客户进程发来的上传/下载文件请求时，它启动 20 号端口从属进程建立"数据连接"，用于真正的文件传输。这种方法的明显优点就是守候在端口 21 的服务器进程只进行极少量的控制工作，从而它可以迅速地响应大量的用户，而漫长耗时的文件传送操作则分配给从属进程完成。这样，一个 FTP 服务器主进程可同时为多个客户进程提供服务。因为命令和数据能够同时传输，因此数据传输是实时的，其他协议不具有这个特性。FTP 的两种连接如图 6-61 所示。

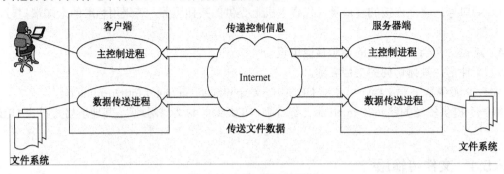

图 6-61　FTP 的两种连接

6.5.5　电子邮件服务

1．基本概念

电子邮件是 Internet 上最流行的应用之一，是一种以计算机网络为载体的信息传输方式。使用电子邮件的用户可到相关网站注册申请电子邮箱，获得电子邮箱账号及口令，就可通过专用的邮件处理程序收、发电子邮件。邮件发送者将邮件发送到接收者的邮件服务器邮箱中，接收者可在任何时刻连线查看或下载邮件。电子邮件可以在两个用户间交换，也可以向多个用户群发邮件，或将收到的邮件转发给其他用户。电子邮件不仅包含文本信息，还可通过附件携带声音、图像、视频、应用程序等各类文件，通过 Internet 进行快速、简便、高效、廉价的信息传递。其传输过程如图 6-62 所示。

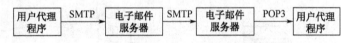

图 6-62　电子邮件的传输过程

2．协议支持

邮件的发送协议为 SMTP。SMTP 服务器使用 TCP 的 25 号端口监听连接请求。该协议负责将消息从一个电子邮件服务器上传输到 Internet 中或基于 TCP/IP 协议的网络中的另一个电子邮件服务器。SMTP 使用简单的请求/响应机制传输信息，并依据更复杂的协议，如邮局协议（POP）来跟踪邮件的存储和转发。

邮件下载协议为 POP，目前经常使用的是 POP3。POP 服务器只有在用户输入身份鉴别信息（用户名和口令）后才允许对电子邮箱进行读取。IMAP 也是邮件下载协议，但它与 POP 不同，它支持在线对电子邮件的处理，电子邮件的检索与存储等操作不必下载到本地。若用户不发送删除命令，则电子邮件会一直保存在邮件服务器上。

6.5.6　远程登录协议

Telnet 是 ARPANET 最早的网络协议之一，是网络中最古老的服务方式，今天仍然有广泛的应用。

Telnet 是一种终端仿真协议，基于客户机/服务器模式，使本地用户可以通过 TCP 连接登录远程主机，成为连接在远程系统上的一台终端，在允许的权限范围内，能够像本地登录一样使用远程主机的资源，如打印机、磁盘设备和文件等。几乎所有的处理都由远程主机完成，本地终端只起输入、输出作用。网络管理员经常在自己的联网计算机上通过 Telnet 控制远程主机，或登录到远程的网络设备进行配置。

使用 Telnet 的必备条件：必须知道远程系统的 IP 地址或域名，在远程系统中必须有合法的账号。为了保证系统的安全和记账方便，系统要求每个用户有单独的账号作为登录标识，系统还为每个用户指定了口令。用户在登录远程系统时要输入用户账号和口令。

典型的远程登录为字符界面，Telnet 提供了大量的命令，这些命令可用于建立终端与远程主机的交互式对话，可使本地用户执行远程主机的命令。Telnet 的端口号默认值为 23。

6.6 Intranet 和 Extranet

1. Intranet

（1）基本概念

Intranet 是 Internal Internet 的缩写，称为"内联网"，它实质上是运用了 Internet 技术的企业内部网络，采用 TCP/IP 作为通信协议，提供与 Internet 相同的万维网、E-mail、FTP 等服务，将 Internet 上的典型应用运用于局域网。Intranet 是集合了 Internet 和 LAN 两者优点的产物，它利用 Internet 的 Web 模型作为标准信息平台，可借助于 Web 浏览器为企业成员提供各种各样的信息，以极少的成本高效地共享企业内部的大量信息资源。企业 Intranet 通过浏览器/服务器模式，提供了一个不依赖于操作系统的信息平台，在这方面与 Internet 有共同之处，它是 Internet 的企业版本。目前，各企事业单位的局域网大都采用 Intranet 模式。

（2）Intranet 可实现的功能

利用 Web 发布企业各种信息，供内部员工或客户使用；在 Web 上开展电子贸易，面向全球范围内的产品展示和销售的信息服务；利用电子邮件，员工可以方便快速地相互传递信息，降低通信费用；远程用户登录，分支机构可以通过远程接入访问总部的信息；远程信息传送，将总部的信息传送到用户的工作站上进行处理；管理信息系统应用，如一般的人事、财务管理、供应链管理、进销存管理、客户关系管理等；办公应用平台，实现无纸化办公；通过与 Internet 相连，进行全球范围内的通信及视频会议；新闻组讨论：员工可就某一事件通过网络进行讨论并记录在服务器中，等等。

（3）Intranet 和 Internet 的区别

Internet 和 Intranet 的区别在于 Internet 是面向全球的公用网络，允许任何人从任何地点访问。而 Intranet 是一种单位或企业内部的专用或私有信息系统，服务对象着重于内部的员工，所以更注意网络资源的安全性，对其访问必须具有一定的权限；其内部信息必须严格维护，对外界的开放是有限制的，以防止外来的入侵和破坏，因此对网络安全性有特别要求，如必须通过防火墙与 Internet 连接，克服了 Internet 安全保密方面的缺点，提供的是一个相对封闭的网络环境，被形象地称为"建在防火墙后面的 Internet"，如图 6-63 所示。

Internet 与 Intranet 相比，主要差别在于前者强调开放性，后者注重网络资源的安全性。

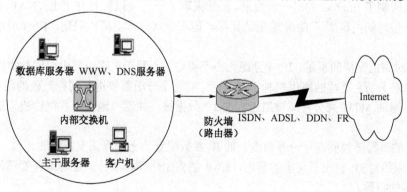

图 6-63　Internet

2. Extranet

作为内联网的 Intranet 只限于企业内部使用，而 Extranet 是现有企业内部网向企业外部合作伙伴的延伸，将企业的内部网接入其业务伙伴、客户或供应商的网络，所以 Extranet 又称"外联网"。它是一个使用公共通信设施和 Internet 技术的私有网络，也是一个能够使其客户和其他相关企业（如银行、贸易合作伙伴、运输行业等）相连以完成共同目标的交互式合作网络。

Extranet 通过存取权限的控制，允许经过授权的外部合法用户访问企业的内部网络，对外部用户访问的内容和范围有严格限制。任何一个合法的外部用户必须事先获得授权，得到访问所用的账号和口令，并且被规定了能够访问的内容和范围，这样就保证了企业内部数据的安全性。外联网可以是下列几种网络类型的任何一种：公共网络、专用网络或虚拟专用网络（VPN）。外联网已成为商业伙伴间首选的互连方法。

6.7 下一代互联网协议 IPv6

1．IPv6 技术产生的背景

（1）下一代互联网需求

应用需求永远是技术发展的内在动力，人们对基于互联网的各种新型应用充满渴望与期待，由此也对互联网技术提出了更高的要求，例如：

1）更多种类信息终端的网络连接——要求有广泛的地址空间。

2）音视频多媒体应用——要求有更高的带宽质量保证。

3）分布式存储等 P2P 网络应用——要求有端到端的服务质量保证。

4）生产环境监控等工业控制——要求实时可靠的服务质量保证。

5）电子交易等网络服务商业行为——要求可信可管理的安全技术手段。

可扩展性、安全性、更大范围、可信、可管理、高质量的下一代互联网是学术界与产业界共同的期盼。下一代因特网指的是比现行的 Internet 具有更快的传输速率，更强的功能，更安全和更多的网络地址，能基本达到信息高速公路计划目标的新一代 Internet。

（2）IPv4 的局限性及其缺点

目前 Internet 使用的 IPv4 是在 20 世纪 70 年代末期设计的，至今已有几十年的历史。它取得了极大的成功，但随着网络技术的发展和新的应用需求，IPv4 的局限性和缺点也越来越多地暴露了出来，主要反映在以下几个方面。

1）IP 地址空间危机：个人计算机、智能终端的普及和互联网乃至物联网的迅速发展，导致对 IP 地址的需要量剧增，IPv4 的 32 位地址（总共提供近 40 亿个地址）已经远远不够使用。IPv4 地址资源的紧张限制了 Internet 的进一步发展。虽然采取了一些类似私有 IP 地址、NAT、CIDR、VLSM 等技术，在一段时间内延缓了 IPv4 地址的耗尽，但不能从根本上解决问题，IPv4 地址目前已彻底分配完毕。

2）IPv4 对路由支持的不足：IPv4 分组大小不固定，不利于在路由器中用硬件实现对分组中路由信息的提取和分析；目前的路由机制不够灵活，对每个分组都要进行同样过程的路由选择；IPv4 要根据不同网络的 MTU 来分片或重组过大的 IP 数据报，并逐段地进行数据校验，造成路由器处理速度过慢。

3）IPv4 的机器必须要进行一系列复杂的 IP 参数配置，无法真正支持移动。

4）新的应用对 IP 提出了更多的需求，IPv4 的安全保障、服务质量与运营管理问题已成为网络进一步发展的瓶颈。

为此，IETF 在 1992 年 6 月着手制定下一代的 IP，对应的协议版本是 IPv6。以 IPv6 为核心协议的下一代网络必将成为信息化的基础设施，从 IPv4 过渡到 IPv6 已成为必然。

1995 年以后陆续公布了一系列有关 IPv6 的协议、编址方法、路由选择及安全等问题的 RFC 文档案。IPv6 是一个逐步完善的协议，很多协议的细节还在完善中。

2．IPv6 对 IPv4 的改进

1）更大的地址空间：IPv6 地址采用 128 位，其地址空间是原来 IPv4 地址空间的 296 倍，提供了近乎"无限"的 IP 地址空间，并赋予了更科学的层次结构。

2）简化了协议：与原来的 IPv4 相比，IPv6 对 IP 数据报协议单元的头部进行了简化，一些 IPv4 原有的字段被删除，另一些移到了 IPv6 的扩展报头中，因此 IPv6 基本报头中所含的信息比 IPv4 少，仅包含七个字段（IPv4 有 13 个）。例如，取消了首部校验和字段、分片只在源站进行等，如图 6-64 所示。对扩展和选项的支持也做了改进。这样，数据报文经过途中的各路由器时，路由器对其处理的速度可以更快，降低了分组通过 Internet 的延迟，从而可提高网络吞吐率。简化的协议首部，使网络层的负担减轻很多，符合高效的原则。IPv6 的报头格式如图 6-65 所示。

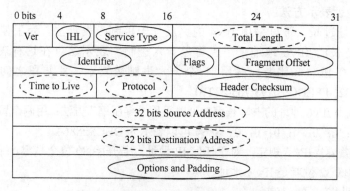

实线圈部分—删除字段；虚线圈部分—改动字段

图 6-64　IPv6 相对于 IPv4 头部的改动

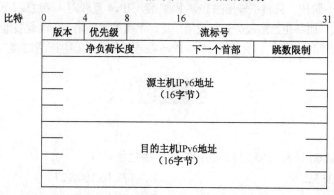

图 6-65　IPv6 的报头格式

3）灵活的首部格式：IPv6 并不像 IPv4 那样规定了所有可能的协议特征，而是增强了选项和扩展功能，使其具有更高的灵活性和更强的功能，如图 6-66 所示。

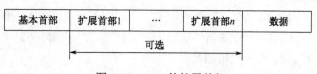

图 6-66　IPv6 的扩展首部

4）内置的安全性：IPv6 内置

了标准化安全机制（集成了身份认证和加密），具有完整的安全性。

5）更好的服务质量（QoS）支持，对服务质量做了定义，IPv6报文可以标记数据所属的流类型，以便路由器或交换机进行相应的处理，更好地支持音视频。

6）支持自动配置：利用一种邻居发现机制获得一个全球唯一的地址，实现即插即用，这种自动配置是对DHCP的改进和扩展，这样用户不必花费精力进行地址设置，简化了网络管理，为用户带来了极大方便。

7）支持更好的移动性。

8）支持IPv4到IPv6的平滑过渡和升级。IPv6地址类型中包含了IPv4的地址类型，现在采用的方法是将32位的IPv4地址嵌入到IPv6地址中的低32位。因此，执行IPv4和IPv6的路由器可以共存于同一网络。

9）对流的支持：IPv4是无连接的协议，中间路由器对每个IP报文都要进行单独处理。"流"指的是从一个特定源发向一个特定（单播或者是组播）目的地的包序列，源点希望中间路由器对这些包进行统一处理。

3．IPv6的地址表示方法

由于IPv6地址过长，不再采用IPv4的"点分十进制"表示法。为了使地址具有更好的可读性，128比特长的IPv6地址采用"冒号十六进制"表示法。在这种表示法中，128比特划分为8段，每段16比特，并用4个十六进制数表示，段与段之间用冒号分隔，如FEDC:BA98:7654:3210:FEDC:BA98:7654:3210。

为了进一步减少IPv6地址的书写长度，可以采用"零压缩"方法：用两个冒号代替连续的零。例如，地址DBC5:0:0:0:0:0:0:8864可以表示为DBC5::8864。

为了与IPv4兼容，IPv6规定：对于任何IP地址，若开始80位全是零，下面的16位全是1或全是零，则它的低32位就是IPv4地址。

4．从IPv4到IPv6的过渡

从IPv4到IPv6的过渡是一个逐渐演进的过程，需要相对较长的时间使所有服务逐渐向全球IPv6过渡，分段实施。在第一阶段，只将小规模的IPv6网络接入IPv4互联网，通过现有网络访问IPv6服务。基于IPv4的投入巨大，服务也已经很成熟并应用广泛，不可能立即消失，因此要继续维护这些服务，还要支持IPv4和IPv6之间的互通性，允许IPv4与IPv6在若干年内共存并平滑过渡。

习　题

一、单选题

1．子网172.16.100.159，255.255.255.192的广播地址是（　　）。
   A．172.16.255.255　　　　　　　　B．172.16.100.127
   C．172.16.100.191　　　　　　　　D．172.16.100.255

2．如果有一个C类网络192.168.0.0/28，可以将其划分成（　　）子网，每个子网能提供（　　）主机地址。
   A．16个、16个　　　　　　　　　B．14个、14个
   C．20个、6个　　　　　　　　　　D．62个、2个

3．ping命令使用的是（　　）。
   A．ARP　　　　　B．RARP　　　　　C．ICMP　　　　　D．HTTP

4. 如果用户应用程序使用 UDP 进行数据传输，那么（　　）必须承担可靠性方面的全部工作。

　　A．数据链路层程序　　　　　　　　B．网际层程序
　　C．传输层程序　　　　　　　　　　D．用户应用程序

5. IPv6 优于 IPv4 的表现是（　　）。

　　A．IPv6 具有 20 字节报头
　　B．IPv6 提供 128 位编址技术
　　C．通过压缩在 IPv4 中的报头，IPv6 具有较低的系统开销
　　D．以上各项

6. 如果电子邮件到达时，用户的计算机没有开机，那么电子邮件将（　　）。

　　A．退回给发件人　　　　　　　　　B．丢失
　　C．过一会儿再重新发送　　　　　　D．保存在 ISP 的主机上

7. 以下使用分层寻址和命名方案的是（　　）。

　　A．DNS　　　　B．ARP　　　　C．RARP　　　　D．PPP

9. 当一台主机从一个物理网络移到另一个物理网络时，以下说法正确的是（　　）。

　　A．MAC 地址、IP 地址都不需改动
　　B．改变它的 IP 地址和 MAC 地址
　　C．改变它的 IP 地址，但不需改动 MAC 地址
　　D．改变它的 MAC 地址，但不需改动 IP 地址

二、多选题

1. 下面（　　）应用使用了 ICMP。

　　A．Telnet　　　　B．ping　　　　C．ARP　　　　D．Tracert

2. 在网络 192.168.50.32/28 中，下面（　　）是合法的主机地址。

　　A．192.168.50.39　　　　　　　　B．192.168.50.47
　　C．192.168.50.14　　　　　　　　D．192.168.50.54

3. FTP 进行通信时，需要建立两个 TCP 连接，其中一个用于数据信息的传输，端口号默认值为（　　）。

　　A．20　　　　B．21　　　　C．80　　　　D．81

4. 下面说法正确的是（　　）。

　　A．IP 是无连接的，可以支持路由　　B．ARP 用来发现一个主机的 IP 地址
　　C．UDP 是一个无连接协议　　　　　D．TCP 是一个面向连接的协议
　　E．TCP 使用滑动窗口来进行流量控制　F．ICMP 用于向路由器传送消息

5. 下面关于 TCP/IP 的传输层表述正确的有（　　）。

　　A．进程寻址　　　　　　　　　　　B．提供无连接服务
　　C．提供面向连接的服务　　　　　　D．IP 主机寻址

三、填空题

1. 域名解析可以有两种方式，一种是递归解析，另一种是_____。

2. IANA 将 A、B、C 类地址的一部分保留下来，作为私有 IP 地址空间，它们分别是 A 类的_____～_____，B 类的_____～_____，以及 C 类的_____～_____。

3. 为高速缓冲中的每一个 ARP 表项分配定时器的主要目的是_____。

4．在转发 IP 数据报过程中，如果路由器发现该数据报报头中的 TTL 值为 0，那么，它首先将该数据报_____，然后向_____发送 ICMP 报文。

四、简答题

1．192.168.1.1/25 与 192.168.1.129/25 为什么无法连通，如果前缀改成/24 或/26，结果怎样？
2．试说明 IP 地址与物理地址的区别。为什么要使用这两种不同的地址？
3．使用子网划分技术有哪些好处？进行子网划分通常的过程是什么？
4．与 IP 配套的辅助协议有哪些？各对 IP 起什么辅助作用？
5．什么是 TCP 连接建立的三次握手？为什么需要三次握手？
6．传输层提供哪两类传输服务？在 TCP/IP 中分别对应哪两个协议机制？在实际的应用中，二者的侧重面是什么？
7．因特网与广域网的异同点是什么？因特网与万维网的异同点是什么？
8．Intranet 的特点是什么？如何组建自己单位的 Intranet？
9．简述 IPv6 的发展背景。
10．什么是众知端口？说出常用的网络服务使用到的 TCP 和 UDP 的众知端口号。

实训八　常用网络命令的使用

一、实训目的

一般操作系统本身带有多种网络命令，利用这些网络命令可以对网络进行简单的操作。本实训在 Windows 操作系统的命令行窗口中进行。

1）学会使用 ipconfig 命令来查看本地计算机的 IP 环境参数和网卡 MAC 地址。
2）学会使用 ARP 命令来显示和修改 ARP 表项。
3）学会使用 ping 命令来测试网络的连通性和可达性。
4）学会使用路由跟踪命令 tracert。

二、实训环境

1）已经使用交换机将若干台计算机连接成一个小型网络，或使用虚拟机网络环境。
2）各台计算机已经安装 Windows XP Professional 和 Windows Server 2003 操作系统。
3）已经为每台计算机设置确定的 IP 环境参数。

三、实训步骤

参照教材相关内容，主要操作步骤如下。

1）使用 ipconfig 命令查看本地计算机的 IP 环境参数和网卡 MAC 地址。

① 选择"开始"→"运行"选项，打开"运行"对话框，在"打开"文本框中输入"cmd"，进入命令行界面，输入 ipconfig，得到计算机的 IP 地址。

② 输入 ipconfig /all 显示更详细的 IP 环境参数配置信息，并可得到网卡的 MAC 地址。

2）利用 arp 命令查看本地计算机 ARP 高速缓存中的当前内容。

arp 命令除了能够查看本地计算机 ARP 高速缓存中的当前内容外，还可以用人工方式静态绑定 MAC 地址/IP 地址对。使用这种方式为默认网关和本地服务器等常用主机进行 MAC 地址/IP 地址静态绑定，有助于减少网络中的解析信息流量，并可防止 ARP 地址欺骗攻击。

ARP 常用命令选项如下。

① arp -a 或 arp –g：用于查看高速缓存中的所有项目。

在命令行界面中输入"arp –a"或"arp –g"，显示当前 ARP 缓存中已经解析的 MAC 地址/IP 地址映射结果。

② arp -s IP 地址 MAC 地址：可以向 ARP 高速缓存中人工输入一个静态映射表项。该项目在计算机引导过程中将保持有效状态，并且不会在 ARP 缓存中超时。

询问身旁同学计算机的 IP 地址和 MAC 地址，使用"arp -s *IP 地址 MAC 地址*"命令将其加入到 ARP 表中，再用 arp –a 命令查看结果。

③ arp -d IP 地址：使用本命令能够人工删除一个 ARP 静态映射表项。

删除刚才加入的地址，再用 arp –a 命令查看结果。

3）利用 ping 命令检测网络连通性。

ping 是一个测试程序，用于确定本地主机是否能与另一台主机进行通信。如果 ping 运行正确，则可以排除协议、网卡、线路和路由器的故障。

按默认设置，运行 ping 命令时发送四个 ICMP"回送请求"报文，每个 32 字节数据；若正常应得到四个回送应答。

① 当一台计算机不能和网络中其他计算机进行通信时，可以按照如下步骤进行检测。在命令行界面中输入 "ping 127.0.0.1"命令，此命令用于检查本机的 TCP/IP 协议安装是否正确。如果出错，则表示 TCP/IP 的安装或运行存在某些最基本的问题。

② 在命令行界面中输入"ping 本机 IP 地址"，此命令用于检查本机的服务和网卡的绑定是否正确。如果出错，则表示本地配置或安装存在问题。

③ 在命令行界面中输入"ping 网关 IP 地址"命令，此命令用来检查本机和网关的连接是否正常。

④ 在命令行界面中输入"ping 远程主机 IP 地址"命令，此命令用来检查网关能否将数据包转发出去。

⑤ 利用 ping 命令检测其他一些配置是否正确。在命令行界面中输入"ping 主机域名" 命令，此命令用来检测 DNS 服务器能否进行主机名称解析。

⑥ 在命令行界面中输入"ping 远程主机 IP 地址" 命令，若显示信息为 "Destination host unreachable（目的主机不可达）"，则说明这台计算机没有配置网关地址。运行 "ipconfig/all"命令，查看网关地址是否配置。

⑦ 配置网关地址后再次运行以上命令，信息变为"Request timed out（请求超时）"。此信息表示网关已经接到请求，只是找不到 IP 地址为远程主机的计算机。

⑧ ping 命令的其他用法

a．连续发送 ping 查询报文: 如 ping -t 192.168.1.1，按 Ctrl+Break 组合键查看统计信息并继续运行，按 Ctrl+C 组合键结束命令。

b．自定 ping 的查询报文长度: ping 目的主机 IP 地址 -l size ，如 ping 192.168.1.1-l 1000，发送报文长度为 1000 字节的 ping 查询报文。

c．不允许对 ping 查询报分片：ping 目的主机 IP 地址 -f ，如 ping 192.168.1.1-f。

d．修改 ping 命令的请求超时时间：ping 目的主机 IP 地址 -w time 。它指定等待每个回送应答的超时时间，单位为毫秒，默认值为 1000 毫秒。

4）利用 Tracert 命令跟踪路由。

Tracert 命令可以用来跟踪 IP 数据报的路由，并列出所经过的每个路由器上所花费的时间。因此，Tracert 一般用来检测路由故障的位置。该实用程序跟踪的路径是源计算机到目的计算机的一条路径，但不能保证或认为数据报总遵循这个路径。

只需在 Tracert 后面跟一个 IP 地址或域名，Tracert 会进行相应的域名转换，如 Tracert www.sina.com.cn 或 Tracert 192.168.22.198。

① 在命令行界面中输入学校 WWW 服务器的 IP 地址，查看经过哪些路由。

② 在命令行界面中输入 tracert www.sina.com.cn，查看经过哪些路由。

第 7 章　网络应用与安全技术

【内容提要】

介绍网络各种工作模式、特点及适用场合，典型网络服务的搭建；网络安全基本知识、相关技术及安全措施。

【学习要求】

要求理解网络各种工作模式，重点了解 C/S 和 B/S 模式的应用；了解网络安全基本概念。

7.1　网络应用服务

能够为人们提供各种基于网络的服务，是网络存在的根本原因。各种典型网络服务是借助于网络操作系统实现的。

7.1.1　网络操作系统功能与作用

1. 网络操作系统

网络操作系统 NOS 即，是管理计算机网络资源的系统软件，支持网络服务器的运行，提供各种类型的网络服务。NOS 除了具备单机操作系统所必需的软硬件管理功能外，还必须提供适应网络环境的高效可靠的通信能力和多种网络服务功能，同时要保证网络运行的可管理性、可靠性和安全性。由于 NOS 是运行在服务器上的，有时也称服务器操作系统。

NOS 是计算机系统软件与网络协议结合的产物，一般都内置了网络通信协议，是网络协议得以实现的"宿主"，网络的高层功能主要通过 NOS 来实现。NOS 是最重要的网络软件，是其他网络应用软件运行的基础。

2. NOS 的功能

NOS 的主要功能如下。

1）通信服务：通信是网络最基本的功能，也是实现资源共享的基础。

2）资源管理：NOS 对网络中的共享资源实施有效的控制、调度和管理，控制各种用户通过网络远程访问共享资源，且确保数据的安全性。

3）良好的网络服务：向用户提供文件服务、共享打印服务、数据库服务、电子邮件服务、访问和管理服务、存储服务、Internet/Intranet 服务等。

4）方便简单的设置方式和管理工具：节省系统管理者的时间，提高管理效率。

5）强有力的安全措施：网络是一个开放式环境，安全在此环境下显得尤为重要。NOS 比一般 OS 提供更为安全的操作环境，如更为严格的用户注册和登录，哪些用户、什么时候、在哪台计算机上可以登录网络；使用 ACL 对系统资源进行控制，如用户登录后可以访问哪些资源。对资源的访问具有何种访问权。ACL 是一种常用的存取控制手段，可以使不同类型的用户对同一资源的访问具有不同的权限。

6）良好的系统容错能力：由于网络服务器的故障会影响网上的所有工作站，因此 NOS 应提供容错能力，当有异常情况发生时，系统可以自行解决，以保持稳定的工作状态。系统容错可采取的措施包括 UPS 监控保护、磁盘镜像、磁盘双工、硬盘热插拔和服务器双工热备份及服务器群集等。

7）对客户端的支持：网络服务器的服务对象是网络上的各种用户，因此一个好的 NOS，必须尽可能多地支持各种客户端环境，具有跨平台性和良好的用户接口。

7.1.2 典型网络操作系统

流行的 NOS 主要有三大阵营：UNIX/Linux、Novell NetWare 和 Microsoft Windows Server。

1．NetWare 网络操作系统

20 世纪 80 年代，Novell 公司的网络操作系统产品 Netware 曾垄断 NOS 市场十几年之久，一度占据统治地位，占当时全球 80% 以上的市场份额。NetWare 以文件服务器为中心，对网络文件进行集中、高效的管理。NetWare 文件系统通过目录文件结构组织文件，文件系统采用文件服务器、卷、目录、子目录、文件的层次结构。

NetWare 操作系统对网络硬件要求较低，具有相当丰富的应用软件支持，使用专为局域网而研制的 IPX/SPX 协议，技术完善可靠。NetWare 充分吸收了 UNIX 系统中多用户、多任务的设计思想，技术成熟、实用，并且实施了开放系统概念，如与硬件无关、系统容错、开放协议技术等，尤其是"目录服务"技术使用户能够方便地在网络中使用共享的资源。

20 世纪 90 年代中期，Microsoft 公司的 Windows NT 系统后来居上，逐渐取代了 NetWare。目前 NetWare 操作系统在局域网中的使用已没有以前那么广泛。

2．UNIX 操作系统

UNIX 是最具影响力的操作系统之一。它是一个通用、多用户的计算机分时系统，是大型机、中型机以及若干小型机的主要操作系统，既可用于单机环境，又可用于网络环境，广泛地应用于教学、科研、工业、金融、证券、商业等高端领域。

UNIX 的一个主要用途是作为服务器操作系统，以支持在局域网上众多的 PC 客户端访问各种应用。作为 Internet 技术基础和异构机连接重要手段的 TCP/IP 协议就是在 UNIX 上开发和发展起来的，TCP/IP 是 UNIX 系统不可分割的组成部分。TCP/IP 协议作为 UNIX 的核心协议，使得 UNIX 与 TCP/IP 共同得到普及与发展。因此，UNIX 是网络关键应用的首选操作系统，成为 Internet 中提供网络服务最通用的平台，在 Internet 服务器中占 70% 以上，处于绝对优势。

UNIX 以其性能先进、功能强大、稳定、高效、技术成熟等风格而著称，被众多计算机厂商所接受，并成为事实上的多用户、多任务操作系统的标准。开放性是 UNIX 的一个突出特点，其源代码完全公开，任何人都能自由获取、修改和发布。经过不断发展，UNIX 已成为所有开发的操作系统中可移植性最好的系统。

UNIX 对计算机硬件的要求比较高，大多以命令行方式来进行操作，不熟悉其内部结构的初级用户不易掌握，所以小型局域网和个人微机较少使用，而主要用于大型的网站或大型的企事业局域网和金融系统。

3．Linux 操作系统

Linux 操作系统最初由芬兰赫尔辛基大学的 Linus Torvalds 于 1991 年开发,并在网上免费发行。Linux 基于 UNIX，因此，Linux 的内核结构基本上和 UNIX 是一样的，继承了 UNIX 的许多特点、

设计思想和优点。Linux 在服务器和桌面操作系统领域已经成为 Windows 的强烈竞争对手，是打破垄断的一种理想选择，得到了政府和民间的大力推进。

Linux 成功的因素取决于其具有良好的开放性，适应了当前软件"开源"的潮流。Internet 的普及使 Linux 的开发者能进行高效、快捷的交流，为 Linux 创造了一个优良的分布式开发环境。通过 Internet，Linux 系统开发的研究成果很快传播到世界各地，成为操作系统中一个新的重要研究内容。

4．Windows Server 操作系统

作为全球最大的软件开发商，Microsoft 公司的 Windows 系统不仅在个人操作系统中占有绝对优势，在网络操作系统领域，特别是在中低档服务器和一些规模中等的网络中，Windows Server 系列也迅速发展。

Windows Server 系列产品由 Windows NT 发展而来，目前常用的有 Windows Server 2000/2003/2008/2012 四个版本，称为 Windows Server 2K 系列，具有典型网络操作系统的各种特征。目前使用最多的版本是 Windows Server 2003 和 Windows Server 2008。

Windows 的前台客户端产品可采用 Windows 2000 Professional、Windows XP、Windows 7、Windows 8 等个人机。

各种网络操作系统经过长期的竞争发展，取长补短，提供的网络功能和服务基本相同，又各具特色。提供 Internet 的各种标准服务，采用 TCP/IP 协议，与 Internet 无缝连接是各 NOS 的共同发展趋势。

7.1.3 网络的工作模式

根据网络中各主机之间的协作方式以及网络资源的管理方式，人们将计算机网络划为两种基本的结构类型："对等网络"和"基于服务器的网络"，本质区别在于：对共享资源的管理、应用程序的运行、用户的管理方式不同。

从资源的分配和管理角度看，对等网络和基于服务器网络的区别在于可共享的网络资源是分散在网络中的各计算机上，还是集中在网络服务器上。对等网络采用分散管理的模式，基于服务器的网络采用集中管理的模式。这两种结构对应着两种机制的 NOS。对等式 NOS，提供网络服务的软件部分相等地驻留在网络上的所有结点上；集中式 NOS，网络服务软件主要部分驻留在服务器中心结点上。

1．对等模式网络

（1）对等网络

对等网络不设专用的服务器，每台入网计算机地位平等，无主从之分，联网计算机的资源原则上都是可以共享的。网络中的每一台计算机既可充当服务器又可充当客户机，互相访问对方的资源。当一台计算机访问其他计算机的资源时，它充当客户机的角色，当它为其他计算机开放资源和提供服务时，它充当的就是服务器角色，各计算机互为客户机和服务器。各计算机拥有各自绝对自主权、身份对等，各自负责维护自己资源的安全性，如图 7-1 所示。

（2）对等网络的适用范围

1）联网的机器数量有限：一般在 10 台以内，适用于人员较少、网络应用较多的场合。
2）网络用户都处于同一区域：一般用于小型办公室、家庭、学生宿舍、小型企业等。
3）对网络安全性要求不高。
4）在未来一段时间，网络的规模增长不是很快。

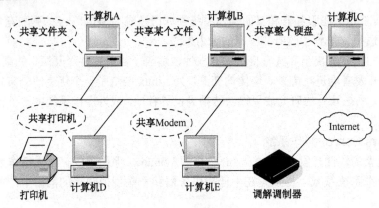

图 7-1 对等网络

对等模式只能用于提供简单服务的小型局域网,因而也被称为"工作组模式"。在家庭或小型办公室环境下,通常只有少数文件或可能某台打印机需要共享,这些有限的功能对等网络基本能够满足需求。

(3)对等式网络的操作系统

目前流行的操作系统都支持对等网工作模式。对等网络组网不需要购买额外的软件或专门用做网络服务器的计算机。支持对等网的操作系统能很方便地配置计算机共享资源,使它们能在工作组范围内互访。

2. 集中管理模式网络

(1)基本概念

集中管理模式是一种非对等的、以服务器为中心的网络。联网计算机明确分工为两类:"服务器"和"工作站"(或称"客户机")。服务器一般采用高配置的高性能计算机,运行服务器操作系统,集中管理网络资源,为众多的工作站提供服务。工作站一般可采用配置较低的微型机,运行个人版或工作站版操作系统,主要为本地用户访问本地资源与访问网络资源提供接口。安装与运行在服务器上的 NOS 软件的功能与性能,直接决定着网络服务功能的强弱,以及系统性能与安全性,是 NOS 的核心部分,其运行效率直接影响整个网络的综合性能。

(2)集中式管理模式的特点

优点:性价比高,少数配置性能较高的服务器换来了众多客户机可采用低廉配置,网络总成本降低;系统可扩充性好;抗灾难性能好,可靠性高。由于采用了很多服务器技术、容错技术、磁盘阵列技术、数据集中备份技术等,使得服务器比普通客户机具有更高的性能和可靠性;安全性高,在基于服务器的网络中,共享资源可以集中在网络中的服务器上,易于管理。另外,服务器上安装的 NOS 也具有良好的安全性。网络管理员可以在服务器中创建和维护用户账号,统一管理,并限制这些账号所能访问资源的权限。这比用户使用一个密码来访问资源的对等网络要安全得多。

缺点:需要提供专用服务器,实现技术相对复杂。基于服务器的网络通常需要一定水平的专业管理,网络管理员需要了解 NOS、网络的管理等知识。

由于对等结构网络提供的功能有限,难以满足当前各种复杂的网络应用需求。采用集中管理的以服务器为中心的网络适应于大型局域网,已是当今网络工作模式的主流。

7.1.4 以服务器为中心网络的三种模式

以服务器为中心的网络又可细分为"基于文件服务器(FS)模式"、"客户机/服务器(C/S)模式"、"浏览器/服务器(B/S)模式"三种。

1. FS 模式

(1) FS 模式基本工作原理

FS 模式又称为"工作站/文件服务器"模式，局域网的兴起就是从这种工作模式开始的，是早期局域网的主流系统结构。

FS 模式的网络设置一至数台专用的网络文件服务器。每个计算机用户的主要任务仍在各自的工作站上运行，仅在需要访问共享磁盘文件时才通过网络访问文件服务器。这种模式以共享文件服务器的磁盘文件为主要目的，是一种集中管理、分散处理的方式。当一台客户机需要使用文件服务器上的资源时，首先将所需的文件整个复制到客户机本地，然后对这些文件进行处理。在服务器一方，不运行应用程序，所有任务都在客户机本地进行。

(2) 文件服务器模式的特点

优点：服务器配置高、性能好，存储数据可靠性强；文件和用户账号在文件服务器端集中管理，安全性、保密性、可管理性好，可以根据不同的需要赋予用户不同的使用权限，从而达到有区别的资源共享；服务器端定期备份数据，利用数据的冗余性可快速恢复数据，可靠性较高；支持多用户，资源共享性好。

缺点：工件站之间的资源无法直接共享；该模式网络的安装比对等式网络复杂；服务器只用于文件存储与共享，其运算能力没有得到充分发挥；网络效率不高，当任一台工作站需使用文件服务器上的资源时，都必须先将所用文件下载到客户机本地进行处理，工作站和服务器没有实现合理的分工合作。另外，大量文件在网络上传递，易造成网络负载过大，传输效率降低。

文件服务器资源的共享属于文件级共享，而非信息资源的共享（数据级共享）。势必造成大量文件的冗余存储，浪费存储空间。

2. C/S 模式

(1) C/S 模式基本工作原理

C/S 模式是一种协同工作的计算模式。20 世纪 80～90 年代，随着微型计算机技术和局域网技术快速发展，C/S 模式开始兴起。从 FS 模式转入 C/S 模式是网络技术重要的进步。

在 C/S 模式中，应用划分为前台客户机部分和后台服务器部分，共同组成支持分布式应用的系统。其工作原理如下：面向用户的前台客户机向服务器发出请求，服务器在后台对客户端的请求进行相应的处理，然后将结果返回给客户机，从而实现网络服务，二者前后台协同工作，实现分布式处理。C/S 模式的关键在于功能的分布，将处理的任务合理地分工到客户端和服务器两边处理。

(2) C/S 与 FS 模式的主要区别

C/S 模式与 FS 模式在硬件组成、网络拓扑、通信连接等方面基本相同，两者的最大区别在于：在 C/S 模式中，服务器控制管理数据的能力已由文件管理方式上升为数据库管理方式。也就是说，此时服务器管理的着眼点已经是具有逻辑含义的数据，而非这些数据的载体文件。因此，人们也将 C/S 模式中的服务器称为"数据库服务器"，以区别于 FS 模式中的文件服务器，如图 7-2 所示。事实上，C/S 模式是数据库技术应用与局域网技术发展相结合的成果。

(3) C/S 模式的优缺点

C/S 模式最大的优点是充分发挥了客户机和服务器双方的智能、资源和计算能力，客户端和服务器各尽其能，极大地提高了网络计算的能力。利用客户端 PC 的处理能力，很多工作可由其预处理后再提交给服务器，所以 C/S 模式所交换的信息只是请求结果，而不是 FS 模式中的整个文件，交换的数据变少，从而大大减少了网络流量，提高了网络运行效率，加快了响应速度。

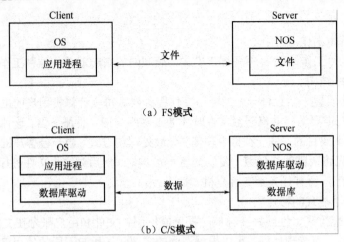

图 7-2　C/S 与 FS 模式的主要区别

C/S 模式也还存在一些缺点：尽管其可以跨平台运行，但能够重用的部分仅限于服务器端，客户端程序针对不同的系统都要开发和安装，工作量大，系统兼容性差，维护和升级成本高。

3．B/S 模式

（1）B/S 模式运行过程

随着 Internet 技术应用的成熟，Web 服务逐渐成为网络中的核心服务，浏览器已成为用户获取资源的主要工具和手段。与此相适应，一种基于浏览器、WWW 服务器和应用服务器的新的网络计算模式逐渐形成，即 B/S 模式，也称基于 Web 的计算模式，其网络结构如图 7-3 所示。

图 7-3　B/S 模式的运行过程

（2）B/S 模式优点

B/S 模式使 C/S 模式进入一个更加成熟的阶段，其客户端软件统一采用人们熟悉的浏览器，用户界面和操作风格一致、简单，只要会使用浏览器的用户都可以在 B/S 环境中操作。当今的操作系统都捆绑安装了 Web 浏览器，用户不必再安装客户端软件。因此，B/S 结构是一个简单的、低廉的、以 Web 技术为基础的"瘦"型系统。这种结构的实质是将越来越多的应用软件从客户机转移到服务器上，让服务器承担更多的工作，从而使维护工作集中在服务器一端，客户端免维护，大量的客户机变"瘦"，更加易于管理和升级。

B/S 模式把 C/S 模型的服务器端进一步细化，分解为一个应用服务器（Web 服务器）和一个数据库服务器，从而形成三层结构，即浏览器/Web 服务器/数据库服务器体系结构。B/S 模式的处理过程分为以下步骤。

1）在客户端，用户通过浏览器向 Web 服务器中的控制模块和应用程序输入查询请求。
2）Web 服务器将用户的请求提交给数据库服务器中的数据库管理系统。
3）在服务器端，数据库服务器将查询的结果返回给 Web 服务器。
4）Web 服务器再以网页的形式将查询结果返回给客户端。
5）客户端浏览器以网页的形式向用户显示结果。

B/S 模式被誉为有计算技术以来最稳定的技术平台，本质上是一种分布式的 C/S 结构，既继承和共融了传统 C/S 模式中的基本特征，又具有 C/S 模式所不及的很多优点：更加开放、跨平台性好（不仅适用于同构机，也适用于异构机）、应用开发速度快、生命周期长、应用扩充和系统维护升级方便等。随着 Internet 技术和应用的发展，B/S 模式目前已成为各种网络首选的计算模式。

7.1.5 Windows Server 2K 系列网络操作系统

Windows Server 2K 系列网络操作系统图形界面友好，具有易用性和易管理性的突出优点，被广大用户接受，获得极大成功，成为目前较为流行的网络操作系统。

1. Windows Server 2K 提供的网络服务

（1）活动目录

活动目录（Active Directory）是 Windows Server 2K 系列网络操作系统提供的网络管理服务。利用活动目录，管理员可以集中管理网络中的所有对象。活动目录使用 Internet 标准技术构建，允许网络管理员把网络对象，如服务器文件、打印机和用户，组织成一个逻辑的分级结构，极大地简化了网络管理。

（2）文件服务

Windows Server 2K 提供了强大的文件服务功能，包括如下功能。

1）支持多种磁盘文件系统：FAT、FAT32 和 NTFS。新版 NTFS 5.0 容错能力、存储效率、安全性、保密性极强。

2）分布式文件系统（DFS）：把分布在网络上的共享文件逻辑地组织在一起，形成一个单独的、层次式的共享文件系统。

3）磁盘配额：网络管理员可以为用户所能使用的服务器磁盘空间进行配额限制，每个用户只能使用最大配额范围内的磁盘空间，方便合理地为用户分配存储资源。

4）使用冗余磁盘阵列（RAID）和自动系统故障恢复（ASR）功能可在硬盘或系统出现灾难性故障时具有可恢复性。

（3）网络通信服务

内置 TCP/IP 协议为默认协议，支持与各种不同操作系统平台的互操作性。

（4）完善的 Internet 信息服务

提供了 Internet 信息服务（IIS）组件，可以部署灵活可靠、基于 Web 的应用程序，并可将现有的数据和应用程序转移到 Web 上，支持 WWW、FTP、E-mail 等典型 Internet 信息服务。

（5）安全服务

Windows Server 2K 具有一系列支持不同需求的安全系统，包括身份认证、公钥和私钥加密、加密文件系统、智能卡支持、虚拟专用网络等。

2. 活动目录

（1）目录服务

随着对网络性能要求的不断提高，网络管理日益重要，希望有一个统一的网络资源管理方法和工具，增强网络的可管理性，"目录服务"就是为此目的而设计的。

目录服务有两重含义：目录和与目录相关的服务。

1）目录：网络中各种对象信息的存储技术，是一个存储了各种网络对象（各种网络资源和使用网络资源的用户账户，如用户、组、服务器、计算机、共享资源、打印机和联系人等）信息及其属性的全局数据库。

2）服务：获取网络中存储的各种对象信息的技术，是使目录中所有信息和资源发挥作用所必需的服务。

由此可见，目录服务是提供一种存储、更新、定位和保护网络对象信息的方法。"目录"侧重的是存放内容与方式，"服务"侧重的是对用户要求的正确响应，二者合为"目录服务"，是管理网络的一个有效工具。

"活动目录"是 Windows Server 2K 系列操作系统所提供的目录服务，是 Windows Server 2K 系列操作系统中最重要的功能，是网络管理的核心支柱。通过登录验证及目录中对象的访问控制，将安全性集成到活动目录中，同时网络管理员和用户可以方便地查找和使用这些网络信息。

（2）活动目录的逻辑结构

活动目录采用"树形层次化"逻辑结构，对各种对象分级进行组织与管理，便于查找和定位对象，使网络资源和信息的利用更加容易和高效。活动目录结构中的逻辑单元如下。

1）域（Domain）：Windows Server 2K 系列操作系统目录服务的基本管理单位，用于安全与集中管理。域定义了网络中的一个安全边界，只允许经本域授权的合法用户才能访问本域资源，不允许域外未经授权的用户访问本域中的资源。用户登录某个域时，需要经过一个称为"域控制器（Domain Controller，DC）"的服务器进行身份验证，用户注册统一在活动目录中管理。每个域的管理员只能管理本域的资源，每个域都可以设置自己的安全策略。

活动目录可由一个或多个域组成，构成域树和域林，如图 7-4 所示，进行无限地域扩展（具有可伸缩性）。域的命名方式与 Internet 中的域名管理类似。

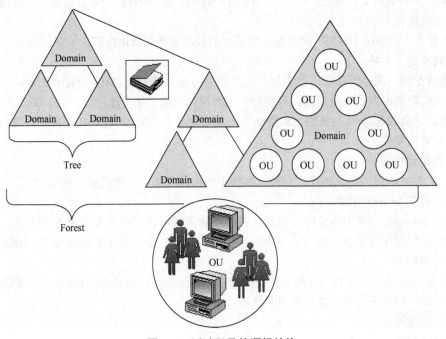

图 7-4　活动目录的逻辑结构

2）组织单元（Organizational Unit，OU）：一个容器对象，可包含其他对象，组织起来进行统一管理，以简化管理工作量。OU 可以包含本域中的用户、计算机、组、文件、打印机等对象。一个域中可创建多个 OU，一个 OU 又可以包含多个子 OU。域管理员可将 OU 的管理权限委派给 OU 中指定的管理员，来协助域管理员管理 OU，分担域管理员的管理负担，如图 7-5 所示。

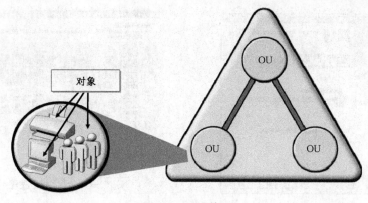

图 7-5　组织单元

3）域树（Domain Tree）：由多个域组成，这些域共享一个分布式数据库结构和配置，形成一个连续的域名空间，可对应现实中的一个组织机构，参考图 7-4。树中的各域通过双向的、可传递的信任关系建立起整个域树各域间的信任关系。

域林（Domain Forest）：由两个以上没有形成连续名称空间的域树组成，参考图 7-4。域林中每个域树都有自己的连续名称空间，但是并不与其他域树共享命名空间。建立域林时，每个域树根域之间双向的、可传递的信任关系会自动建立，因而域林中各域也具有信任关系，可互访资源。

可见，域林、域树、域、OU 之间是一种层次化的组织关系，可对应现实中的组织机构选择一种构建网络管理模式，如图 7-6 所示。

7.1.6　安装活动目录

在使用活动目录之前，必须先对活动目录进行安装和配置，生成域控制器。

1．安装活动目录的前提条件

1）必须是安装了 Windows Server 2K 标准版、企业版、数据中心版之一的计算机（工作站版无法安装）。

2）采用 NTFS 磁盘分区，活动目录依赖 NTFS 文件系统的支持，FAT 格式不可用。

图 7-6　活动目录的层次化的组织结构

2．安装活动目录具体步骤

这里，我们以 Windows Server 2008 R2（Windows Server 2008 的第二个发行版）为例，创建一个单域模式。选择"开始"→"运行"选项，打开"运行"对话框，输入"dcpromo"（升级为域控制器）命令，按 Enter 键，打开图 7-7 所示的"Active Directory 域服务安装向导"对话框。

1）单击"下一步"按钮，系统给出一些与早先版本的兼容性提示，如图 7-8 所示。

2）单击"下一步"按钮，打开"选择某一部署配置"选择对话框。若在新的域林新建域，则选中"在新林中新建域"单选按钮。如果在已有林中创建域，则选中"现有林"单选按钮。这里创建第一个林的根域，所以选中"在新林中新建域"单选按钮，如图 7-9 所示。

3）单击"下一步"，打开"命名林根域"对话框，在此输入域名，如图 7-10 所示。

图 7-7 "Active Directory 域服务安装向导"对话框

图 7-8 操作系统兼容性提示

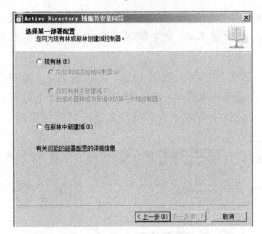
图 7-9 "选择某一部署配置"对话框

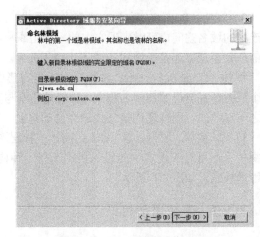
图 7-10 "命名林根域"对话框

4）单击"下一步"按钮，打开"设置林功能级别"对话框，在此选择林功能级别。林功能级别可从 Windows Server 2000 至 Windows Server 2008 R2，级别越高，功能越强。若林中没有以前的版本，则选择最高的 Windows Server 2008 R2，如图 7-11 所示。

5）单击"下一步"按钮，如果域中没有预先配置 DNS 服务器，则系统会提示用户配置 DNS 服务器，默认勾选"DNS 服务器"复选框，如图 7-12 所示。

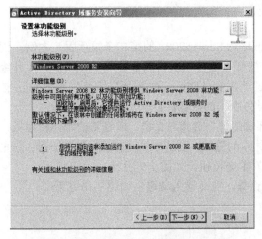
图 7-11 "设置林功能级别"对话框

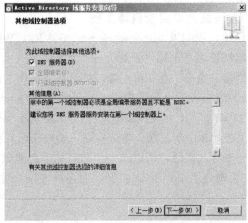
图 7-12 "其他域控制器选项"对话框

单击"下一步"按钮,系统提示是否继续安装 DNS。

注意:活动目录为了增强其与 Internet 的融合,采用 DNS 作为其定位服务。当安装第一台域控制器时,若网络中无 DNS 服务器,则安装过程中会提示在第一台域控制器上安装 DNS 服务。

6)单击"是"按钮,打开"数据库、日志文件和 SYSVOL 的位置"对话框,在此分别选择数据库、日志文件和 SYSVOL 的存放位置,如图 7-14 所示。

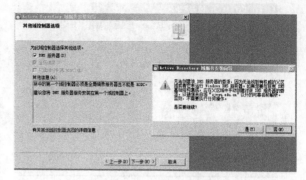

图 7-13　是否继续安装 DNS

注意:在 Windows Server 2008 R2 中,SYSVOL 文件夹存放域的公用文件的服务器副本,它的内容将被复制到域中的所有域控制器上以实现同步。在"SYSVOL 文件夹"文本框中输入 SYSVOL 的文件夹的位置,如本例中对应文件夹为 C:\Windows\SYSVOL,或单击"浏览"按钮选择路径。

7)单击"下一步"按钮,打开"目录服务还原模式的 Administrator 密码"对话框,如图 7-15 所示。输入并牢记该密码,以备将来目录服务出现故障恢复时使用。

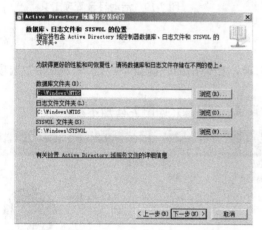

图 7-14　"数据库、日志文件和 SYSVOL 的位置"对话框

图 7-15　"目录服务还原模式的 Administrator 密码"对话框

8)单击"下一步"按钮,打开"摘要"对话框,这是前面各步骤设置的摘要信息,用户可检查并确认设置的各个选项是否符合要求,否则可单击"上一步"按钮返回修改,如图 7-16 所示。

9)单击"下一步"按钮,系统开始安装配置活动目录,如图 7-17 所示。

10)经过一段时间后,配置完成,打开"完成 Active Directory 安装向导"对话框,如图 7-18 所示,单击"完成"按钮,即可完成活动目录的安装。

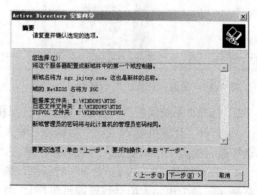

图 7-16　"摘要"对话框

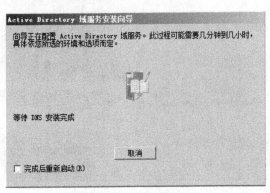
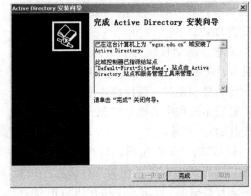

图 7-17　安装过程　　　　　　　图 7-18　"完成 Active Directory 安装向导"对话框

活动目录安装完成后，重启计算机，活动目录生效，服务器升级为域控制器。此时，在"管理工具"中将添加四个工具，即"Active Directory 管理中心"、"Active Directory 用户和计算机"、"Active Directory 域和信任关系"、"Active Directory 站点和服务"，可用其方便地管理网络资源和用户，如图 7-19 所示。

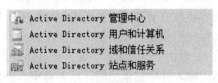

图 7-19　活动目录管理工具

3．工作站加入域

这里，工作站操作系统以 Windows 7 为例。

1）单击"开始"按钮，右击"计算机"选项，在弹出的快捷菜单中选择"属性"选项，如图 7-20 所示。

打开系统设置窗口，在该窗口中单击"更改设置"超链接，如图 7-21 所示。

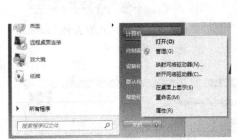
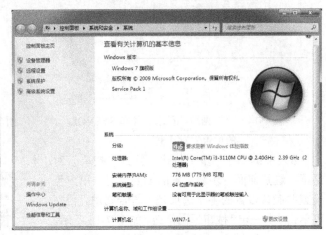

图 7-20　调用"计算机"的属性　　　　　图 7-21　系统设置窗口

2）打开"系统属性"对话框，选择"计算机名"选项卡，单击"更改"按钮，如图 7-22 所示。

3）打开"计算机名/域更改"对话框，输入正确的计算机名；在"隶属于"选项组中选中"域"单选按钮，输入工作站要加入的域名后，单击"确定"按钮，如图 7-23 所示。

4）此时打开"Windows 安全"对话框，输入在域控制器中具有将工作站加入"域"权利的用户账号（不是工作站本机系统管理员账户），单击"确定"按钮，如图 7-24 所示。

5）如果成功地加入了域，将打开提示"欢迎加入 XX 域"的对话框，单击"确定"按钮，如

图 7-25 所示。

图 7-22 "系统属性"对话框

图 7-23 "计算机名/域更改"对话框

图 7-24 "Widows 安全"对话框

图 7-25 欢迎加入域的对话框

重启计算机即可加入域。加入域的计算机拥有了域计算机账号，获得了域的信任关系。

7.1.7 用户和计算机账户管理

1．用户和计算机账户

账户（账号）为用户或计算机提供安全凭据，以便用户和计算机能够登录到域并访问资源。用户和计算机账户管理是 Windows 网络管理中必要且最常遇到的工作。

活动目录存储和管理计算机和用户账户，主要用于：验证用户或计算机的身份、授权对域资源的访问、审核用户或计算机账户所执行的操作等。

2．域用户账户管理

域用户账户管理的主要内容包括添加用户账号、复制用户账号、禁用用户账号、启用用户账号、删除用户账号、查找用户账号、查找联系人和更改用户组等多项内容。

具有权限的账户才能管理域用户账户，这些账户有 Administrator 账户，或者属于 Administrators、Account Operators、Domain Admins、Power Users 组的成员账户。

（1）活动目录的默认账户

Windows Server 2008 R2 活动目录安装后，默认有两个预定义的用户账户，分别是 Administrator 和 Guest。

Administrator 账户：域管理员默认账户名，整个域的管理者，具有对网络资源的完全控制权限，并可以根据需要向其他用户分配用户权利和访问控制许可。Administrator 账户是域控制器上 Administrators 组的成员。管理员账户永远不能被删除或禁用，但为了安全可以重命名。

Guest 账户：一个临时账户，可供在域中没有账户的来宾用户临时访问网络时使用。Guest 账户默认是禁用的,可由管理员启用,如图 7-26 所示,用后随即停用。Guest 账户只有有限的权限。

(2) 创建用户和计算机账户

在"Active Directory 用户和计算机"窗口的控制台目录树中,右击要添加用户的 OU 或容器,在弹出的快捷菜单中选择"新建"→"用户"选项,如图 7-27 所示。

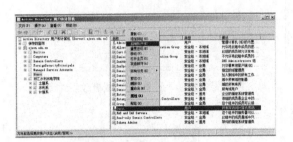

图 7-26　启用 Guest 账户　　　　　　　　图 7-27　新建用户

打开如图 7-28 所示的"新建对象-用户"对话框。

在"姓"和"名"文本框中分别输入姓和名(为今后便于查看,最好使用中文),并在"用户登录名"文本框中输入用户登录名(为登录时方便,最好使用英文字母和数字)。单击"下一步"按钮,打开如图 7-29 所示的对话框。在"密码"和"确认密码"文本框中输入要为用户设置的密码。单击"下一步"按钮即可完成创建。

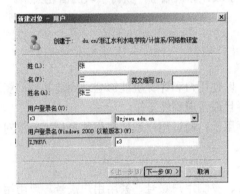
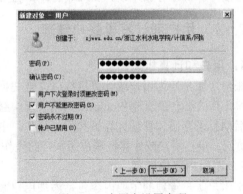

图 7-28　"新建对象-用户"对话框　　　　　图 7-29　为用户设置密码

(3) 删除用户或计算机账户

当某个用户账户不再使用时,可将其删除。具体操作是在活动目录控制台目录树中,右击要删除的用户或者计算机,在弹出的快捷菜单中选择"删除"选项,然后在信息确认框单击"是"按钮即可删除。

(4) 停用用户或计算机账户

如果某个用户账户暂不使用(如出差),从安全考虑,可将其停用。如果某计算机账户暂不使用,也可将其停用。例如,单位有计算机因故障需修理,可将该计算机账户停用。账户被停用之后,当该用户或者计算机需要重新使用时,管理员重新启用该账户即可。

右击要停用的用户或者计算机账户,在弹出的快捷菜单中选择"停用账户"选项,打开信息确认框后,单击"是"按钮即可停用用户或者计算机账户。

3. 域组账户管理

(1) 组账户的用途

"组"是用户账户的集合。"组账户"就是包含组成员的账户。为一个组分配了访问资源的权限后,同一组中的所有成员用户都会继承相同的访问权限。使用组,可方便地管理访问目的和权限相同的一批用户和计算机账户,是一种简化账户管理的有效策略。一个用户账户可以是多个组的成员;一个组也可作为其他组的成员,即组可以嵌套。

在创建组时必须选择"组类型"和"组作用域"。

(2) 组类型

在 Windows Server 2K 中包含两种类型的组:"安全组"和"通信组"。

安全组:可以赋予其访问资源的权限,安全组同时具有通信组的全部功能。

通信组:也称分发组,主要作用是作为联系人。如果只希望建立一个用于接收群发电子邮件的组,而不需要为该组定义访问网络资源的权限,则应当建立通信组,这样可提高网络的安全性。

(3) 组作用域

组的作用域用来标识组在域树或树林中所应用的范围,决定了在网络的什么位置可以为组分配权限。有三种组作用域类型,分别是域本地组、全局组和通用组。

域本地组:只能在本域中使用,用于赋予访问本域资源的权限或组织用户账户。其中的成员可包括该组所属域的用户账户、通用组和全局组。

全局组:可以在整个域林中的任何域中用于组织具有相同网络访问需求的用户。

通用组:可以在本地域或信任域之间使用,用于组织用户账户。其中的成员可包括域树或域林中任何域中的其他组和账户,并且可在任何域中由该域管理员指派权限。

(4) 创建组

在"Active Directory 用户和计算机"控制台目录树中,右击要创建组的 OU,在弹出的快捷菜单中选择"新建"→"组"选项,打开"新建对象组"对话框,如图 7-30 所示,在"组名"文本框中输入要创建的组名。在"组作用域"选项组中,选择组的作用域;在"组类型"选项组中,选择新组的类型,单击"确定"按钮即可完成组的创建。

(5) 添加组的成员

1) 右击要添加成员的组,在弹出的快捷菜单中选择"属性"选项,打开该组的属性对话框,选择"成员"选项卡,如图 7-31 所示。

图 7-30 "新建对象-组"对话框

图 7-31 组的属性对话框

2) 单击"添加"按钮,打开"选择用户、联系人、计算机、服务账户或组"对话框,选择要添加的成员，如图 7-32 所示。

3）单击"高级"按钮，打开如图 7-33 所示的对话框。

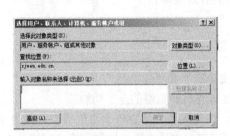

图 7-32 "选择用户、联系人、计算机、服务账户或组"对话框

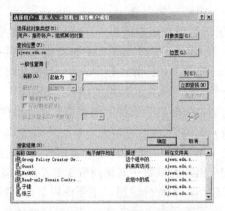

图 7-33 单击"高级"按钮后的对话框

4）单击"立即查找"按钮，搜索结果窗口将列出所有搜索对象，双击组的成员用户，返回上个窗口，单击"确定"按钮，关闭设置窗口，完成组成员的添加。

（6）删除组

可右击要删除的组，在弹出的快捷菜单中选择"删除"选项，打开信息确认框，单击"是"按钮，即可完成组的删除。

4．在域中使用组的策略

在域中使用组，为了管理方便，通常采用 AGDLP 策略。这里 A 代表用户账户，G 代表全局组，DL 代表域本地组，P 代表权限。AGDLP 策略将用户账户加入全局组，即可遍访各域。管理员通常在本域内建立域本地组中，根据资源访问的需要将本域或他域的全局组加入到该域本地组，最后为该域本地组分配本地资源的访问控制权限。AGDLP 策略可以用最少的代价获取最佳管理效果。

7.1.8 组织单元的管理

1．创建组织单元

在"Active Directory 用户和计算机"窗口的控制台目录树中，右击域节点或 OU，在弹出的快捷菜单中选择"新建"→"组织单位"选项，在打开的对话框的"名称"文本框中输入新创建组织单位的名称，单击"确定"按钮即可。

OU 具有继承性，子 OU 能够继承父 OU 的访问许可权。域管理员可使用 OU 来创建层次结构的管理模型，并且可委派用户对 OU 的管理权限。

2．委派控制 OU

如果对某个 OU 进行委派控制管理权限，可按下面的步骤进行。

1）在"Active Directory 用户与计算机"窗口的控制台目录树中，双击展开域节点。

2）右击要委派控制的 OU，在弹出的快捷菜单中选择"委派控制"选项，打开"控制委派向导"对话框，单击"下一步"按钮。打开"用户或组"对话框，如图 7-34 所示。

单击"添加"按钮，打开"选择用户、计算机或组"对话框，如图 7-35 所示。

3）选择一个或多个要委派控制的用户，也可选择一个或多个要委派控制的组。

4）单击"下一步"按钮，打开"要委派的任务"对话框，如图 7-36 所示。通过勾选"委派下列常见任务"列表框中的复选框来选择要委派的权限。

5）单击"下一步"按钮，打开"完成控制委派向导"对话框，单击"完成"按钮，结束委派设置。

 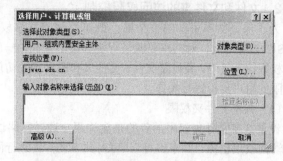

图 7-34 "用户或组"对话框　　　　图 7-35 "选择用户、计算机或组"对话框

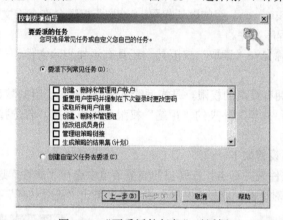

图 7-36 "要委派的任务"对话框

需要提醒的是：在活动目录中，"组"和"组织单位"是两个完全不同的概念，前者是用户账户或其他组账户的集合，主要用于用户账户的组织和管理，以方便权限的分配；而后者是多种对象的集合，主要着眼于网络分层管理。

7.1.9 文件系统管理

1. Windows Server 2008 R2 的文件系统

操作系统中负责管理和存取文件信息的系统称为文件系统。Windows Server 2008 R2 支持 FAT16、FAT32、NTFS 磁盘文件系统。

（1）FAT 文件系统

FAT（File Allocation Table，文件分配表）是存储磁盘空间信息的结构，存储了关于每个文件的信息，以便读写文件。FAT 文件系统又分为 FAT16 和 FAT32。FAT16 文件系统最初起源于 DOS 操作系统，FAT32 文件系统提供了比 FAT16 文件系统更为先进的文件管理特性，支持超过 32GB 的卷，并通过使用更小的簇提高磁盘空间的利用率。FAT 文件系统的缺点是其容易受损害、不支持文件级的权限设置、无防止碎片的最佳措施、文件名长度受限等。

（2）NTFS

NTFS（New Technology File System，NT 文件系统）是 Windows Server 2K 系列操作系统推荐使用的文件系统，提供了 FAT 文件系统所不具备的可靠性和兼容性。NTFS 的设计目标就是在大容量硬盘上能够快速执行读、写和查找操作，提供文件加密，可以赋予单个文件权限，支持磁盘压缩和磁盘配额，甚至包括像文件系统恢复这样的高级操作。因此，NTFS是真正具有安全性的文件系统。

2．文件和文件夹的访问权限控制

为了保证共享资源的安全性，既可以使用共享权限来控制对共享资源的访问，又可以使用NTFS的访问控制，对共享资源进行更详细的控制。一般将这两种方法结合起来使用，提供更为严格的权限控制管理。要设置文件、文件夹和驱动器的访问控制权限，必须以管理员、服务器操作员、有权限的用户身份进行操作。

（1）共享文件夹权限

设置共享文件夹权限的目的是允许用户通过网络访问该文件夹和其中的文件。对该共享文件夹的访问权限也称"共享许可"，可对共享文件夹进行网络访问安全控制。

1）共享文件夹权限类型如下。

读取权限：指派给 Everyone 组的默认权限。"读取"权限允许查看文件名和子文件夹名、查看文件中的数据、运行程序文件。

更改权限：该权限除允许"读取"权限外，还具有添加删除文件和子文件夹、更改文件中数据的权限。

完全控制权限：其拥有最高的权限，是指派给 Administrators 组的默认权限。

拒绝：从安全考虑，共享文件夹的"拒绝"权限优先级最高，若选择该选项，则会覆盖其对应权限。

2）共享文件夹权限设置如下。

① 选择拟共享的文件夹并右击，在弹出的快捷菜单中选择"属性"选项，如图 7-37 所示。

② 打开文件的属性对话框，选择"共享"选项卡，单击"高级共享"按钮，如图 7-38 所示。

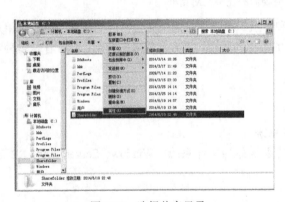

图 7-37 选择共享目录

图 7-38 "共享"选项卡

③ 打开"高级共享"对话框，勾选 "共享此文件夹"复选框，如图 7-39 所示，单击"权限"按钮，添加可共享此文件夹的用户或组。

④ 打开分配文件夹共享权限对话框，单击"添加"按钮，添加共享该文件夹的用户，如图 7-40 所示。

提示：关于 Everyone 组的许可（权限）——在设置目录资源的许可时，Everyone 组代表当前从网络访问的所有用户，因此，只要用户登录到网络，他们都将被自动添加到 Everyone 组。所以，在设置权限时，必须注意 Everyone 组的默认许可。

⑤ 打开"选择用户、计算机、服务账户或组"对话框,可以在"输入对象名称来选择"文本框中直接输入用户名或组名,如图 7-41 所示,也可以单击"高级"按钮,选择用户或组。

图 7-39 "高级共享"对话框

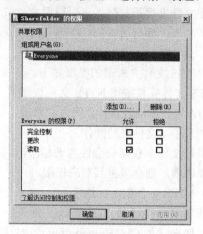

图 7-40 添加对文件夹有共享权限的用户

⑥ 在图 7-42 所示对话框中单击"立即查找"按钮,搜索结果列表框将列出所有搜索对象,双击使用此资源的用户或组,返回上个对话框;依次选中赋予的权限,然后单击"确定"按钮,关闭对话框。完成此目录共享权限的设置。

图 7-41 "选择用户、计算机、服务账户或组" 对话框

图 7-42 高级对话框

注意:为资源分配使用权限时,应尽可能使用组账户而不是单个账户进行权限的控制管理,这样可以减少管理的工作量。

(2) NTFS 访问权限

在采用 NTFS 的磁盘分区中,可利用 NTFS 的文件和目录许可方式来保护网络资源。此外,利用 NTFS 权限(许可)还能够提供文件级的安全保护。

NTFS 许可类型分为"目录许可"和"文件许可"两大类。

1) NTFS 文件权限类型如下。

读取权限:可读取文件内的内容、查看文件的属性、查看文件的所有者、查看文件的权限。

读取及运行:在"读取"权限的基础之上有运行可执行文件的权限。

写入权限:可以覆盖文件、改变文件的属性、查看文件的所有者、查看文件的权限等,但是不能察看文件的内容及属性。

修改权限：除了拥有"写入"、"读取及运行"的所有的权限外，还具有更改文件内的数据、删除文件、改变文件名等。

列出文件夹目录权限：可以查看文件夹中的内容。

完全控制：拥有所有的 NTFS 文件的权限，也就是拥有上面所有的权限，此外，还拥有"修改权限"和"取得所有"权限。

2) NTFS 文件夹权限的类型如下。

NTFS 文件夹权限比 NTFS 文件权限多一种，即列出文件夹目录权限，用于查看目录中的文件名。其他读取、读取及运行、写入、修改、完全控制权限与 NTFS 文件相应权限基本相同，只是相关权限加入了对文件夹的操作。

同共享文件夹权限安全性考虑相同，NTFS 权限设置中，每种权限的"拒绝"权限优先级最高，若选择该选项，则会覆盖其对应权限。

（3）NTFS 文件权限的继承

如果某文件夹（如 C：\Home）对某一个用户账户设置了某种权限，那么，该文件夹下的某一个子文件夹（如 C：\Home\yufeng）对这个用户账户也有相应的权限，这称为"权限的继承"。如果 yufeng 文件夹要对该用户账户重新设置 NTFS 权限就需要停止继承权限，然后才能重新指派权限。

（4）NTFS 的目录访问权限设置

1) 在资源管理器 NTFS 分区，选择要共享的目录并右击，在弹出的快捷菜单中选择"属性"选项，打开所选目录的属性对话框，选择"安全"选项卡，如图 7-43 所示。

2) 若所选目录继承了其父目录的权限，则此时不允许直接更改设置。若要取消继承，则需单击"高级"按钮，如图 7-44 所示。

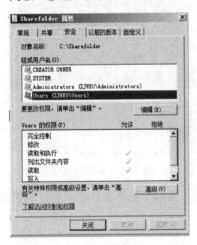

图 7-43　属性对话框

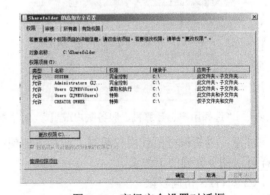

图 7-44　高级安全设置对话框

3) 单击"更改权限"按钮，在图 7-45 所示对话框中取消勾选"包括可从该对象的父项继承的权限"复选框，单击"确定"按钮。

4) 在提示对话框中，单击"删除"按钮，可以删除该目录从父目录继承到的权限，如图 7-46 所示。

5) 在图 7-45 所示的对话框中，单击"添加"按钮，可以添加新的组或用户，添加完成之后，单击"确定"按钮，完成设置。

（5）NTFS 的文件访问权限设置

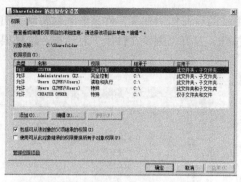
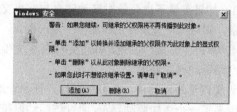

图 7-45 取消来自父项的继承权　　　　图 7-46 提示对话框

NTFS 的文件访问权限设置与 NTFS 的目录访问权限设置基本类似，此外不再介绍。

（6）权限的累加

当一个用户的权限来源有多处时，就产生了权限叠加的问题。例如，账户 Z3 属于"计算机系"组，某一文件对"计算机系"组分配了读取、读取及运行权限，账户 Z3 就从其所在组继承了这些权限；假如又对 Z3 账户设置了允许修改权限，则 Z3 就有了两处权限来源，出现了权限叠加。

权限叠加的规则是取并集，即取最大的权限。用户对某个共享资源的有效权限为用户权限和组权限的组合，即取其中较高的权限。当一个账号分别属于不同的组时，用户对某个资源的有效权限是其所有权限来源的总和。拒绝的权限叠加以后也取并集，由于拒绝优先，只要有一处设为拒绝，那么对应的权限即为拒绝，这样可严格保证安全性。

根据权限叠加的规则，上例中的 Z3 用户最终的权限为允许修改、读取、写入、读取及运行。

（7）组合的权限

组合权限是指 NTFS 权限和共享文件夹权限共同起作用时的权限。在这两种许可中，限制最严格的权限是用户最终得到的有效权限（即取交集）。

应尽量使用 NTFS 权限来保护文件资源，而不要使用共享文件夹权限。使用共享文件夹只是为了提供共享资源。

3．映射网络驱动器

为了便于访问共享文件夹，可以在客户机本地通过设置虚拟网络驱动器映射到共享文件夹。

1）单击"开始"按钮，右击"计算机"选项，在弹出的快捷菜单中选择"映射网络驱动器"选项，如图 7-47 所示。

打开"映射网络驱动器"对话框，如图 7-48 所示。

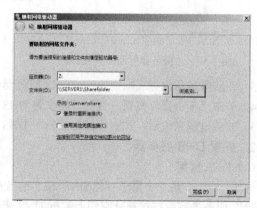

图 7-47 映射网络驱动器　　　　图 7-48 "映射网络驱动器"对话框

2）在"驱动器"下拉列表中选择一个本机没用到的盘符作为共享文件夹的映射驱动器符号。输入要共享的文件夹名及路径，或者单击"浏览"按钮，打开"浏览文件夹"对话框，选择要映射的共享文件夹。

3）如果需要下次登录时自动建立与共享文件夹的连接，则勾选"登录时重新连接"复选框。

4）单击"完成"按钮，即可完成共享文件夹到本机网络驱动器的映射。

设置网络驱动器后，在客户机打开资源管理器，将发现多了一个逻辑驱动器符，通过该驱动器符可以访问对应的共享文件夹，如同访问本机的物理磁盘一样。如图7-49所示，Z盘驱动器实际上是共享文件夹到本机的一个映射。

7.1.10 DNS服务器配置

图7-49 通过映射的驱动器访问共享文件夹

DNS使用用户友好名称——域名代替了IP地址，以定位计算机和服务。为了能在Internet上获得DNS服务，必须架设DNS服务器。

1. DNS服务器的安装

服务器端安装步骤如下。

1）双击"服务器管理器"图标，打开"服务器管理器"窗口，在其左窗格中选择"角色"节点，如图7-50所示。

2）打开"添加角色向导"对话框，单击"下一步"按钮，如图7-51所示。

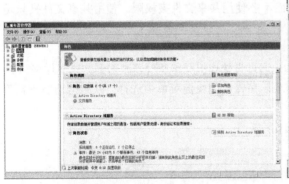

图7-50 "服务器管理器"窗口

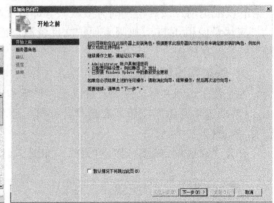

图7-51 "添加角色向导"对话框

3）在服务器角色列表框中勾选"DNS服务器"复选框，如图7-52所示。

4）单击"下一步"按钮，直到开始安装DNS服务器。

5）安装过程完成后，该服务器就成为了DNS服务器。

2. 配置DNS服务器

（1）DNS区域

区域（Zone）是一个用于存储DNS域名的数据库，它是域名称空间树形结构中的一个连续部分，DNS服务器有权在这部分空间上解析DNS查询。可将DNS名称空间划分成多个区域，每个区域存储一个或多个DNS域的名称信息。DNS服务器是以区域为单位来管理域名空间的，区域中的数据保存在区域文件中。

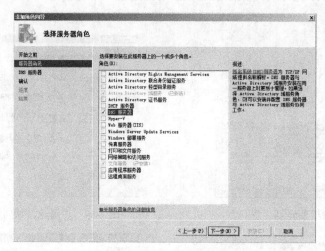

图 7-52 添加"DNS 服务器"

（2）区域搜索类型

正向搜索：已知主机的名称，查询其对应的 IP 地址。此种请求类型使用"名称到地址"的解析，即所谓的"正向地址解析"。

反向搜索：已知主机的 IP 地址，查询其主机的完全合格域名。此种请求类型使用"地址到名称"的解析，即所谓的"逆向地址解析"。

（3）DNS 区域类型

Windows Server 2008 R2 支持的区域有以下四种。

1）主要区域：包含一个可读可写的区域数据库文件，该文件记录了所有与此区域有关的更新信息。每台 DNS 服务器都必须创建一个主要区域。

2）辅助区域：包含一个只读的区域数据库文件，与此区域有关的更改信息在被记录到主要区域文件中的同时，也被复制到辅助区域文件中。辅助区域保存着区域数据库文件的副本，将名称解析的工作负荷分配到多个 DNS 服务器上，并提供容错性。

3）存根区域：创建只含有名称服务器（NS）、起始授权机构（SOA）和主机（A）记录部分信息的区域副本。存根区域服务器对该区域没有管理权。

4）在 Active Directory 存储区域：只在 DNS 服务器同时又是域控制器时才可用。区域的数据库将保存在活动目录中，进而提高了数据的安全性。

（4）创建正向查找区域

1）打开 DNS 控制台：选择"开始"→"管理工具"→"DNS"选项，打开"DNS 管理器"窗口，如图 7-53 所示。

2）建立区域：选择"DNS"→服务器名→"正向查找区域"节点并右击，在弹出的快捷菜单中选择"新建区域"选项，打开"新建区域向导"对话框，在其中点选"主要区域"单选按钮，单击"下一步"按钮。

3）在打开的如图 7-55 所示的对话框中，选中"至此域中控制器上运行的所有 DNS 服务器：zjweu.cn"单选按钮，单击"下一步"按钮。

4）打开"区域名称"对话框，在"区域名称"文本框中输入区域名称，如"un.com"，如图 7-56 所示，单击"下一步"按钮。

5）选择动态更新方式，这里选中结合活动目录使用的"只允许安全的动态更新（适合 Active

Directory 使用）Active Directory 集成的区域才有此选项"单选按钮，单击"下一步"按钮，如图 7-57 所示。

图 7-53 "DNS 管理器"窗口

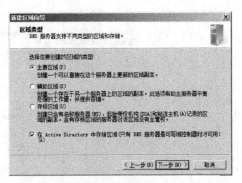

图 7-54 "新建区域向导"对话框

图 7-55 选择如何复制区域数据

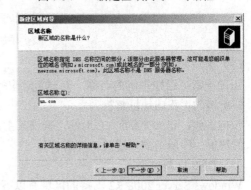

图 7-56 "区域名称"对话框

6）显示如图 7-58 所示新建区域的信息，确认无误后单击"完成"按钮完成新区域的创建。

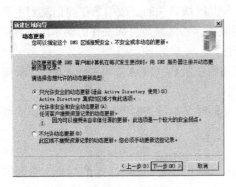

图 7-57 选择动态更新方式

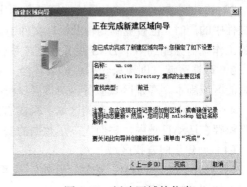

图 7-58 新建区域的信息

（5）创建资源记录

在 DNS 中创建了正向查找区域后，管理员即可将域中主机的完全合格域名添加到 DNS 服务器中。例如，建立域名"www.un.com"映射 IP 地址"192.168.1.2"的主机记录。由于域名 www.un.com 的区域"un.com"在前面已建立好，因此可直接使用，只需在"区域"中添加相应"主机名"即可。

具体操作如下。

1）打开"DNS 管理器"窗口，选中节点"un.com"并右击，在弹出的快捷菜单中选择"新建主机（A 或 AAAA）"选项，如图 7-59 所示。

2）打开"新建主机"对话框，在"名称（如果为空则使用其父域名称）"文本框中填入主机名称，如"www"，"IP 地址"文本框中输入"192.168.1.2"，单击"添加主机"按钮，如图 7-60 所示。

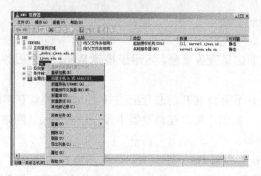
图 7-59 新建主机

图 7-60 "新建主机"对话框

3）提示新建主机成功，完成一条主机记录的添加，单击"确定"按钮，如图 7-61 所示。建立好的主机记录在 DNS 控制台中如图 7-62 所示。

图 7-61 新建主机成功

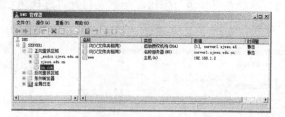
图 7-62 添加的主机记录

3. 配置 DNS 客户端

1）在客户机打开"本地连接属性"对话框，选中"Internet 协议版本 4（TCP/IPv4）"复选框，再单击"属性"按钮，如图 7-63 所示。

2）打开"Internet 协议 TCP/IP 属性"对话框，选中"使用下面的 DNS 服务器地址"单选按钮，然后在"首选 DNS 服务器"文本框中输入 DNS 服务器的 IP 地址，最后单击"确定"按钮。所设 DNS 服务器的 IP 地址即为该客户机的本地 DNS 服务器 IP 地址。

4. 测试 DNS 服务器

DNS 服务器安装配置完成后，可用 ping 命令测试 DNS 能否正常解析。例如，在一台 DNS 客户机上，使用 ping www.un.com 命令，则该客户机先向本地 DNS 服务器发送域名解析请求，然后利用返回的 IP 地址与目的计算机通信。测试结果如图 7-64 所示。

图 7-63 "本地连接属性"对话框

图 7-64 测试 DNS

从"Pinging"一行中域名后面跟着的 IP 地址"www.un.com[192.168.1.2]",可见域名解析成功,DNS 服务器工作正常。

7.1.11　IIS 及相关配置

IIS 作为 Windows 为 Internet/Intranet 提供的信息服务平台,可用于搭建 Web、FTP 服务器,在 Internet 或 Intranet 上发布信息等。

安装 IIS 服务器应该采用静态 IP 地址(最好不用 DHCP 动态分配的 IP 地址)。建议在本网络中部署一台 DNS 服务器,如果为网站指定了域名,则用户可以在浏览器中输入域名访问该网站。

1．安装 Web 服务器

Windows Server 2008 R2 操作系统中,默认未安装 IIS。安装 IIS7.0 的步骤如下。

1)打开"服务器管理器"窗口,选择"角色"→"添加角色"选项,单击"下一步"按钮。

2)打开"选择服务器角色"对话框,选择"Web 服务器(IIS)"选项卡,勾选角色列表框中的"Web 服务器(IIS)"复选框,如图 7-65 所示,单击"下一步"按钮。

3)单击"下一步"按钮,一直到打开"选择角色服务"对话框,勾选"FTP 服务器"复选框(同时搭建 FTP 服务器),如图 7-66 所示。

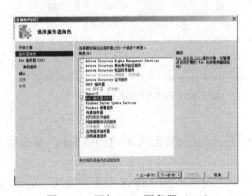
图 7-65　添加 Web 服务器(IIS)

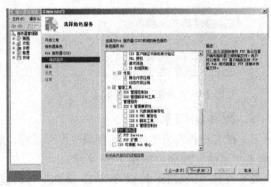
图 7-66　安装 FTP 服务器

4)单击"下一步"按钮,直到开始安装 Web 服务器(IIS)。其安装过程如图 7-67 所示。

5)Web 服务器(IIS)安装成功后如图 7-68 所示。

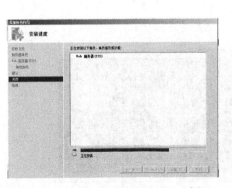
图 7-67　安装 Web 服务器(IIS)过程

图 7-68　Web 服务器(IIS)安装成功

2. IIS 的默认 Web 站点

IIS 安装后,系统会在"管理工具"中添加"Internet 信息服务(IIS)管理器"管理工具,打开该窗口会发现系统自动创建了一个默认 Web 站点(Default Web Site),可供用户快速发布信息,如图 7-69 所示。

IIS 预设的默认 Web 站点发布目录也被称之为"主目录",路经是 X:\Inetpub\wwwroot(这里 X 指系统所在的盘符)。主目录是保存 Web 网站主页和相关文件的文件夹,当用户浏览器向该网站发出请求时,Web 服务器将自动从该文件夹中调取相应的文件显示给用户。

Web 站点或 FTP 站点都是通过树形目录结构的方式来存储信息的,每个站点可以包括一个主目录和若干个真实子目录或虚拟目录。主目录是站点发布树的顶点,也是站点访问的起点。主目录可以在网站属性对话框的"主目录"选项卡中设置。

3. 默认 Web 站点的测试

在 Web 服务器上启动 IE,在地址栏中输入"http://127.0.0.1"并按 Enter 键,浏览器会显示安装后默认 Web 站点的主页,表明 Web 服务器安装和工作正常,如图 7-70 所示。否则,说明 IIS 安装或配置有误。

图 7-69 默认 Web 站点

图 7-70 IIS 默认 Web 站点的主页

4. 设置网站属性

安装 IIS 后,Web 服务器按照默认值设置,包括默认网站、默认网站主目录及目录安全性等。用户可以直接使用这些默认值,也可以根据需要修改。通过修改默认值可以提高性能和安全性。下面以默认网站为例(用户自己创建的 Web 站点也可按同样方法设置和修改属性)。

配置网站属性的步骤如下。

1)打开 IIS 管理器:选择"开始"→"管理工具"→"Internet 信息服务(IIS)管理器"选项,打开"Internet 信息服务(IIS)管理器"窗口,如图 7-69 所示。

2)修改 Web 站点的标识:右击 Web 站点名称,在弹出的快捷菜单中选择"重命名"选项,即可修改站点名称标识。该标识对于用户的访问没有意义,其作用只是当服务器中安装了多个 Web 站点时,便于网络管理员区分。

3)修改 Web 站点其他参数。

① 指定 IP 地址:右击 Web 站点名称,在弹出的快捷菜单中选择"编辑绑定"选项,如图 7-71 所示。

② 打开"网站绑定"对话框,选择要编辑的网站,单击"编辑"按钮,打开"编辑网站绑定"对话框,在"IP 地址"下拉列表中可以设置该 Web 站点的 IP 地址,如图 7-72 所示。

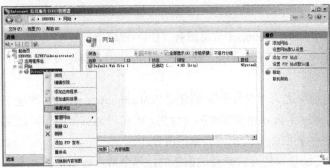
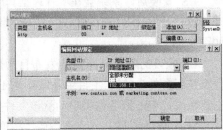

图 7-71　修改 Web 站点其他参数　　　　　图 7-72　设置 Web 站点的 IP 地址

由于服务器可安装多块网卡，并且每块网卡可绑定多个 IP 地址，因此，IIS 服务器可能拥有多个 IP 地址。如果不为 Web 网站指定特定的 IP 地址，即采用默认的"全部未分配"，则该站点将响应所有指定到该计算机并且没有指定到其他站点的 IP 地址。也就是说，访问任何一个该计算机绑定的 IP 地址，都能成功访问该 Web 网站。

③ TCP 端口设置：当采用默认值"80"时，用户只需通过浏览器打开"http://IP 地址"，不必输入端口号即可实现对该网站的访问。可以将该端口号更改为随机端口号的任一个，可在"编辑网站绑定"对话框的"端口"文本框中直接修改。但修改后，用户必须知道该端口号，否则其请求将无法连接到该 Web 服务器。例如，指定了非"80"的端口号（如 8080），必须在浏览器地址栏中输入"http://IP 地址：端口号"，（如"http://192.168.0.1:8080"），才能实现对该网站的访问。

4）主目录设置。

① 右击 Web 站点名称，在弹出的快捷菜单中选择"管理网站"→"高级设置"选项，如图 7-73 所示，打开"高级设置"对话框。

② 默认 Web 站点的主目录的路径是 X:\Inetpub\wwwroot，也可以选择其他存放网站文档的目录作为网站主目录。在图 7-74 所示的"高级设置"对话框中"物理路径"文本框中输入或通过浏览定位 Web 站点的主目录（网站的主目录应事先建好）。

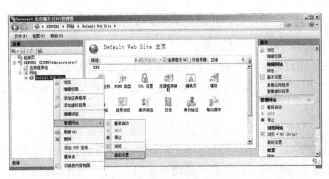

图 7-73　网站高级设置　　　　　图 7-74　"高级设置"对话框

网站的主目录不仅可在本服务器上，也可选择其他服务器共享文件夹作为主目录。

5）默认文档设置。

所谓默认文档是指在 Web 浏览器中键入 Web 网站的 IP 地址或域名即显示的 Web 页面，也就是通常所说的主页（若不指定默认文档，则会将整个站点内容以列表形式显示出来供用户选择）。

在"Internet 信息服务（IIS）管理器"窗口中，双击中间窗格中的"默认文档"图标，打开"默认文档"窗格，内含了目前网站主页普遍默认的名称（建议采用），如图 7-75 所示。

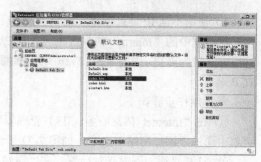

图 7-75　指定 Web 站点默认文档

选择网站主页使用的默认文档，可用右窗格中的按钮调整优先顺序。这样，当客户机在浏览器中用 URL 只输入域名（或 IP 地址）后，网站系统会自动在"默认文档"窗格中按优先顺序由上到下寻找列表框中指定的文件名，如果主目录中没有此列表框中的任何一个文件名存在，则显示找不到文件的出错信息。

5. 创建 Web 站点

（1）虚拟站点

虚拟站点又称"虚拟网站"或"虚拟主机"，使用 IIS 可以在一个服务器上创建多个站点。每一个虚拟站点都可以像独立网站一样，拥有独立的 IP 地址和域名。例如，一个学校在一台 Windows Server 2008 R2 服务器上安装了 IIS，同时配置了一个学校的门户 Web 网站 http://www.zjwweu.edu.cn。另外，还可以在这台服务器上创建教务处、学生处等站点。尽管多个虚拟 Web 站点位于同一台服务器上，但是它们每一个看起来都独立的 Web 站点。

（2）创建 Web 站点

在一台服务器上创建的每个 Web 站点都必须具有唯一的标识。IIS 可以使用三种方法来创建 Web 站点。

1）使用网卡绑定的多个 IP 地址。
2）使用不同端口号的单个 IP 地址。
3）使用具有主机头名的单个 IP 地址。

改变上述三个参数中的任何一个，都可以得到新的站点标识，如图 7-76 所示。

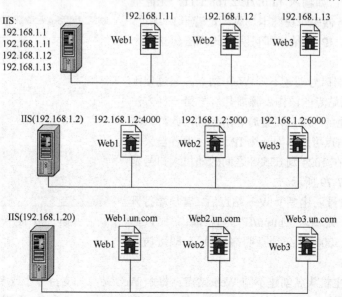

图 7-76　三种虚拟主机技术

1）使用不同 IP 地址创建不同 Web 站点。当为服务器绑定了多个 IP 地址时（在"本地连接属性"对话框中的"Internet 协议版本 4（TCP/IPv4）"处配置），使用多个 IP 地址创建和标识 Web 站点方式最为简捷。由于每个 Web 站点都拥有一个 IP 地址，所以，所有站点都可以使用默认的 TCP 端口。

具体操作步骤如下。

① 在"Internet 信息服务（IIS）管理器"窗口中，右击左窗格"网站"节点，在弹出的快捷菜单中选择"添加网站"选项，如图 7-77 所示。

② 打开"添加网站"对话框，在"网站名称"文本框输入网站名称；在"物理路径"文本框输入网站主目录（应事先在磁盘中创建好）；在"IP 地址"下拉列表中选择一个 IP 地址；端口号采用默认值 80，如图 7-78 所示。

图 7-77　添加网站

图 7-78　"添加网站"对话框

因为各虚拟网站都有独立的 IP 地址，所以客户机用户即可在自己的站点上通过 IP 地址访问 IIS 服务器上的虚拟站点。

③ 虚拟网站主页（默认文档）的设置方法同前。

可用此方法继续创建对应其他 IP 地址的 Web 站点。当用户访问这些站点时，输入对应的 IP 地址就能正常访问，如输入 http://192.168.1.11，无需输入端口号。由于服务器中每块网卡均可绑定若干 IP 地址，因此只要有足够的 IP 地址，即可利用此方法建立多个 Web 站点。

2）使用不同端口号创建不同 Web 站点。通过使用端口号来建立虚拟站点的操作步骤前几步与第一种方法相同，只是在 IP 地址和端口设置时有所不同。此种方法创建的多个 Web 站点可选择同一个 IP 地址，但各自采用不同的端口号（可在 1024 到 65535 之间的随机端口号范围内选取），如图 7-79 所示。

使用不同端口号创建多个 Web 站点后，客户端打开浏览器，在 URL 处输入"http://IP 地址:端口号"，如"http://192.168.1.1:5000"（必须指明端口号），即可访问不同端口号的网站。

图 7-79　输入不同端口号

3）使用不同主机头名创建不同 Web 站点。每个 Web 站点都支持一个或多个主机头名。在一台 IIS 服务器上使用一个 IP 地址和同一端口号，但分配不同的主机头名，同样可以创建多个 Web

站点。

具体操作步骤如下。

① 修改前面创建的多个 Web 站点的属性(或在创建 Web 站点的同时设置主机头名),使用同一 IP 地址和同一端口号,然后分别设置不同的主机头名。在"Internet 信息服务(IIS)管理器"窗口中,选择 Web 节点并右击,在弹出的快捷菜单中选择"编辑绑定"选项,如图 7-80 所示。

② 打开"网站绑定"对话框,选择要编辑的内容,单击"编辑"按钮,打开"编辑网站绑定"对话框,在"主机名"文本框输入网站的名称,如"web1.zjweu.edu.cn",如图 7-81 所示。

③ 单击"确定"按钮,关闭对话框,设置完成。

通过不同的主机头名访问相应 Web 站点,需要在本地 DNS 服务器中创建相应的"区域文件"及相关的 DNS 映射记录,可在本地 DNS 服务器设置。

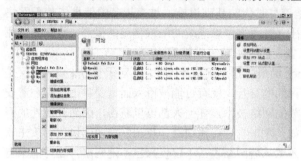

图 7-80　编辑 Web 站点的绑定

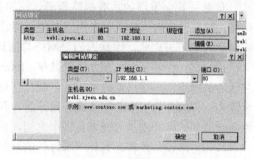

图 7-81　编辑网站绑定

在客户端浏览器中输入各 Web 站点的域名,如"http:// web1.zjweu.edu.cn",当 Web 浏览器的请求到达计算机时,IIS 将使用在 HTTP 报文头中传递的主机名来确定客户请求的是哪个站点,并与该网站连接,接受客户访问。这种方法减少了对 IP 地址的需求,在 IP 地址非常紧张的今天颇有实际意义。

6．创建虚拟目录

在网站管理中,当要发布不在站点主目录下的信息时,就可以使用虚拟目录。虚拟目录对应于网络中服务器上的一个物理目录,使用虚拟目录可把本地或远程服务器上不同物理位置的内容组织在一起,在统一的逻辑文件夹结构中显示。使用虚拟目录的好处是可以将一个大的网站根据内容分门别类的放在不同的目录中,可由不同部门的人员开发和管理,相对来说更安全高效。虚拟目录虽然没有包含在物理主目录中,但在客户浏览器中,虚拟目录就如同主目录的一个真实子目录一样被访问,能够以单个目录树的形式来显示分布在不同位置的内容,这也是"虚目录"中"虚"字的由来。

用户访问虚拟目录,可在浏览器地址栏中输入"http://IP 地址/虚拟目录名"实现。

7．FTP 站点的创建与设置

FTP 站点的创建与设置与 Web 服务器类似,可仿照操作。

7.2　网络安全技术

7.2.1　网络安全

1．网络安全的含义

网络安全的通常定义如下:通过采用各种技术和管理措施,使网络系统的硬件、软件及其系统中的数据能够得到有效的保护，不因偶然的或者恶意的原因而遭到破坏、更改、泄露，系统能够连续、可靠、正常地运行，网络服务不中断。

当今网络中存在着各种安全威胁和漏洞，网络安全从本质上讲就是网络中的信息安全。从狭义的保护角度来看，是指计算机及其网络系统资源和信息资源不受自然和人为有害因素的威胁和危害；从广义讲，凡是涉及网络中信息的保密性、完整性、可用性、真实性和可控性的相关技术和理论，都是网络安全所要研究的领域。简而言之，网络环境中的安全是指能够识别和消除不安全因素的能力。

从信息安全技术发展的历程上看，信息安全由20世纪80年代的被动保密安全发展到20世纪90年代的主动防御，继而发展到当前的信息全面保障阶段。

2．网络安全重要意义

信息是社会发展的重要战略资源。网络是信息时代的基础设施，越来越多的信息依赖于网络传播，越来越多的业务依赖于网络开展。随着社会对网络信息系统的依赖程度的提高，网络一旦瘫痪将给人们带来灾难，因此人们对网络与信息安全的要求越来越强烈。

联网的一个重要目的就是资源共享，Internet的最大特点就是开放性，而对于安全来说，这又是它致命的弱点。网络只要提供服务，就会有进程间的交互，就有可能被侵入而遭受攻击，存在着安全隐患。开放性与安全性始终是一对矛盾。开放的网络技术，任何人都可以获得，因而开放性的网络所面临的破坏和攻击可能来自多个方面，例如，攻击物理传输线路、攻击网络通信协议、攻击软件、攻击网络设备硬件。另外，国际性的网络还意味着网络攻击不仅仅来自本地网络，还可能来自互联网中的任何地方，也就是说，网络安全所面临的是一个国际化的挑战。

任何科学技术都是一把双刃剑，当大多数人利用信息技术为人类谋福祉，为社会创造更多财富的同时，有一些人却利用信息技术做着相反的事情。他们非法侵入他人的计算机系统窃取机密信息、篡改和破坏数据，给社会造成难以估量的巨大损失。因此，计算机网络安全问题严重威胁和阻碍了Internet作为国家或全球信息基础设施、成为大众媒体的发展进程，是网络界急待解决的问题。可以说，没有信息安全就没有社会信息化。

3．网络安全面临的威胁

（1）计算机网络系统面临的威胁

网络面临威胁有来自对硬件实体的威胁和攻击，对信息的威胁和攻击，同时攻击软、硬件系统以及计算机犯罪。

（2）计算机网络安全威胁的原因

影响计算机网络安全的因素很多，既有天灾，也有人祸，包括如下因素。

1）天灾：指不可控制的自然灾害，如雷击、地震、洪水等。

2）人为因素：人为因素可分为无意和有意两种类型，如内部人员操作不当、安全意识差等；来自外部黑客的入侵或计算机病毒等。

3）系统本身原因：网络协议中的缺陷，如TCP/IP协议自身的安全问题；系统的漏洞和软件的"后门"等。

① TCP/IP协议的安全问题：Internet最初是一个不设防的开放系统，当前使用的IPv4在设计时并没有考虑安全问题，是一个"君子协议"，缺乏安全机制，这是互联网存在安全威胁的主要原因。

② 软件的漏洞：软件不可能百分之百的无缺陷和漏洞，软件系统越庞大，出现漏洞和缺陷的可能性也越大，成为了攻击者的首选目标。

③ 软件的"后门"：软件的程序开发人员预留在程序中的秘密功能，便于在日后随意进入系

统。这些"后门"一般不为外人所知，但是一旦"后门"被打开，其造成的后果将不堪设想。

4）病毒与恶意攻击：网络已成为当前计算机病毒传播的主要途径，病毒通过网络入侵，具有更快的传播速度和更广的传播范围，破坏性巨大，有些恶性的病毒会造成系统瘫痪、数据破坏或丢失，严重地危害网络安全。

（3）网络攻击类型

1）被动攻击：通过对网络进行监听，截取、窃取、破译重要敏感信息。被动攻击常常是主动攻击的前奏，而且被动攻击很难被发现。

2）主动攻击：利用网络本身的缺陷对网络实施的攻击。主动攻击常常以被动攻击获取的信息为基础。杜绝和防范主动攻击人为行为相当困难。

主动攻击可以分为篡改消息、伪装和拒绝服务。篡改消息是对信息完整性的攻击；伪装是对信息真实性的攻击；拒绝服务攻击是对系统可用性的攻击。主动攻击通常会造成比被动攻击更严重的危害，如图7-82所示。

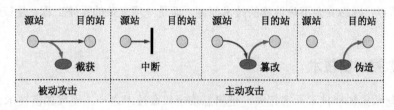

图 7-82　被动攻击与主动攻击

（4）安全威胁引发的问题

1）非授权访问：未经预先授权，就非法使用网络或计算机资源，有意避开系统访问控制机制，对网络设备及资源进行非正常使用，或擅自扩大权限，越权访问信息。主要有以下几种形式：身份假冒、身份攻击、非法用户进入网络系统进行违法操作、合法用户以未授权方式进行操作等。通常是利用系统或相关软件的漏洞来实现的。

2）信息泄漏或丢失：指敏感数据有意或无意被泄漏或丢失，通常包括信息在传输中丢失或泄漏（如黑客利用电磁泄漏或搭线窃听等方式截获机密信息，或通过对信息流向、流量、通信频度和长度等参数的分析，获得有用信息，如用户口令、账号等重要信息），信息在存储介质中丢失或泄漏，通过建立隐蔽通道等窃取敏感信息等。

3）破坏数据完整性：入侵者以非法手段窃得数据的使用权，删除、修改、伪造、乱序、插入或重发某些重要信息，以取得有益于攻击者的响应，干扰用户的正常使用。这可能发生在数据的传输过程中，也可能是存储的数据信息。

4）破坏系统的可用性：让用户的计算机系统崩溃，无法正常工作。例如，拒绝服务攻击就是不断对网络服务系统进行干扰，改变其正常的作业流程，使系统响应减慢甚至瘫痪，或耗尽其资源，影响正常用户的使用，甚至将合法用户排斥在外而不能进入系统得到应有的服务。

5）利用网络传播病毒：通过网络传播计算机病毒，其破坏性远远大于单机系统，而且用户更难防范。

4．网络安全目标

目标的合理设置对网络安全意义重大。网络安全的目标有物理安全和逻辑安全两方面。

1）物理安全目标：指系统设备及相关设施受到物理保护，避免遭到人为或自然的破坏。

2）逻辑安全目标主要表现在以下方面。

① 可靠性：这是网络安全的最基本要求之一。可靠性主要包括硬件可靠性、软件可靠性、人

员可靠性、环境可靠性。

② 可用性：网络系统面向用户的安全性能，要求网络信息可被授权实体访问并按要求使用。

③ 保密性：建立在可靠性和可用性基础上，保证网络信息只能经授权的用户读取。

④ 完整性：要求信息未经授权不能进行改动，信息在存储或传输过程中要保持不被偶然或蓄意地修改，保持信息原始性。

⑤ 可控性：对网络授权范围内信息的流向及行为具有控制能力的特性。

⑥ 可审查性：网络系统内所发生的与安全有关的动作均有日志记录可供审查，是对出现的网络安全问题提供调查的依据和手段。

⑦ 不可抵赖性：也称不可否认性，是对通信双方（人、实体或进程）信息真实性的安全要求。在信息交互过程中，所有参与者都不能否认和抵赖曾经完成的操作和承诺。

必须说明：网络安全涉及的内容既有技术方面的问题，也有管理和法律方面的问题，两方面相互补充，缺一不可。技术方面主要侧重于防范外部非法用户的攻击，管理方面则侧重于内部人为因素的管理。所以，网络安全不是纯粹的技术问题，而是一项复杂的系统工程，是策略、技术与管理的综合。

7.2.2 数据加密技术

信息安全与数据加密技术紧密相关，是信息安全核心技术之一。现代加密技术已由最初的只注重保密性扩展到保密性、真实性、完整性和可控性的完美结合。

1. 数据加密

数据加密是对信息进行重新编码，从而达到隐藏信息内容，使非法用户无法获取信息真实内容的一种技术手段，如图 7-83 所示。数据加密涉及如下概念。

明文：未加密的原始数据。

密文：经加密变换产生的数据。

密钥：在加密和解密过程中参与变换的关键参数。用于加密变换的密钥称为"加密密钥"，用于解密变换的密钥称为"解密密钥"。

加密变换：以明文和加密密钥为输入，使用一定的算法，转换成不可读、但仍不失真原始信息的密文的过程。

解密变换：加密的逆过程。以密文和解密密钥为输入，使用一定的算法，还原成原始明文。

算法：将明文转换为密文，以及将密文还原成明文的变换规则。

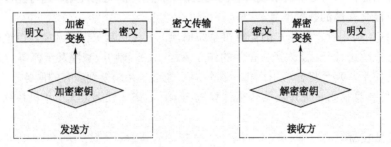

图 7-83 数据加密

加密/解密变换过程是使用一组密码与被加密的数据进行混合运算的过程。加密变换将明文和一个称为"加密密钥"的独立数据值作为输入，经过加密算法处理，输出密文；解密变换将密文和一个称为"解密密钥"的数据值作为输入，经过解密算法处理，输出明文。密钥的作用如图 7-84

所示。

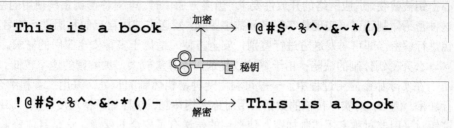

图 7-84　密钥的作用

密码学的一条基本原则是加密算法必须是公开的，加密强度仅依赖于加密密钥的安全性，而不依赖于加密算法的保密性，即所谓"一切秘密寓于密钥之中"。加密的安全性要由强有力的加密算法与较长密钥来保证。

2．加密体制

目前广泛使用的两种加密体制是"对称密钥体制"和"非对称密钥体制"，这两类加密体系再加上 Hash 函数，构成了现代加密技术的基础。

(1) 对称密钥体制

对称密钥体制也称秘密密钥、单密钥体制。这里所谓的"对称密钥"，就是指加密与解密使用同一个密钥，如图 7-85 所示。

对称加密算法具有加密运算速度相对快、硬件实现容易、保密度高等优点，在各个领域得到了广泛的应用。其缺点是密钥的分发与管理困难。一个加密系统的安全性是基于密钥的，所以密钥管理是一个非常重要的问题。在开放的计算机网络上采用对称密钥体制，如何实现安全地传送和保管密钥是该体系的难点。一旦密钥泄露，安全将失去保障。另一个缺

图 7-85　对称密钥体制

点是当通信方增加时，如果都要实现相互保密通信，则密钥数目将急剧膨胀。另外，对称密钥体制也不能实现数字签名，无法实现鉴别与抗抵赖等安全需求。

(2) 非对称密钥体制

非对称密钥体制也称公开密钥体制，简称公钥体制，如图 7-86 所示。公钥算法的出现是加密技术的一次革命。在公钥体制中，加、解密需要使用一对密钥实现：一个称为"私有密钥"，另一个称为"公开密钥"。公钥和私钥在加密算法上相互关联，但彼此不能推导得出。其中公钥可在网上对外公开，由发送方用来加密要发送的原始数据形成密文；用于解密的私钥则由接收方秘密保存，不能外泄。用公钥加密的信息只能用私钥解密，反之亦然。

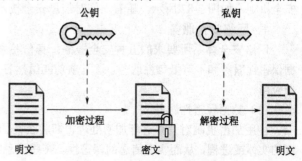

图 7-86　非对称密钥加密体制

非对称密钥体制最大的优点就是不存在密钥分发问题,只要保证私钥的安全性即可,不用担心密钥被截获,适应网络的开放性要求。当多方通信时,非对称密钥系统使用的密钥少,便于管理;这种密钥体制还可以实现数字签名和数字鉴别,发送方使用自己的私钥进行签名,接收方利用其公钥进行解密,即可对发送方进行鉴别,安全方便,适用于多种安全应用的需求。

公开密钥体制的缺陷:由于算法较复杂,计算量较大,加解密的速率较低。

在实际加密应用过程中,一般可利用两种密钥体制的长处,采用二者相结合的方式对信息进行加密。例如,对实际传输的数据采用对称密钥体制,这样加解密速度较快;加密的双方传送加密密钥时采用非对称密钥体制加密,使密钥的传送有了安全的保障。这是目前普遍采用的加密方法,是一种混合加密体制。

3. 消息鉴别

加密可以用来抵御被动攻击,抵御主动攻击则需要使用消息鉴别。一个消息是真实的并且来自声称的源,则被称为是可信的。消息鉴别是一种允许通信各方检验收到的消息是否可信的过程,它可以验证两个方面:传输的消息来源是否可信,以及(或)消息内容是否被修改过。因此,消息鉴别涉及数据源鉴别和数据完整性检查两个方面。

解决消息鉴别的方法:发送方在传输的消息后面附上一个消息鉴别标签,接收方利用这个标签来鉴别消息的真伪。消息鉴别标签由散列函数(Hash 函数)生成。散列函数具有这样的特性:当原始消息中任意一个比特或若干比特发生改变时,都将导致生成的散列值发生变化,因此把这个散列值称为消息的"数字指纹"或"消息摘要"。为使消息摘要可以鉴别消息,消息摘要本身还必须是可信的,即标签必须是不可伪造的。如果发送方和接收方共享一个秘密密钥,那么发送方可先用常规加密算法对消息摘要进行加密,然后将加密后的消息摘要(消息鉴别标签)附在消息后面发送;接收方先用相同的散列函数对收到的消息计算消息摘要,然后与解密后得到的消息摘要进行比较,两者相同则表明消息是可信的,数据完整性得到确认。第二种方法是使用公开密钥算法中的私钥加密消息摘要,接收方用对应的公钥解密,这时就得到一个数字签名,数据源得以鉴别。

4. 数字签名

数字签名具有以下三个功能:接收方能够验证发送方声称的身份,发送方事后不能否认发送过报文,接收方不能够伪造报文。若只想证实报文来源,在无需对报文进行加密的情况下,就可用数字签名来实现。

7.2.3 网络安全体系

ISO 根据 OSI RM 制定了一个网络安全体系结构模型——ISO 7498-2 网络安全体系架构,提出设计安全信息系统的基础架构中应该包含五种安全服务和能够对这五种安全服务提供支持的八类安全机制,如图 7-87 所示。随着人们对信息安全技术要求的提高,近年来又有一些新的补充。

1. 网络安全服务

网络安全体系所要求的五种安全服务:身份鉴别服务、访问控制服务、数据完整性服务、数据保密性服务和不可抵赖性服务。这五项功能虽然各自独立,但是在实际维护系统安全时,经常综合应用。

(1)数据保密性服务

使用加密机制对信息进行加密处理,即将公开的信息"私有化",以使信息内容不泄漏给未授权的实体或进程,从而实现信息的保密性。某些信息特别强调私密性,如个人身份资料、银行账号和交易记录、公司研发资料及商业机密等。加密是实现信息安全的有效且必不可少的技术手段。

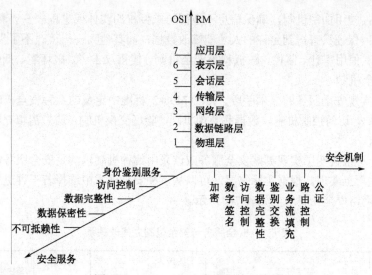

图 7-87　ISO-7498-2 安全架构三维图

（2）数据完整性服务

完整性指维护信息的一致性，防止非法用户对数据的篡改。使用数据完整性鉴别机制，保证只有得到授权的人才能修改数据，从而确保信息的完整性。它要求保持信息的原样，即信息的正确生成和正确存储及传输。

（3）身份鉴别服务

身份鉴别也称为身份认证。使用访问控制机制，对某个通信参与者的身份加以鉴别和确认，确保通信参与者与其宣称的身份相符而不是冒名顶替。也可以阻止非授权用户进入网络，从而保证网络系统的可用性。

身份认证的技术手段如下。

口令认证：每个用户都有一个标识和口令，容易实现、用户界面友好。

数字签名：收方能够证实发方的真实身份，发方事后不能否认所发送过的报文，收方或非法者不能伪造或篡改报文。

数字签名是网络中进行电子商务安全交易的基础，数字签名可以保证信息的完整性和信息源的可信性，防止通信双方的欺骗和抵赖行为。因此，被广泛用于银行的信用卡系统、电子商务系统、电子邮件以及其他需要验证、核对信息真伪的系统。

（4）访问控制服务

实现对不同资源的使用者权限的管理称为"访问控制"。在信息安全技术中使用授权机制实现对用户权限的可控性。系统能够授予和判定特定用户的权限，允许其在网络中进行特定的活动，防止越权使用资源。因此用户事先必须经由系统"身份鉴别"，才能取得对应的权限，同时结合内容审计机制，实现对网络资源及信息进行访问控制的能力。

（5）不可抵赖性服务

不可抵赖性也称不可否认性，防止通信参与者事后否认参与通信，主要通过数字签名和通信双方所共同信赖的第三方的仲裁来实现。使得攻击者、破坏者、抵赖者"走不脱"，并对网络出现的安全问题提供调查依据和手段。使用审计、监控、防抵赖等安全机制，实现信息安全的可审查性。

网络安全服务的通俗解释如下。

身份鉴别：阻止非授权用户进入网络——"进不来"。

访问控制：实现对用户的权限控制，即不该拿走的——"拿不走"。

数据保密性：使用加密机制，确保信息不泄漏给未授权的实体或进程——"看不懂"。

数据完整性：保证只有得到允许的人才能修改数据，而其他人——"改不了"。

不可抵赖性：使用审计、监控、防抵赖等安全机制，使得攻击者、破坏者、抵赖者"走不脱"。

2．网络安全机制

安全机制是实现安全服务的技术手段。ISO 7498-2 标准中定义的八种安全机制如下：加密机制，数字签名机制，访问控制机制，数据完整性机制，验证交换机制，信息流填充机制，路由控制机制，公证机制。

ISO 7498-2 标准说明了实现哪些安全服务应该采用哪种机制以满足安全服务的功能要求，可以在 OSI 的哪些层上实现。根据实际需要，可以从多种安全技术中选择若干种进行组合，以实现安全服务，满足网络安全性要求，如表 7-1 所示。

表 7-1　安全服务与安全机制之间的关系

机制 服务	加密	数字签名	访问控制	数据完整性	验证交换	信息流填充	路由控制	公证
身份鉴别服务	√	√			√			
访问控制			√					
数据保密性	√					√	√	
数据完整性	√			√				
不可抵赖性		√		√				√

（1）加密机制

加密是提供信息保密的核心技术。数据加密的基本过程包括对原始明文的可读信息进行处理，重新编码，形成无法读懂的密文代码形式，从而达到隐藏信息内容，确保数据的私密性。其逆过程称为解密，即将该编码信息转化为其原始形式的过程。

加密机制除了提供信息的保密性之外，它可以和认证机制相结合，还能提供信息的完整性、身份认证和不可否认性。加密形式可适用于不同层（除会话层以外），加密机制还包括密钥管理机制。

（2）访问控制机制

访问控制机制用来防止未经授权的用户非法使用系统资源，是对系统资源的一种保护。访问控制是通过对访问者的有关识别信息进行检查来限制或禁止访问者使用资源的技术，分为高层访问控制和低层访问控制。

1）高层访问控制包括身份检查和权限确认，是通过对用户口令、用户权限、资源属性的检查和对比来实现的。

2）低层访问控制是通过对通信协议中的某些特征信息的识别、判断，来禁止或允许用户访问的措施，如在路由器上设置过滤规则进行数据包过滤。

（3）数据完整性机制

数据的完整性是指原始数据不被破坏和增删篡改（而不是加密），通常是把发送的数据用 Hash 算法产生一个消息摘要，然后对消息摘要加密后作为文件的附件一块传递。接收者在收到文件后也用相同的 Hash 算法处理，对比产生的消息摘要与解密后的附件（发送方的消息摘要）是否相同就可知道数据是否完整。

Hash 算法能将一个任意长度的大数据块浓缩为一个较短的固定长度（128 位）的数据块，称为"消息摘要",与源数据报文唯一对应。Hash 算法具有单向性,不能被逆运算,即不能通过消息摘要反推算出源报文。消息摘要与源信息密切相关,源信息每一位的变化,都会使浓缩结果发生变化。不同的数据报文其消息摘要不同,相同的数据报文其消息摘要相同,因此消息摘要也被形象地称为源数据报文的"指纹",以验证源数据报文是否"真身"。

因为公钥加密算法复杂、加密速度慢,不适合处理大数据块信息,所以只对消息摘要加密运算效率高。

(4) 数字签名机制

数字签名(身份鉴别)机制主要解决以下安全问题。

1) 否认:事后发送者不承认数据是其发送的。
2) 伪造:有人自己伪造了一份数据,却声称是别人发送的。
3) 冒充:冒充真实用户身份在网上发送数据。
4) 篡改:接收者私自篡改数据内容。

数字签名机制具有可证实性、不可否认性、不可伪造性和不可重用性。

利用公开密钥算法中的私有密钥加密数据的 Hash 值,则除了可保证数据完整性外,该加密值也同时是数字签名。

(5) 验证交换机制

验证交换机制通过互相交换信息的方式来确定彼此的身份。用于验证交换的技术如下。

1) 口令:由发送方给出自己的口令,以证明自己的身份,接收方则根据口令来判断对方的身份。
2) 加密技术:采用非对称密钥机制。接收方对收到的加密信息,通过自己掌握的公钥解密,能够确定信息的发送者是掌握了另一个密钥(私钥)的那个人。在许多情况下,加密技术还和时间标记、同步时钟、双方或多方握手协议、数字签名及第三方公证等相结合,以提供更加完善的身份鉴别。
3) 特征识别:如磁卡、IC 卡、指纹、视网膜和声音频谱等。

(6) 公证机制

公正机制是第三方(公证方)参与的数字签名机制。为了避免纠纷,找一个双方都信任的第三方公证机构,各方交换的信息都可通过公证机构进行公证。公证机构从中转的信息里提取必要的证据,日后一旦发生纠纷,就可以据此做出仲裁。

(7) 信息流填充机制

信息流填充机制提供针对流量分析的保护。数据交换量的突然变化可能泄露有用信息。例如,在军事行动之前,伴随着部队的调动,指挥机关和各部队之间会进行大量突发的有别于平时的通信。随时监听网络流量的敌方根据数据流量的变化就可以判断即将发生军事行动,进而提前有所准备。信息流填充机制能够保持流量基本恒定,因此观测者不能从流量变化上获取任何信息。信息流填充的实现方法是随机生成数据并对其加密保护,再通过网络发送。

(8) 路由控制机制

路由控制机制使得可以指定通过网络发送数据的路径。这样,可以选择那些可信任的网络结点和链路,从而确保数据不会暴露在安全攻击之下。

3. 安全技术评价标准

如何评价网络安全性,建立一套完整的、客观的评价准则具有重要意义。安全技术评价标准为计算机安全产品的评测提供了方法,指导着信息安全产品的制造和应用,推动着计算机网络安全技术的发展。

(1) OSI 安全体系结构的安全技术标准

ISO 7408-2 中描述的 OSI 安全体系结构是目前国际上安全体系结构方面的主要参考标准。

(2) 可信计算机安全评价标准

可信任计算机标准评估准则（TCSEC）将计算机系统的安全级别由低到高分为 D、C、B、A 四类七个级别。TCSEC 是计算机系统安全评估的第一个正式标准。TCSEC 最初是军用标准，后来延至民用领域，是目前国际上安全监测和评估方面的主要参考标准。

1）D—安全保护欠缺级。D 级是最低的安全级别，任何人不需任何账号都可以自由地使用该计算机系统，不对用户进行登录验证（提供用户名和密码），没有系统访问限制和数据访问限制。DOS、Windows 3.x 及 Windows 95（不在工作组方式中）都属于 D 级的计算机操作系统。整个计算机系统是不可信任的，硬件和操作系统很容易被侵入。随着计算机安全技术的发展以及用户安全意识的提高，这个等级的系统越来越少。

2）C—自主保护级：分为 C1 和 C2 两个子级。

C1—自主安全保护级：又称有选择的安全保护系统，要求硬件有一定的安全保护（如硬件加锁，需要钥匙才能使用计算机）。用户在使用计算机系统前必须先登录，用户拥有注册账号和口令，系统通过账号和口令来识别用户是否合法，并决定用户对信息拥有何种访问权。另外，作为 C1 级保护的一部分，允许系统管理员为一些程序或数据设置访问许可权限。UNIX 系统、Novell 3.x 或更高版本、Windows NT 都属于 C1 级兼容计算机操作系统。

C2—受控存取保护级：又称访问控制保护，比 C1 级别安全性略高，引进了受控访问环境（用户权限级别）的增强特性，具有进一步限制用户执行某些命令或访问某些文件的权限，还加入了身份认证级别。另外，系统对发生的事件加以审计，并写入日志，如何时开机，哪个用户在什么时候从哪里登录等。这样通过查看日志，就可以发现入侵的痕迹（如多次登录失败）。达到 C2 级的常见操作系统有 UNIX、Novell 3.x 或更高版本、Windows NT 系列。

3）B—强制安全保护级：分为 B1、B2 和 B3 三个子级。

B1—标记安全保护级：支持多级安全（比如秘密和绝密）。"标记"是指网上的一个对象在安全防护计划中是可识别且受保护的。"多级"是指这一安全防护安装在不同级别，对敏感信息提供更高级的保护，让每个对象都有一个标记，而每个用户都有一个许可级别，对应不同的权限。

B2—结构化保护级：要求计算机系统中所有对象加标记，而且给设备（如工作站、终端和磁盘驱动器）分配安全级别。如允许用户访问一台工作站，但不允许访问含有职员工资资料的磁盘子系统。银行的金融系统通常能达到 B2 级。

B3—强制安全区域级：要求用户工作站或终端通过可信任途径连接网络系统，而且这一级采用安装硬件的方式来保护安全系统的存储区。例如，内存管理硬件用于保护安全区域免遭无授权访问或其他安全区域对象的修改。

4）A—验证安全保护级。A 级是最高安全级，它包含了一个严格的设计、控制和验证过程。设计必须是从数学角度上经过验证的，而且必须进行秘密通道和可信任分布的分析。这里，可信任分布的含义如下：硬件和软件在物理传输过程中已经受到保护，以防止破坏安全系统。A 级安全性要求过高，目前商品化的操作系统没有达到 A 级要求的。

(3) 我国的安全技术标准

从 2001 年 1 月 1 日起，国家标准 GB 17895—1999《计算机信息安全保护等级划分准则》。这是由公安部主持制定、国家技术标准局发布的我国安全等级保护制度和实施安全等级管理的根本性标准。该准则将信息系统安全分为以下五个等级。

1）自主保护级：本级的安全保护机制使用户具备自主安全保护能力，保护用户和用户组信息，避免其他用户对数据的非法读写和破坏,是通过人的组织行为和管理制度来实现的,相当于C1级。

2)系统审计保护级:本级的安全保护机制具备第一级的所有安全保护功能,并创建、维护访问审计跟踪日志,以记录与系统安全相关事件发生的日期、时间、用户和事件类型等信息,使所有用户对自己行为的合法性负责,相当于C2级。

3)安全标记保护级:本级的安全保护机制有系统审计保护级的所有功能,并为访问者和访问对象指定安全标记,以访问对象标记的安全级别限制访问者的访问权限,实现对访问对象的强制保护,相当于B1级。

4)结构化保护级:本级具备第三级的所有安全功能,并将安全保护机制划分成关键部分和非关键部分相结合的结构,其中关键部分直接控制访问者对访问对象的存取。本级具有相当强的抗渗透能力,相当于B2级。

5)访问验证保护级:本级的安全保护机制具备第四级的所有功能,并特别增设访问验证功能,负责仲裁访问者对访问对象的所有访问活动。本级具有极强的抗渗透能力,相当于B3~A级。

上述标准是目前评价信息安全性的依据。一般来说,安全等级越高,所付出的人力、物力资源代价也越高。

4. 网络信息安全系统组成

网络的安全问题,既有技术问题,也有管理问题,但最终还是人的问题。一个完整的网络信息安全系统至少包含三个层次。

1)安全立法:包括社会的法律政策、企业的规章制度及网络安全教育等外部环境。

2)安全管理:从人事资源管理到资产物业管理,从教育培训、资格认证到人事考核鉴定制度,从动态运行机制到日常工作规范、岗位责任制度,各种规章制度是一切技术措施得以贯彻实施的重要保证。

3)安全技术措施:计算机网络安全的重要保证,是方法、工具、设备、手段乃至需求、环境的综合,也是整个系统安全的物质技术基础,如图7-88所示。

图7-88 安全技术措施

7.2.4 网络防火墙技术

1. 网络防火墙

网络防火墙(Firewall)是网络安全中最常用的技术之一。它是一种隔离控制技术,在某个机构的内网和不安全的外网(如Internet)之间设置屏障,建立起一个安全网关,阻止外网对内网信息资源的非法访问,同时也可以阻止重要信息从内网中非法输出。其位置如图7-89所示。

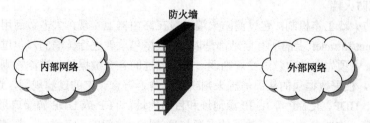

图7-89 防火墙在网络中的位置

网络防火墙是指在两个网络之间进行访问控制的一类防范措施的总称,可以是一系列硬件设备和软件的组合。它是不同网络或网络安全域之间信息的唯一通道，通过建立一套规则和策略来过滤跨越防火墙的数据流，只允许合法流量通过此保护层，从而保护内部网资源免遭非法入侵。防火墙尽可能地对外部屏蔽内网的信息、结构和运行状况，有选择地接收外部访问；同时对内部强化设备监管，控制对外网的访问，达到保护内网的目的。防火墙本身必须具有很强的抗攻击能力，以确保其自身的安全性。

从逻辑上看，防火墙在互联网络中是分离器、限制器、分析器，是实现网络安全策略的第一道防线，实现"安全隔离"。从物理上看，防火墙可以是路由器、专用设备、配有适当软件的计算机或网络。简单的防火墙可以只用路由器实现，复杂的防火墙可以用多个主机甚至一个子网来实现。

2．防火墙的优点

1）强化安全策略：防火墙根据安全策略规定的规则，仅允许许可的通信流量通过，因此，网络管理员可在网络中定义一个控制点，将内外网逻辑隔离，提高了内网的安全性。

2）记录网络活动：作为数据进入和离开内网的唯一点，可以收集并记录内外网络之间的联系、网络使用情况和错误信息，是审查和记录 Internet 使用情况的最佳点。

3）限制内网段的问题影响到全局：由于防火墙能够隔离开各个网段，因此，可以有效地防止内网所发生的局部安全问题影响全局网络。

4）集中有效的安全策略：作为网络信息的出入点，防火墙可以将网络安全和防范的策略与功能集中在一起，成为网络的安全屏障。

3．防火墙的局限性

影响网络安全的因素很多，防火墙并非万能，对于以下情况则无能为力。

1）不能防范绕过防火墙的攻击。例如，如果用户从受保护的 Intranet 内部使用 Modem 向外拨号，可以形成与 Internet 的直接连接，从而绕过防火墙，造成不受防火墙保护的潜在遭受攻击渠道。

2）一般的防火墙不能防止受到病毒感染的软件或文件的传输。因为现在存在的各类病毒、操作系统以及加密和压缩二进制文件的种类繁多，不能指望防火墙逐个扫描每个文件查找病毒。防火墙不能取代杀毒软件。

3）不能防范来自内部的攻击。对于已经进入网络的人为破坏，防火墙无能为力，因为来自内部的攻击不经过防火墙。

4）不能防范全部的威胁。对于已经设计好的防火墙防御方案，只能用来防范已知的威胁，不能防御那些未考虑到的威胁。

5）防火墙是一种被动的防御技术。

由于防火墙存在着这些方面的缺陷，所以其只是网络整体安全防护体系中的一个重要环节，而不是全部。只有将防火墙融合到系统的整体安全策略中，才能实现真正的安全。

4．防火墙的基本类型

（1）包过滤防火墙

1）包过滤防火墙工作机制：包过滤防火墙一般在路由器上实现，大多数商用路由器都提供包过滤功能。Internet/Intranet 上的所有信息都是以 IP 数据包承载进行传输的，包过滤防火墙根据网络管理员在 ACL 中预先定义的包过滤规则逐一检查经过的各个数据包，过滤规则作用在协议簇的网络层和传输层，根据数据包的头部信息来判断该包是否符合设定的过滤规则，这些信息包括 IP 协议类型（TCP、UDP、ICMP 等）；IP 源地址和目的地址；TCP 或 UDP 源端口号和目的端口号；ICMP 报文类型等。这些参数反映了数据的来源与目的地、访问的服务类型、探询网络何种消息、连接方式等信息，根据这些信息和设定的访问控制规则进行对比，只有满足访问控制规则的数据包才被转发到相应目的地的出口端，其余的数据包则过滤掉，如图 7-90 所示。实现包过滤的核心技术是 ACL，它提供了一种对数据包的筛选机制。包过滤路由器又称为"屏蔽路由器"。

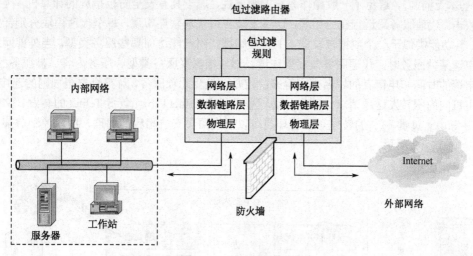

图 7-90　包过滤防火墙

2）包过滤防火墙的优点：其最大优点是对用户全透明，只需在网络关键位置设置一个包过滤路由器就可以保护整个网络，是一种通用、廉价、有效的安全手段。这些优点使得包过滤成为最早应用于防火墙的技术。

3）包过滤防火墙的缺点：由于包过滤技术的安全控制层次在网络层、传输层，所以安全控制的力度也只限于三、四层有限的控制信息，对应用层信息无感知（即不理解通信的具体内容），属于层次较低的安全控制。由于包过滤防火墙无法对应用层数据进行过滤，所以不能防止数据驱动式攻击，对于恶意的拥塞攻击、内存覆盖攻击或病毒等高层次的攻击手段无能为力，无法阻止应用层上的黑客入侵行为，如图 7-91 所示。包过滤防火墙也缺乏用户日志和审计信息，缺乏用户认证机制，不具备审核管理，这样就不能从访问记录中发现黑客的攻击记录。另外，包过滤防火墙无法有效地区分同一 IP 地址的不同用户，即不能在用户级别上进行过滤和防止 IP 地址的盗用。如果攻击者把自己主机的 IP 地址设成一个合法主机的 IP 地址，就可以很轻易地骗过包过滤防火墙，可见包过滤防火墙只实现了粗粒度的访问控制，因此安全性较差。

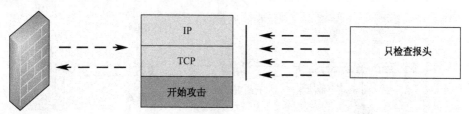

图 7-91　包过滤防火墙检测的层次

这种预先设定过滤规则的简单包过滤技术属于静态包过滤防火墙，是防火墙中最简单的一种，为第一代防火墙技术。包过滤防火墙的缺点使得这种防火墙通常不单独使用，而作为其他安全技术的一种补充，通常作为网络安全的第一道防线。

（2）应用网关防火墙

应用网关防火墙通常由所谓的"代理服务器"来实现，是一个替代客户端进程与服务器进程之间连接而充当服务的网关，这也是其常称为"代理型防火墙"的原因。应用层网关一般由一个"堡垒主机"充当。称其为堡垒主机的原因：其对外部网络暴露，同时也是进出内外部网络的主要连接点和检查点。由于它运行的是一个安全的操作系统（一般采用经过精简和修改过内核的 Linux 或 UNIX，基本无漏洞），避免了一般操作系统的脆弱性，属于具有安全防范措施的计算机，因而能抵御各种攻击。代理服务器运行在应用层，通过安装应用代理软件实现，每个代理模块分别针对不同的应用。其功能类似于一个数据转发器，主要控制哪些用户能访问哪些服务类型。当外部网络向内部网络申请某种服务时，代理服务器接受申请，然后根据其服务类型、服务内容、被服务的对象、服务者申请的时间和申请者的域名范围等来决定是否接受此项服务，对符合安全规则的连接，它会代替源主机向内网转发这项请求。例如，远程登录代理 Telnet Proxy 负责 Telnet 的转发、文件传输代理 FTP Proxy 负责 FTP 的转发等，管理员可以根据需要安装相应的代理，用以控制对某种应用的访问，如图 7-92 所示。

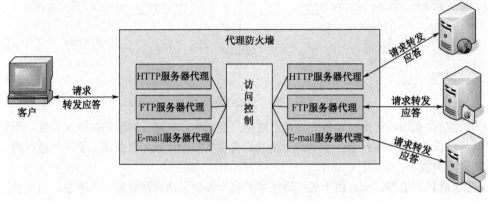

图 7-92　代理服务器防火墙

应用网关防火墙检查所有应用层的数据，并将检查的内容信息放入决策过程，从而提高了网络的安全性。每个客户机/服务器通信需要两个连接：一个是从客户端到防火墙，另一个是从防火墙到服务器，内外网之间不能相互直接访问。从外部只能看到代理服务器而无法获知任何内部信息，真正实现了内、外网隔离。因此，应用层网关比简单的包过滤功能强大，而且会详细记录所有的访问状态，属于第二代防火墙。其位置如图 7-93 所示。

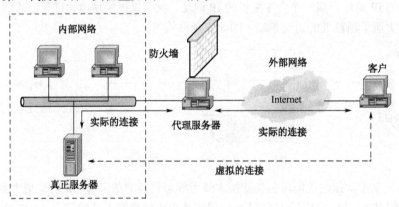

图 7-93　应用网关防火墙的位置

（3）状态检测防火墙

状态检测防火墙又称"动态包过滤防火墙"，它保持了简单包过滤防火墙的优点，对应用是透明的，因而传输性能比较好。在此基础上，在安全控制方法上做了改进。它不同于简单包过滤防火墙仅仅单独地考察进出网络的数据包，不关心数据包前后状态的缺点，而是在网络层由一个检测模块截获数据包并抽取出与应用层状态有关的信息,在防火墙的核心部分建立状态连接表,将进出网络的数据当成一个个事件来处理。在包过滤的同时,检察数据包之间的关联性,以此决定对经过的数据包是接收还是拒绝。

对新建的应用连接,状态检测检查预先设置的安全规则,允许符合规则的连接通过,并在内存中记录下该连接的相关信息,生成状态表。对该连接的后续数据包,只要符合状态表,就可以通过。这种方式的好处在于:状态检测记住的是所有通信状态,并根据状态信息来过滤整个通信流,而不是单独的包。由于不必对每个数据包进行规则检查,而对连接的后续数据包(通常是大量的数据包)通过散列算法,直接进行状态检查,从而使得性能得到了较大提高。检测模块一旦发现任何连接状态有意外变化,就中止该连接。

状态检测防火墙也克服了应用代理服务器的局限性,不要求每种被访问的应用都有代理。状态检测模块能够理解并学习各种协议和应用,以支持各种最新的应用服务。状态检测模块截获、分析并处理所有试图通过防火墙的数据包,随时将通信状态动态存储、更新到动态状态表中,结合预定义好的规则,实现安全策略。因而它是比静态包过滤更为有效的安全控制方法。

状态检测防火墙既能够提供代理服务的高安全性,又能够提供包过滤的高效性,是二者优点的结合,属于第三代防火墙。

5. 防火墙的地址转换

网络地址转换(NAT)是一种将内网私有 IP 地址转换到互联网上公有 IP 地址的技术,如图 7-94 所示。NAT 最初的设计目的是延缓 IPv4 地址的耗尽,但也可用于屏蔽网络内部主机。经 NAT 后,对外网有效地隐藏了内网络地址和内网的结构,增加了攻击内网的难度。因为防火墙通常部署在网络边界处,因此防火墙是实现 NAT 的一个合适的地方。

目前,NAT 是防火墙和路由器普遍具有的功能,一般都配置应用。

6. 个人防火墙

个人防火墙是一种能够保护个人计算机系统安全的软件,它可以直接安装在用户的计算机上,对用户计算机的网络通信进行数据过滤。个人防

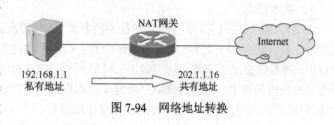

图 7-94 网络地址转换

火墙通常具有学习模式,可以在使用中不断增加新的规则。目前个人防火墙软件有多种。

7.2.5 虚拟私有网络

1. 基本概念

一个大型企业或部门往往在外存在分支机构,其业务范围覆盖广阔的地理区域,办公人员在各地流动。如果采用专线连接构建安全的私有网络,成本巨大,且不能满足移动接入的需求。

虚拟私有网络(Virtual Private Network,VPN)也称虚拟专用网络,是相对传统的"企业专用网络"而言的,它是以公用开放网络(如 IP 网络)作为传输媒体,在其上通过虚拟技术建立起来的私有网络,为企业提供了一种构筑安全可靠、灵活方便、廉价快捷和覆盖面广的专用网络的途径。VPN 是企业网在 Internet 中的延伸,是利用公共互联网络的基础设施模拟局域网的技术。利用 VPN 一个用户可以远程接入公司的 VPN 服务器,在用户和公司的服务器之间建立一个安全的访问隧道,通过这个访问隧道,远程用户访问公司的服务器就像在公司内部访问服务器一样,如图 7-95 所示。

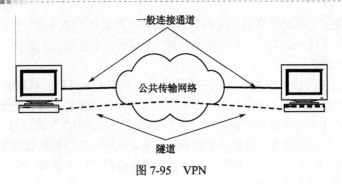

图 7-95 VPN

2．VPN 实现技术

VPN 实质上是一个"虚信道"，在协议中附加多种技术，如封装、加密、认证、访问控制、数据完整性等，使得敏感信息只有特定的接收者才能读懂，信息不被泄漏、篡改和复制，相当于在各 VPN 设备间形成一些跨越公网的虚拟通道——"隧道"。隧道技术的实质是利用一种网络协议封装和传输另外一种网络协议的技术，实现了信息的隐蔽，保证了信息的安全传输。隧道协议对隧道两端的原始数据进行加密、认证、访问控制、数据完整性等处理后再次封装，在公共数据网络点到点的路径上虚拟出一条专线，通过这个虚拟通道来传输私有网络中的数据，感觉和使用专有线路连接起来的私有网络一样。VPN 的传输通道具有私密性和独有性，但实际的数据传输是通过公有网络进行的，因此称为"虚拟私有网络"。

7.2.6 入侵检测系统

1．基本概念

入侵检测，顾名思义，是指对入侵行为的发觉。入侵检测系统（Intrusion Detection System，IDS）采用硬件或者软件，对计算机或网络系统中发生的事件实时监控，并与系统中的入侵特征数据库进行对比，对系统资源的非授权使用做出及时的判断、记录和报警。一旦发现网络中有违反安全策略行为及被攻击的迹象，立刻根据用户所定义的动作做出反应，如切断网络连接，或通知防火墙系统对访问控制策略进行调整，将入侵的数据包过滤掉等。

IDS 对网络攻击行为的识别通过网络入侵特征库来实现，这种方法有利于在出现了新的网络攻击手段时方便地对入侵特征库进行更新，提高 IDS 对网络攻击行为的识别能力。IDS 通过收集操作系统、系统程序、应用程序、网络数据包等信息，发现系统中违背安全策略或危及系统安全的行为。入侵检测被视为防火墙之后的第二道安全闸门。

IDS 虽然能对网络攻击进行识别并做出反应，但其侧重点在于发现，而不能代替防火墙执行整个网络的访问控制策略。防火墙能够将一些预期的网络攻击阻挡于网络之外，而网络入侵检测技术除了减小网络系统的安全风险之外，还能对一些非预期的攻击进行识别并做出反应，切断攻击连接或通知防火墙修改控制准则，将下一次的类似攻击阻挡于网络外部。

IDS 是防火墙的合理补充。防火墙只能做到尽量阻止外部攻击的企图，而很难阻止各种攻击事件的发生。另外，防护技术在安全系统的实现过程中，有可能留下漏洞，这些都需要在运行过程中通过检测手段的引入来加以弥补。人们形象地比喻：防火墙技术像一个大楼的安防系统，虽然它可能很先进也很完备，但是仍然需要与监控系统结合起来使用，仍然需要不断地检查整个大楼（包括安防系统本身）。IDS 可以与防火墙在功能上实现联动，当 IDS 检测到入侵行为发生时，立即发出指令给防火墙关闭通信连接，从而阻断入侵，提高网络系统的安全性。IDS 扩展了系统管理员的安全管理能力（包括安全审计、监视、进攻识别和响应），通过事先发现风险来阻止入侵、攻击、网络滥用等事件的发生,提高了信息安全基础结构的完整性。

2. IDS 的组成

从功能上讲,IDS 由探测器、分析器和用户接口组成。

1)探测器:主要负责收集数据。入侵检测的第一步就是信息收集。探测器收集的数据包括任何可能包含入侵行为的线索数据,如网络数据包、日志文件和系统调用记录、用户活动的状态和行为等。探测器将这些数据收集起来,然后发送到分析器进行处理。

2)分析器:又称检测引擎,负责从一个或多个探测器处接收信息,并通过分析来确定是否发生了非法入侵活动。数据分析是 IDS 的核心,其效率高低直接决定了整个 IDS 的性能。分析器组件的输出是标识入侵行为是否发生的指示信号。

3)用户接口:数据分析发现入侵迹象后,下一步工作就是响应,通过用户接口使得用户易于观察系统的输出信息,也可以对系统相关设备进行控制。

7.2.7 入侵抵御系统

并行部署的 IDS 虽然可以及时发现那些穿透防火墙的深层攻击行为,通过与防火墙联动来阻断,但实时性不够好。另外,迄今为止没有统一的接口规范,加上越来越频发的"瞬间攻击"(一个会话就可以达到攻击效果,如 SQL 注入、溢出攻击等),使得 IDS 与防火墙联动在实际应用中的效果不显著。

这些原因促使入侵防御系统(Intrusion Prevention System,IPS)诞生。IPS 是一种智能化的入侵检测和防御产品,它不但能检测入侵的发生,还能通过一定的响应方式,实时地中止入侵行为,保护网络不受实质性的攻击。IPS 使得 IDS 和防火墙联动走向统一。

目前有多种 IPS,使用的技术不尽相同。但是,一般来说,IPS 依靠对数据包的深层检测,确定这些数据包的真实意图,然后决定是否允许这种数据包进入网络,也可以理解为是一种主动式应用网关防火墙。

7.2.8 统一威胁管理器

1. 基本概念

只有单一功能的安全设备,一般称之为 STM(单一威胁管理),如前所述的防火墙、IDS、IPS、VPN 等,需要各自分别的部署,不易形成标准的统一管理平台和安全解决方案。为克服这一弊端,集多种安全功能为一体,在标准平台的统一管理之下的硬件设备统一威胁管理器(United Threat Management,UTM)诞生。UTM 将防病毒、防火墙、IDS 和 IPS 等概念整合为一体,即 UTM=网络防火墙 + VPN + 网关防病毒 + IDS + IPS。UTM 产品也称为"集成化安全网关"或"一体化安全网关",如图 7-96 所示。

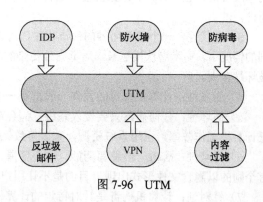

图 7-96 UTM

2. UTM 的显著优势

1)UTM 设备提供综合的安全功能,降低了复杂度,同时也降低了部署、实施、管理和维护成本。

2）UTM 设备能为用户定制安全策略，提供灵活性。用户既可以使用 UTM 的全部功能，也可酌情使用需要的某一特定功能。

3）UTM 设备能提供全面的管理、报告和日志平台，用户可以统一地管理全部安全特性，包括特征库更新和日志报告等。

4）能够动态更新，适应未来安全要求。

混合型的网络攻击可能攻破单点型的安全方案，却很难突破统一的安全方案。UTM 产品正处于强劲的发展阶段。随着企业应用的增加，UTM 的重要性与日俱增，有良好的发展前途，将逐渐成为网络整体安全解决方案的核心，是未来安全管理的趋势。

7.2.9 网络病毒与防范

1．计算机病毒

计算机病毒是一种人为编制的"计算机程序"，不仅能破坏计算机系统，还能够传播、感染其他系统。它一般设计的严谨精巧，通常隐藏在其他文件中，利用计算机系统的资源进行繁殖和自身复制，并能插入其他程序，执行恶意操作，如降低系统运行速度、消耗系统资源、使系统瘫痪和破坏磁盘中的数据等。

在当今的互联网环境下，网络病毒的传播、再生和发作将造成比单机病毒更大的危害。计算机病毒经过几代的发展，在功能方面日趋高级，如某些病毒可以逃避检测，有的甚至可以躲开病毒扫描和反病毒软件。同时，现在的很多计算机病毒还具有"变异"功能。

另外，由于计算机反病毒软件的发展往往要滞后于病毒的发展，因此，单纯依靠反病毒软件是不能保证计算机不受病毒侵害的，做好计算机病毒的防范工作非常重要。

2．计算机病毒的特点

在计算机病毒所具有的特征中，传染性、潜伏性、触发性和破坏性是它的基本特征。其次，它还具有隐蔽性、针对性、衍生性和不可预见性等。

1）程序性：计算机病毒是一段具有特定功能的计算机程序，而程序是人编写的，即它是人为的结果，这就决定了计算机病毒表现形式和破坏行为的多样性、复杂性。

2）传染性：病毒的传染性也称为自我复制、自我繁殖、感染性和可传播性，这是计算机病毒的本质特征，是判断一个计算机程序是否为计算机病毒的首要依据，这就决定了计算机病毒的可判断性。

3）潜伏性：一个编制巧妙的病毒程序，可以长期进行传播和再生而不被发觉。在用户意识不到的情况下，病毒潜伏期越长，病毒向外传染的机会就越多，病毒传染的范围就越广，并且发作时破坏性越大。

4）触发性：计算机病毒的发作一般都有一个激发条件，即一个条件控制。

5）破坏性：任何病毒只要侵入系统，都会对系统及应用程序产生程度不同的影响。轻者会降低计算机工作效率，占用系统资源，重者可致系统崩溃。

6）隐蔽性：病毒一般编写巧妙、短小精悍，通常附着在正常文件中或磁盘较隐蔽的地方，也有个别的以隐含文件形式出现，目的是不让用户发现它的存在。

7）针对性：计算机病毒是针对特定的计算机和特定的操作系统的。例如，有针对 IBM/PC 及其兼容机的，有针对 Apple 公司的 Macintosh 的，还有针对 UNIX 操作系统的。

8）衍生性：这种特性为病毒制造者提供了一种创造新病毒的捷径。分析计算机病毒的结构可知，传染的破坏部分反映了设计者的设计思想和设计目的，但是，这可以被其他掌握原理的人以其个人的企图进行任意改动，从而衍生出一种不同于原版本的新的计算机病毒（又称为变种）。

9）不可预见性：不同种类病毒的代码千差万别，病毒的制作技术也在不断地提高，病毒与反病毒软件相比永远是超前的。

3．计算机病毒的种类

按照基本类型划分，可归纳为七种类型：引导型病毒、可执行病毒、宏病毒、混合型病毒、特洛伊木马病毒、Web 网页病毒和蠕虫病毒。

1）引导型病毒：主要感染磁盘的引导扇区或主引导记录，在用户计算机从被感染的磁盘引导系统时，病毒就会把自己的代码调入内存，取得对操作系统的控制权，常驻内存，伺机传染和破坏。引导型病毒不仅可以感染磁盘的引导扇区，还可以改写硬盘的分区表，因此其破坏性极强，有时会造成整个硬盘数据的丢失。

2）可执行型病毒：文件的侵染者，也被称为寄生病毒。病毒将自身依附在文件中，当文件被执行时，病毒也同时被装入内存，调出自己的代码来执行。病毒会感染文件把自身复制到其他文件中，会造成文件的执行速度变慢，甚至无法执行，它还可能会造成感染文件的长度变长。

3）宏病毒："宏"是软件设计者为了在使用软件工作时，避免反复重复相同的工作而设计出来的一种工具。它利用简单的高级语言，具有简单的语法，把常用的动作写成宏，当再做相同的工作时，就可以直接利用事先写好的宏代码自动运行，去完成某项特定的任务，而不必重复相同的动作。如 Microsoft Office 文档使用的宏语言为 Word Basic。"宏病毒"就是利用宏命令编写成的具有复制、传染能力的宏，一般寄存在文本文档中。当打开寄存了宏病毒的文档时，宏病毒程序就会被执行，开始传染、表现出破坏性。

4）混合型病毒：顾名思义，混合型病毒综合了以上几种病毒特点，它通过感染引导区和文件，增加了传染性和杀毒难度，因此其破坏力比前几种更强。

5）特洛伊木马病毒：也称黑客程序或后门病毒，实际上是一种后门程序。一般这种病毒分成服务器端和客户端两部分，如计算机被此程序感染，别人可通过网络中其他计算机暗中控制此计算机，进行某些破坏性操作或进行盗窃数据。木马病毒经常潜伏在操作系统中监视用户的各种操作，窃取用户的隐私信息，如网上银行账号和密码等。木马与计算机病毒的区别是，前者不进行自我复制，即不感染其他程序。

6）Web 网页病毒：对于恶意网页，常常采取 VBScript 和 JavaScript 编程的形式，由于编程方式简单，所以在网上非常流行。用户在浏览网页时就可能被 Web 网页病毒感染。

7）蠕虫病毒：一种典型的网络病毒，利用操作系统和应用程序的漏洞主动进行攻击，每种蠕虫都包含一个扫描功能模块负责探测存在漏洞的主机，在网络中扫描到存在该漏洞的计算机后就马上传播过去。蠕虫病毒对网络会造成拒绝服务，破坏性极强，网络的发展使得蠕虫可以在很短的时间内蔓延到大范围网络，造成网络瘫痪，如著名的冲击波病毒。由于蠕虫发送大量传播数据包，所以被蠕虫感染了的网络速度非常缓慢，被蠕虫感染了的计算机也会因为 CPU 和内存占用过高而接近死机。

按照计算机病毒的传播介质来分类，可分为单机病毒和网络病毒。

单机病毒的载体是磁盘。网络病毒通过网络传播，由于网络的快速和便捷，网络病毒的传播是以几何级数进行的，较单机病毒传染能力更强，危害性更大。网络已成为病毒的第一传播途径。

4．计算机病毒的结构

虽然计算机病毒的种类很多，但在结构上有着共同性，几乎所有的计算机病毒都是由三个部分组成的，即引导部分、传染部分和表现部分。

1）引导部分：也就是病毒的初始化部分，它随着宿主程序的执行而进入内存，为传染部分做准备。

2）传染部分：其作用是将病毒代码复制到目标上去。一般病毒在对目标进行传染前，要首先判断传染条件是否满足，判断病毒是否已经感染过该目标等，如 CIH 病毒只针对 Windows 95/98 操作系统。

3）表现部分：病毒间差异最大的部分，前两部分是为这部分服务的。它破坏被传染系统或者在被传染系统的设备上表现出特定的现象。大部分病毒都是在一定条件下才会触发其表现部分的。

5．计算机病毒的破坏行为

把病毒的破坏目标和攻击部位归纳如下。

1）攻击系统数据区：包括硬盘主引导扇区、BOOT 扇区、FAT 表、文件目录。一般来说，攻击系统数据区的病毒是恶性病毒，受损的数据不易恢复。

2）攻击文件：病毒对文件的攻击方式很多，如删除、重命名、替换内容、丢失簇和对文件加密等。

3）攻击内存：内存是计算机的重要资源，也是病毒攻击的重要目标。病毒额外地占用和消耗内存资源，可导致一些大程序运行受阻。病毒攻击内存的方式有大量占用、改变内存总量、禁止分配和蚕食内存等。

4）干扰系统运行，使运行速度下降：此类行为表现不一，如不执行命令、干扰内部命令的执行、虚假报警、打不开文件、内部栈溢出、占用特殊数据区、时钟倒转、重启、死机、强制游戏、扰乱串并接口等等。

5）干扰打印机：如假报警、间断性打印或更换字符。

6）攻击 CMOS：在机器的 CMOS 中，保存着系统的重要数据，如系统时钟、磁盘类型和内存容量等。有的病毒激活时，能够对 CMOS 进行写入动作，破坏 CMOS 中的数据，如 CIH 病毒。

6．网络防病毒技术

（1）计算机病毒的防范

防范是对付计算机病毒的积极而又有效的措施，比等待计算机病毒出现之后再去扫描和清除能更有效地保护计算机系统。要做好计算机病毒的防范工作，首先是防范体系和制度的建立。其次，利用反病毒软件及时发现计算机病毒侵入，对它进行监视、跟踪等操作，并采取有效的手段阻止它的传播和破坏。

网络病毒的防范措施一般有以下几个方面。

1）减少感染的几率：不从不可靠的渠道下载软件，不随意打开来历不明的电子邮件，将会减少与病毒接触的机会。在安装软件时，进行病毒扫描也非常重要。

2）安装杀毒软件：防治病毒的有力措施。计算机病毒更新很快，应该及时地对杀毒软件的病毒库进行升级。

3）安装最新的系统补丁：病毒往往利用操作系统的漏洞进行传染，因此，及时下载并安装系统补丁，将有助于切断病毒传播的途径。

4）建立备份和恢复制度：任何杀毒软件都不能确保万无一失，重要数据一旦丢失或破坏，其损失可能是不可估量的。运行良好的备份和恢复计划有助于将损失降到最低。

（2）网络病毒的清除

目前病毒的破坏力越来越强，几乎所有的软、硬件故障都可能与病毒有牵连，所以，当操作发现计算机有异常情况时，首先应怀疑是否病毒作怪，而最佳的解决办法就是利用杀毒软件对计算机进行一次全面的清查。

计算机病毒的清除技术是计算机病毒检测技术发展的必然结果，是计算机病毒传染程序的一种逆过程。但由于杀毒软件的更新一般滞后于病毒出现，而且由于计算机软件所要求的精确性，致使某些变种病毒无法消除,因此应经常升级杀毒软件。

习 题

一、单选题

1. 支持对文件直接加密的分区类型是( )。
   A．FAT　　　　　B．FAT32　　　　C．NTFS　　　　　D．Linux 分区
2. ( )存储着目录数据,其中包括用户登录过程、身份验证和目录搜索等信息。
   A．域控制器　　　B．成员服务器　　C．独立服务器　　D．域树控制器
3. 域树中的第一个域称为( )。
   A．根域　　　　　B．父域　　　　　C．子域　　　　　D．顶域
4. 只有在( )文件系统上,才能使用诸如活动目录和基于域的安全性等重要功能。
   A．NTFS　　　　　B．DOS　　　　　C．FAT　　　　　 D．FAT32
5. 在 Windows Server 2008 R2 中,使用( )协议进行动态主机配置。
   A．DNS　　　　　 B．WINS　　　　 C．DHCP　　　　　D．NetBIOS
6. 如果发送方使用的加密密钥和接收方使用的解密密钥不相同,从其中一个密钥难以推出另一个密钥,这样的系统称为( )。
   A．常规加密系统　　　　　　　　　　B．单密钥加密系统
   C．公钥加密系统　　　　　　　　　　D．对称加密系统
7. 用来确认网络中信息传送的源结点与目的结点的用户身份是否真实的服务是( )。
   A．认证　　　　　B．数据完整性　　C．防抵赖　　　　D．访问控制
8. 用户 Alice 通过网络向用户 Bob 发消息,表示自己同意签订某个合同,随后用户 Alice 反悔,不承认自己发过该条消息。为了防止这种情况,应采用( )。
   A．身份认证技术　　　　　　　　　　B．消息认证技术
   C．数据加密技术　　　　　　　　　　D．数字签名技术
9. 在短时间内向网络中的某台服务器发送大量无效连接请求,导致合法用户无法访问服务器的攻击行为破坏了( )。
   A．机密性　　　　B．完整性　　　　C．可用性　　　　D．可控性
10. ( )是病毒的基本特征。
    A．潜伏性　　　　B．传染性　　　　C．欺骗性　　　　D．持久性
11. 计算机病毒行动诡秘,计算机对其反应迟钝,往往把病毒造成的错误当成事实接受下来,故它具有( )。
    A．潜伏性　　　　B．传染性　　　　C．欺骗性　　　　D．持久性
12. 计算机病毒的危害主要是造成( )。
    A．磁盘损坏　　　　　　　　　　　　B．计算机用户的伤害
    C．CPU 的损坏　　　　　　　　　　　D．程序和数据的破坏

二、填空题

1. 由于 Windows Server 2008 R2 采用了活动目录服务,因此 Windows Server 2008 R2 网络中所有的域的关系是_____的。
2. 要测试添加的主机记录是否已经有效,可以使用_____命令。

3．代理服务是运行在_____层的软件，运行代理服务的主机称为_____。

4．计算机病毒虽然种类很多，通过分析现有的计算机病毒，几乎所有的计算机病毒都由三个部分组成，即_____、_____和_____。

三、简答题

1．网络计算模式的发展经历了哪些阶段？各阶段的主要特点是什么？

2．比较传统的 C/S 模式与 Web 计算模型的异同点。

3．网络测试工具 ping 有何用途？如何检测网卡的物理地址？

4．活动目录有哪些功能？如何检查活动目录是否安装成功？

5．从哪些方面考虑是将网络划分为多域结构还是单域多 OU 结构？

6．若某用户 student 同时属于多个组，而此用户 student 与这些组分别被指派了不同的 NTFS 权限，则用户 student 最后的有效权限是什么？

7．用户 Z3 分别属于 Sale 组和 Egine 组，对于文件夹"folder"的 NTFS 权限的设置分别是 Z3（写入）—Sale 组（拒绝写入）—Egine 组（读取），则用户 Z3 最终对于文件夹"folder"的有效访问权限是什么？

8．IIS 安装完毕后，会在所在磁盘生成哪些文件夹？各自存放哪些内容？

9．加密系统有哪两大类体制？其主要区别是什么？

10．在组建 Intranet 时，为什么要设置防火墙？防火墙可以由哪几种结构实现？

11．常见的网络安全组件有哪些？分别完成什么功能？

12．采用地址转换 NAT 有什么优点？

13．"计算机病毒"一词借用了医学病毒的概念，计算机病毒和医学病毒有什么相似之处，又有什么主要的区别？

14．VPN 的关键技术是什么？

实训九　活动目录的安装

一、实训目的

掌握活动目录的安装、域控制器的生成和域工作站登录域的全过程。

二、实训环境

两台计算机，一台安装了 Windows Server 2008 R2 操作系统，另一台上安装了 Windows 7 操作系统，通过交换机物理连接，IP 地址都在同一网段；也可用虚拟机构建网络环境；提供 Windows Server 2008 R2 安装光盘或安装光盘镜像文件。

三、实训内容：

1）在安装了 Windows Server 2008 R2 的服务器上安装活动目录，使之成为域控制器。

2）以另一台安装了 Windows 7 的计算机作为域工作站登录域，并使用域中的共享资源。

四、实训步骤

参照教材相关内容，主要操作步骤如下。

1）以本地服务器管理员身份登录 Windows server 2008 R2。

2）在安装了 Windows Server 2008 R2 的计算机上安装活动目录。

3）将 Windows 7 工作站加入域。

实训十　创建用户账户并分配权限

一、实训目的
1）掌握用户和组的设置。
2）掌握设置共享文件夹及共享权限。
3）掌握配置和使用 NTFS 权限。
4）掌握不同权限组合的设置方法。
5）掌握客户端访问文件服务器共享资源的方法。

二、实训环境
安装了 Windows Server 2008 R2 和 Windows 7 操作系统的计算机各一台（也可为虚拟机）和局域网环境，Windows Server 2008 R2 安装光盘或安装光盘镜像文件。

三、实训内容
在两台计算机上，按如下要求安装。

1）计算机 A 作为 Windows Server 2008 R2 的域控制器，计算机名为 Server，域名为 un.com，Administrator 用户的口令为 "P@ssw0rd"。

2）计算机 B 安装了 Windows 7 操作系统，将其加入域 un.com（计算机名为 Client），作为客户端。

四、实训步骤
1）在域 un.com 的默认容器 Users 中创建一个用户组 "students" 和三个用户：第一个用户为 Z3，口令为 "P@ssw0rd1"，且不能更改、永久有效；第二个用户为 L4，使其只能从计算机 B 登录到域 un.com，口令为 "P@ssw0rd2"；第三个用户为 W5，口令为 "P@ssw0rd3"。用户 Z3、L4 和 W5 隶属于 students 用户组。

2）创建 teachers 用户组和 tutor 用户，tutor 隶属于 students 组和 teachers 组。

3）在 C 盘（NTFS 格式）创建 students 组的共享文件夹 "C:\file"，只有 students 组成员具有"完全控制"的权限。

4）设置 students 用户组中的 Z3、L4 用户可完全访问文件夹 C:\file 中各自所创建的文件。

5）设置 W5 和 teachers 用户组可只读访问 C:\file\W5 文件夹中的文件。

6）设置 C 盘中的 shared 文件夹，供任意用户只读访问。

7）在 C 盘设置 test 文件夹的共享属性，设置 students 组的共享权限为"完全控制"，teachers 组的共享权限为"拒绝更改"，以 "tutor" 用户账号通过网络访问 test 文件夹，通过实验验证 tutor 用户对 test 文件夹拥有除拒绝更改外的所有权利。

8）在 C 盘设置文件夹 test，设置 Z3 用户的共享权限为"完全控制"，安全权限为"列出文件夹目录"、"读取"、"读取及运行"，验证 Z3 用户的文件夹的权限为安全权限所列出的权限。

9）在 Client 计算机上将该共享目录映射为驱动器 Z。

10）在客户端以上面用户的身份登录域，对所拥有的权限进行验证。

实训十一　安装 DNS 服务器

一、实训目的
通过实训理解域名服务的概念和 DNS 查询原理，能够在 Windows Server 2008 R2 操作系统中实际安装、配置 DNS 服务器，提供局域网内的域名服务。

二、实训环境

安装了 Windows Server 2008 R2 的计算机（也可为虚拟机）、局域网环境、Windows Server 2008 R2 安装光盘（真实计算机使用）或 Windows Server 2008 R2 安装光盘的磁盘镜像文件（虚拟机使用）。

三、实训内容

1）在"服务器管理器"添加 DNS 服务器角色。
2）配置 DNS 服务器。
3）使用 ping 命令测试配置后的 DNS 服务器提供的域名解析功能。

四、实训步骤

参照教材相关内容，主要操作步骤如下。

1）通过"服务器管理器"添加 DNS 服务器角色（服务器地址 192.168.x.1）。
2）配置 DNS 服务器。
① 在主要类型区域上配置正向查找区域，名称为 un.com。
② 添加一个主机记录。
③ 启动另一台安装了 Windows Server 2008 R2 操作系统的计算机，安装 DNS 服务器，为 un.com 配置一个辅助区域并进行 DNS 区域复制。

3）DNS 客户端配置。在安装 Windows 7 或其他 Windows 版本操作系统的 DNS 客户机上，设置 IP 地址与 DNS 服务器在同一网段，并设置"首选 DNS 服务器"指向刚刚创建的 DNS 服务器的 IP 地址（192.168.x.1）。

4）测试 DNS 服务器域名解析功能。用 ping 命令查看 DNS 服务器能否有效解析域名。

实训十二 WWW 服务及 FTP 服务的配置

一、实训目的

1）理解 IIS 服务的概念及其功能。
2）掌握 IIS 服务组件的安装方法。
3）掌握 WWW 服务器的配置，以及如何应用 WWW 服务器。
4）了解虚拟目录的作用。
5）掌握 FTP 服务器的配置，以及 FTP 服务的应用。
6）测试 Web 站点。

二、实训环境

安装了 Windows Server 2008 R2 的计算机（也可为虚拟机）、局域网环境、Windows Server 2008 R2 安装光盘（真实计算机使用）或 Windows Server 2008 R2 安装光盘的磁盘镜像文件（虚拟机使用）。

三、实训内容

1）IIS 7.0 的安装。
2）Web 服务器的配置及使用。
3）创建虚拟目录。
4）FTP 服务器的配置及使用。
5）启动/停止服务。

四、实训步骤

参照教材相关内容，主要操作步骤如下。

（1）IIS7.0 的安装。

根据 7.1.11 小节安装 Web 服务器的步骤，在此安装 Web 服务器。同时搭建 FTP 服务器。

（2）添加 Web 站点。

在"Internet 信息服务（IIS）管理器"窗口，通过使用不同 IP 地址、不同端口号和不同主机头名的方法创建多个 Web 站点。如果通过主机头名创建站点，则必须结合 DNS 域名解析服务。

（3）Web 服务器的配置及使用。

对 Web 站点的 IP 地址、主目录、默认文档做相应设置，将默认文档 index.htm 调整到第一位。

说明：位于主目录中的默认文档 index.htm 即网站的主页，这里可用记事本创建一个简单的主页作为实训测试使用。用记事本新建一个文本文档，输入内容"欢迎光临我的第 x 个网站"，保存关闭后，将文件名改为 index.htm，即成为一个网页文档。

（4）创建虚拟目录。

创建虚拟目录，可以使用本地目录，也可以 UNC 路径指定其他服务器目录，但需设置对虚拟目录的访问权限。

（5）在客户端通过浏览器访问所建 Web 站点。

通过利用不同 IP 地址、相同 IP 地址不同端口号和不同主机头名访问各 Web 站点。

（6）FTP 服务器的配置及使用。

创建一个 FTP 站点，其 IP 地址为"192.168.x.100"，采用默认端口号，主目录为"C:\MyFTP"，允许匿名访问，访问权限设置为下载。当用户登录到该网站时，显示"Welcome My FTP Site!"；当用户退出时，显示"Bye!"；最大连接数为 10。

（7）启动/停止服务。

1）Web 服务：右击 Web 站点，在弹出的快捷菜单中选择"启动"、"停止"或"暂停"Web 服务器的服务。

2）FTP 服务：右击 FTP 站点，在弹出的快捷菜单中选择"启动"、"停止"或"暂停"FTP 服务器的服务。

参 考 文 献

[1] 于锋. 计算机网络与数据通信. 北京：中国水利水电出版社，2003.
[2] 谢希仁. 计算机网络第 4 版. 北京：电子工业出版社，2005.
[3] H3C 网络学院教材（第 1，2 学期）. 杭州：杭州华三通信技术有限公司，2008.
[4] 马争鸣. TCP/IP 原理与应用. 北京：冶金工业出版社，2006.
[5] 吴功宜. 计算机网络教程. 北京：电子工业出版社，1998.
[6] 李艇. 计算机网络管理与安全技术. 北京：高等教育出版社，2003.
[7] 鲁士文. 计算机网络协议和实现技术. 北京：清华大学出版社，2000.
[8] 安德鲁·坦尼鲍姆. 计算机网络第 4 版. Prentice Hall International，Inc，2003.
[9] 魏大新，李育龙. Cisco 网络技术教程. 北京：电子工业出版社，2004.
[10] Mark Minasi. Windows Server 2003 从入门到精通. 北京：电子工业出版社，2004.
[11] Cisco Systems 公司. 思科网络技术学院教程第 3 版. 北京：人民邮电出版社，2004.